# 地球物理测井学

## 第七卷 核磁共振测井

肖立志　罗嗣慧　郭江峰　等编著

石油工业出版社

## 内 容 提 要

本书系统介绍了核磁共振测井技术的基本原理、测量方法及其在油气勘探与开发中的应用，内容涵盖核磁共振原理、核磁共振测井的应用、核磁共振仪器数据采集与处理方法、随钻与电缆核磁共振测井的基本原理，以及通过核磁共振数据计算孔隙度、渗透率、油气含量等岩石物理参数等。

本书可作为高等院校师生教材和专业人员学习指导。

图书在版编目（CIP）数据

地球物理测井学 . 第七卷 . 核磁共振测井 / 肖立志等编著 . -- 北京：石油工业出版社，2025.1
ISBN 978-7-5183-7220-1

Ⅰ . P631.8

中国国家版本馆 CIP 数据核字第 2024H9E100 号

责任编辑：王鹤楠
责任校对：刘晓雪
装帧设计：李　欣　周　彦

出版发行：石油工业出版社
　　　　　（北京安定门外安华里 2 区 1 号　100011）
　　　网　　址：www.petropub.com
　　　编辑部：（010）64523829　图书营销中心：（010）64523633
经　　销：全国新华书店
印　　刷：北京中石油彩色印刷有限责任公司

2025 年 1 月第 1 版　2025 年 1 月第 1 次印刷
787×1092 毫米　开本：1/16　印张：16.5
字数：392 千字

定价：130.00 元

ISBN 978-7-5183-7220-1

（如出现印装质量问题，我社图书营销中心负责调换）

版权所有，翻印必究

# 《地球物理测井学》

# 编 委 会

**主　编：** 李　宁

**副主编：** 焦方正　何江川　江同文　卢　涛　李国欣　窦立荣
　　　　　雷　平　金明权　吴柏志

**委　员：** （按姓氏笔画排序）

| | | | | | |
|---|---|---|---|---|---|
| 王　兵 | 王才志 | 王克文 | 王泽丹 | 王贵文 | 王雪松 |
| 石玉江 | 田中元 | 刘向君 | 江如意 | 汤　彬 | 苏学斌 |
| 李　军 | 李安宗 | 李俊军 | 杨立强 | 肖立志 | 肖承文 |
| 宋　永 | 张　锋 | 陈　宝 | 陈　锋 | 武宏亮 | 范宜仁 |
| 尚　捷 | 周　军 | 庞奇伟 | 胡启月 | 胡英杰 | 袁　超 |
| 高　杰 | 郭海敏 | 赫志兵 | 谭茂金 | | |

# 《核磁共振测井》

## 编 写 组

组　　　长：肖立志

副　组　长：罗嗣慧　郭江峰

审稿专家：汤天知　谢然红　廖广志　侯学理

成　　　员：（按姓氏笔画排序）

于慧俊　王　敏　邓　峰　付建伟　朱万里　刘　伟

刘化冰　孙　哲　李　新　李儒鹏　吴保松　邹友龙

汪正垛　张　岩　张嘉伟　陈伟梁　金国文　胡海涛

黄　科　麻　超　梁　灿　傅少庆　谢庆明

# 序

经过中国测井界学人的共同努力，总计14卷26个分册的《地球物理测井学》终于问世了！这不仅是对推动测井学科进步做出的重大贡献，更是对测井先哲未竟事业和治学精神的赓续与弘扬。

地球物理测井是石油工业十大学科之一，被誉为洞察地下油气藏的"眼睛"。地球物理测井诞生于1927年。1939年，翁文波院士在中国大陆首次成功测井，开创了我国的测井事业，成为中国测井第一人。但长期以来，由于地球物理测井一直被称为"测井技术"，应有的学术地位没有得到充分体现，因而大大影响了测井学科的高质量发展。令人尊敬的测井前辈谭廷栋先生是喊出"测井学"的第一人。谭先生一生投身测井，60岁后更是为测井学正名而大声疾呼。这里之所以用"正名"而不用"倡导"或其他，是因为谭先生从来就认为测井是一门"学"，而不只是一门"技术"。他多次提到，"Reservoir Geophysics"（矿场地球物理学）一词中有"学"，在20世纪50年代翻译时出了问题，才变成了现在这个"技术"的叫法。谭先生还多次由衷感激地提到中国石油勘探开发研究院秦同洛教授，说他在国家科委确定石油工业十大学科的会议上能仗义执言："如果集声电核于一身的测井都不是学，石油上还有哪个敢说自己是学？"测井入选石油工业十大学科后，谭先生更是逢人便说、遇会便讲此中原委，且声情并茂、手舞足蹈，令与会者为之动容。于是，在他的亲自带领下，经过测井界同仁一起努力，1998年第一部《测井学》终于问世了，这是测井发展史上的一个重要里程碑。从1939年到1998年，历经60年姗姗来迟的这部《测井学》了却了谭先生最大的一桩心愿。两年后，他安详地阖上了双眼……当时参加先生追悼会的超过了300人，除了在京院所和有关司局的领导外，各大油田测井公司的主要负责同志差不多都到了。大家共同追思这位杰出的地球物理测井学家。我代表谭先生培养的所有硕士、博士毕业生题挽联一副："测井学先哲英灵永存，悼我师晚辈再写春秋。"

作为翁文波院士和谭廷栋先生的学生，我不仅忠实地继承了导师的遗志，尽全力推动测井学的发展，而且还努力从中国测井行业战略发展的高度出发，大力倡导"学科大发展，方有大作为"的理念。我认为，只有从国家、人民群众和专业人士这三个层面的需求出发撰写出版三类图书，即大百科全书、科普图书和专业著作，才能全方位确立、展现并提升测井学科的学术地位。于是，我从 2015 年起，用 6 年时间牵头遴选编撰测井条目，使地球物理测井第一次以一个完整学科定位写入《中国大百科全书》；从 2020 年起，我用 3 年时间组织编写出版了大型科普丛书《走进石油（第二版）》之测井分册《洞察地下油气藏：石油地球物理测井》，同时走进中国科技馆大讲堂，以《万米特深地球物理测井：一项极具挑战的"反向探月"工程》为题，向全国观众普及测井知识；从 2021 年起，我领衔担任主编，带领全国测井界知名专家学者精心编著这部《地球物理测井学》，旨在进一步提升测井学科的影响力。

令人骄傲和兴奋的是，在中国石油、中国石化、中国海油、延长石油、相关高校和科研院所各路专家学者的通力合作下，《地球物理测井学》如期面世了！这套书系统阐述了 90 多年来测井学科发展的理论技术成果，系统总结了各类测井方法在油气勘探开发实践中的应用效果。正如中国石油勘探开发研究院窦立荣院长所说："此次李宁院士领衔主编的《地球物理测井学》不仅保留和传承了 1998 年版《测井学》专著的经典内容，更重要的是立足当前非常规油气和深地深海等复杂油气藏测井理论技术挑战，融入了 30 年来我国测井领域取得的最新理论技术成果和海外推广应用的成功案例，必将为推动我国测井学科发展、技术进步和行业壮大产生重大而深远的影响。"

这套书的第一大特点是论述系统全面、内容丰富详实，涵盖了从测井解释、测井软件、测井装备、电法测井、声波测井、核测井、核磁共振测井、工程测井、油气井射孔、生产测井、测井岩石物理、测井地质应用、测井人工智能到测井简史等测井学科的各个分支。正因如此，我国测井界百余位知名教授、长江学者和现场技术专家都参与其中。著作内容的系统、全面还体现在首次将测井简史作为测井学不可或缺的一部分，分两册单独成卷。我国自主研制的渗透率测井仪原型机于 2024 年 3 月 3 日在华北油田任 91 井测试成功，即将在深地塔科 1 井实施世界首次万米特深井渗透率测井作业，一举实现从 0 到 1 的重大技术突破，为百年地球物理测井史再添辉煌一笔。

这套书的第二大特点是突出学术性，尤其强调对学科基础理论的阐述，特别是首次引入了中国学者导出的理论公式和提出的方法原理，不但丰富发展了测井基本理论，而且有助于推动建立中国在国际地球物理学界的地位和声望。例如，一直以来石油院校教材中测井饱和度计算的经典内容是美国学者阿奇提出的经验公式，以及翻译照搬苏联教材中的分层各向均匀体积模型，而在这套书中介绍的饱和度一般形式（通解方程），则是由中国学者针对复杂岩性给出的非均质各向异性模型导出，并详细证明了以往教材中的那些公式都是一般形式在给定条件下的特例（均为通解方程的特解）；又如，过去测井数据处理的主要方法和工业软件都是国外引进的，而现在《测井软件》一卷的核心内容则是中国学者提出的广义测井曲线理论和中国科研团队研发的目前装机量最大、年处理井数最多的大型国产测井工业处理软件 CIFLog。

这套书的第三大特点是首次把每一测井分支领域的理论方法、技术系列和现场应用以卷为单位有机统一起来。根据统一的顶层设计，每卷的第一分册论述该卷所涉及的测井细分领域的理论基础，用作高校教材，其读者主要是在校大学生和研究生等；第二分册论述该细分领域的技术方法，其读者主要是工程师和做毕业论文的研究生及博士后研究人员等；第三或第四分册提供该细分领域理论技术的典型应用实例，其读者主要是现场工程技术人员和现场实习的高校毕业生等。以第一卷《测井解释》为例，它的第一至第四分册分别为《测井解释：理论方法》《测井解释：储层评价》《测井解释：国内实例》《测井解释：国外实例》。作为一个分支领域的理论基础，每卷的第一分册相对独立和完备，应在较长时间内保持稳定；而它之后的各分册则应经常再版更新，及时补充最新的技术进展和最新的现场应用成果。

这套书的第四大特点是首创用微信扫描书中测井图件的二维码，就能在 CIFLog 测井软件中立即打开这幅测井图件并对其进行修改和二次处理。通过这一功能，学生可以看到处理相应井的方法、公式和参数，观摩学习并掌握要领；老师可以更方便地备课；现场工程技术人员可以参考所用方法，方便改写添加自己的处理公式和参数，从而大大缩短调整处理方案的时间，节省精力。同时，利用 CIFLog 智能助手，可以通过输入一段描述文字，快速推荐书中的相关案例图件。

总之，《地球物理测井学》定位明确，编写起点高，是目前国内地球物理测井领域最具理论性、系统性、创新性和权威性的一部著作。即便从国际测井发展史上来看，能集中如此多的行业专家学者精心编著这样大体量的学科专著也是绝无仅有的。2024 年，这套书入选国家出版基金资助项目，这在中国测井界也是第一次。衷心希望广大读者能够从中获益。

最后，特别感谢中国石油天然气集团有限公司原副总经理焦方正教授、中国石油科技管理部两任总经理匡立春教授和江同文教授在这套书出版立项过程中给予的鼎力支持。特别感谢中国石油勘探开发研究院各位领导、专家给予的全力协助与配合。

中国工程院院士

2024 年 12 月　于北京海淀

# 《地球物理测井学》分卷册目录

| 卷次 | 分册名 | 卷次 | 分册名 |
| --- | --- | --- | --- |
| 第一卷 | 测井解释：理论方法 | 第六卷 | 核测井（上册） |
| | 测井解释：储层评价 | | 核测井（下册） |
| | 测井解释：国内实例 | 第七卷 | 核磁共振测井 |
| | 测井解释：国外实例 | 第八卷 | 工程测井 |
| 第二卷 | 测井软件（上册） | 第九卷 | 油气井射孔（上册） |
| | 测井软件（中册） | | 油气井射孔（下册） |
| | 测井软件（下册） | 第十卷 | 生产测井（上册） |
| 第三卷 | 测井装备（上册） | | 生产测井（下册） |
| | 测井装备（下册） | 第十一卷 | 测井岩石物理 |
| 第四卷 | 电法测井（上册） | 第十二卷 | 测井地质应用 |
| | 电法测井（下册） | 第十三卷 | 测井人工智能 |
| 第五卷 | 声波测井（上册） | 第十四卷 | 测井简史：国内油气 |
| | 声波测井（下册） | | 测井简史：固体矿产 |

# 前　言

核磁共振（Nuclear Magnetic Resonance，NMR）是非零自旋的原子核在外磁场作用下，吸收特定频率电磁波而发生能级跃迁的过程，对多孔岩石中的流体及其赋存状态敏感，可以直接提供孔隙度、孔隙结构、渗透率、油气含量及其赋存状态等重要信息。由于核磁共振提供的油气储层信息的丰富性和独特性，已发展成为一种十分重要的地层探测技术，即核磁共振测井技术。为了阐述这项技术在油气勘探与开发领域应用的基本知识，培养相关领域的技术人才，编写本书。

本书主要介绍核磁共振测井技术原理、测量方法、仪器装备、数据处理与应用相关知识，力求言简意赅、通俗易懂。本书共八章。第一章对国内外核磁共振测井的发展历程、在储层评价方面的应用特点，以及核磁共振测井未来发展趋势进行概括性总结。第二章介绍核磁共振的基础概念和测量方法，包括核磁共振现象、极化、脉冲扳转、自由感应衰减、自旋回波、纵向弛豫时间、横向弛豫时间等概念，以及弛豫时间的测量、扩散系数的测量和二维核磁共振的测量等方法。第三章介绍与核磁共振岩石物理参数评价有关的知识，以及核磁共振测井资料流体识别的方法原理，如孔隙度、孔径分布、束缚水饱和度、渗透率、原油黏度与润湿性等，均可以从核磁共振弛豫测量中获得。第四章介绍电缆核磁共振测井仪器基本组成、仪器探头、电子系统关键模块、数据采集方法及质量控制的基本原理。第五章介绍随钻核磁共振测井仪器基本组成、仪器探头、数据采集方法及质量控制的基本原理。第六章介绍核磁共振测井资料的预处理方法、一维和二维核磁共振数据处理方法。第七章介绍核磁共振测井资料在地层评价方面的应用，包括孔隙度计算、地层毛细管压力曲线构建、束缚水饱和度含量计算、渗透率计算、油气水识别、储层流体黏度和润湿性指数计算。第八章介绍核磁共振岩心分析方法，包括仪器的使用流程、截止值确定方法、表面弛豫率确定方法、岩石核磁共振渗透率确定方法，以及岩石核磁共振成像方法等。

在本书编写过程中，肖立志为全书做了系统性的知识梳理、内容规划与统稿，罗嗣慧完成第一章、第四章、第五章和第八章编写，郭江峰完成第二章、第三章、第六章和第七章编写，张新宇、方誉、代鸿凯、樊睿琦、张家伟、景一凡、高梦娟等在高清图文编辑、文献资料查询整理等方面做了很多工作。

汤天知、谢然红、廖广志、侯学理对本书进行了详细审阅并提出宝贵修改意见。刘化冰、邓峰、李新、张嘉伟、于慧俊、傅少庆、谢庆明、胡海涛、吴保松、麻超、王敏、黄科、朱万里、张岩、金国文、邹友龙、梁灿、付建伟、汪正垛、刘伟、孙哲、陈伟梁、李儒鹏等为本书提供了宝贵资料。在此，一并表示感谢。

本书主要面向在校大学生，可作为学习核磁共振测井理论和方法的教材或参考书。同时，本书也可以作为从事油气勘探与开发的工程师和技术人员的指导书。特别是那些从事地球物理测井及储层评价的专业人士，可以通过本书了解核磁共振测井的技术背景、相关原理和应用。希望本书的出版能推动核磁共振测井的进一步发展和创新。

由于核磁共振测井技术的理论性和实用性很强，再加之受笔者水平限制，书中不足在所难免，敬请读者批评指正。

# 目 录

## 第一章 绪论 ... 1
第一节 核磁共振测井发展历程 ... 1
第二节 核磁共振测井特点 ... 5
第三节 核磁共振测井发展趋势 ... 11

## 第二章 核磁共振原理 ... 17
第一节 核磁共振物理基础 ... 17
第二节 核磁共振经典矢量模型 ... 20
第三节 核磁共振弛豫测量方法 ... 24
第四节 二维核磁共振测量方法 ... 30

## 第三章 核磁共振测井应用基础 ... 36
第一节 油气水的核磁共振特性 ... 36
第二节 含水岩石的核磁共振特性 ... 40
第三节 确定岩石孔径分布和孔隙度原理 ... 42
第四节 计算岩石束缚水含量原理 ... 46
第五节 计算岩石渗透率原理 ... 47
第六节 识别油气水原理 ... 49
第七节 计算流体黏度原理 ... 59
第八节 表征岩石润湿性原理 ... 62

## 第四章 电缆核磁共振测井仪器 ... 72
第一节 仪器结构及工作原理 ... 72
第二节 仪器探头 ... 73
第三节 仪器电子系统 ... 91

第四节　数据采集方法 ········································································· 96
　　第五节　质量控制方法 ········································································· 99

## 第五章　随钻核磁共振测井仪器　110
　　第一节　仪器结构及工作原理 ····························································· 110
　　第二节　仪器探头 ·············································································· 114
　　第三节　数据采集 ·············································································· 119
　　第四节　随钻质量控制 ······································································· 126

## 第六章　核磁共振测井数据处理方法　130
　　第一节　数据预处理 ·········································································· 130
　　第二节　一维核磁共振测井数据反演方法 ············································ 135
　　第三节　二维核磁共振测井数据反演方法 ············································ 144
　　第四节　核磁共振测井数据降噪方法 ··················································· 151

## 第七章　核磁共振测井资料解释与应用　164
　　第一节　计算地层孔隙度 ··································································· 164
　　第二节　构建毛细管压力曲线 ····························································· 168
　　第三节　计算地层束缚水含量 ····························································· 173
　　第四节　计算地层渗透率 ··································································· 176
　　第五节　识别储层油气水 ··································································· 180
　　第六节　计算储层流体黏度 ································································ 191
　　第七节　计算储层润湿性指数 ····························································· 197

## 第八章　核磁共振岩心分析方法　201
　　第一节　岩心分析仪器简介 ································································ 201
　　第二节　$T_2$ 截止值确定方法 ····························································· 204
　　第三节　岩石孔隙表面弛豫率确定方法 ················································ 206
　　第四节　岩石渗透率模型确定方法 ······················································· 217
　　第五节　岩心核磁共振成像方法 ·························································· 222

## 参考文献　232

# 第一章 绪 论

核磁共振（Nuclear Magnetic Resonance，NMR）是非零自旋的原子核在外磁场作用下，吸收特定频率的电磁波而发生能级跃迁的过程。在物理学、化学、生物医学，以及医学领域，核磁共振技术已经成为一种非常有用的工具，历史上曾产生过六次诺贝尔奖。随着使用永磁体及射频脉冲技术的核磁共振测井仪器的发展，确定地层特性的复杂实验室技术已经可以用于井场地层特性的观测与分析。本章主要对国内外核磁共振测井的发展历程、在储层评价方面的应用及特点，以及核磁共振测井未来发展趋势进行了概括性总结。

## 第一节 核磁共振测井发展历程

早在 1924 年，Parli 就从原子光谱的细微结构预测有些原子核应该具有自旋角动量及磁矩。这些磁矩在外加磁场的作用下，形成一组能阶，并在适当频率的射频场作用下会出现共振吸收现象。直到 1946 年，斯坦福大学的 Bloch 与哈佛大学的 Purcell 团队首次独立发现了核磁共振现象。Bloch 利用共振感应方法研究了室温下水中氢原子核的核磁共振，而 Purcell 采用共振吸收方法研究了石蜡中氢原子的核磁共振，从而开启了利用核磁共振在石油天然气及浅层地表水资源勘探与开发方面的技术创新与应用历程。

### 一、国外核磁共振测井

1949 年，Varian 观测并证实了地磁场中的核自由进动，并于 1952 年发明了 NMR 磁力计，用于测量地磁场的强度，其基本组成是一个缠绕线圈的水瓶。当一个直流电流通过该线圈时，沿线圈轴向将产生一个磁场，瓶中水的氢核受到轴向磁场的作用，几秒钟后，将它们原来沿地磁场的取向改变为沿线圈的轴线取向。然后，迅速断开电流，用该线圈作接收器，检测质子绕地磁场进动产生的信号。精确地测量进动频率，可以确定地磁场的总强度。随后，Varian 把这种仪器设计成便携式磁力计，成功地推向了市场。1954 年，Packard 和 Varian 提出磁力计技术可以用于油井测量。把线圈下放到井里，与磁力计的工作原理一样，线圈中的极化电流产生一个比地磁场强得多的磁场，地层中油或水的质子将沿磁场重新取向。然后，迅速切断直流电流，用同一线圈接收核进动产生的信号。最初的想法是试图观测信号的衰减，利用油与水弛豫时间的差别来检测油层。

1956 年，Brown 和 Fatt 在 Chevron 研究室发现，当流体处于岩石孔隙中，其 NMR 弛豫时间与自由状态相比显著减小。为了寻找引起这一现象的原因，前人进行了许多实验和理论研究。结果表明，弛豫时间与孔隙大小有关，而且，较小尺寸的孔隙具有较短的弛豫时间。对于球形孔，弛豫时间则与孔隙半径成正比。以此为基础，发展出分析岩心与测井数据的经验方法。实验观测到的核磁共振信号衰减曲线，可以分解成两条指数曲线，对应长、短两个弛豫时间。短弛豫时间对应小孔隙中的流体，并设想它们是不可采的；长弛豫时间对应大孔隙，其中的流体是可采的，这一部分也被称作自由流体指数（FFI）。自由流体指数及可动流体可采量评价也是后续地磁场核磁共振测井的应用基础。

1960 年，Chevron 公司的 Brown 和 Gamson 研制出利用地磁场的核磁共振测井仪器样机，并开始提供地磁场核磁共振测井（Nuclear Magnetism Logging，NML）服务。但是，这种方案在使用上受到两个很大的限制。首先，仪器周围的流体主要是井眼里的钻井液，除非消除井眼信号，否则地层流体信号难以被观测（地层信号比井眼信号小几个数量级）。为了解决这一问题，石油工程专家提出把数量可观的磁粉混合到钻井液中，但该方式十分耗时，极大地增加了作业时间及成本。此外，地磁场核磁共振测井需要在检测信号之前切断很高的直流电流，需要相当长的时间（与地层流体的核磁共振弛豫时间相比），这就意味着小孔隙中的信号在这段时间内无法被观测，增加了自由流体指数计算的不确定性。由于这些问题的存在，地磁场核磁共振测井没有被石油工业接受成为一种标准的常规测井方法。

1978 年，美国 Los Alamos 国家实验室的 Jasper Jackson 到 Chevron 研究室进行访问，发现了地磁场核磁共振测井的缺陷，并着手寻找一种新方案，能够把核磁共振测井的探测范围扩增到井眼外部地层中，从而无需对井眼流体加磁粉。随后，Jackson 提出了"Inside-out"测井概念，发明了基于永磁体结构的"Inside-out"核磁共振测井仪器，即不用地磁场，而是在井中放置一个磁体，使其在井眼周围的地层中产生梯度极小的均匀磁场，建立核磁共振条件。仪器的共振区域在井眼之外，由此达到消除井内钻井液影响的目的。与地磁场核磁共振技术相比，"Inside-out"核磁共振技术是核磁共振测井历史上一次巨大的技术飞跃，是核磁共振测井大规模商业化应用的重要基础。除了无须在钻井液中添加磁粉外，"Inside-out"技术较地磁场核磁共振测井还有其他的一些优越性。首先，磁场强度比地磁场更高，单位体积样品的可观测信号更大；其次，"Inside-out"技术利用射频磁场扳转磁化矢量，仪器能够自由操纵自旋系统。一方面，射频场的切断速度非常快，能够使仪器的"死时间"大大减小，短的仪器"死时间"允许核磁仪器对极小孔隙中的信号进行观测，并对数据进行更好的分析；另一方面，"Inside-out"技术打开了应用各种有效的射频脉冲序列的大门，通过对自旋系统的操作，能够充分提取地层流体的核磁共振信息。

"Inside-out"核磁共振测井仪器设计原理的验证分别于 1980 年和 1983 年在 Los Alamos 实验室及 Houston 大学的 API 实验中完成。但是，原理的正确并不等于可以大规模推广应用。这种原始方案产生的均匀磁场区域太小，可观测信号的信噪比不足以满足数据分析需求，很难作为商业测井仪而被接受。因此，寻找提高信噪比的方法，成为核磁共振测井技术进一步发展的关键。在 20 世纪 70 年代末 80 年代初，核磁共振技术本身得到很大的发展，特别是核磁共振成像（Magnetic Resonance Imaging，MRI）概念的提出和日益走向成熟，并在诊断医学中得到成功应用，Kurt Wuthrich、Paul Lauterbur 与 Peter Mansfield 分别因此获得诺贝尔生理医学奖。

1983 年，Melvin Miller 在美国的宾夕法尼亚州创办了一家专门从事核磁共振测井研究、仪器设计与制造、现场测井服务的公司，即 NUMAR 公司，并于 1985 年获得 Jasper Jackson 技术的专利使用权，试图通过提高这种方法的信噪比，使其能够达到商业应用。1985 年，两位为 NUMAR 公司以色列分部 NUMALOG 工作的威兹曼科学院科学家 Shtrikman 和 Taicher，提出一种新的磁体与天线结构，使核磁共振测井信噪比问题得到根本性突破。1988 年，一种综合了"Inside-out"概念和 MRI 技术，以人工梯度磁场和自旋回波方法为基础的全新的核磁共振成像测井技术（MRIL$^{TM}$）问世，使核磁共振测井达到工业化应用需求。MRIL$^{TM}$ 于 1990 年正式投入油田商业服务（Miller M N et al.，1990），很快在全球范围内得到成功应用，使得 NUMAR 公司受到石油公司的普遍青睐，并且成为国际上几家主要测井服务公司，如 Western Atlas，Halliburton，Computalog 等的核磁共振测井仪器供应商和合作伙伴。1993 年，荷兰 Shell 公司在美国、加拿大、尼日利亚、阿曼及荷兰成功地检验了 MRIL$^{TM}$ 的适应性和可靠性。1994 年，国际岩石物理学家和测井分析家协会（SPWLA）举办了首届核磁共振在地层评价中的应用专题研讨会。随后，NUMAR 于 1994 年推出双频 MRIL-C$^{TM}$ 型核磁共振测井仪器（Chandler et al.，1994），并与 Atlas 的 Eclips-5700 系统组合成功，其测试成果在 SPWLA 专题研讨会上进行了报道，获得业界的关注。1995 年，NUMAR 提出 DHT 油气识别技术，把 MRIL$^{TM}$ 的应用范围从有效孔隙度、渗透率、束缚水孔隙体积，延伸到油气水孔隙流体类型的识别，大大增强了核磁共振测井解决油气评价问题的能力。1996 年，NUMAR 公司实现了泥质束缚水的观测，推出能够测量总孔隙度的 MRIL-C/TP$^{TM}$ 核磁共振测井仪器（Prammer et al.，1996）。1998 年，已并入 Halliburton 的 NUMAR 公司将核磁共振测井仪升级为具有 9 个观测频率的 MRIL-Prime$^{TM}$ 型仪器（Prammer et al.，1998），极大地提升了测井效率。1999 年，Coates 等出版了核磁共振测井原理及应用专著，即 *NMR Logging Principles and Applications*，为该技术的理论和方法原理奠定了坚实基础。至此，以自旋回波为测量对象、以弛豫时间谱为基础的核磁共振测井进入成熟测井技术系列，得到规模应用。

斯伦贝谢公司作为核磁共振测井最早的研究机构之一，一直有专门的实验室和研究人员从事岩石核磁共振和核磁共振测井理论、方法及仪器的探索。进入 20 世纪 90 年代，斯伦贝谢公司放弃地磁场核磁共振测井方案。1992 年，斯伦贝谢公司宣布，一种以"Inside-out"概念为基础、利用永久磁铁在地层中产生局部均匀磁场的偏心极板型核磁共振测井新仪器 CMR$^{TM}$ 问世，它能够得到纵向分辨率非常高的地层核磁共振观测信号（Kleinberg et al.，1992）。这种仪器的结构与 Los Alamos 国家实验室科学家 Eiichi Fukushima 博士于 1985 年提出的发明（即利用两个直径不同的线圈反向排列，用小线圈产生的磁场抵消掉大线圈磁场的一部分，从而在小线圈的轴向产生一个均匀磁场区域）原理基本一致，但使用的磁体是永磁铁。

进入 21 世纪，核磁共振在世界范围油气资源勘探开发及实验室岩心分析测试表征中的应用需求逐步旺盛。随着对深海、深地，以及非常规复杂油气储层勘探与开发工作的深入，对精准获取油气储层物性及化学参数、精细刻画油气储层非均质性的要求越来越高。高信噪比、短回波间隔、高纵向分辨率、高测速等核磁共振测井仪器关键技术成为石油科学家与工程师们努力突破的方向，驱动其快速迭代升级。首先，二维核磁共振测井数据采集、处理方法及其应用得到发展，进一步提升了地层流体的定量分析能力（Venkataramanan et al., 2002; Song et al., 2002）；其次，哈里伯顿、贝克休斯、斯伦贝谢等公司相继开发出具有短回波间隔、高极化效率、高测速的偏心多频核磁共振测井仪器，以满足低孔隙、低渗透储层流体精细化评价，并不断进行技术更新，包括MRIL-XMR™、CMR-Plus™和CMR-MagniPHI™、MREx™、MR Scanner™等仪器（Balliet et al., 2018; McKeon et al., 1999; Chen S et al., 2003; DePavia et al., 2003）；这三家公司研制随钻核磁共振测井仪器装备，以满足大斜度井和水平井测井探测需求（Borghi et al., 2005; Heidler et al., 2003; Drack et al., 2001），包括MRIL-WD™、proVISION™，以及MagTrak™。

## 二、国内核磁共振测井

我国核磁共振测井技术萌芽于20世纪80年代初。高守双最早关注并积极推介美国核磁共振测井技术的进展。1982年，梅忠武出版了俄文专著《核磁测井》，介绍苏联地磁场核磁共振测井的方法原理及应用分析（Akeslrod, 1982）。同年，肖立志与谢红在高守双指导下发表《核磁共振方法确定岩样孔隙度》，成为我国该领域率先公开发表的实验研究结果。1991年，中国石油天然气总公司（CNPC）首次立项支持肖立志开展岩石核磁共振性质的系统研究。1993年，CNPC设立的中青年创新基金首次支持肖立志进一步开展核磁共振测井新技术研究和利用核磁共振成像研究驱油机理2个项目。1991—1995年，肖立志在中国科学院武汉物理研究所受叶朝辉、杜有如等指导，利用弛豫、波谱及显微成像等手段对岩石多孔介质的核磁共振性质及其与岩石物理表征参数的相关性做了系统研究，并于1998年出版了专著《核磁共振成像与岩石核磁共振及其应用》。1996年，中国石油从NUMAR公司引进2套核磁共振测井仪MRIL-C™进行现场应用，获得优质测井资料。同年，江汉石油学院在国内较早引进NUMAR公司的实验室核磁共振岩心分析仪。1997—1998年，肖立志提出了核磁共振岩心分析的理论基础、标准化流程及注意事项，奠定了相关行业标准的制定原则。2002年，北京环鼎科技有限公司引进哈里伯顿公司核磁共振测井仪组件和生产线，并以外包方式为Halliburton生产其最新的核磁共振测井仪器装备。

随着国际上油气勘探开发领域核磁共振应用技术不断完善和成熟，我国引进的核磁共振测井仪器越来越多，加之外国公司在我国提供核磁共振测井服务，促使我国开启了"引进—吸收—集成创新—原始创新"的核磁共振探测技术发展之路。2005年，中国石油天然气集团公司启动核磁共振测井仪研制项目，与肖立志团队合作，形成多频核磁共振测井仪器装备MRT6910。2008年，中国海洋石油总公司启动核磁共振测井仪研制项目，与肖立志团队合作，研制了偏心磁共振测井仪EMRT，并于2014年实现商业化与规模化应用。2012年起，肖立志团队分别完成电缆核磁共振测井仪器探头（胡海涛，2012）、随钻核磁共振测井仪器探头（李新，2012；孙哲，2020）、井周扫描核磁共振测井仪器探头（罗嗣慧，2020）、核磁共振井下流体分析系统（吴保松，2012；邓峰，2014；陈伟梁，2018）、电子系统（于慧俊，2012；刘伟，2019）、软件系统（傅少庆，2012；谢庆明，2012）等的制作及原理验证，得到了国家"863"计划、国家自然科学基金国家重大科研仪器等项目的持续支持，形成了涉及核磁共振测井仪器设计、数据采集与处理软件等仪器基础理论相关的专著《极端环境核磁共振科学仪器》（肖立志，2016）。随后，中国石油集团测井有限公司、中海油田服务有限公司、中国科学院地质与地球物理所和国仪量子等企业与科研院所，进一步与肖立志团队合作，相继开展了随钻核磁共振测井仪器的研制和应用。2018年，中国石油集团测井有限公司与肖立志团队一起，研发出偏心多维核磁共振测井仪器MRT6911（现更名为iMRT），并于2021年实现了现场推广应用。

此外，在长达20多年的发展历程中，国内技术人员充分利用多孔介质核磁共振基础理论和方法，研究了页岩气核磁共振响应特征（Du et al.，2020）、裂缝型地层核磁共振测井响应特征（Xiao et al.，2011；郭江峰等，2022）、核磁共振测井界面响应特征（刘双惠等，2008）、天然气水合物核磁共振响应特征等（李新等，2013a），发展了含油气储层的球管模型解释弛豫模型（刘堂宴等，2003）、陆相地层核磁共振估算孔隙度模型（王筱文等，2006）、核磁共振润湿性评价模型（Wang J et al.，2018；Liang et al.，2019）、核磁共振估算渗透率模型（Wang L et al.，2018，2019）、核磁共振弛豫时间谱重构毛细管压力曲线模型（何雨丹等，2005a，2005b）、页岩有机质核磁共振表征模型（Jia et al.，2018），提出了多孔介质核磁共振正演模拟方法（田志等，2019，2021；成家杰等，2013；张宗富等，2014；An et al.，2014）、多指数反演方法及影响因素定量评价方法（Xiao et al.，2004；王忠东等，2003；廖广志等，2007）、二维核磁共振理论与方法（谢然红等，2005，2009a，2009b，2009c）、三维核磁共振理论与数据处理方法（Zhang Z F et al.，2013a，2013b）、核磁共振减小振铃及深度维反演方法等（黄科等，2012），经过"资料应用适应性研究""区域解释模型研究""处理解释方法及软件研究""仪器装置及配套装备研制"等专题攻关，形成了适合于我国陆相复杂油气核磁共振测量分析技术及若干新颖和前瞻的技术储备，构成了我国核磁共振测井技术的理论框架和方法原理基础（肖立志等，2023）。至此，我国井孔核磁共振研究形成基本范式。

## 第二节　核磁共振测井特点

核磁共振成像（MRI）是人体健康检查中最有效的临床诊断方法之一。把人体置于MRI系统的舱室中，就可以检测到来自人体某一特定部位的氢核的磁共振信号。通过对自旋密度、纵向弛豫时间、横向弛豫时间等成像机制的综合利用，构建人体内部的结构影像，能够直观地显示各种病变，已经成为诊断医学中十分重要的工具，有助于对人体伤害及疾病的诊断。图1-2-1是人体头部的核磁共振成像图，展示了MRI的两个主要特征。首先，用来创建每一幅影像的信号都来自一个事先定义的部位，通常是一个薄片或者是目标的一个横截面。根据核磁共振的物理原理，每一幅图像只包含特定成像截面的信息，截面前后的物质实际上是看不到的。其次，只有流体（如血管、体腔核软组织）部分可见，而固体部分（如骨骼）产生的信号衰减很快，根本记录不到。而且，核磁共振成像不含任何对人体有害的放射性源。利用这两个特征，医生不需要懂得复杂的核磁共振原理就可以利用MRI做出准确的诊断。

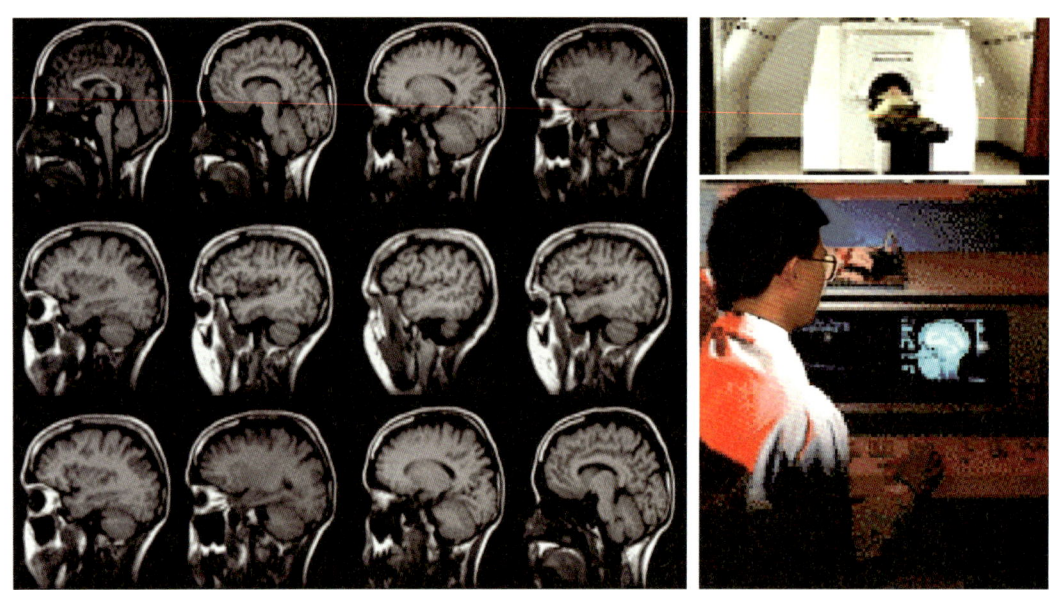

图 1-2-1 人体头部的"多切片"或多截面成像 MRI 扫描图（据肖立志，1998）

左边是 12 张人体头部的核磁共振成像，亮的部分代表有较高流体含量的组织
（如大脑软组织），暗的部分代表有较低流体含量的组织（如骨骼）

利用与诊断人体异常相同的核磁共振原理，可以对赋存在储层岩石孔隙中的流体进行分析。首先，薄片的概念使磁共振成像测井的探测范围变成一个清晰的可控制区域，它是一个由静磁场梯度及射频磁场频率确定的局部探测区域，探测区域之外的地层对观测信号没有影响。其次，观测信号只来自圆柱壳内孔隙中的流体，而矿物骨架对观测信号几乎没有影响。最后，有多种可利用的对比机制，如通过纵向弛豫时间、横向弛豫时间、扩散系数等，把观测信号中对应的不同流体成分区分开。就像医生不需要成为核磁共振专家就可以进行有效的医学诊断一样，地质学家、地球物理学家、石油工程师和储层工程师也不需要成为核磁共振专家就可以利用核磁共振测井方法进行正确的储层评价。

对于医学 MRI 技术而言，只有流体信号才可被探测得到（Vinear，1986）。同样，核磁共振测井仪器测量得到的孔隙度中也不包含岩石骨架的贡献，因此，也就不需要进行岩性校正。这一响应特征使得核磁共振测井仪器与常规测井仪器有着根本的区别。常规的中子、密度和声波这三种孔隙度测井仪器都受储层岩石所有成分的影响（Hearst et al.，1985；Bassiouni，1994）。由于储层岩石中岩石骨架部分比流体空间部分大，因此这些常规仪器对岩石骨架部分比孔隙流体部分更灵敏。常规电阻率测井仪器，虽然对流体特别灵敏，并且常被用来估算含水饱和度，但还不能认为是真正的流体测井仪器。只要存在导电矿物，这些仪器就要受到严重影响，要想对这些仪器的响应做出正确解释，需要详细地了解有关地层和孔隙中水的特性。核磁共振测井可以提供不限于以下几类信息：（1）关于岩石孔隙中流体数量的信息；（2）关于流体特性的信息；（3）关于含流体孔隙尺寸的信息；（4）关于自由流体与不可动流体指数的信息；（5）关于岩石渗透率的信息等。

## 一、流体含量

核磁共振测井仪器可以直接测量储层流体中氢核的密度。水中氢核的密度已知，因此可以将来自核磁共振仪器的数据直接转换为视含水孔隙度。做这一转换不需要知道构成骨架部分的岩石矿物成分，同时也不必考虑流体中的微量元素（如影响中子孔隙度测量的硼）的影响。

## 二、流体特性与识别

医用 MRI 要求把特定的医学条件或者人体的器官与不同的核磁共振结果联系起来。采用同样的方法，可以用 MRI 仪器对井壁以外几英寸内的区域进行研究。核磁共振测井仪器则可以确定不同的流体（水、油和气）的存在及含量（Akkurt et al., 1995），同时还可以确定流体的某些特性（如黏度）。医用 MRI 和核磁共振测井仪器都可以采用特定的脉冲序列或观测模式来工作，从而提高对流体特性的探测能力。

黏土束缚水、毛细管束缚水和可动水占据不同尺寸的孔隙。在孔隙空间中，烃与盐水是不同的，烃通常都存在于大孔隙中。各类烃及盐水的黏度和扩散系数各不相同。核磁共振测井利用这些差别区分岩石孔隙中的流体。图 1-2-2 定性地表明了岩石孔隙中流体的核磁共振特性。一般而言，束缚流体的纵向弛豫时间 $T_1$ 和横向弛豫时间 $T_2$ 很小，扩散较慢（扩散系数 $D$ 很小）。这是由于小孔隙中分子运动受限引起的。自由水的 $T_1$、$T_2$ 和 $D$ 一般为中等。烃类，如天然气、轻质油、中等黏度油和重油也具有非常不同的核磁共振特性。天然气的 $T_1$ 很大，而 $T_2$ 很小。油的核磁共振特性变化很大，而且与油黏度有关，轻质油扩散快，$T_1$ 和 $T_2$ 很大。当黏度增加且烃的组分变得复杂时，扩散系数减小，$T_1$ 和 $T_2$ 减小。基于孔隙流体信号独特的核磁共振特性，可以识别（某些情况下可以定量）烃的类型。

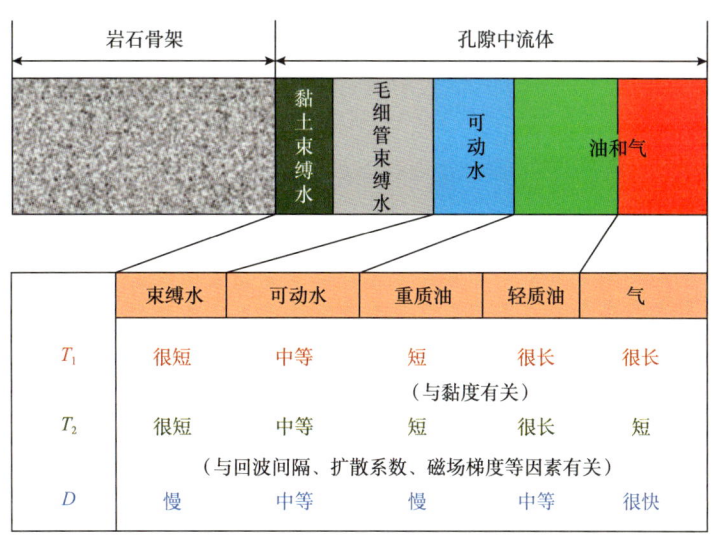

图 1-2-2 岩石组成与 $T_1$、$T_2$、$D$ 的关系示意图（据 Coates 等，2007）

尽管流体的核磁共振特性存在可变性，如果测量数据准确，仍然可以预测或识别来自不同类型的流体的信号在 $T_2$ 谱上的位置，这一点为核磁共振数据解释提供了重要信息，也具有实际应用价值。如图 1-2-3 所示，这两种方法属于一维核磁共振流体识别方法。第一种方法使用了不同的极化时间（等待时间）$T_W$，采用 $T_1$ 加权法区分轻烃（轻质油或气）和水；第二种方法采用了不同的回波间隔 $T_E$，利用扩散系数加权法，在特定静磁场梯度中区分稠油和水，或者区分气体和液体。上述两种方法也是利用二维核磁共振 $T_1$—$T_2$ 谱和 $D$—$T_2$ 谱进行流体定量识别的基础。

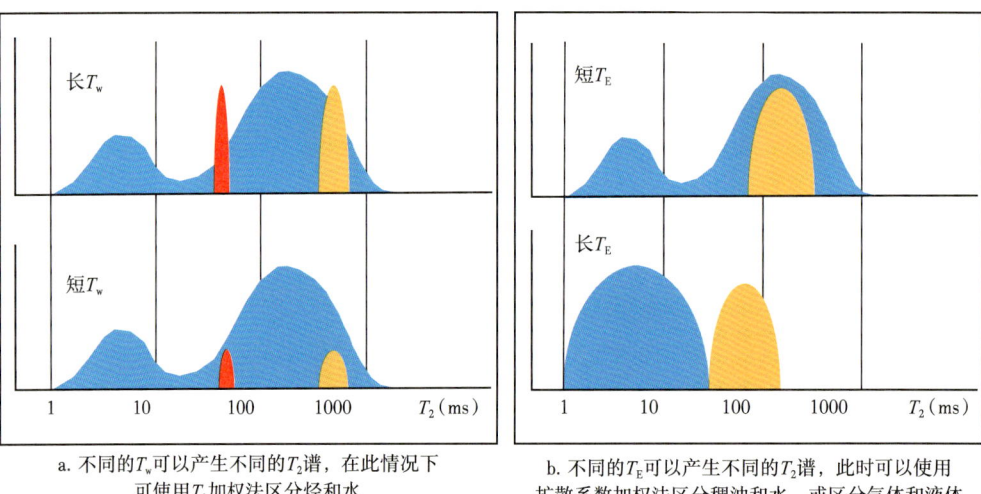

a. 不同的 $T_W$ 可以产生不同的 $T_2$ 谱，在此情况下可使用 $T_1$ 加权法区分烃和水

b. 不同的 $T_E$ 可以产生不同的 $T_2$ 谱，此时可以使用扩散系数加权法区分稠油和水，或区分气体和液体

图 1-2-3 流体定量识别示意图（据 Coates et al., 2007）

## 三、孔隙尺寸和孔隙度

储层岩石中孔隙流体与自由流体的核磁共振响应是不同的。例如，当含水孔隙尺寸减小时，孔隙水和自由水之间的视核磁共振特性差异增大（Brownstein et al., 1979）。使用简单的方法就可以从核磁共振测井数据中提取到丰富的孔隙尺寸信息，从而极大地改进一些重要岩石物理参数的估算，如渗透率、毛细管束缚水体积等（Prammer, 1994）。

对于与黏土或其他含水矿物有关的微孔，其核磁共振响应几乎与固体相同。与大孔隙中的可动水相比，这部分微孔隙中的水具有非常短的弛豫时间，因此，探测这部分孔隙中水的信号十分困难。早期的核磁共振测井仪器无法探测到这部分微孔隙水中的变化，因此仪器测量的孔隙度通常被定义为"有效孔隙度"。而现在的核磁共振测井仪器完全可以探测到孔隙空间的所有流体，测量的孔隙度称为"总孔隙度"。利用测量的孔隙尺寸信息，可以计算有效孔隙度，其结果与早期仪器测量的孔隙度非常接近（Prammer et al., 1996）。

另外，核磁共振测井设计理念的一个关键特征是核磁共振测井仪器在井中对地层的测量，可以通过在实验室对地层的岩样进行核磁共振测量而得到验证。这种在差异很大的条件下可进行重复测量的能力，使研究人员可以将核磁共振测量结果转换为最终用户感兴趣的岩石物理性质（如孔隙尺寸）（Murphy, 1995; Cherry, 1997; Marschall, 1997）。

图 1-2-4 是核磁共振测井仪器响应与常规测井仪器响应的对比（肖立志，1998）。常用的体积模型中包括岩石骨架和孔隙流体两部分贡献。骨架部分由黏土矿物和非黏土

矿物组成，而孔隙流体则是由水和烃组成。理论上，孔隙流体还可以细分为黏土束缚水、毛细管束缚水、可动水、气、轻质油、中等黏度油和重油。

虽然常规孔隙度测井仪器，如中子、密度和声波，表现的是对体积模型中的所有成分的响应，但是，它们对骨架的响应比对孔隙流体的响应更为灵敏。另外，井眼和滤饼对这些仪器的响应有很大的影响，而且它们的探测区不像核磁共振测井仪器那样明确。

电阻率测井仪器，如感应和侧向，对导电流体，如黏土束缚水、毛细管束缚水和可动水等都有响应。为了更好地计算含水饱和度，根据黏土束缚水和毛细管束缚水与可动水之间的电阻率差别，发展了双水模型和 Waxman-Smits 模型。由于毛细管束缚水和可动水之间的电阻率没有差异，即使使用这些模型，识别产层仍然是困难的。同常规孔隙度测井仪器一样，电阻率测井仪器对井眼和滤饼也非常敏感，其探测范围也是非常不明确的。

常规测井解释方法要对孔隙度和电阻率测井数据进行环境校正，再用其确定地层孔隙度和含水饱和度。要判断仪器响应的精度，选择可靠的模型参数，将各种测量的纵向分辨率和横向探测深度匹配，所有这些都增加了准确计算孔隙度和含水饱和度的困难。另外，利用常规测井方法区别轻质油、中等黏度油和重油是难以实现的。

如图 1-2-4 所示，核磁孔隙度实际上是与岩石骨架无关的，也就是说，仪器只对孔隙流体有响应。不同流体的核磁共振性质不同（如 $T_1$、$T_2$、$D$），这样就可以在仪器探测范围内区分束缚水、可动水、气、轻质油、中等黏度油和重油。核磁共振测井仪器的探测范围是明确的。因此，如果井眼和滤饼不在其探测范围内，就不会对仪器的测量产生影响。

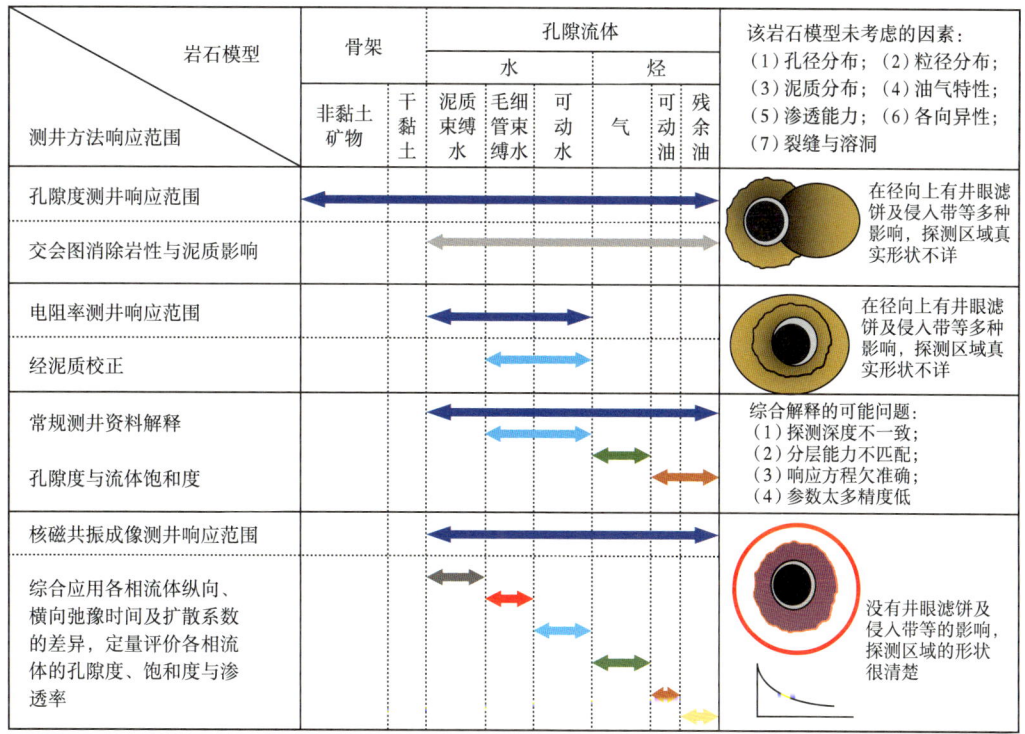

图 1-2-4　核磁共振仪器响应与常规测井仪器的响应对比（据肖立志，1998）

如图 1-2-4 所示，体积模型中不包括可以由核磁共振测井结果提取的所有信息，如孔隙尺寸、地层渗透率、黏土及缝洞的存在、烃特性（如黏度）和粒度。常规测井对这些因素的响应是有限的，而这些因素对核磁共振测井仪器的测量结果有影响。因此，分析这些影响可以为储层描述及评价提供非常重要的信息。

### 四、自由流体指数与束缚水饱和度

利用核磁共振测井提供的孔隙度和孔径分布信息可以估算渗透率和具有潜在生产能力的孔隙度（即可动流体含量）。核磁共振估算的生产孔隙度称为自由流体指数（Free Fluid Index，FFI），不可生产的孔隙度称为不可动流体指数（Bulk Volume Irreducible，BVI）。FFI 的评价是基于以下假设：可动流体赋存于大孔隙中，而束缚流体则赋存于小孔隙中。由于 $T_2$ 是与孔隙尺寸有关的，因此就可以选择一个 $T_2$，小于该值对应的流体存在于小孔隙之中，大于该值则流体存在于大孔隙之中，此值被称作 $T_2$ 截止值（Coates et al.，1997）。

通过在 $T_2$ 谱上的划分，$T_2$ 截止值将孔隙度分解成为 FFI 和 BVI，如图 1-2-5 所示。对饱和水的岩样进行核磁共振测量可以确定 $T_2$ 截止值。具体地说，要对完全饱和水和部分饱和水的同一块岩样 $T_2$ 谱进行对比。部分饱和水的岩样可以通过在特定的空气—盐水毛细管压力条件下，对完全饱和水的岩样进行离心得到，尽管毛细管压力、岩性、孔隙特性都对 $T_2$ 截止值有影响。在实际应用中，一般还是采用地区的经验 $T_2$ 截止值，或者是一组标准的地区岩心样品的 $T_2$ 截止值的平均值。例如，在墨西哥湾地区，对砂泥岩和碳酸盐岩地层分别选取 33ms 和 92ms 就合适。不过，想要得到更加精确的 $T_2$ 截止值，还是需要对测井井段的岩心进行实验分析。

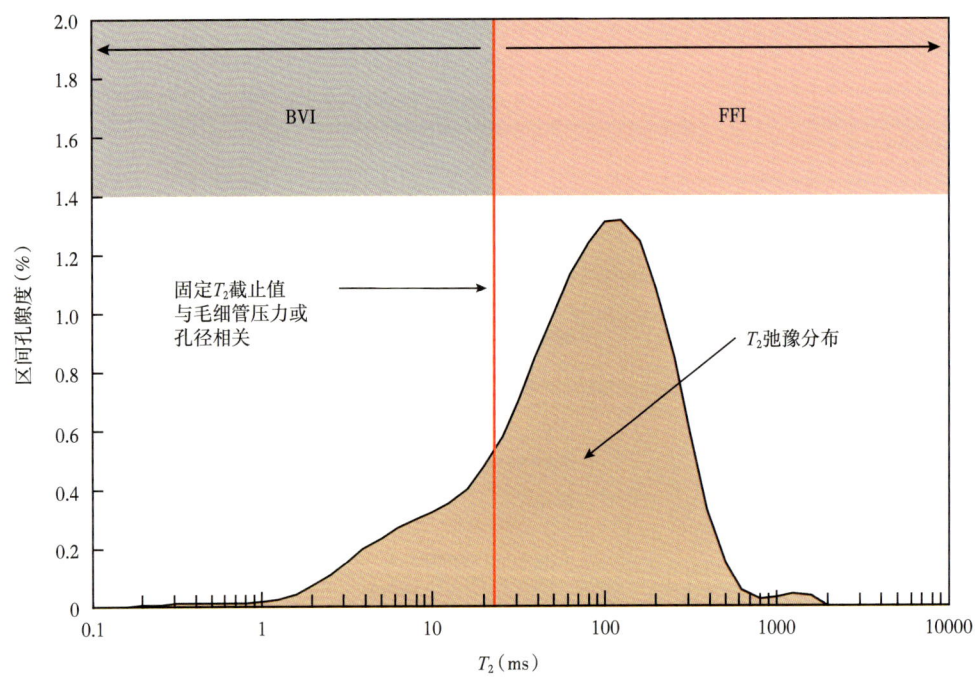

图 1-2-5　自由流体指数与不可动流体指数示意图（据 Coates et al.，2007）

## 五、岩石渗透率

岩样的核磁共振弛豫特性取决于孔隙度、孔隙尺寸、孔隙的流体特性和矿物成分。核磁共振的渗透率的估算基于以下假设：渗透率随着孔隙度和孔隙尺寸的增加而增加（Ahmed, et al., 1994）。在此基础上，已经发展了两类渗透率模型，即自由流体或Coates模型（适用于含水或者含烃地层），SDR模型（适用于只含水的孔隙系统）。为了改进这些模型并创建适合地区情况的核磁共振渗透率模型，岩心样品的测量工作是必不可少的。如图1-2-6所示，给出了利用地区岩心实验建立Coates渗透率模型时，确定模型中常数$C$的过程。Coates模型的渗透率表达式为$K=(MPHI/C)^4(FFI/BVI)^2$，其中$K$是地层渗透率，$C$是与地层有关的常数，MPHI是核磁共振有效孔隙度。

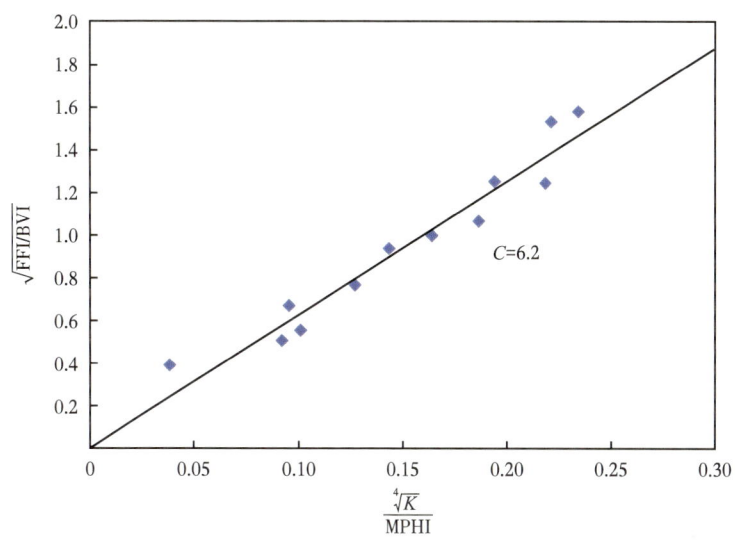

图1-2-6 利用岩心数据的交会图确定Coates渗透率模型中的常数$C$（据肖立志，1998）

# 第三节 核磁共振测井发展趋势

鉴于核磁共振测井在全球范围内的蓬勃开展，人们自然会非常关心其未来发展方向和近期的技术突破口。1994年10月，国际岩石物理学家和测井分析家协会在美国新墨西哥州Taos召开了"核磁共振在测井中的应用专题会议"，代表们曾共同设计了一支理想的核磁共振测井仪，指标如下：（1）纵向分析能力：0.3~0.6m；（2）径向探测深度：2~30cm（从井壁算起）；（3）测井速度：180~540m/h；（4）共振频率：小于2MHz；（5）回波个数：600个以上；（6）回波间隔：1ms以下；（7）最高耐温：大于175℃；（8）能够同时得到$T_1$、$T_2$、扩散、流动等信息；（9）对井眼环境不敏感；（10）具有可靠的井下质量监测和控制系统；（11）能够对采集到的数据进行实时分析处理；（12）仪器外径适合不同井径的要求；（13）能够很方便地与其他测井仪器组合在一起进行测量；（14）能够做多频观测，进而实现对地层径向特性成像；（15）能够对其他磁性核（如Na等）进行观测。

从 1994 年至今已经过去 30 余年，上述这些指标在技术上大多已经实现。核磁共振测井的远期发展方向决定于其真正解决油气资源勘探开发问题的能力和潜力，它必定是在满足解决日益复杂的油气资源地层评价问题需要的基础上，即是在解决油气勘探开发中储量、储层质量和产量评价问题的基础上，一步一步往前走。

目前的核磁共振测井理论与实际应用研究表明，核磁共振测井的优势在于：（1）识别低阻／低差异储层；（2）评价复杂岩性油和（或）气储层；（3）识别中等黏度油和重油；（4）研究低孔隙低渗透地层；（5）确定残余油饱和度；（6）改进增产设计。特别是，核磁共振数据提供如下有价值的信息：（1）与矿物成分无关的孔隙度；（2）孔隙度分布，在饱和水地层提供孔径分布；（3）当 $T_2$ 截止值准确时，可以确定束缚水体积和自由流体体积；（4）用自由流体指数和束缚水体积或 $T_2$ 平均值确定渗透率；（5）通过使用以下方法进行烃类定量识别：① $T_1$ 加权法（差谱法）区分水、气和（或）轻质油；② 扩散系数加权法（移谱法）区分水和黏度油；③ 多维核磁共振方法，包括 $T_1$—$T_2$ 和 $D$—$T_2$ 方法实现复杂储层流体饱和度计算。

对于未来的核磁共振测井技术走向，应当包括但不局限于以下几个方面。

# 一、仪器性能与装备的提升

## 1. 复杂井况及储层

随着我国深井、超深井甚至万米深井的钻井技术的不断突破，超高温、超高压、高浓度咸水钻井液、井壁不规则、水平井、大斜度井等复杂井眼环境是核磁共振测井技术必须面临的挑战，仪器材料选取、结构工艺要进一步提升，特别是小型化、高刚度、高耐温的仪器结构设计及核磁共振测井工艺，以适应多种因素耦合的复杂井眼环境及工况。例如，核磁共振测井仪器探头磁性材料配方与磁体结构的提升以满足高温度梯度变化条件下的磁场温度漂移稳定性；仪器小型化及高刚度结构工艺以满足仪器在极易遇卡的地层段以高强度钻杆推进状态下的抗拉抗扭作用力等；低功耗、耐高温、可集成化电子元器件选型及制作工艺以提升核磁共振测井电子线路的工作稳定性。此外，针对深地、深海非常规复杂油气储层，孔隙致密、流体组分及其赋存状态复杂，现有仪器"死时间"难以获取完整的流体信号，核磁共振测井仪器的回波间隔需要进一步缩短。目前国内外较为成熟的核磁共振测井仪器的最短回波间隔为 0.2ms，在超低孔隙低渗透、流体组分十分复杂的页岩油气等疑难储层应用时，仍存在短弛豫组分信号缺失的问题。

## 2. 随钻核磁共振

钻井结束后，钻井液滤液会向地层侵入，时间越长，侵入越深。目前的电缆核磁共振测井的探测深度较浅，属冲洗带或侵入带测井，难以获得原始地层的全部信息。一种方式是增强核磁共振仪器的极化强度及探头的灵敏度以增加探测深度，但是探测深度的增加势必会导致仪器尺寸的增大或仪器功耗的增加。为此，有必要进一步发展一种在侵入尚未发生之前就观测的方法，从而观测到不受侵入影响的原始地层信号。随钻核磁共振测井技术与装备正是基于这种考虑而提出的，它有更多的优越性，特别是对测井效率与实时性的提升，目前受到海洋石油钻探施工的关注和欢迎。到目前为止，我国的随钻核磁共振技术仍然是一种"卡脖子"技术。

## 二、探测方法的提升

1. 探测新理念与方法

当前的核磁共振测井模式具有有效孔隙度（标准 $T_2$ 测井）、总孔隙度（C/TP）、时域分析（双 $T_w$ 测井）、扩散分析（双 $T_E$ 测井）等方法，但需要通过多次下井才能采集到全部信息。多次下井除了施工上的不便（如费时、遇卡机会增多等），还有深度不匹配、探测区域不完全重合等应用上的困难。因此，要继续从现有的核磁共振测井技术中去寻找测井条件下可以实现的新方法和新概念，最好一次下井就采集到全部信息十分重要。例如，测井条件下如何建立和施加脉冲磁场梯度，或者使井周方向产生磁场梯度，使地层径向与井周外面的三维成像成为可能？如果能够实现并且解决信噪比问题，这才是测井分析家、油藏工程师、地质学家等所梦寐以求想要看到的，那时，不仅油、气、水、可动与不可动，及其空间定量分布能够看得一清二楚，甚至连裂缝的开度、走向及其连贯性等都可尽收眼底。目前，斯伦贝谢、哈里伯顿等国际油服公司已经开始了井下方位核磁共振成像测井国际专利群，旨在实现井筒三维核磁共振成像。肖立志则率先提出了三维核磁共振成像测井的概念（Liao, et al., 2021），如图 1-3-1 所示。

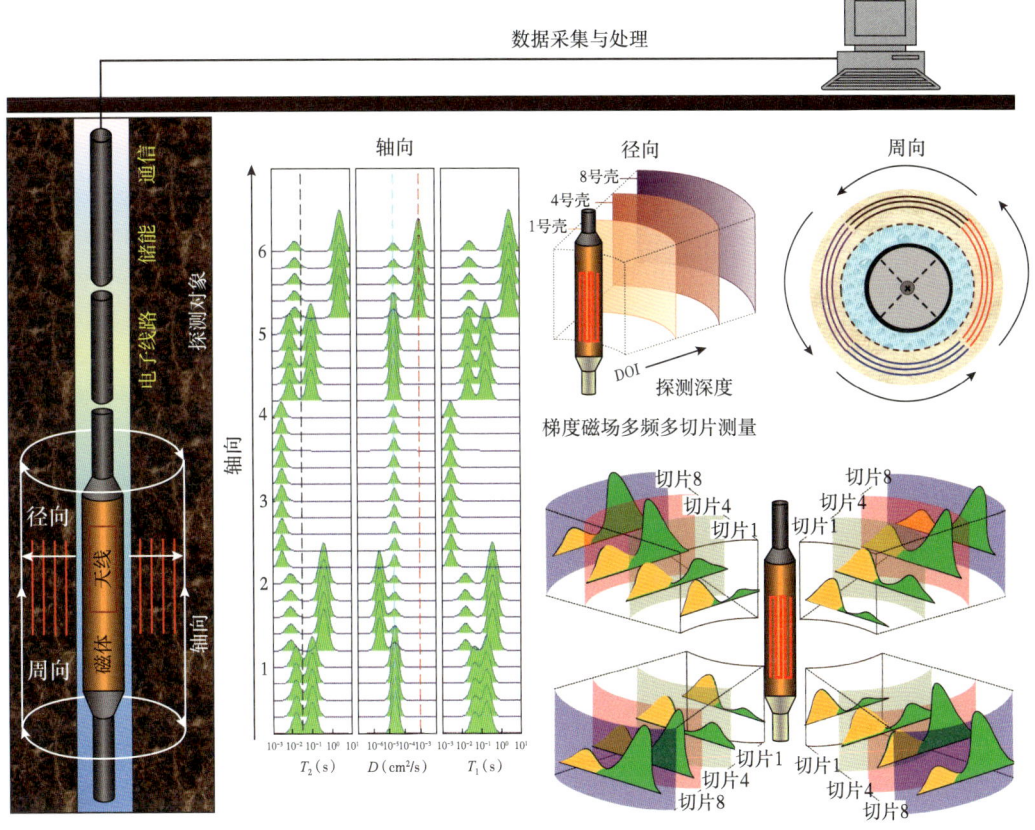

图 1-3-1 井下三维核磁共振成像测井示意图（据肖立志，2016）

核磁共振测井仪器一次下井可同时采集井筒周向、轴向、径向的空间信息，
实现近井端核磁共振信息探测的空间全覆盖

2. 实时闭环调控探测方法

$T_1$、$T_2$ 和 $D$ 的快速、准确测量非常关键，很多应用都是建立在 $T_1$、$T_2$、$D$ 的基础上。核磁共振测量参数的设置在没有先验信息的情况下，依靠操作人员的主观经验设置测量模式和参数，不仅会导致测量冗余，仪器的功耗增加，甚至直接影响测量结果的准确度。核磁共振测井通常是在预定的脉冲序列和采集参数下进行的，标准 $T_2$ 测井、双 $T_W$ 测井和双 $T_E$ 测井能够准确进行储层孔隙评价和流体识别，然而这些方法从本质上讲，其测量参数是静态的，在测井过程中不具备实时调整的能力。由于被测样品未知且弛豫性质分布较宽，以测前设定为特征的传统测量模式不再适应新的需求，突破核磁共振测井的传统测量模式，通过实时闭环调控思想完成测量参数的自适应调整，利用实测信号实现测量参数的实时更新和微调，将脉冲激励和数据采集结合起来，可以从源头提高信号采集的质量，从而提高样品评估的准确性，最终实现 $T_1$、$T_2$、$D$ 测量的自动化、快速化和标准化，这对于未来的核磁共振测井应用十分重要，特别是在复杂井况下进行核磁共振测井作业的过程中更应该如此。

## 三、处理方法的提升

核磁共振测井采集的原始回波串数据需要通过反演得到核磁共振谱，才能进一步评价地层信息，核磁共振测井数据反演精度直接影响测井解释的可靠性。为了提高反演数据质量，通常在反演之前需要对其进行去噪处理。为了提高核磁共振数据反演速度，满足核磁共振测井数据实时处理的需要，通常在反演之前需要对其进行压缩处理。深层与超深层复杂及非常规储层是未来核磁共振测井主要的目标，但此类储层的核磁共振测井数据的信噪比远低于传统处理方法所需的信噪比指标，因此，传统方法获得的核磁共振弛豫谱可靠性低。为了提高核磁共振测井的应用成效，在发展高质量仪器的同时，发展高精度的核磁共振处理方法也非常重要。另外，传统处理方法需要设定很多参数，这些参数的设定也会影响最终的结果，对处理人员的技术水平要求很高。核磁共振数据智能处理方法是未来发展的趋势，可以实现数据去噪、压缩和反演一体化。

## 四、解释理论与模型的提升

目前，国内外所有的核磁共振测井技术都能够实现有效孔隙度、毛细管束缚水孔隙体积、可动流体孔隙体积、渗透率等重要信息的获取，但是，对于侵入比较深的轻质油和气层，在做含烃评价时将遇到困难，特别是在碳酸盐岩地层，到目前为止，$T_2$ 谱与孔径分布及油气赋存状态的关系仍然不像砂泥岩地层那么明确，这就给核磁共振测井在这种地层中的应用提出一些有待解决的特殊问题。此外，在页岩储层中，通常包含油、气、水、类固体有机质（干酪根、沥青质）、黄铁矿等，它们给核磁共振测井响应带来了十分复杂的影响。常规核磁共振测井响应机制与解释评价模型并不适用于页岩油气储层，其复杂流体组分及流—固耦合相互作用所产生的核磁共振响应机制及解释模型有待于进一步揭示与建立。

## 五、应用范围的扩展

1. 非常规油气储层评价

核磁共振技术在非常规油气勘探开发中具有广阔的应用前景。一方面，利用核磁共振技术可以更好地获取储层基本物性特征参数，如孔隙度、饱和度、孔径分布、渗透率和润湿性等，对储层评价和产量预测具有重要作用；然而，仍需要进一步研究储层流体的物理和化学特征，以及流体分子与储层岩石的相互作用方式及机理等。另一方面，核磁共振技术在油气开采策略和开发效率评价中，特别是驱替机理机制研究中受到欢迎。核磁共振可以实现两相流动的可视化，有助于动态定量分析和认识自吸过程。非常规资源及储层评价时，核磁共振对有机质中氢自旋动态响应敏感，利用核磁共振弛豫机制可以表征氢质子在油、水和气中的自旋动态特征。核磁共振技术有助于了解非常规油气的赋存状态、富集机理及吸附—解吸附的过程。同样的信息和方法原理，可以用于储气库建设和动态监测。

2. "碳中和"实践中的应用

核磁共振技术有望在"碳中和"实践中得到应用。碳捕集、利用与封存（Carbon Capture，Utilization and Storage，CCUS）被认为是实现"碳中和"的重要手段，地下碳封存，不仅需要储层具有高孔隙度、高渗透性及连通孔等特性，还需要良好的盖层，使二氧化碳不会泄漏，因此，选址对碳赋存非常重要，可以借鉴现有的油气勘探及开发技术进行储层评价与帮助选址决策。

3. 地热清洁能源储层评价

井孔温度、流体渗流及其与地层应力之间的耦合机理是地热资源勘探开发中的基础性科学问题。储层孔隙度、渗透率和非均质性的认识对地热资源的地层模拟至关重要。此外，在地热资源开发过程中，可能会改变地层和注入水的化学性质，从而导致地层孔隙堵塞和矿物沉积，并在生产过程中腐蚀井筒。核磁共振将有助于解决地热储层岩石物性参数精确获取的问题。此外，裂缝可以显著影响地层中的流体流动路径，有效提高地层的有效渗透率，将热量从储层传递到工作流体。核磁共振可以间接地分析裂缝的影响，考虑裂缝参数（孔径、数量、角度等），可得到裂缝储层核磁共振测井响应方程，并用于描述裂缝行为。

4. 固井水泥科学研究与固井质量监测

实验研究表明，核磁共振为 $CO_2$-EOR 的工程决策提供了重要信息。此外，核磁共振还可用于原位条件固井水泥机理机制的科学研究和质量监测。水泥水合过程对于油气井固井及二氧化碳埋存都非常重要，是确保油气生产安全、油气井生命周期、碳封存持久密封的基础，需要深入研究的问题还很多。核磁共振用于波特兰水泥等基础建材研究已有40多年历史。为了理解和改善水泥性能，通过核磁共振弛豫和成像，研究水泥石，包括孔隙结构和类型、水化过程、凝胶组成、养护过程、渗透性和稳定性、损伤过程及水泥配方等，均取得了进展。然而，研究大多是在室温条件下进行，并且实验过程也大多过于简化，在井孔恶劣环境条件下，水合机制、钻井液污染及流体侵蚀过程等可能导致完全不同的核磁共振响应。核磁共振技术在固井水泥相关基础研究方面具有其独特的价值。

总的来说，20世纪，核磁共振技术在常规油气资源勘探开发中发挥了重要作用；21世纪，页岩油等非常规油气资源评价为核磁共振技术提供了更加广阔的应用场景，从各地页岩油气评价实践中，已经看到核磁共振技术的显著优势；未来，在超深层油气资源勘探开发、储气库建设及运行监测、二氧化碳地质封存、固井水泥时空演化的基础研究等丰富应用场景中，核磁共振具有巨大发展前景。可以看出，核磁共振技术正迎来发展和推广应用的新阶段。中国 20 世纪 80 年代开始的岩石多孔介质核磁共振理论及应用基础持续研究，支撑了 20 世纪常规油气资源的核磁共振评价技术、21 世纪页岩油气等非常规油气资源的核磁共振解释应用，也为新阶段更加丰富、更具挑战性的应用奠定了良好基础。

# 第二章 核磁共振原理

虽然核磁共振测井所依据的物理原理十分复杂，但只需了解一些核磁共振的基础概念和测量方法，就可以进行核磁共振测井和资料解释的工作。这些基础概念包括核磁共振现象、极化、脉冲扳转、自由感应衰减、自旋回波、$T_1$、$T_2$ 和 CPMG 脉冲序列；测量方法包括弛豫时间的测量、扩散系数的测量，以及二维核磁共振测量。本章首先介绍这些概念，在了解概念的基础上，再介绍对应的测量方法。

## 第一节 核磁共振物理基础

核磁共振是在具有磁矩和角动量原子核的系统中所发生的一种现象。为了理解这种现象及核磁共振原理，需要介绍原子核的磁性、单个自旋在外加磁场中的行为、宏观磁化矢量、弛豫时间概念。当没有外加磁场时，单个核磁矩随机取向，从而包含大量同种核的系统在宏观上没有磁性。当核磁矩处于外加静磁场中，它将受到一个力矩的作用，从而会像倾倒的陀螺绕重力场进动一样，绕外加磁场的方向进动。

### 一、原子核的磁性

核磁共振技术的基础是原子核的磁性及其与外加磁场的相互作用。原子核由质子和中子组成，质子带正电，中子不带电，质子与中子统称为核子。所有奇数个核子和含偶数个核子但原子序数为奇数的原子核，都具有内秉角动量（也叫"自旋"）。这样的核，自身不停地旋转，犹如一个旋转的陀螺。

由于原子核带有电荷，它们的自旋将产生磁场，像一根磁棒，该磁场的强度和方向可以用核磁矩矢量来表示：

$$\boldsymbol{\mu} = \gamma \boldsymbol{p} \qquad (2\text{-}1\text{-}1)$$

式中：$\boldsymbol{\mu}$ 为磁矩；$\boldsymbol{p}$ 为自旋角动量；$\gamma$ 为比例因子，称作旋磁比，是磁性核的一个重要性质，不同的原子核，其 $\gamma$ 也不一样（Cowan, 1997）。

当没有外加磁场时，单个核磁矩随机取向，因此，包含大量同种核的系统在宏观上没有磁性，如图 2-1-1 所示。

### 二、单个自旋在外加磁场中的行为

当核磁矩处于外加静磁场中时，它将受到一个力矩的作用，从而会像倾倒的陀螺绕重力场进动一样，绕外加磁场的方向进动，如图 2-1-2 所示。进动频率 $\omega_0$ 由 Larmor（拉莫尔）方程确定：

$$\omega_0 = \gamma B_0 \qquad (2\text{-}1\text{-}2)$$

式中：$B_0$ 为外加磁场强度，T。

例如，在强度为 0.025T 的外加磁场中，氢核的拉莫尔进动频率是 1.065MHz。式（2-1-2）表明，在相同的外加磁场中，将有不同的进动频率；同一个原子核，在不同强度的磁场中，其进动的频率也会不同。

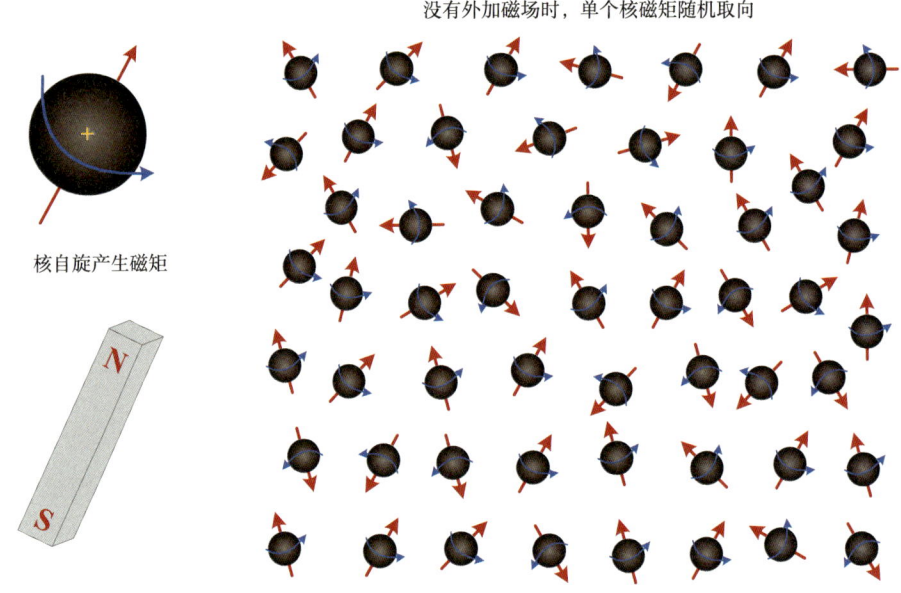

图 2-1-1　原子核的磁性——核磁矩取向示意图（据 Coates et al., 2007；Xiao, 2023）

根据量子力学原理，在外加磁场中，核磁矩的空间取向是量子化的。例如，自旋为 1/2 的氢核，磁矩中有与 $B_0$ 平行和反平行两种取向。平行于 $B_0$ 的磁矩处于低能态，与 $B_0$ 反平行的磁矩则处于高能态。外加磁场使核自旋的能级发生分裂。相邻能级之间的能量差为

$$\Delta E = E_{m-1} - E_m = \gamma h B_0 \tag{2-1-3}$$

式中：$E$ 为能量；$h$ 为普朗克常数。

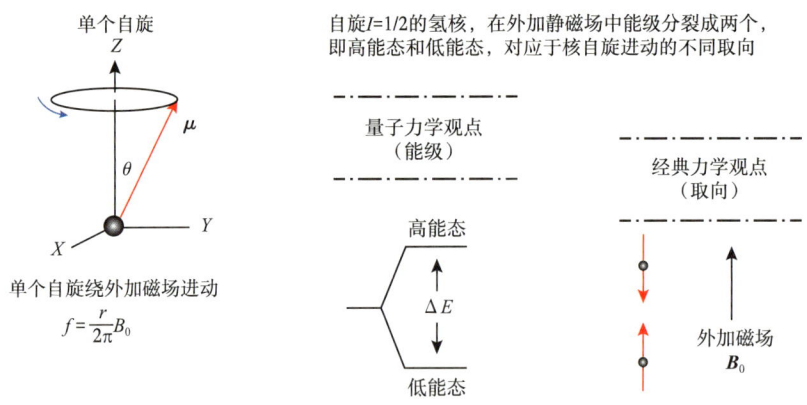

图 2-1-2　核自旋在外加静磁场中的行为示意图（据 Coates et al., 2007）

## 三、宏观磁化矢量

在外加磁场中,整个自旋系统被磁化,宏观上产生一个净的磁化矢量和。单位体积内核磁矩的和叫作宏观磁量化,用 $M$ 表示,如图 2-1-3 所示,有:

$$M = \sum \mu_i \qquad (2\text{-}1\text{-}4)$$

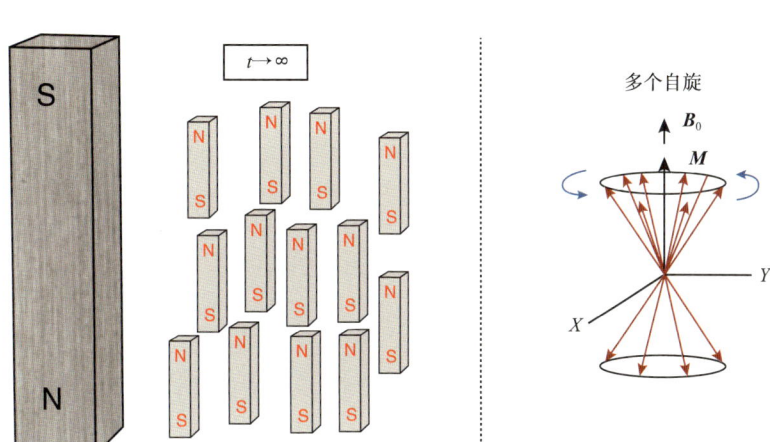

图 2-1-3　极化过程及宏观磁化矢量的形成示意图(据 Coates et al., 2007)

这个非零宏观磁化矢量与外加磁场 $B_0$ 平行。用量子力学的观点来说,$M$ 来自平行磁矩的布居多于反平行磁矩。根据高能级与低能级上粒子布居数服从玻尔兹曼分布,利用高温近似,通过量子力学或统计力学的方法,可以推导得到,在 $B_0$ 磁场中,宏观磁化矢量由居里定律确定(Cowan, 1997):

$$M = \frac{N\gamma^2 h^2 I(I+1) B_0}{3KT} \qquad (2\text{-}1\text{-}5)$$

式中:$K$ 为玻尔兹曼常数;$T$ 为热力学温度,K;$N$ 为单位体积中的核自旋数;$I$ 为自旋量子数,氢核 $I=1/2$。

$M$ 及其变化过程是核磁共振的直接观测对象,在选定原子核的情况下,其数值大小取决于单位体积核自旋数 $N$、外加磁场强度 $B_0$,以及温度 $T$。

## 四、核磁共振现象

对于被磁化后的核自旋系统,如果在垂直于静磁场的方向再加一个交变电磁场 $B_1$,并且让其频率 $\omega=\omega_0$,那么,根据量子力学原理,核自旋系统将发生共振吸收现象,即处于低能态的核磁矩将通过吸收交变电磁场提供的能量,跃迁到高能态。这种现象被称为核磁共振。

交变电磁场既可以连续地施加,也可以以短脉冲的形式施加。现代核磁共振技术都采用脉冲方法。由于谱仪的工作频率(由静磁场的强度决定)大多在射频段,故把这样的脉冲电磁波叫射频脉冲。

在射频脉冲施加以前,自旋系统处于平衡状态,$M$ 与静磁场 $B_0$ 方向相同。射频脉冲作用期间,磁化矢量偏离静磁场方向;射频脉冲作用结束,磁化矢量又将通过自由进动，朝 $B_0$ 方向恢复，使核自旋从高能级的非平衡状态恢复到低能级的平衡状态。恢复到平衡态的过程叫作弛豫，它包含两种不同的机理。设 $B_0$ 的方向为 $Z$ 方向，射频脉冲作用后，$M$ 被分解为 $X$—$Y$ 平面的分量（横向分量）$M_{XY}$ 和 $Z$ 方向的分量（纵向分量）$M_Z$。$X$—$Y$ 平面的横向分量 $M_{XY}$ 往数值为零的初始状态恢复，称为横向弛豫过程，弛豫速度用 $1/T_2$ 来表示，$T_2$ 叫作横向弛豫时间。横向弛豫过程中，自旋体系内部，即自旋与自旋之间发生能量的耦合，使磁化矢量进动的相位从有规分布趋向无规分布。此时，自旋系统的总能量没有变化，自旋与晶格或环境之间不交换能量，所以从微观机制上考虑，又把这个弛豫过程叫作自旋—自旋弛豫。$Z$ 方向的纵向分量 $M_Z$ 往初始宏观磁化强度 $M_0$ 的数值恢复，称为纵向弛豫过程，弛豫速率用 $1/T_1$ 来表示，$T_1$ 叫作纵向弛豫时间。在纵向弛豫过程中，磁能级上的粒子数将发生变化，自旋体系的能量也要发生变化，自旋与晶格或环境之间交换能量，把共振时吸收的能量释放出来，因此，从微观机制上，又把它称作自旋—晶格弛豫。

## 第二节　核磁共振经典矢量模型

核磁共振物理原理复杂且抽象，但可以通过理论公式（矢量模型）来描述不同阶段核磁共振现象。首先介绍最为基础的 Bloch 方程，然后介绍脉冲作用和弛豫过程中 Bloch 方程的变形，核磁共振产生的感应信号表达式及弛豫速率具有可加和性。当存在多种弛豫机制时，总的弛豫速率是各种机制弛豫速率之和。要想对矢量模型有更全面和更深入的了解，可以参考书后参考文献。

### 一、Bloch 方程

处于外加磁场中的自旋系统，其行为可以用以 Bloch 方程为基础的矢量模型来描述。设 $B_0$ 为 $Z$ 方向，在 $X$ 方向加射频场 $B_1(t)=2B_1\cos(\omega t)$，那么，总的外加磁场则为

$$B(t)=(B_X,B_Y,B_Z)=[2B_1\cos(\omega t),0,B_0] \tag{2-2-1}$$

在实验室坐标系下的 Bloch 方程为

$$\begin{aligned}
\frac{dM_X}{dt} &= \gamma[B_0+M_ZB_1\sin(\omega t)]-\frac{M_X}{T_2} \\
\frac{dM_Y}{dt} &= \gamma[M_ZB_1\cos(\omega t)-M_XB_0]-\frac{M_Y}{T_2} \\
\frac{dM_Z}{dt} &= \gamma[M_XB_1\sin(\omega t)-M_YB_1\cos(\omega t)]-\frac{(M_Z-M_0)}{T_1}
\end{aligned} \tag{2-2-2}$$

在实验室坐标系下的 Bloch 方程中，由于含有 $\sin(\omega t)$、$\cos(\omega t)$ 这样的高频振荡项，求解十分麻烦，将其转换到旋转坐标下，则问题会大大简化。以实验室坐标系为基准，以频率 $\omega$ 绕实验室坐标系的 $Z$ 轴旋转，在这样建立的旋转坐标系（$X'$，$Y'$，$Z$）中，磁化矢量 $M'=(u,v,M_Z)$ 所遵循的 Bloch 方程可以写成：

$$\frac{du}{dt} = v(\omega_0 - \omega) - \frac{u}{T_2}$$

$$\frac{dv}{dt} = -u(\omega_0 - \omega) + \gamma B_1 M_Z - \frac{v}{T_2} \quad (2\text{-}2\text{-}3)$$

$$\frac{dM_Z}{dt} = -\gamma B_1 v - \frac{(M_Z - M_0)}{T_1}$$

## 二、脉冲作用

射频脉冲作用期间，当作用时间很短时，可以忽略弛豫的影响。当 $\omega=\omega_0$ 时，可以写出旋转坐标系下的 Bloch 方程为

$$\frac{du}{dt} = 0$$

$$\frac{dv}{dt} = \gamma B_1 M_Z \quad (2\text{-}2\text{-}4)$$

$$\frac{dM_Z}{dt} = -\gamma B_1 v$$

结合初始条件 $M_Z(0)=0$，$v(0)=0$，求解得到：

$$v = M_0 \sin(\gamma B_1 t_p) = M_0 \sin\theta_0$$
$$M_Z = M_0 \cos(\gamma B_1 t_p) = M_0 \cos\theta_0 \quad (2\text{-}2\text{-}5)$$
$$\theta_0 = \gamma B_1 t_p = \omega_1 t_p$$

式中：$t_p$ 为脉冲作用的时间，即脉冲宽度，s；$\theta_0$ 为脉冲扳倒角，(°)。

由式（2-2-5）可以看出，脉冲作用实际上是使磁化矢量在旋转坐标系 $v$—$Z$ 平面上的章动，如图 2-2-1 所示。

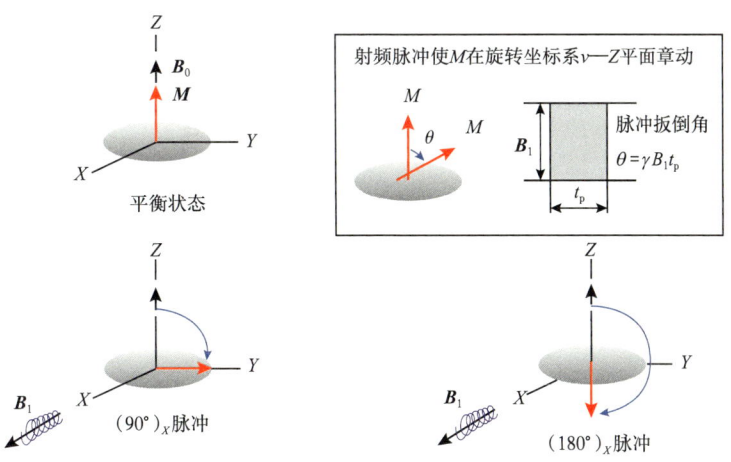

图 2-2-1　射频磁场的作用与脉冲扳倒角示意图（据肖立志，1998）

扳倒角与加给自旋系统的能量成正比，因此它的大小取决于射频场的强度 $B_1$ 和长度 $t_p$（即持续时间）。90°脉冲是指把磁化矢量扳转 90°的电磁波脉冲，例如，把磁化矢量从纵轴（$B_0$）方向扳倒在水平面即 $X$—$Y$ 平面上，与 $B_0$ 及 $B_1$ 都垂直。180°脉冲则引起

磁化矢量 $M$ 的反转。

## 三、弛豫过程

脉冲作用结束后，只涉及弛豫过程，可以重新回到实验室坐标系来考虑问题。此时，Bloch 方程的形式为

$$\frac{dM_X}{dt} = \gamma B_0 M_Y - \frac{M_X}{T_2} \qquad (2\text{-}2\text{-}6)$$

射频脉冲的作用为向自旋系统提供能量（增加自旋温度），引起核自旋相位相干射频脉冲产生交变磁场 $B_1$，其频率需遵循拉莫尔方程，而且方向上必须与静磁场 $B_0$ 正交。

$$\frac{dM_Y}{dt} = -\gamma B_0 M_X + \frac{M_Y}{T_2}$$

$$\frac{dM_Z}{dt} = -\frac{(M_Z - M_0)}{T_1} \qquad (2\text{-}2\text{-}7)$$

结合初始条件 $M_Z(0) = M_0\cos\theta_0$，$M_X(0) = M_0\sin\theta_0\cos\varphi$，$M_Y(0) = M_0\sin\theta_0\sin\varphi$，其中 $\varphi$ 为射频脉冲的相位，求解得到：

$$M_X = M_X(0)\sin(\omega_0 t)\exp\left(-\frac{t}{T_2}\right)$$

$$M_Y = M_Y(0)\cos(\omega_0 t)\exp\left(-\frac{t}{T_2}\right) \qquad (2\text{-}2\text{-}8)$$

$$M_Z = M_0\left[1 - (1 - \cos\theta_0)\right]\exp\left(-\frac{t}{T_1}\right)$$

由式（2-2-8）可以看出，弛豫过程是磁化矢量在实验室坐标系 $X$—$Y$ 平面上的进动。$M_X$ 与 $M_Y$ 以 $1/T_2$ 的速率按指数规律衰减，同时，$M_Z$ 以 $1/T_1$ 的速率按指数规律恢复到 $Z$ 方向的初值。图 2-2-2 为 90°脉冲作用后纵向及横向弛豫的过程和弛豫曲线。

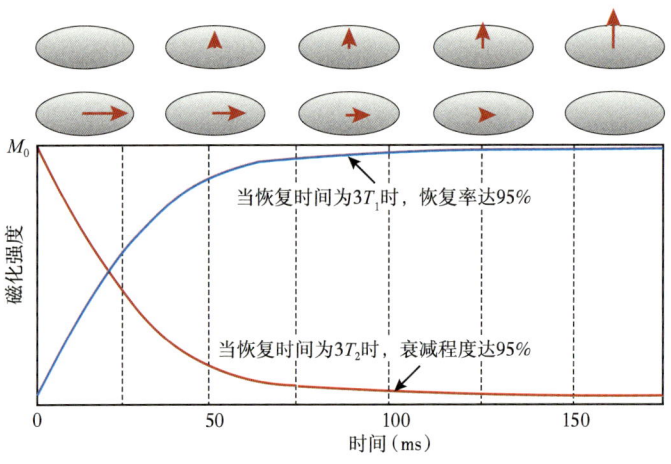

图 2-2-2　弛豫过程示意图（据肖立志，1998）

## 四、核磁共振现象的观测

磁化矢量进动期间，如果在 $X$（或 $Y$）方向放置一个检测线圈，根据电磁感应原理，有

$$E = -\frac{N\mathrm{d}\Phi}{\mathrm{d}t} = -NS\frac{\mathrm{d}B}{\mathrm{d}t} = -NSQ'\frac{\mathrm{d}M}{\mathrm{d}t} = \bar{Q}\frac{\mathrm{d}M}{\mathrm{d}t} \quad (2\text{-}2\text{-}9)$$

由此得到：

$$\begin{aligned} V_X &= \bar{Q}\frac{\mathrm{d}M_X}{\mathrm{d}t} = \bar{Q}M_X(0)\cos(\omega_0 t)\omega_0\exp\left(-\frac{t}{T_2}\right) = QM_X(0)\cos(\omega_0 t)\exp\left(-\frac{t}{T_2}\right) \\ V_Y &= \bar{Q}\frac{\mathrm{d}M_Y}{\mathrm{d}t} = QM_Y(0)\sin(\omega_0 t)\exp\left(-\frac{t}{T_2}\right) \end{aligned} \quad (2\text{-}2\text{-}10)$$

式中：$E$ 为感应电动势；$\Phi$ 为磁通量；$N$ 为线圈匝数；$S$ 为线圈面积；$Q'$ 是与线圈参数有关的系数，$\bar{Q}=-NSQ'$；$V_X$ 为磁化矢量产生的感应电动势在 $X$ 轴上的分量；$V_Y$ 为磁化矢量产生的感应电动势在 $Y$ 轴上的分量。

$V_X$ 和 $V_Y$ 即为核磁共振产生的感应信号。

核磁共振测量装置核心部件包括：（1）磁体，用于产生强度高、均匀性好的磁场；（2）射频线圈，用于发射和接收射频信号。实验室谱仪所使用的磁体有：永久磁铁、电磁铁，以及超导磁体。磁性材料的进步将会对核磁共振技术产生直接的影响。

## 五、弛豫特性

从微观机制上说，弛豫是由局部涨落磁场所引起的。偶极—偶极相互作用、分子转动、化学位移各向异性，这些都可以产生局部磁场。固体中的晶格振动及液体中的 Brown 运动使得局部磁场将随时间涨落。设涨落场为 $h(t)$，在旋转坐标系中，它的三个分量分别为 $h_u(t)$、$h_v(t)$，以及 $h_z(t)$。研究表明，横向弛豫将受到 $h(t)$ 三个分量的影响，而纵向弛豫则只受到 $h_u(t)$ 和 $h_v(t)$ 两个分量的影响。

如同射频场对自旋体系的作用一样，只有当涨落场的频率 $\omega=\omega_0$ 时，纵向弛豫才最为有效。而对于横向弛豫，由于 $Z$ 与 $Z'$ 轴是重合的，涨落场的低频分量，如 $\omega=0$ 时，也会有所贡献。但是，低频涨落场对 $T_1$ 无贡献，所以横向弛豫过程总是比纵向弛豫过程激烈些，即 $T_2 \leqslant T_1$。此外，化学交换、扩散等缓慢过程会对横向弛豫时间 $T_2$ 产生影响。

弛豫过程的特性取决于分子运动的性质。由于分子运动是无规则的，局部涨落磁场 $h(t)$ 也是一个随机函数。按照统计力学，利用自相关函数可以对随机特性进行描述。定义涨落场的自相关函数为

$$G(\tau) = \overline{h(t)h^*(t+\tau)} \quad (2\text{-}2\text{-}11)$$

涨落场的自相关函数是在相隔时间 $\tau$ 的条件下，$h(t)$ 之间相关性的测度。相关性就是对自己过去历史的"记忆"程度。当 $\tau$ 很小时，$G(\tau)$ 会较大，随着 $\tau$ 增加，$G(\tau)$ 将很快衰减到零。利用指数衰减的函数形式，可以写出 $G(\tau)$ 的近似表达式：

$$G(\tau) = G(0)\exp\left(-\frac{|\tau|}{\tau_0}\right)$$
$$G(0) = \overline{h^*(t)h(t)} = \overline{|h(0)|^2}$$

（2-2-12）

式中：$\tau_0$ 为相关时间。

当分子快速运动时，分子之间彼此碰撞，位置的改变也很快，$\tau_0$ 就会很短。运动越激烈，$\tau_0$ 便越小。通过推导和计算，可以得到 $T_1$、$T_2$ 随 $\tau_0$ 变化的关系曲线。在这样的关系曲线中，$T_1$ 曲线的极小值出现在 $\tau_0=1/\omega_0$ 的地方。可以证明，在高频区，即 $\tau_0 < 1/\omega_0$ 时，$T_1$ 和 $T_2$ 两个过程相同；而在低频区，$T_2$ 将随 $\tau_0$ 的增加而单调地下降，直至趋向于一个极限值。值得注意的是，$T_1$ 对磁场强度有一定的依赖性。由于共振频率取决于场强，当场强增加时，$T_1$ 极小点处 $\tau_0=1/\omega_0$ 将向左侧移动。对于 $\tau_0 > 1/\omega_0$ 的样品，如高聚物、固体，以及处于孔隙介质中的流体等，$T_1$ 是外加磁场强度的函数，而 $T_2$ 则很小。

弛豫速率即弛豫时间的倒数，具有可加和性。当存在多种弛豫机制时，总的弛豫速率是各种机制弛豫速率之和。

## 第三节　核磁共振弛豫测量方法

核磁共振弛豫参数包括横向弛豫时间和纵向弛豫时间，需要利用不同的测量方法对其进行测量。本节将从最简单的自由感应衰减信号测量开始阐述，在此基础上，介绍自旋回波、CPMG 脉冲序列、饱和恢复和反转恢复测量方法，以及扩散系数测量方法。介绍完测量方法之后，对核磁共振定量分析的基础作了简单的描述，为后文核磁共振测井解释和评价奠定基础。

### 一、自由感应衰减

为了激发自由进动信号，可以利用能够使 $M$ 相对于静磁场 $B_0$ 方向扳转 90° 的各种方法，例如，射频脉冲方法和预极化方法。最简单的射频脉冲方法是单脉冲序列，即利用一个 90° 射频脉冲，使原来沿静磁场方向取向的磁化矢量扳转 90°，到 X—Y 平面，然后进行观测，得到的信号即是自由感应衰减信号，也称 FID 信号，如图 2-3-1 所示。

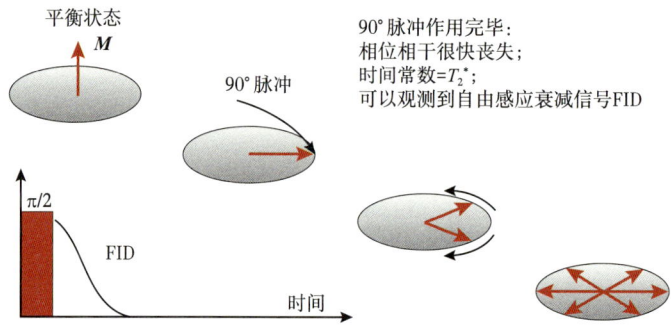

图 2-3-1　自由感应衰减信号（FID）的观测示意图（据 Coates et al., 2007; Xiao, 2023）

利用预极化方法,也可以观测到 FID 信号。其基本思想为,在某一段时间 $\tau_p$ 内施加一个方向与 $\boldsymbol{B}_0$ 垂直、强度远远超过 $\boldsymbol{B}_0$ 的极化场 $\boldsymbol{B}_p$。在极化场的作用下,以 $T_1$ 确定的速率产生新的宏观磁化强度 $M_p$:

$$M_p = M_{p0}\left[1 - \exp\left(-\frac{t_p}{T_1}\right)\right] \quad (2\text{-}3\text{-}1)$$

式中:$M_{p0}$ 为极化场中磁化矢量新的平衡值,并且 $M_{p0} \gg M_0$。

$t_p$ 时间后,极化磁场 $\boldsymbol{B}_p$ 快速断开,$M_p$ 便会处于围绕静磁场 $\boldsymbol{B}_0$ 方向、以频率 $\omega_0 = \gamma B_0$ 进动的不平衡状态,其横向分量将按有效横向弛豫时间 $T_2^*$ 确定的速率衰减:

$$M_{p\perp} = M_{p'}\exp\left(-\frac{t}{T_2^*}\right) \quad (2\text{-}3\text{-}2)$$

式中:$M_{p'}$ 为极化场断开时的磁化矢量强度。

$T_2^*$ 与 $T_2$ 的关系为

$$\frac{1}{T_2^*} = \frac{1}{T_2} + \gamma \frac{\Delta B_0}{2} \quad (2\text{-}3\text{-}3)$$

式中:$\Delta B_0$ 为静磁场的梯度,反映了 $B_0$ 的不均匀性。

由此,在接收线圈中可以观测到一个频率为 $\omega_0$、幅度按式(2-3-2)变化的自由进动信号,即自由感应衰减。

## 二、自旋回波

自旋回波是核磁共振技术中非常重要的概念,是为克服静磁场不均匀性的影响,准确测定横向弛豫时间而发展起来的。但是,自旋回波的应用却早已超出对磁场不均匀性的补偿作用,成为现代核磁共振技术中脉冲序列的重要基础。无论是多维谱技术、医学成像方法,还是核磁共振成像测井,都可以看到自旋回波的贡献。

自旋回波脉冲序列由"90°—$\tau$—180°—$\tau$—回波"所组成。第一个 90°脉冲使磁化矢量扳转到 $X$—$Y$ 水平面上。磁化矢量的横向分量会由于静磁场的局部非均匀性等原因而很快散相。一定延迟时间 $\tau$ 后,施加一个 180°脉冲,把磁化矢量倒转 180°,到其镜像位置,结果是沿着与散相过程相反的方向使磁化矢量各横向分量得以重聚,在 180°脉冲后的 $\tau$ 时刻,观测到一个回波信号,如图 2-3-2 所示。

自旋回波实际上是一种服从能量守恒的散相—重聚过程。自旋回波作为 180°射频脉冲重聚作用的结果,在自由感应衰减信号消失之后比较长的一段时间才出现。而且,由于静磁场不均匀性引起的横向磁化矢量的散相是热力学可逆的,因此,回波信号能够通过一系列 180°射频脉冲一个接一个地被多次重聚,从而得到回波串。

横向弛豫过程的测量通常用 CPMG(Carr, Purcell, Meiboom 和 Gill 四个人姓的第一个字母缩写)方法来完成(Carr et al., 1954; Meiboom et al., 1958)。它以自旋回波脉冲序列为基础,通过观测到的自旋回波串的衰减过程来确定横向弛豫时间。CPMG 脉冲序列为

$$(90°)_X - \left[\tau - (180°)_Y - \tau - \text{echo}\right]_n \quad (2\text{-}3\text{-}4)$$

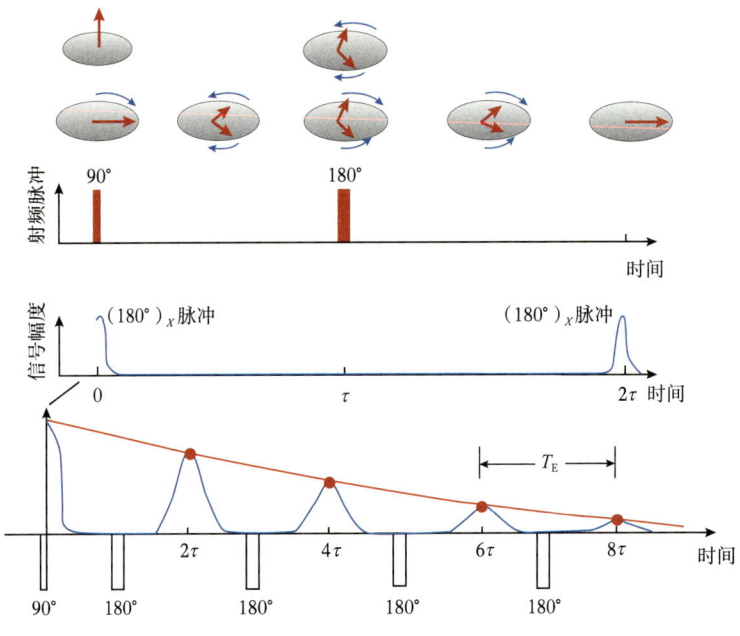

图 2-3-2　自旋回波示意图（据 Coates et al., 2007；Xiao, 2023）

即在（90°）$_X$ 脉冲之后，连续地施加一系列间隔相同的（180°）$_Y$ 脉冲，从而采集到一串回波。当被观测的横向弛豫服从单指数衰减时，这样测得的回波串，其幅度将按 $1/T_2$ 的速率衰减，根据式（2-3-5）即可确定 $T_2$：

$$A(T_e)=A(0)\exp\left(-\frac{T_e}{T_2}\right) \quad (2\text{-}3\text{-}5)$$

$$T_e = 2n\tau, n = 1, 2, \cdots$$

式中：$\tau$ 为回波间隔的一半，即 180° 脉冲到回波最大值之间的时间；$A(T_e)$ 为 $T_e$ 时刻测得的回波信号幅度；$A(0)$ 为零时刻的回波幅度，如图 2-3-3 所示。

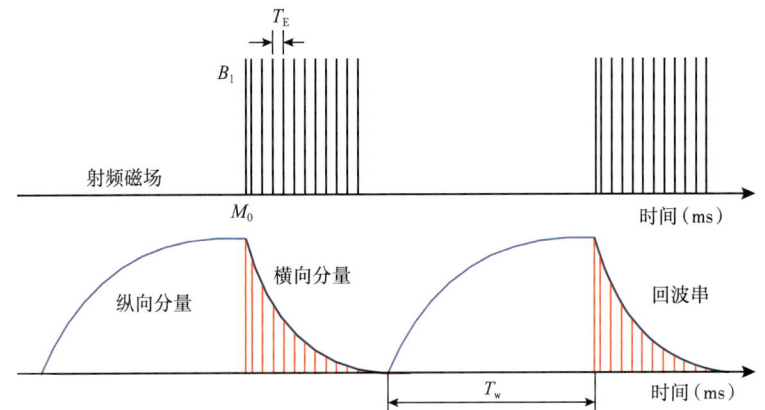

图 2-3-3　横向弛豫时间测量原理示意图（据 Coates et al., 2007；Xiao, 2023）

当被观测的横向弛豫包含多个单指数衰减时，CPMG 回波串幅度的包络线将是多个指数的和，并且可以分解出不同的指数成分。测量过程中，增加回波个数 $n$，将增强对

衰减慢的长 $T_2$ 分量的分辨能力；减小回波间隔 $\tau$，则将减小扩散对 $T_2$ 测量的影响，并提高对衰减快的短 $T_2$ 分量的分辨能力。

实际实验时，极少只做单次测量，而是需要将多次测量结果累积起来，才能得到应有的信噪比。在多次累加时，两次测量之间的延迟，或叫纵向恢复时间（$T_R$）非常重要。一次回波串采集完毕，必须等待足够的时间 $T_R$，使纵向磁化矢量完全恢复，才能开始第二次回波串的采集。$T_R$ 的选取取决于观测对象的 $T_1$，通常取 $T_R=(3\sim 5)T_1$。

### 三、纵向弛豫时间的测量

测量纵向弛豫过程的基本方法是反转恢复法，测量原理如图 2-3-4 所示。整个脉冲序列的工作过程如图 2-3-5 所示。图 2-3-5a 为发射器发射的射频脉冲，它由 $n$ 个（$180°—\tau—90°—A_t—P_D$）脉冲对组成。在每个脉冲对中，$180°$ 脉冲使沿磁场方向的初始磁化矢量完全反转；$\tau$ 期间，$Z$ 方向的纵向磁化矢量受纵向弛豫的作用而逐步恢复；$90°$ 脉冲则使 $Z$ 方向的磁化矢量扳转到 $X$（或 $Y$）轴，以便能够被检测；$A_t$ 是检测期，测出 FID；$P_D$ 为延迟期，使磁化矢量能够完全恢复正常，以便下一个回合的测量。图 2-3-5b 为整个脉冲序列作用期间纵向弛豫矢量大小的变化过程。图 2-3-5c 为每次测量得到的 FID 波形幅度。

对纵向磁化矢量做一系列不同 $\tau$ 值的观测，得到一组 $M_Z(\tau)$。取一个足够长的 $\tau$（通常大于 $5T_1$），用于确定 $M_Z(0)$。

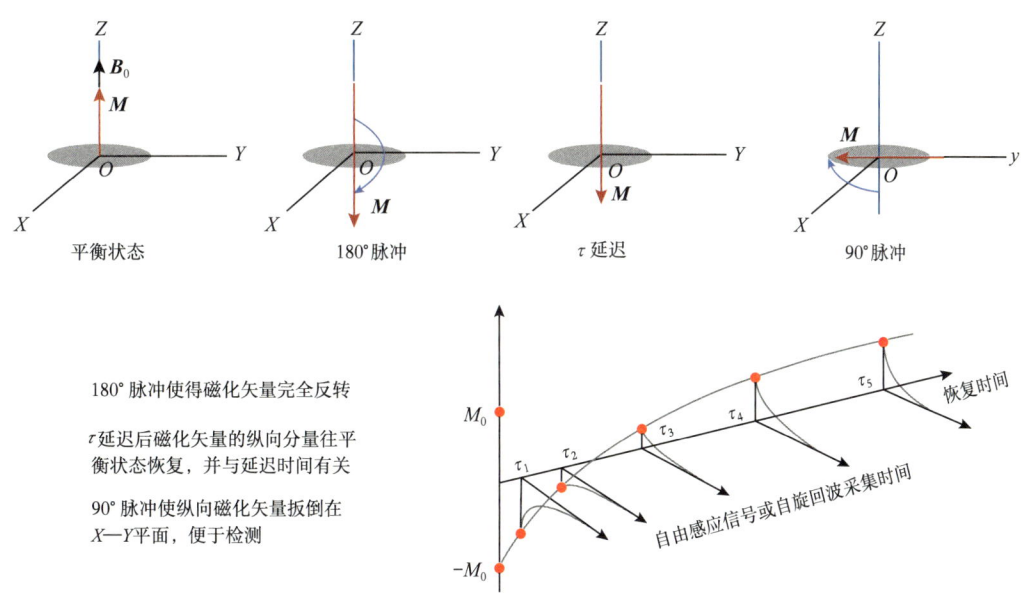

图 2-3-4 反转恢复示意图（据肖立志，1998）

如果被观测的纵向弛豫过程服从单指数规律，那么测得的不同 $\tau$ 时 FID 信号第一个点幅度 $M_Z(\tau)$ 将按 $1/T_1$ 的速率呈指数恢复（Fukushima et al., 1981），即：

$$M_Z(\tau)=M_Z(0)\left[1-2\exp\left(-\frac{\tau}{T_1}\right)\right] \quad (2\text{-}3\text{-}6)$$

或

$$\ln[M_Z(0)-M_Z(\tau)]=\ln[2M_Z(0)]-\frac{\tau}{T_1} \quad (2-3-7)$$

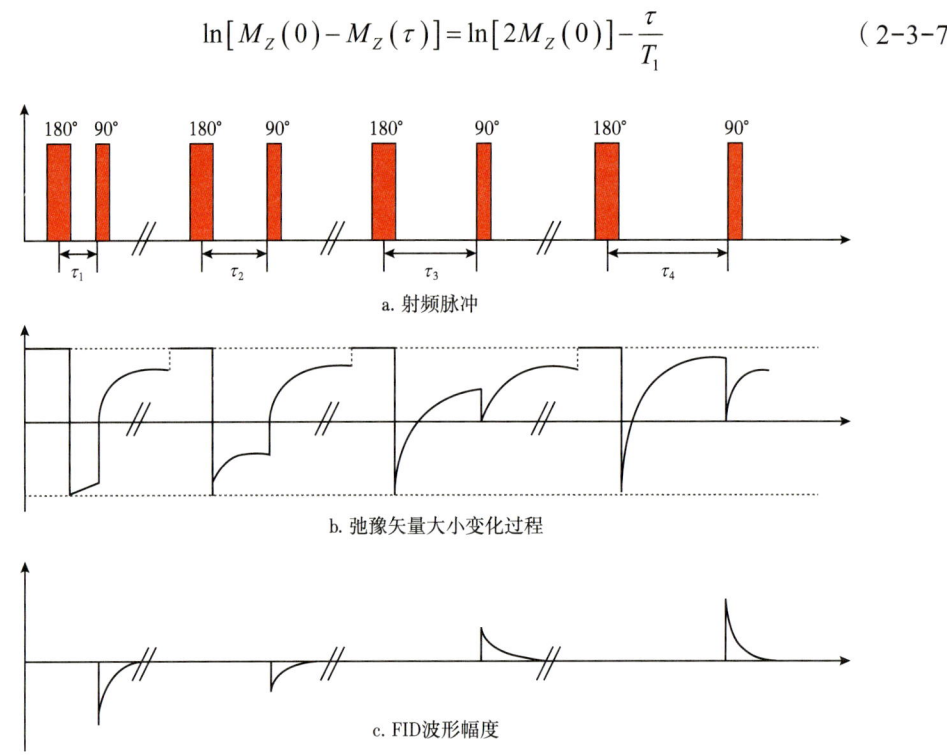

图 2-3-5　纵向弛豫时间测量原理示意图（据肖立志，1998）

由式（2-3-7）可知，在单对数坐标上作图，$[M_Z(0)-M_Z(\tau)]$ 与 $\tau$ 的关系呈直线，其斜率等于 $-1/T_1$，由此，可以确定出 $T_1$ 的大小。当被观测的纵向弛豫过程服从多指数规律时，测得的 $M_Z(\tau)$ 将是一个多指数函数的和，并且由该组 $M_Z(\tau)$ 的观测值可以分解出多指数函数的形式及其对观测磁化矢量的相对贡献大小。反转恢复法中可以利用自旋回波测量取代 FID 信号测量获得不同 $\tau$ 时的磁化矢量恢复值。

除反转恢复法外，纵向弛豫过程还可以用饱和恢复法来观测。饱和恢复法首先用一组间隔很近的 90° 脉冲使磁化量饱和，然后，再由 CPMG 脉冲序列在不同等待时间后测量磁化量的恢复值，其观测方式为

$$(90°-T-90°-T-90°)-(\text{wait})_i-(90°)_{\pm X}-[\tau-(180°)_Y-\tau-\text{echo}]_j \quad (2-3-8)$$
$$i=1,2,\cdots,n;\ j=1,2,\cdots,m$$

$T$ 时间通常非常短，以达到使自旋系统饱和的目的。在不同的 $(\text{wait})_i$ 等待时间后，测量自旋回波串，各回波串初始幅度所组成的包络线将按照由纵向弛豫时间确定的速率变化，由此完成对纵向弛豫过程的观测。饱和恢复法中可以利用 FID 信号测量取代 CPMG 脉冲序列测量获得不同的 $(\text{wait})_i$ 等待时间后的磁化矢量恢复值。

综上可知，纵向弛豫过程的观测通常是很费时的，相比之下，横向弛豫过程的测量则要快得多。就电缆测井而言，由于对测速具有一定的要求，多选择横向弛豫为测量对象，纵向弛豫则被用作加权机制，实现对流体成分的识别。

## 四、流体分子扩散系数的测量

流体分子总是处在不停的自扩散运动之中,可以用 $D$ 来描述,它与流体的黏度及温度等因素有关。当静磁场存在比较大的非均匀性时,观测到的自旋回波信号将受到分子扩散的显著影响。假设某一自旋,在 $t$ 时刻处于位置 $a$,该处的局部非均匀场为 $\Delta B_a$,以 $\omega_a$ 的速率旋进;在 $t+\Delta t$ 时刻,该自旋经由平动扩散到达位置 $b$,局部非均匀场为 $\Delta B_b$,以 $\omega_b$ 的速率旋进。当 $\omega_a$ 与 $\omega_b$ 不等时,在由 180°脉冲重聚形成回波的过程中,便无法获得准确的相位补偿,从而造成回波幅度除横向弛豫之外的额外衰减。可以证明,同时考虑横向弛豫和分子扩散时,回波幅度的表达式为

$$A(t) = A(0)\exp\left(-\frac{t}{T_2}\right)\exp\left[-D\tau^2\gamma^2\left(\frac{\Delta B}{\Delta Z}\right)^2\frac{t}{3}\right] \quad (2\text{-}3\text{-}9)$$

式中:$\Delta B/\Delta Z$ 为磁场梯度。

设 $G=\Delta B/\Delta Z$,测得的第 $n$ 个回波幅度则为

$$A(2n\tau) = A(0)\exp\left(-\frac{2n\tau}{T_2}\right)\exp\left(-D\tau^3\gamma^2 G^2\frac{2n}{3}\right) \quad (2\text{-}3\text{-}10)$$

因此,CPMG 脉冲序列测得的横向弛豫时间 $(T_2)_{CPMG}$ 实际为

$$\frac{1}{(T_2)_{CPMG}} = \frac{1}{T_2} + \frac{D(\gamma G T_E)^2}{12} \quad (2\text{-}3\text{-}11)$$
$$T_E = 2\tau$$

式(2-3-11)一方面表明在测定 $T_2$ 时应该如何减小扩散项的干扰,比如只有当间隔 $\tau$ 非常小时,回波幅度表达式中与 $\tau$ 的平方成正比的扩散项才能远远小于弛豫项对观测信号的贡献,从而排除扩散对 $T_2$ 测量的影响。另一方面,又可以发展测量 $D$ 的方法。

扩散系数测量方法的基本思想是在 $Z$ 方向加一个比较大的梯度场 $G$,同时选择差异较大的不同的回波间隔 $T_E$,测量两组或多组 CPMG 回波串,再利用式(2-3-9),计算出实际弛豫时间 $T_2$ 和 $D$,如图 2-3-6 和图 2-3-7 所示。

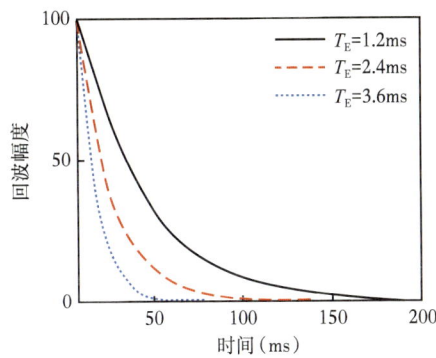

图 2-3-6 梯度磁场中回波间隔 $T_E$ 对观测回波串衰减速率的影响示意图(据肖立志,1998)

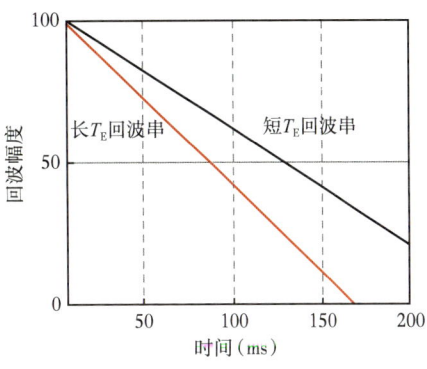

图 2-3-7 扩散系数测量原理示意图(据肖立志,1998)

## 五、定量分析基础

核磁共振定量分析的基础是信号强度与被测样品中所含核自旋数目成正比。把样品测量结果同标样信号强度作比值，得到用百分比表示的定量数据，这对岩石样品中的孔隙度分析特别有意义。而弛豫参数与岩石物理参数之间的关系，则建立在孔隙介质的弛豫理论及基于实验结果的经验公式基础之上。

核磁共振所检测的是微弱信号，信噪比低是非常突出的问题。特别是对于岩石样品，以及钻井条件下做连续测量，如何有效地提高信噪比，显得十分重要。通常的方法是通过对观测信号的反复累加来实现。可以证明，累加 $n$ 次，信噪比将增加 $\sqrt{n}$ 倍。研究表明，信噪比与静磁场强度及样品的大小等因素也有很大的关系：

$$\frac{S}{N} \propto B^{\frac{5}{2}} a^2 \quad （2\text{-}3\text{-}12）$$

式中：$S/N$ 为信噪比；$B$ 为静磁场强度；$a$ 为样品的特征直径（在实验室谱仪条件下，样品处于磁隙里面的样品管中，长度为均匀射频场的高度）。

由式（2-3-12）可得，场强越高，信噪比也越高，所以，高场谱仪在实验室核磁共振技术中很受重视。但是，对于核磁共振测井来说，高场强并不合适，因为地层岩石中，孔隙流体与固体骨架之间磁化率差异，以及其他原因引起的非均匀磁化对测量结果有很大的影响，且与磁场强度有关。对岩石样品，最佳场强在 2MHz 以下，所以通过加大样品量来提高信噪比在测井中为一种可取的途径。

# 第四节　二维核磁共振测量方法

为了解决油气水在 $T_2$ 谱上的重叠问题，把波谱学中二维核磁共振的概念引入核磁共振弛豫测量中，通过增加第二个变量（扩散系数、内部磁场梯度 $G$ 或纵向弛豫时间）发展二维核磁共振弛豫测量方法。常用的二维核磁共振测量方法主要包括 $D\text{—}T_2$、$T_2\text{—}G$ 和 $T_1\text{—}T_2$。不同于一维核磁共振测量，二维核磁共振测量对数据采集有全新的要求，本节主要介绍这三种二维核磁共振测量方法的脉冲序列和采集方法。

## 一、二维核磁共振 $D\text{—}T_2$ 测量方法

二维核磁共振数据采集借鉴了核磁共振波谱学中"分割时间轴"的思想，其利用两个窗口的脉冲序列。2002 年，Hürlimann 等和 Sun 等同时提出了基于双窗口脉冲序列的方法以实现 $D\text{—}T_2$ 的测量，他们设计的脉冲序列稍有不同。

2002 年，Hürlimann 等设计的 $D\text{—}T_2$ 脉冲序列称为扩散编辑脉冲序列，如图 2-4-1 所示。该脉冲序列中第一个窗口的回波间隔是变化的，但 180° 脉冲的个数固定为 2 个，因此只产生两个回波。第二个窗口利用最小回波间隔的 CPMG 脉冲序列来采集信息，从而避免扩散的影响。第一个窗口的第二个回波就是第二个窗口的起始回波，通过在第一个窗口改变回波间隔的大小，将由于扩散而引起的衰减信息记录在第二个窗口的起始回波中。因此第二个窗口的回波串幅度 $S(T_{E,1}, t)$ 可写为

$$S(T_{E,1},t)=\iint \exp\left(-\frac{\gamma^2 G^2 D T_{E,1}^3}{6}\right) f(D,T_2) \exp\left(-\frac{t}{T_2}\right) dT_2 dD + \varepsilon \qquad (2\text{-}4\text{-}1)$$

式中：$f(D,T_2)$ 为氢质子在 $(D,T_2)$ 二维空间的分布函数；$\varepsilon$ 为噪声。

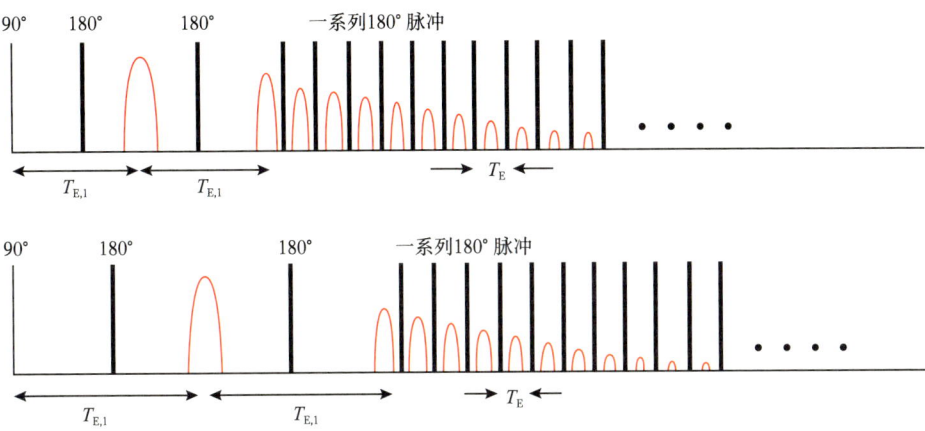

图 2-4-1　扩散编辑脉冲序列示意图（据肖立志等，2012）

随着对二维核磁共振的进一步研究，Sun 等 2005 年提出了一种更为简单的岩石孔隙流体的二维 $D$—$T_2$ 测量方法。当仪器存在静磁场梯度时，只需改变 CPMG 脉冲序列的回波间隔并采集一系列自旋回波串，通过全局反演方法就可以获得岩石孔隙流体的 $D$—$T_2$ 分布。利用常规 CPMG 脉冲序列进行 $D$—$T_2$ 测量的示意图如图 2-4-2 所示。通过不断地增加 CPMG 脉冲序列的回波间隔，获取多组回波串数据 $S(T_E,t)$，其可写为

$$S(T_E,t)=\iint \exp\left(-\frac{\gamma^2 G^2 T_E^2 D t}{12}\right) f(D,T_2) \exp\left(-\frac{t}{T_2}\right) dT_2 dD + \varepsilon \qquad (2\text{-}4\text{-}2)$$

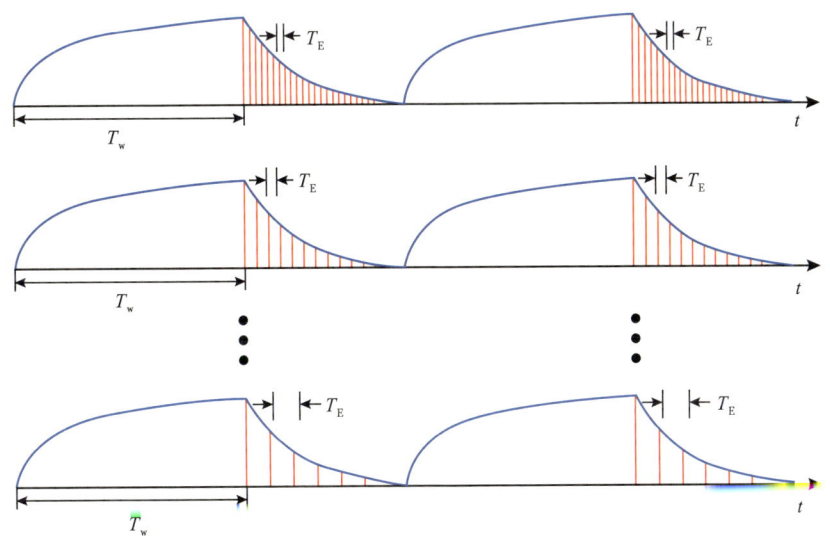

图 2-4-2　变回波间隔 CPMG 脉冲序列测量二维 $D$—$T_2$ 谱示意图（据肖立志等，2012）

将式（2-4-2）写为离散形式，即：

$$S_{ik} = \sum_{l=1}^{p}\sum_{j=1}^{m} f_{lj}\exp\left(-\frac{\gamma^2 G^2 T_{Ek}^2 D_l t_i}{12}\right)\exp\left(-\frac{t_i}{T_{2j}}\right) + \varepsilon_{ik} \qquad (2\text{-}4\text{-}3)$$

如果将这两个耦合的核当成一个单独的核，则式（2-4-3）可写为

$$S_{ik} = \sum_{l=1}^{p}\sum_{j=1}^{m} E_{ik,lj} f_{lj} + \varepsilon_{ik}$$

$$E_{ik,lj} = \exp\left(-\frac{\gamma^2 G^2 T_{Ek}^2 D_l t_i}{12}\right)\exp\left(-\frac{t_i}{T_{2j}}\right) \qquad (2\text{-}4\text{-}4)$$

通过求取上述线性方程组，就可以得到扩散系数为 $D_l$、横向弛豫时间为 $T_{2j}$ 的信号幅度 $f_{lj}$，以（$D$，$T_2$）图的形式表现出来，就可以获得 $D$—$T_2$ 谱。

这个发现将二维核磁共振测量问题简化了许多，只要采集简单的 CPMG 回波串，同时改变其回波间隔，就可以反演 $D$—$T_2$ 谱了。如此，进行二维核磁共振并不需要依靠特殊的核磁共振测井仪（具有静磁场梯度即可），也不需要特殊的脉冲序列，只要能采集简单的 CPMG 回波串就可以了。

## 二、二维核磁共振 $T_2$—$G$ 测量方法

2002 年，Sun 等提出了一种改良式的 CPMG 脉冲序列，如图 2-4-3 所示。整个脉冲序列在时间轴上分为两个窗口：第一个窗口长度固定为 $t_0$，这样指数衰减项 $\exp(-\gamma^2 G_l^2 T_E^2 Dt_i/12)$ 中的 $t_i$ 被固定成 $t_0$，消除了耦合问题。在此固定时间内通过改变第一个窗口中 180° 脉冲的个数，使回波间隔 $T_E$ 从小逐渐变大，回波间隔的改变与作为第二个变量的岩石内部磁场梯度分布有关。第二个窗口则用最小的回波间隔采集 CPMG 回波串，这样一方面避免了因回波间隔太大而产生的扩散衰减，同时也将第一个窗口因为回波间隔改变而产生的幅度变化，其中包含了 $P(G_l, T_{2j})$ 的信息，记录在第二个窗口所采集的回波串里。第二个窗口所采集的回波串幅度可写为

$$S_{ik} = \sum_{j=1}^{m} f_j \exp\left(-\frac{t_i + t_0}{T_{2j}}\right) + \varepsilon_{ik} \qquad (2\text{-}4\text{-}5)$$

而且

$$f_j = f_j^0 \sum_{l=1}^{p} P_{jl}\exp\left(-\frac{\gamma^2 G_l^2 T_{Ek}^2 D t_0}{12}\right), i=1,2,\cdots,n_k, k=1,2,\cdots,b \qquad (2\text{-}4\text{-}6)$$

式中：$S_{ik}$ 为当第一个窗口的回波间隔为 $T_{Ek}$ 时，第二个窗口采集的 CPMG 回波串中的第 $i$ 个回波的幅度，该回波串有 $n_k$ 个回波；$m$ 为预先选择的对数布点的 $T_2$ 弛豫时间的个数；总共采集了 $b$ 个回波串；$f_j^0$ 为原有的未衰减的孔隙度分量；$P_{lj}$ 为连续函数 $P(G, T_2)$ 的离散值 $P(G_l, T_{2j})$。

式（2-4-6）中只写了第一个窗口的扩散衰减项，第二个窗口也应该有同样的扩散衰减项，但由于第二个窗口用的是最小回波间隔来采集数据，该扩散衰减项很小，可以忽略不计。

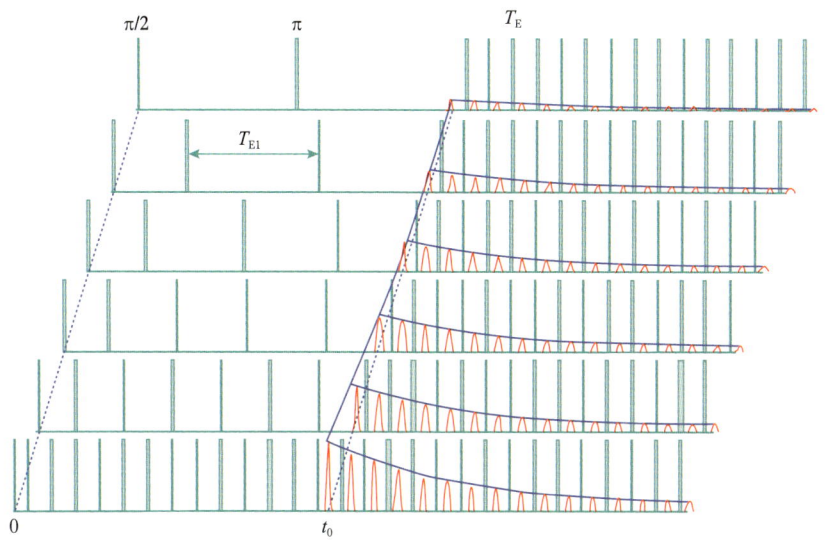

图 2-4-3　改良式的 CPMG 脉冲序列测量二维 $T_2$—$G$ 谱示意图（据肖立志等，2012）

将式（2-4-5）和式（2-4-6）合并成式（2-4-7）：

$$S_{ik} = \sum_{j=1}^{m}\sum_{l=1}^{p} \exp\left(-\frac{t_i+t_0}{T_{2j}}\right) f_{jl} \exp\left(-\frac{\gamma^2 G_l^2 T_{Ek}^2 D t_0}{12}\right) + \varepsilon_{ik} \quad (2\text{-}4\text{-}7)$$

$$f_{jl} = f_j^0 P_{jl}$$

根据式（2-4-7），可以直接反演求解得到二维 $T_2$—$G$ 谱。

式（2-4-7）的 CPMG 脉冲序列其实也可以用于 $D$—$T_2$ 谱的测量，只需固定磁场梯度 $G$，而认为扩散系数 $D$ 是一个变量。同样地，Hürlimann 等 2002 年提出的扩散编辑脉冲序列也可以用于 $T_2$—$G$ 谱的测量。

事实上，Sun 和 Dunn（2005）提出的可测量 $D$—$T_2$ 谱的变回波间隔 CPMG 脉冲序列也可以用于 $T_2$—$G$ 谱的测量。利用常规 CPMG 脉冲序列，对饱和流体岩石采集不同 $T_{Ek}$ 时的自旋回波串可表示为

$$S_{ik} = \sum_{j=1}^{m}\sum_{l=1}^{p} f_{jl} \exp\left(-\frac{t_i}{T_{2j}}\right) \exp\left(-\frac{\gamma^2 G_l^2 T_{Ek}^2 D t_i}{12}\right) + \varepsilon_{ik} \quad (2\text{-}4\text{-}8)$$

将这两个耦合的核函数看成一个单独的核函数，则式（2-4-8）可写为

$$S_{ik} = \sum_{l=1}^{p}\sum_{j=1}^{m} E_{ik,lj} f_{lj} + \varepsilon_{ik}$$

$$E_{ik,lj} = \exp\left(-\frac{\gamma^2 G_l^2 T_{Ek}^2 D t_i}{12}\right) \exp\left(-\frac{t_i}{T_{2j}}\right) \quad (2\text{-}4\text{-}9)$$

通过求取式（2-4-9），就可以得到磁场梯度为 $G_l$、横向弛豫时间为 $T_{2j}$ 的信号幅度 $f_{lj}$，以（$T_2$，$G$）图的形式表现出来，就可以获得 $T_2$—$G$ 谱。

如图 2-4-4 所示，$Fe_3O_4$ 人造砂岩经过清洗烘干后，饱和 1g/L 的 NaCl 盐水，改变 $T_E$，获取对应的 CPMG 回波串，通过二维反演获得对应的 $T_2$—$G$ 谱。随着顺磁性物质 $Fe_3O_4$ 含量的增加，内部磁场梯度 $G$ 越来越大。

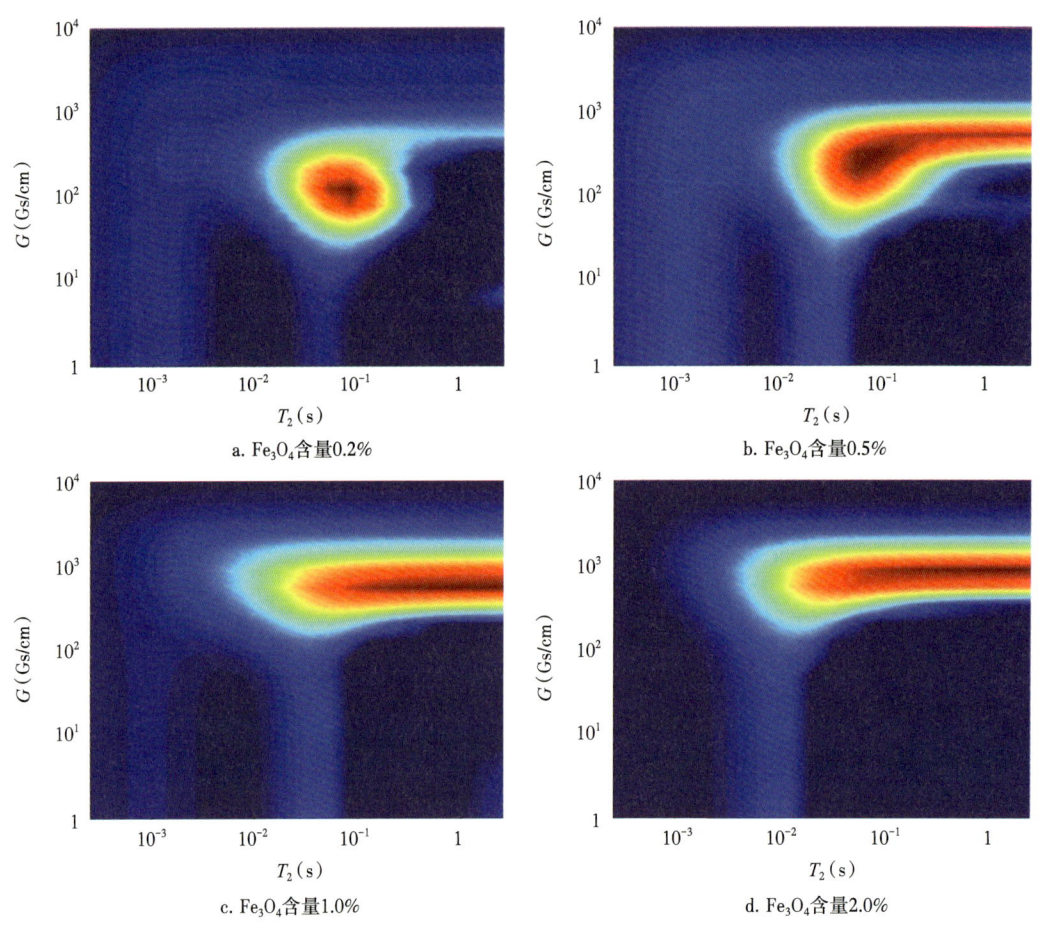

图 2-4-4　不同含量 $Fe_3O_4$ 人造砂岩 $T_2$—$G$ 谱（据肖立志等，2012）

### 三、二维核磁共振 $T_1$—$T_2$ 测量方法

二维核磁共振 $T_1$—$T_2$ 测量方法是通过设计的脉冲序列同时获取测量样品的 $T_1$ 和 $T_2$ 信息。2002 年，Hürlimann 等首次利用"两个窗口"的思想实现了 $T_1$—$T_2$ 测量，设计 $T_1$—$T_2$ 测量脉冲序列，如图 2-4-5 所示。整个脉冲序列分成两个窗口，第一个窗口由 180°和 90°反转恢复脉冲序列组成，其实这部分也可以利用饱和恢复脉冲序列进行 $T_1$ 编辑；第二个窗口是常规的 CPMG 脉冲序列，采用最小的回波间隔，使扩散衰减项影响降到最低。通过改变第一个窗口中等待时间 $\tau_1$ 的大小，引起第二个窗口回波幅度的变化。第二个窗口采集的回波幅度可以写为

$$S(\tau_1,t)=\iint\left[1-2\exp\left(-\frac{\tau_1}{T_1}\right)\right]f(T_1,T_2)\exp\left(-\frac{t}{T_2}\right)dT_2dT_1+\varepsilon \qquad (2-4-10)$$

式中：$f(T_1,T_2)$ 为氢核数在 $(T_1,T_2)$ 二维空间的分布函数；$\varepsilon$ 为噪声。

对式（2-4-10）进行二维反演即可求得 $f(T_1, T_2)$，从而获得二维 $T_1$—$T_2$ 谱。

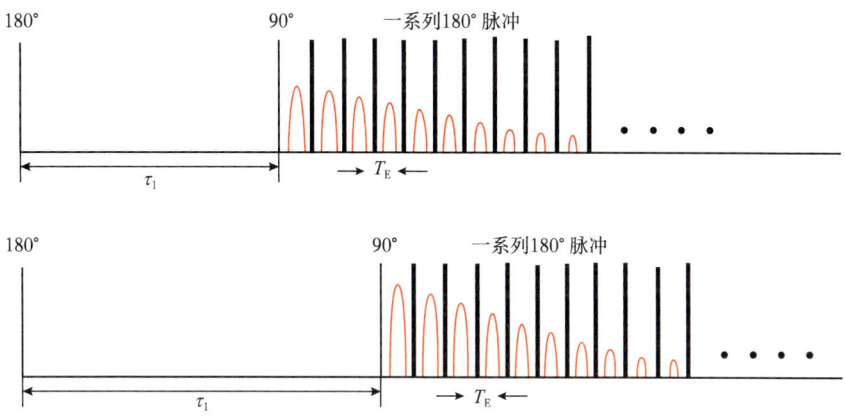

图 2-4-5　$T_1$—$T_2$ 测量脉冲序列示意图（据肖立志等，2012）

如图 2-4-6 所示，人造砂岩的一维投影 $T_1$ 谱与 $T_2$ 谱是近似的，而天然砂岩的一维投影 $T_1$ 谱与 $T_2$ 谱是完全不同的，这说明了一维 $T_1$ 谱与 $T_2$ 谱形状相似的假设不完全准确。

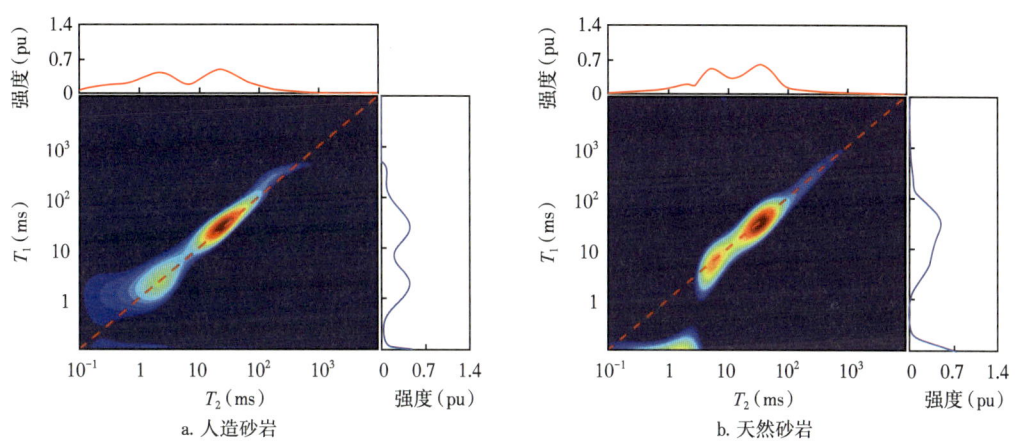

图 2-4-6　完全饱和水的人造砂岩和天然砂岩的二维 $T_1$—$T_2$ 谱示意图

# 第三章 核磁共振测井应用基础

在早期设计核磁共振测井仪器时，研究人员认为饱和在岩石中的油和水的氢原子是按照它们的体弛豫速率在弛豫。一些岩石物理信息，如孔隙度、孔径分布、束缚水和渗透率都可以从核磁共振弛豫测量中获得。后续的研究则表明，岩石中水的核磁共振弛豫主要由表面弛豫决定，且原子核在梯度磁场中存在扩散机制，导致原子核产生更强的弛豫。因此，要想正确地应用核磁共振测井进行地层评价，了解岩石孔隙中流体的核磁共振弛豫特征是非常关键的，也是核磁共振测井应用的基础。本章讨论与核磁共振岩石物理参数计算有关的问题，以及从核磁共振测井资料中识别流体的方法原理。

## 第一节 油气水的核磁共振特性

$T_1$ 和 $T_2$ 弛豫是由于质子间的磁相互作用而引起的。对于一个原子核，其质子系统沿 $\boldsymbol{B}_0$ 方向进动并向周围传送能量，从而发生 $T_1$ 弛豫，发生弛豫后的质子处于低能态。$T_2$ 弛豫的能量转换也是如此。而且，散相不需要对外传递能量，但它对 $T_2$ 弛豫有影响。因此，横向弛豫总是比纵向弛豫快，$T_2$ 总是小于或等于 $T_1$（Cowan, 1997）。一般来说，对于固体中的质子，$T_2$ 远小于 $T_1$（Guimaraes, 1998）；对于储层流体中的质子，当流体处于均匀静磁场中时，$T_2$ 约等于 $T_1$；当流体处于梯度磁场中且使用 CPMG 测量方法时，$T_2$ 小于 $T_1$，其差别主要由磁场梯度、回波间隔和流体扩散系数控制（Bendel, 1990）。

当润湿相流体充满孔隙介质（如岩石）时，$T_2$ 和 $T_1$ 都明显下降，其弛豫机制与固体和流体中的质子不同。对于岩石孔隙中的流体，有三种不同的弛豫机制：自由弛豫，对 $T_1$ 和 $T_2$ 弛豫都有影响；表面弛豫，对 $T_1$ 和 $T_2$ 弛豫也都有影响；存在梯度磁场时的扩散弛豫，只影响 $T_2$ 弛豫。这三种作用同时存在，因此，孔隙流体的 $T_1$ 和 $T_2$ 可以表示为

$$\frac{1}{T_2} = \frac{1}{T_{2\text{自由}}} + \frac{1}{T_{2\text{表面}}} + \frac{1}{T_{2\text{扩散}}} \quad (3\text{-}1\text{-}1)$$

$$\frac{1}{T_1} = \frac{1}{T_{1\text{自由}}} + \frac{1}{T_{1\text{表面}}} \quad (3\text{-}1\text{-}2)$$

式中：$T_{2\text{自由}}$ 为在一个足够大的容器（大到容器影响可以忽略不计）中测到的孔隙流体的横向弛豫时间；$T_{2\text{表面}}$ 为表面弛豫引起的孔隙流体的横向弛豫时间；$T_{2\text{扩散}}$ 为梯度磁场下扩散引起的孔隙流体的横向弛豫时间；$T_{1\text{自由}}$ 为在一个足够大的容器（大到容器影响可以忽略不计）中测到的孔隙流体的纵向弛豫时间；$T_{1\text{表面}}$ 为表面弛豫引起的孔隙流体的纵向弛豫时间。

三种弛豫机制的相对重要性取决于孔隙流体的类型（水、油或气）、孔隙尺寸、表

面弛豫强度,以及岩石润湿性。通常对于亲水岩石来说:对于盐水,$T_2$ 主要由 $T_{2表面}$ 决定;对于重油,$T_{2自由}$ 为主要影响因素;对于中等黏度和轻质油,$T_2$ 主要由 $T_{2自由}$ 和 $T_{2扩散}$ 共同决定,而且与黏度有关;对于天然气,$T_2$ 主要由 $T_{2扩散}$ 决定。

## 一、原油

油一般是非润湿相,处于孔隙空间的中央,与孔壁没有接触。在这种情况下,就只有体弛豫,不受地层岩石的影响,是油的组分和地层温度的函数。

然而,如果油润湿了孔隙表面,那么表面弛豫机制就会像其对水的影响一样影响油。当油从非润湿相变成部分润湿相时,油弛豫时间的偏移可以用来研究其润湿性问题,这部分内容详见第三章第八节。

油的自由弛豫时间为(Purcell et al., 1946)

$$T_{1自由} \approx 0.00713 \frac{T_k}{\eta} \quad (3-1-3)$$

$$T_{2自由} \approx T_{1自由} \quad (3-1-4)$$

式中:$T_k$ 为热力学温度,K;$\eta$ 为流体黏度,mPa·s。

梯度磁场中,采用较长回波间隔的 CPMG 脉冲序列时,一些流体(如气、轻质油、水和某些中等黏度油)将表现出明显的扩散弛豫特性。对于这些流体而言,与扩散机制有关的弛豫时间常数 $T_{2扩散}$ 就成为流体探测的重要参数。当静磁场中存在有明显的梯度时,分子扩散就引起额外的散相,因此使 $T_2$ 弛豫速率($1/T_2$)增加。这一散相是由于分子移动到一个磁场强度不同(因而进动速率也不同)的区域而引起的。扩散对 $T_1$ 弛豫速率($1/T_1$)没有影响。

扩散弛豫速率($1/T_{2扩散}$)为(Bendel, 1990)

$$\frac{1}{T_{2扩散}} = \frac{D(\gamma G T_E)^2}{12} \quad (3-1-5)$$

式中:$G$ 为场强梯度,T/cm;$\gamma$ 为旋磁比,rad/(s·T);$T_E$ 为回波间隔,s。

与自由弛豫一样,物理特性(如黏度和分子构成)控制扩散系数。另外,环境条件、温度和压力也影响扩散。油的扩散系数为(Chang et al., 1994)

$$D_o \approx 1.3 \left( \frac{T_k}{298\eta} \right) \times 10^{-5} \quad (3-1-6)$$

式中:$D_o$ 为油的扩散系数,cm$^2$/s。

油的扩散系数随温度增加而增大,$T_{2扩散}$ 随温度升高而减小。油的扩散系数的变化范围很大,这是因为不同油的分子构成变化很大,导致油的黏度变化范围很大。Brown 研究了许多原油的 $T_1$ 弛豫时间,这些原油的温度和黏度变化范围很大,弛豫时间是根据弛豫曲线的初始斜率的倒数得到的,也就是平均弛豫速率的倒数(Brown, 1961),结果如图 3-1-1 所示。

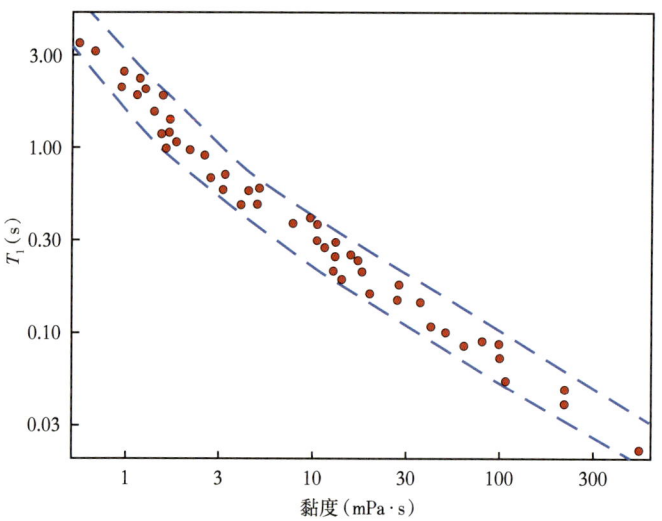

图 3-1-1　不同温度下，14 种原油的 $T_1$ 弛豫时间与黏度的关系图（据 Brown，1961）

1994 年，Morriss 等测量了许多不同原油样品在均匀磁场中的 $T_2$ 谱，发现与具有很窄的 $T_2$ 谱的精炼油相比，这些原油的 $T_2$ 跨越了几个数量级。当原油的黏度从 2.7mPa·s 增大到 4304mPa·s 时，$T_2$ 谱的短弛豫时间增加，$T_2$ 谱随之变宽。当油变得很稠时，它失去了长弛豫时间成分，只保留短弛豫时间成分，这反映了原油是由各种不同的碳氢化合物混合而成的特征，即小分子最活跃，而长碳氢链则不太活跃。

## 二、气

对于大多数的液体和固体而言，自旋弛豫是偶极—偶极相互作用。这种弛豫是由原子核的磁偶极子与周围其他原子核的磁偶极子相互作用引起的。弛豫速率与 $\eta/T_k$（黏度/绝对温度）成正比。对于简单的气体，如甲烷，自旋弛豫主要为自旋—旋转的相互作用，气体分子旋转即会产生磁场，质子的磁矩与此磁场之间的耦合即形成自旋弛豫。这种类型的弛豫速率与 $T_k/\eta$ 成正比，与液体和固体的弛豫相反。

甲烷气体不像一般的液体，其 $T_1$ 有相反的行为：$T_1$ 随着压力的增大而增大，随着温度的升高而降低。气的自由弛豫时间关系可以表示为（Prammer et al.，1995）

$$T_{1\text{自由}} \approx 2.5\times 10^4 \left(\frac{\rho_\text{g}}{T_\text{k}^{1.17}}\right) \tag{3-1-7}$$

$$T_{2\text{自由}} \approx T_{1\text{自由}} \tag{3-1-8}$$

式中：$T_k$ 为热力学温度，K；$\rho_g$ 为气密度，g/cm³。

而气的扩散系数可表示为：

$$D_\text{g} \approx 8.5\times 10^{-2}\left(\frac{T_\text{k}^{0.9}}{\rho_\text{g}}\right)\times 10^{-5} \tag{3-1-9}$$

式中：$D_g$ 为气的扩散系数，cm²/s。

气体密度随压力增大而增大，所以压力增大时气的扩散系数减小。

## 三、水

室温下，在低场核磁共振测井中，自由水的 $T_1$ 和 $T_2$ 在 1~3s 之间。通常看到的 $T_1$ 和 $T_2$ 的变化，一般是由于溶解于其中的顺磁物质所导致的。铁磁和（或）顺磁离子（如铁离子或锰离子）能够极大地降低盐水的 $T_1$ 值和 $T_2$ 值。

自由水的 $T_1$ 和 $T_2$ 体弛豫值太长，它们对测量的饱和盐水孔隙介质的弛豫速率贡献很小。所测量的含水岩石弛豫速率一般由表面弛豫控制，表面弛豫发生在固液接触面上，即岩石的颗粒表面。在理想的快扩散极限条件下（即孔隙非常小，表面弛豫非常慢，使得在弛豫期间内分子可以在孔隙中往返多次），对 $T_2$ 和 $T_1$，表面弛豫的主要贡献项为（Kenyon，1992；Brownstein and Tarr，1979）

$$\frac{1}{T_{2\text{表面}}} = \rho_2 \left(\frac{S}{V}\right)_{\text{孔隙}} \qquad (3-1-10)$$

$$\frac{1}{T_{1\text{表面}}} = \rho_1 \left(\frac{S}{V}\right)_{\text{孔隙}} \qquad (3-1-11)$$

式中：$\rho_2$ 为横向表面弛豫强度（颗粒表面的 $T_2$ 弛豫强度）；$\rho_1$ 为纵向表面弛豫强度（颗粒表面的 $T_1$ 弛豫强度）；$(S/V)_{\text{孔隙}}$ 为孔隙表面积与流体体积之比。

对于简单形状的孔隙而言，$S/V$ 与孔隙尺寸有关。例如，对于球形，表面积与体积之比是 $3/r$，$r$ 为球的半径。表面弛豫强度随着岩性的改变而发生变化，例如碳酸盐岩的表面弛豫强度比石英要弱（Chang et al.，1994）。表面弛豫强度可以在实验室测定。由表面弛豫控制的流体 $T_2$ 时间与温度和压力没有关系（Kenyon et al.，1989）。由于这一原因，常常使用室温条件下的核磁共振实验室测量结果，对评价岩石物理参数（如渗透率和束缚水）的公式进行刻度。由于实验室的测量采集过程与测井时的测量采集过程相同，所以在做核磁共振测井数据解释时可以直接使用实验室测量确定的模型，从而简化了解释过程。

水的自由弛豫时间为（Prammer et al.，1995）

$$T_{1\text{自由}} \approx 3\left(\frac{T_k}{298\eta}\right) \qquad (3-1-12)$$

$$T_{2\text{自由}} \approx T_{1\text{自由}} \qquad (3-1-13)$$

式中：$T_k$ 为热力学温度，K；$\eta$ 为流体黏度，mPa·s。

室温下水的扩散系数大约是 $2\times10^{-5}\text{cm}^2/\text{s}$。水的扩散系数为

$$D_w \approx 1.2\left(\frac{T_k}{298\eta}\right)\times 10^{-5} \qquad (3-1-14)$$

式中：$D_w$ 为水的扩散系数，$\text{cm}^2/\text{s}$。

地层中 $G$ 受到三个因素的影响：第一个因素是仪器设计和仪器结构（即仪器尺寸和仪器频率）；第二个因素主要是测量环境，如地层温度；第三个因素与施加的 $\boldsymbol{B}_0$ 场的梯度有关。当岩石颗粒和孔隙流体的磁化率存在差别时，磁场梯度增大（Freeman et al.，1999），这种梯度称为内部梯度，能使弛豫时间进一步减小。

对润湿相流体，由于固液界面张力和流体之间界面张力的影响，分子运动受限。因此，在相同温度和压力条件下，岩石孔隙流体和自由流体的扩散系数不同（Prammer et al.，1995）。对大多数流体来说，当采用短 $T_E$ 时，扩散影响很小。但是天然气是一个例外，即使采用很小的 $T_E$，扩散特性也很明显。根据需要可以选择合适的 $T_E$，以凸现或忽略扩散效应。

将式（3-1-5）、式（3-1-10）和式（3-1-11）代入式（3-1-1）和式（3-1-2），得到：

$$\frac{1}{T_2} = \frac{1}{T_{2自由}} + \rho_2 \left(\frac{S}{V}\right)_{孔隙} + \frac{D(\gamma G T_E)^2}{12} \qquad (3\text{-}1\text{-}15)$$

$$\frac{1}{T_1} = \frac{1}{T_{1自由}} + \rho_1 \left(\frac{S}{V}\right)_{孔隙} \qquad (3\text{-}1\text{-}16)$$

综上所述，图 3-1-2 描述了孔隙流体基本的弛豫机制。

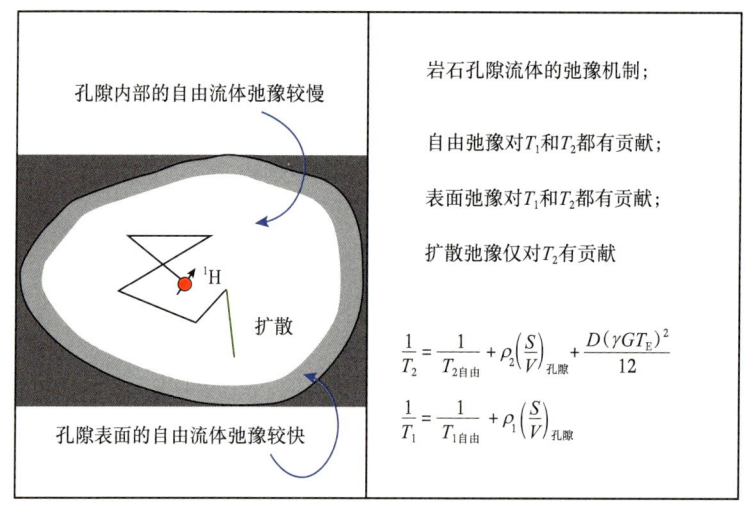

图 3-1-2  孔隙流体的自由弛豫、表面弛豫和扩散弛豫（据 Coates et al., 2007; Xiao, 2023）

## 第二节  含水岩石的核磁共振特性

储层岩石通常存在一个孔隙尺寸分布，并且常常含有多种流体成分。因此，由 CPMG 脉冲序列记录的自旋回波串（横向弛豫测量）不是单个 $T_2$ 值的衰减，而是 $T_2$ 的分布，可表示为

$$M(t)=\sum M_i(0)\mathrm{e}^{-\frac{t}{T_{2,i}}} \tag{3-2-1}$$

式中：$M(t)$ 为 $t_1$ 时刻测量的宏观磁化强度；$M_i(0)$ 为第 $i$ 个弛豫分量的宏观磁化强度的初始值；$T_{2,i}$ 为第 $i$ 个弛豫分量的横向弛豫时间。

如图 3-2-1 所示，100% 饱和水的孔隙（上左）有单一的 $T_2$（上中），$T_2$ 取决于孔径大小，因此它的自旋回波串就是单指数衰减（右上），也与孔径大小有关。100% 饱和水的多孔隙（下左）有多个与孔隙尺寸有关的 $T_2$（下中），其合成的自旋回波串表现为与孔隙尺寸相关的多指数衰减（下右）（Coates et al.，2007；Xiao，2023）。

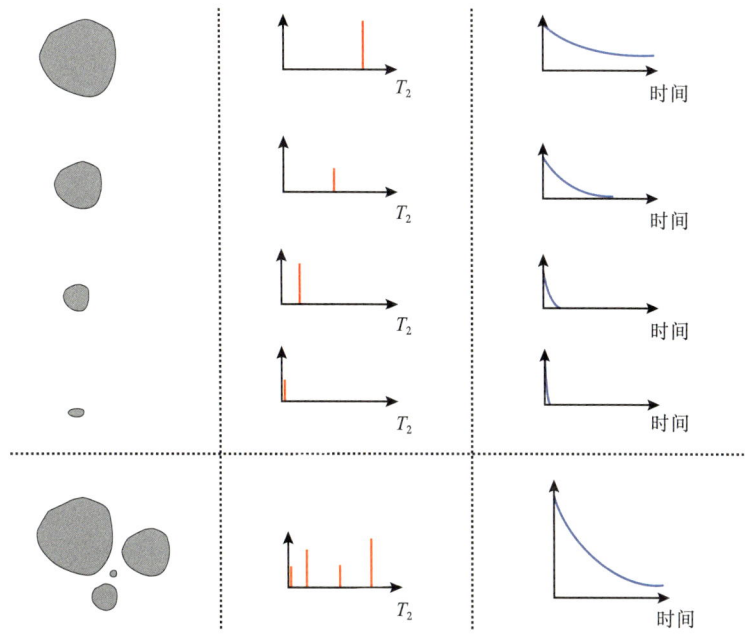

图 3-2-1　不同孔径及单润湿相孔隙介质的多指数衰减示意图

采用短 $T_E$ 和地层中只含饱和盐水时，表面弛豫起主要作用。在此情况下，$T_2$ 直接与孔隙尺寸成正比。假设所有孔隙具有相似的几何形状时，最大的孔隙（图 3-2-1 的左栏）的 $S/V$ 最低因而 $T_2$ 最长。中等尺寸的孔隙具有较小的 $S/V$，$T_2$ 较短。最小的孔隙具有最高的 $S/V$，$T_2$ 最短。对于单一孔隙来讲，宏观磁化强度的衰减是呈指数型的，信号幅度为（Kenyon et al.，1989）

$$M(t)=M_0\mathrm{e}^{-\rho_2\left(\frac{S}{V}\right)t} \tag{3-2-2}$$

式（3-2-2）中，$M_0$ 与孔隙流体的体积成正比。对 100% 饱和水的岩石，不同尺寸孔隙组成的系统（图 3-2-1 下左）对应着一个 $T_2$ 谱（图 3-2-1 下中）。相应的信号幅度就是单个孔隙中流体产生的信号幅度之和（图 3-2-1 下右）。信号幅度为

$$M(t)=\sum M_{0i}\mathrm{e}^{-\rho_2\left(\frac{S}{V}\right)_i t} \tag{3-2-3}$$

式中：$(S/V)_i$ 为第 $i$ 种孔隙的表面积与体积之比。

显然：

$$M(0)=\sum M_{0i} \quad (3-2-4)$$

如果已知 $M_{100\%}(0)$（即已知在相同的探测范围内 100% 自由水的宏观磁化强度测量值），那么，$M(0)$ 和 $M_{0i}$ 就可以刻度为孔隙度：

$$\phi=\frac{M(0)}{M_{100\%}(0)}=\frac{\sum M_{0i}}{M_{100\%}(0)}=\sum \frac{M_{0i}}{M_{100\%}(0)}=\sum \phi_i \quad (3-2-5)$$

式中：$\phi$ 为地层的刻度孔隙度；$\phi_i$ 为第 $i$ 种孔隙尺寸对应的刻度孔隙度，也称为区间孔隙度。

这样，$T_2$ 谱（与时间常数 $T_{2i}$ 有关的幅度 $M_{0i}$ 的形式）就被刻度为孔径分布（每个孔隙 $\phi_i$ 和相关的时间常数 $T_{2i}$）。

如果孔隙是部分饱和的，即孔隙中除了含水外，还含油和（或）气，那么油和气对测量宏观磁化强度的影响如下：

$$M(t)=\sum M_{0i}\mathrm{e}^{-\rho_2\left(\frac{S}{V}\right)_i t}+M_\mathrm{o}\mathrm{e}^{-\frac{t}{T_{2\mathrm{o}}}}+M_\mathrm{g}\mathrm{e}^{-\frac{t}{T_{2\mathrm{g}}}} \quad (3-2-6)$$

式中：$M_\mathrm{o}$ 为孔隙中油产生的宏观磁化强度；$M_\mathrm{g}$ 为孔隙中气产生的宏观磁化强度；$T_{2\mathrm{o}}$ 为由 CPMG 脉冲序列测量的油的 $T_2$；$T_{2\mathrm{g}}$ 为由 CPMG 脉冲序列测量的气的 $T_2$。

式（3-2-6）中假设岩石是亲水的，而且油和气的自旋回波衰减都可以采用单指数表达方法来表征。这一单指数表达式代表了非润湿流体的体积和扩散弛豫特性。实际上，许多原油都是由多种类型的烃组成的，因此具有复杂的弛豫组分，必须用多指数和的形式来表达。如果油气占据了部分孔隙空间，那么孔隙中水的体积就减少了。由于水的体积减小，而孔隙的表面积不变，则 $V/S$ 减小。孔隙水相对应的 $T_2$ 与 $V/S$ 成正比，因此 $T_2$ 随着 $V/S$ 的减小而减小。这样，当存在非润湿流体时，$T_2$ 谱由于包括了非润湿流体的弛豫响应，因而不再代表孔隙尺寸分布。含有非润湿流体的孔隙或者在谱上表现为衰减时间比一般孔隙要快，或者根本就没有表现（如果表面层太薄的话）。这种孔隙的孔隙度认为是对非润湿相自由流体的响应，所以，尽管 $T_2$ 谱失真，但是孔隙度不受影响。

实际上，要单独考虑每一种孔隙是很困难的，因此，所有具有相近的表面积与体积比值的孔隙和具有近似 $T_2$ 值的非润湿流体都被分为一类。采用这种分类，磁化矢量等式中的和就只有有限的几项。

## 第三节 确定岩石孔径分布和孔隙度原理

如前所述，当亲水岩石完全被水饱和时，单一孔隙 $T_2$ 与孔隙的表面积与体积的比值成反比，它就是孔隙尺寸的度量。这样，观测到的所有孔隙的 $T_2$ 谱就代表着岩石的孔径分布。图 3-3-1 是饱和盐水的岩石 $T_2$ 谱与通过压汞实验得到的岩石孔喉尺寸分布的对比。压汞曲线的信息通常难以准确量化，但是基本上反映孔喉的大小，如图 3-3-1a 所示。通过确定恰当的转换因子（如与表面弛豫相关的因子），将曲线进行合理的平移，$T_2$ 谱与孔喉尺寸分布有很好的相关性。尽管通过这种平移，$T_2$ 谱与压汞曲线能够较好地重合在一起，但实际上二者反映的是岩石不同方面的性质。对于沉积岩，岩石不同特性量化结果一致的情况经常出现。

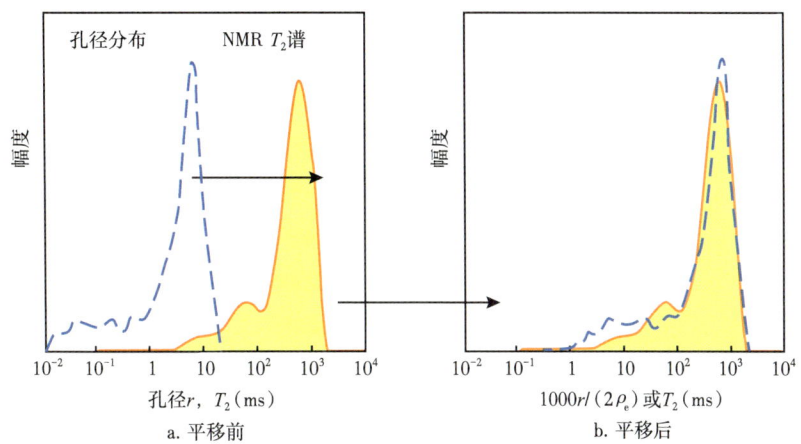

图 3-3-1　以有效表面弛豫为因子作适当平移前后孔径分布和 $T_2$ 谱
（据 Coates et al., 2007；Xiao, 2023）

图 3-3-1 的映射产生一个有效弛豫（$\rho_e$）。鉴于压汞毛细管压力（MICP）主要是由孔喉尺寸控制的，引入有效弛豫这一概念以描述核磁共振对孔隙尺寸的响应。这样，$\rho_e$ 就正比于固有表面弛豫（$\rho$）和孔隙喉道尺寸与孔隙尺寸比值的乘积。

如图 3-3-2 所示，对于某种岩石，可以将 $T_2$ 谱和压汞孔隙尺寸分布相比较以确定有效表面弛豫，砂岩的弛豫强度通常大于碳酸盐岩。图 3-3-2 中提供的数据符合这一结论。

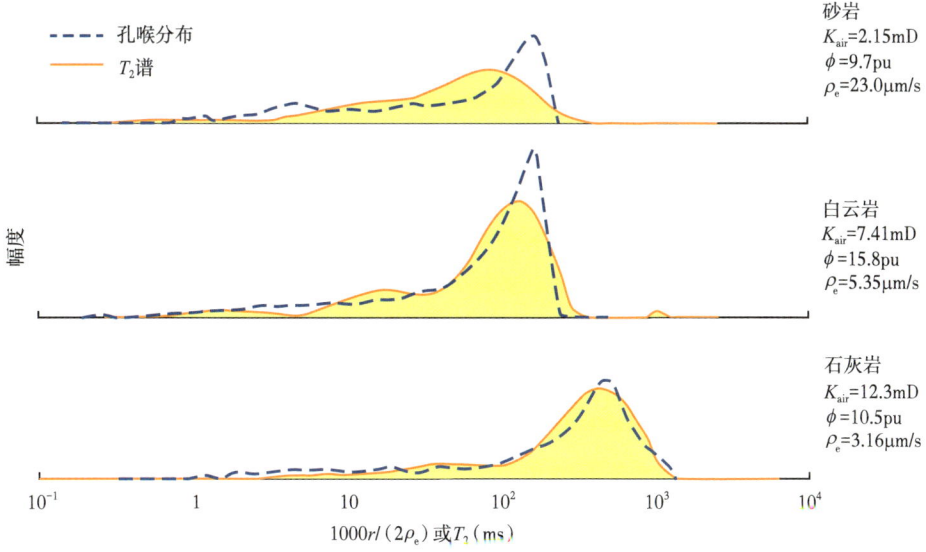

图 3-3-2　三种不同岩性的 $T_2$ 谱和孔喉分布之间对比（据 Coates et al., 2007；Xiao, 2023）

如图 3-3-3 所示，对于砂岩和碳酸盐岩样品，当目的层 100% 饱和水时，$T_2$ 谱可以为目的层的孔隙尺寸分布提供一个合理的评价，即使有烃存在时，束缚水 $T_2$ 谱也可以区分细砂岩和粗砂岩。当评价储层质量和沉积环境时，这一信息非常有用。

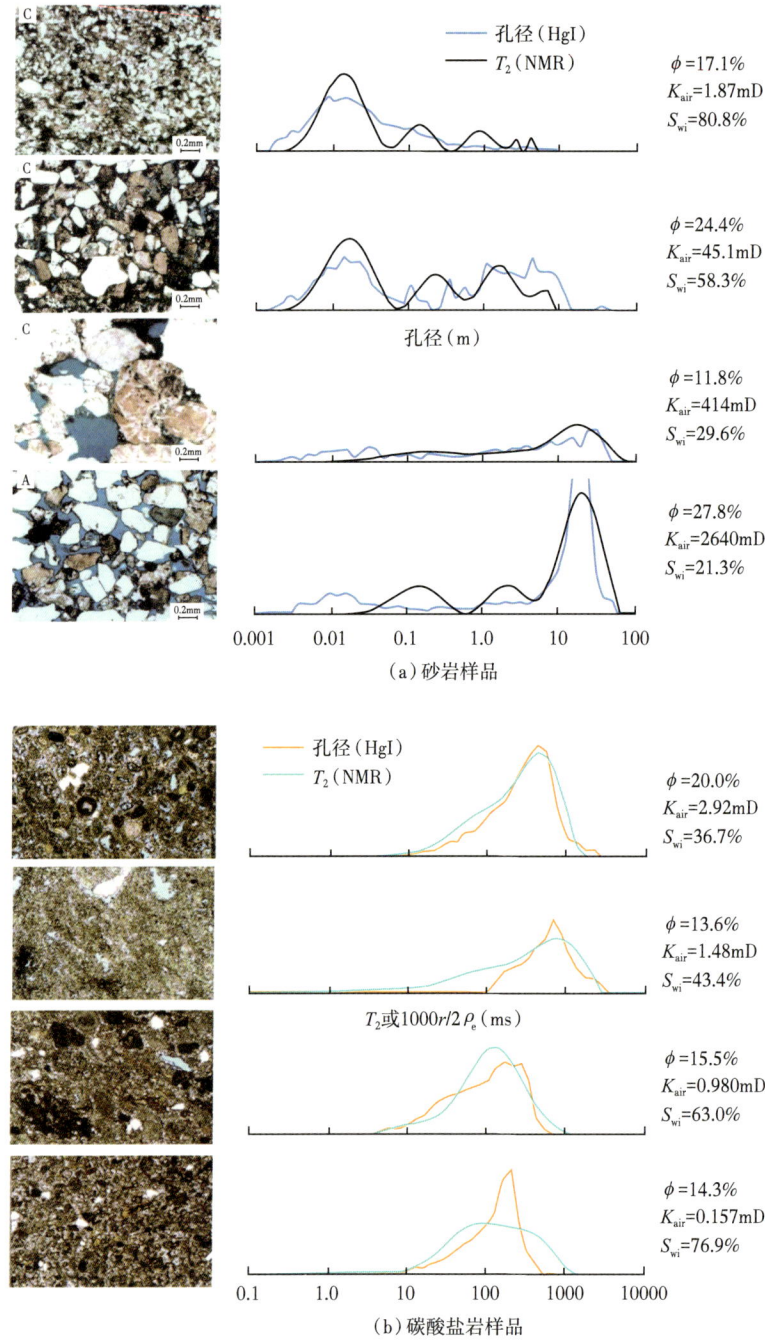

图 3-3-3　MCIP 和 $T_2$ 谱之间的对比（据 Coates et al., 2007; Xiao, 2023）
$S_{wi}$ 为束缚水饱和度

核磁共振测井确定地层孔隙度的依据来自观测信号强度与孔隙流体中氢核含量的对应关系。如果观测信号能够正确地反映宏观磁化强度 $M$，那么它在零时刻的数值大小将与地层孔隙中的含氢总量成正比，经过恰当地标定，即可把零时刻的信号强度（FID 或回波串）标定为地层孔隙度。不仅如此，由于弛豫机制和弛豫速率的差异，不同孔径孔隙中的流体将有不同的观测弛豫速率，出现在 $T_2$ 谱的不同位置上，因而可以进一步把泥质束缚水、毛细管束缚水，以及自由流体等各类流体区分开来。泥质束缚水的横向弛豫时间一般很短，如果回波间隔取得比较长，在第一个回波被观测到之前，其信号就已经完全衰减完，对观测信号不会有贡献。如果用比较特殊的观测方式，例如用很短的回波间隔，提高对短弛豫分量的分辨能力，则可以单独或同时观测到泥质束缚水。

通过刻度，由 $T_2$ 谱可直接得到孔隙度，即：

$$\phi = M(0) = \sum_i P_i \tag{3-3-1}$$

式中：$P_i$ 为第 $i$ 个区间孔隙度。

由式（3-3-1）可知，观测的孔隙度可以被分解成不同弛豫时间区间的孔隙度，即得到孔隙度分布 $P_1$，$P_2$，…，$P_8$（或至 $P_{10}$），它们是与 $T_{2i}$（$i=1, 2, …, n$）对应的各孔隙系统在观测到的总孔隙系统中所占的比重。由孔隙度分布信息，可以进一步了解储层质量，例如，当孔隙度分布集中在比较小的弛豫时间上，即 $P_1$、$P_2$ 等占优时，说明该储层以微孔为主，如果是碎屑岩，则意味着骨架颗粒很细；当孔隙度分布集中在比较大的弛豫时间上，即 $P_7$、$P_8$ 等占优时，说明该储层以大孔为主，如果是碎屑岩，则意味着骨架颗粒很粗。

如图 3-3-4 所示，中间分别为侵入带与原状地层的岩石体积模型，假设水为润湿相。侵入带和原状地层在模型中的差别表现在前者的部分可动水及烃被侵入的钻井液滤液所代替。体积模型的下方为常规岩心分析（湿干法与烘干法）及常规孔隙度测井（密度与中子）确定的孔隙度；上方为核磁共振测井的孔隙度响应特征。在该模型中，有两点需要强调。首先是图 3-3-4 右侧孤孔，包括不连通的死孔或溶洞，由于它们的孔径一般很大，充有流体时，弛豫时间会很长，所以在 $T_2$ 谱的右侧；不充流体时，不会有核磁共振响应。其次是残余油，对于亲水岩石，$T_2$ 谱的左端通常是束缚水，右端则是弛豫时间较长的各种流体。迄今为止，尚没有证据表明可动油与残余油在核磁共振特性上有明显差异。

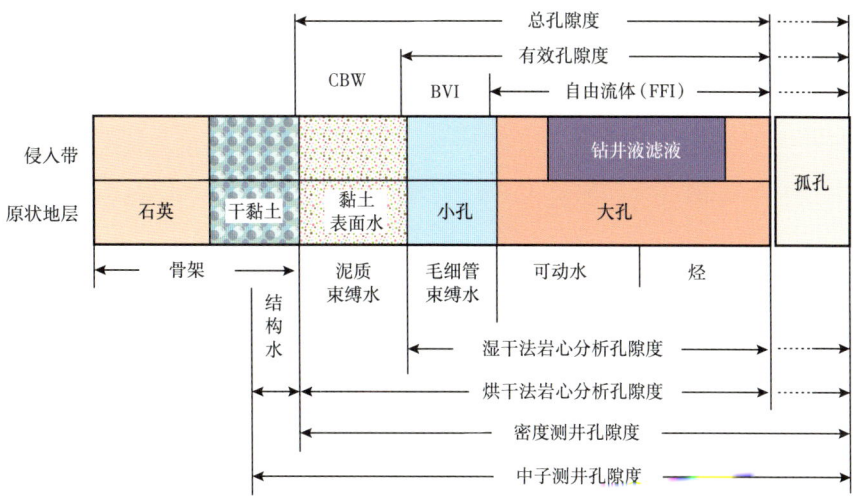

图 3-3-4　核磁共振测井孔隙度模型示意图（据 Xiao，2023）

## 第四节　计算岩石束缚水含量原理

由观测回波串反演得到的 $T_2$ 谱可以确定束缚水，如图 3-4-1 所示。管状模型是由 $T_2$ 谱确定的弛豫时间分布，用归一化形式显示。目前由 $T_2$ 谱确定毛细管束缚水的方法主要有两种：一种是 $T_2$ 截止值方法。设想有一个确切的 $T_2$ 截止值（$T_{2\text{cutoff}}$），小于该值的所有孔隙中的流体均是束缚状态的，与岩层中的微毛细管水对应，在储层压力条件下是不可能流动的，而大于这个值对应的所有孔隙中的流体则是可动的，即：

$$\text{BVI} = \sum_{T_2 \leqslant T_{2\text{cutoff}}} P_i \qquad (3\text{-}4\text{-}1)$$

$$\text{FFI} = \sum_{T_2 > T_{2\text{cutoff}}} P_i \qquad (3\text{-}4\text{-}2)$$

式中：BVI 为束缚水孔隙度；FFI 为自由流体孔隙度（或称自由流体指数）；$T_{2\text{cutoff}}$ 为表征储层特性的参数，由实验室确定；$P$ 为孔隙度。

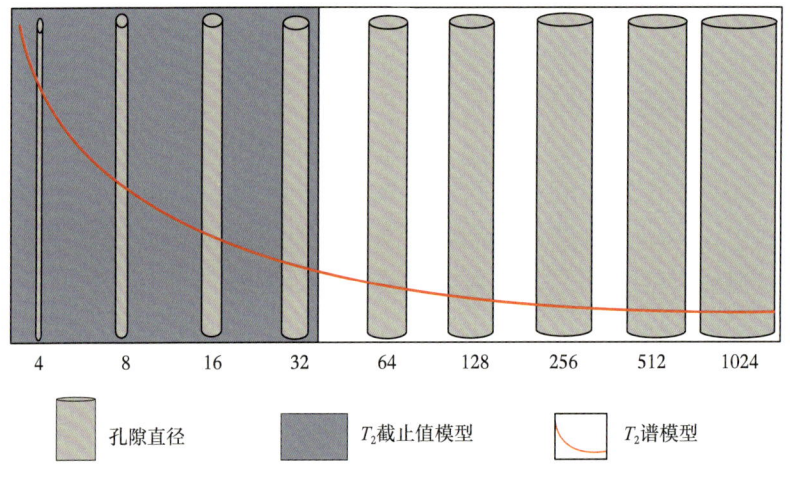

图 3-4-1　束缚水模型示意图（据肖立志，1998）

另一种是 $T_2$ 谱系数方法。该方法假设每一种孔隙系统，无论其直径大小，都存在一定的水束缚在孔壁表面，在储层压力条件下是不能流动的，且孔隙直径不同，这种束缚水在数值上所占的比重也不一样。只要确定不同孔径束缚水的比例因子，便可以计算出总的束缚水含量，即：

$$\text{BVI} = \sum_i C_i P_i \qquad (3\text{-}4\text{-}3)$$

$$\text{FFI} = \sum_i (1 - C_i) P_i \qquad (3\text{-}4\text{-}4)$$

式中：$C_i$（$i=1, 2, \cdots, n$）为束缚水 $T_2$ 谱系数，作为表征储层特性的参数也由实验室确定。

理论上，这两种方法求出的束缚水体积应该很接近，但实际应用中，孔隙流体成分对计算结果可能有不同的影响。例如，大孔中含烃时，孔隙中的束缚水已紧贴孔壁，其弛豫时间可能已小于 $T_{2cutoff}$，所以用截止值方法效果会好一些，而用谱系数方法，可能算出的束缚水体积过大。而孔隙中只含水时，在弛豫特性上无法区分大孔中的水是否是束缚水，用截止值方法计算的束缚水体积可能会过小，谱系数方法效果更好。此外，两种模型均有一定的地区适应性，$T_{2cutoff}$ 或 $C_i$ 系数甚至与钻井液性能（油基钻井液或水基钻井液）也有一定的关系。为了取得最佳效果，应该发展适合工作区块的束缚水模型。

## 第五节　计算岩石渗透率原理

渗透率是反映孔隙介质（岩石）允许流体通过能力的参数。迄今为止，估算渗透率的方法都是间接的，核磁共振也一样，通过渗透率与核磁共振特性之间的相关性分析来建立相应的渗透率模型。利用岩石核磁共振的弛豫特性及扩散测量结果，已经建立了多种渗透率经验公式。

渗透率与孔隙度及岩石比表面积有关，基本表达式是 Kozeny 方程：

$$K=\frac{0.101\phi^3}{\Gamma(1-\phi)^2}\left(\frac{S}{V}\right)^2 \qquad (3-5-1)$$

式中：$K$ 为渗透率，mD；$\phi$ 为孔隙度；$\Gamma$ 为"结构因子"或"弯曲因子"，其量值决定于孔隙的形状及单位长度内多孔介质中流体流过的路径；$S/V$ 为比表面积。

利用 Kozeny 方程，通过岩石核磁共振弛豫时间与岩石孔隙比表面积的相关性，可以建立估算岩石渗透率的方法。已经建立的核磁共振渗透率模型有两类：Coates 模型、SDR 模型，如图 3-5-1 所示。

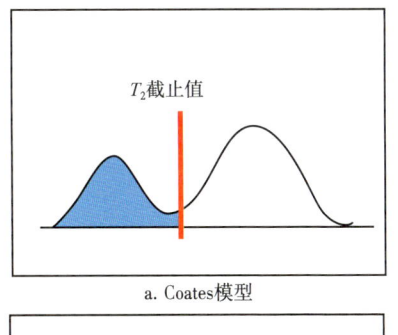

a. Coates模型

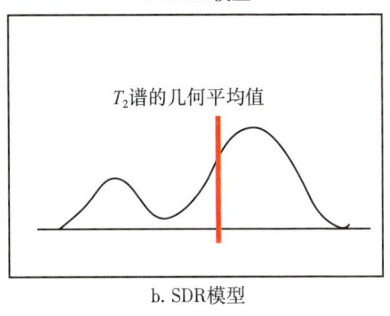

b. SDR模型

图 3-5-1　核磁共振渗透率模型（据 Coates et al., 2007）

值得注意的是，目前的核磁共振渗透率模型极少考虑岩石孔隙的连通性，一种极端失效的例子是，当岩石中只含互不连通的溶洞大孔时，其实际渗透率为零，而核磁共振计算的渗透率可能很大。实际应用表明，对于碎屑岩，只要了解地区经验参数，核磁共振能够提供比较好的渗透率指示。而对于裂缝型和溶洞型地层，尚无可行的核磁共振渗透率模型可用。

## 一、Coates 模型

Coates 模型由式（3-5-2）给出：

$$K=\left(\frac{\phi}{C}\right)^4\left(\frac{\text{FFI}}{\text{BVI}}\right)^2 \qquad (3\text{-}5\text{-}2)$$

式中：$\phi$ 为孔隙度；FFI 为自由流体孔隙度；BVI 为束缚水孔隙度；$C$ 为拟合系数。

如图 3-5-2 所示，图版中有两组模数，一组是束缚水孔隙体积 BVI，另一组是渗透率 $K$。原理上，对于特定的岩石，其束缚水含量越高，可动流体相的渗透性便越差，因此，束缚水的确定方法对渗透率计算结果将有很大的影响。当孔隙中含有轻烃，特别是天然气时，束缚水与自由流体均需要做含烃及含氢指数校正。此外，系数 $C$ 有很强的地区经验性，需要由实验确定。

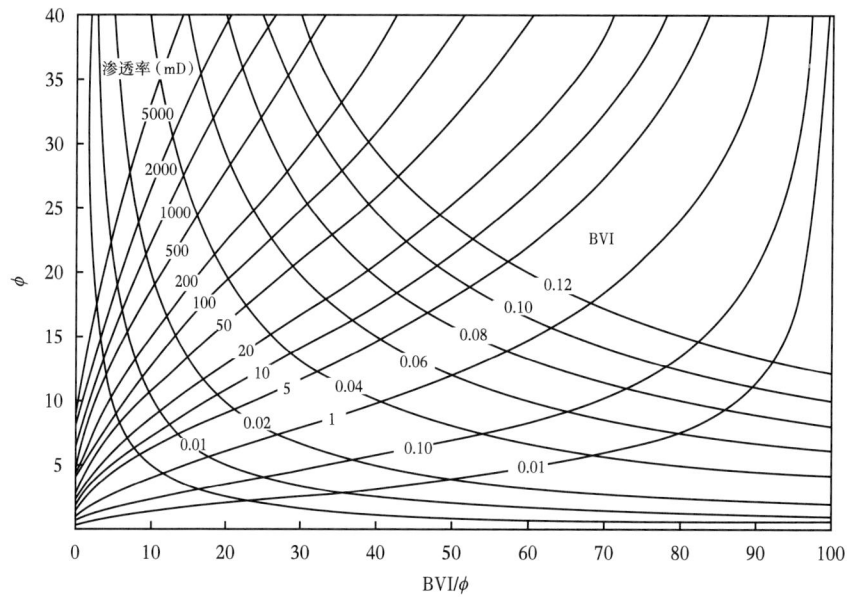

图 3-5-2　Coates 模型图版（据 Coates et al., 2007）

## 二、SDR 模型

SDR 模型如下：

$$K=C\phi^4 T_{2\text{GM}}^2 \qquad (3\text{-}5\text{-}3)$$

式中：$T_{2\text{GM}}$ 为 $T_2$ 谱的几何平均值；$C$ 为拟合系数。

如图 3-5-3 所示，由数据点的线性拟合确定系数 $C$。而 $K$ 的意义取决于建立式（3-5-3）中所用渗透率的含义。SDR 模型不受束缚水模型的影响，但当岩石孔隙中含有烃时，$T_2$ 谱的几何平均值会发生变化，使估算的渗透率也不一样，并且不能做含烃校正。

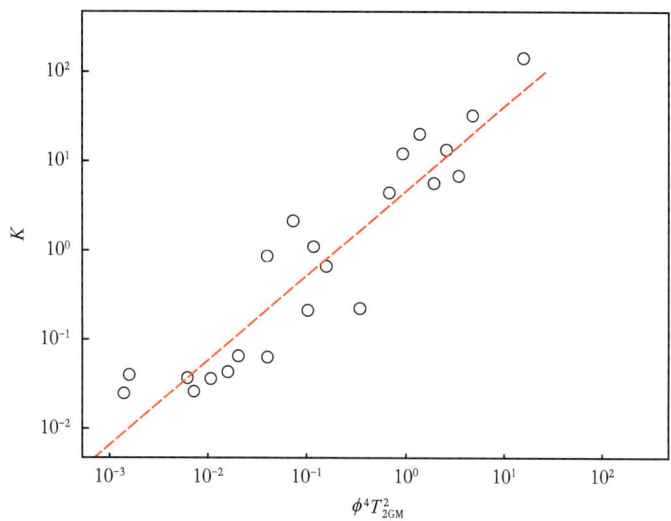

图 3-5-3　SDR 模型图版（据邓克俊等，2010）

# 第六节　识别油气水原理

不同的储层流体之间核磁共振特性差别很大。利用这一差别可以区分烃的类型，有时还可以定量计算它们的体积。

## 一、不同烃类的核磁共振特性

储层条件下亲水岩石的油和气的核磁共振特性（如 $T_1$ 和 $T_2$），可以根据式（3-1-1）至式（3-1-16）进行计算。

对于油：

$$T_1 = 0.00713 \frac{T_k}{\eta} \tag{3-6-1}$$

$$T_2^{-1} = \left(0.00713 \frac{T_k}{\eta}\right)^{-1} + 1.3 \times 10^{-5} \frac{T_k}{298\eta} \frac{(\gamma G T_E)^2}{12} \tag{3-6-2}$$

对于气：

$$T_1 = 2.5 \times 10^4 \left(\frac{\rho_g}{T_k^{1.17}}\right) \tag{3-6-3}$$

$$T_2^{-1} = \left[ 2.5 \times 10^4 \left( \frac{\rho_g}{T_k^{1.17}} \right) \right]^{-1} + 8.5 \times 10^{-7} \left( \frac{T_k^{0.9}}{\rho_g} \right) \frac{(\gamma G T_E)^2}{12} \qquad (3\text{-}6\text{-}4)$$

式（3-6-1）至式（3-6-4）均假定$T_1$弛豫以流体的自由弛豫为主，而对$T_2$弛豫主要由自由弛豫项和扩散弛豫项组成。式（3-6-2）和式（3-6-4）应用了式（3-1-6）和式（3-1-9）中的扩散系数表达式。没有扩散影响时，$T_1$和$T_2$是相等的。亲水条件意味着有一层水膜覆盖在岩石颗粒的表面，这样就阻碍了岩石颗粒与烃类流体之间的接触，因此式（3-6-1）至式（3-6-4）没有表面弛豫项。在亲水岩石中，式（3-6-1）至式（3-6-4）没有油的表面弛豫项这一结论已经被许多实验室和现场观测所证实。然而，在一系列实验中，Straley 于 1997 年在砂岩和碳酸盐岩岩样中意外地发现了甲烷的视表面弛豫分量（Straley，1997）。当时，这一结果并没有被其他实验室证实，也没有发表文章进行理论解释。表面弛豫分量采用时间域分析（TDA）方法进行气的探测影响很小，详见第七章第五节。

事实上，原油的$T_2$是一个数值分布而不是一个单一值，而且与原油的黏度有关。黏度增大时，氢原子核的移动减弱，弛豫更快。因此，增加黏度会使$T_2$几何平均值减小。黏度较大的原油通常也具有较宽的$T_2$谱。$T_2$谱的增宽与不同原油成分的质子活动能力有关。黏度较大的原油通常由较多成分的烃组成。即使是轻质油也包含多种成分，也可能表现为较宽的$T_2$谱。对于黏度为 2.7mPa·s 的轻质油（图 3-6-1a），测量的$T_2$密集地集中于一个单值附近，也就是 609ms 附近。对于黏度为 35mPa·s 的中等黏度油（图 3-6-1b），测量的$T_2$值表现为一个下端呈尾状的宽分布，几何平均值为 40ms。对于黏度为 4304mPa·s 的重油（图 3-6-1c），测量的$T_2$也表现为一个下端呈尾状的宽分布，但是几何平均值只有 1.8ms（Coates et al.，2007；Xiao，2023）。

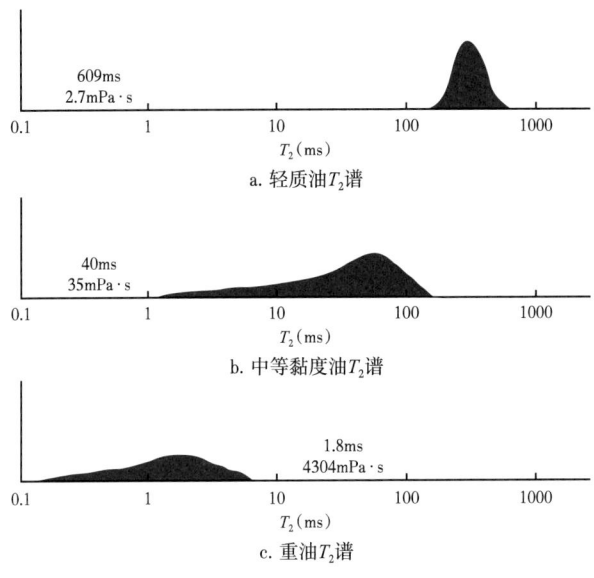

图 3-6-1　三种油样$T_2$谱

在典型的储层条件下，天然气的核磁共振响应与油和水的差别很大（Gerritsma et al.，1971a，1971b）。因此，核磁共振测量可以用于定量计算储层中的气体相。干天然气主要是由甲烷和其他轻烃物质组成。图 3-6-2 显示的是甲烷的含氢指数 HI、扩散系数和 $T_2$ 值随压力和温度的变化情况（Straley，1997；Akkurt et al.，1995；Prammer et al.，1995）。在这些图版中，对应于不同的温度梯度 2.0、1.5、1.0 的曲线是用单位 °F/100ft 来表示的。图 3-6-2a、b 均假定压力梯度是 43.3psi/100ft。图 3-6-2d 是根据体积扩散图版制作的，并且假定：$T_E$=0.6ms、磁场梯度是 18Gs/cm、在岩石孔隙中扩散约束为 0.7（$D/D_g$），其中 $D$ 是甲烷饱和于岩石孔隙时的扩散系数，$D_g$ 是甲烷的体积扩散系数。根据这些图版，在深度为 25000ft、温度梯度为 1.5°F/1000ft、压力梯度为 43.3psi/1000ft 的条件下，甲烷的含氢指数为 0.48，体积扩散系数为 0.0015cm²/s，$T_1$ 为 3500ms，$T_2$ 为 29ms。在这些条件下，核磁共振仪器可以探测到气的信号（Coates et al.，2007；Xiao，2023）。

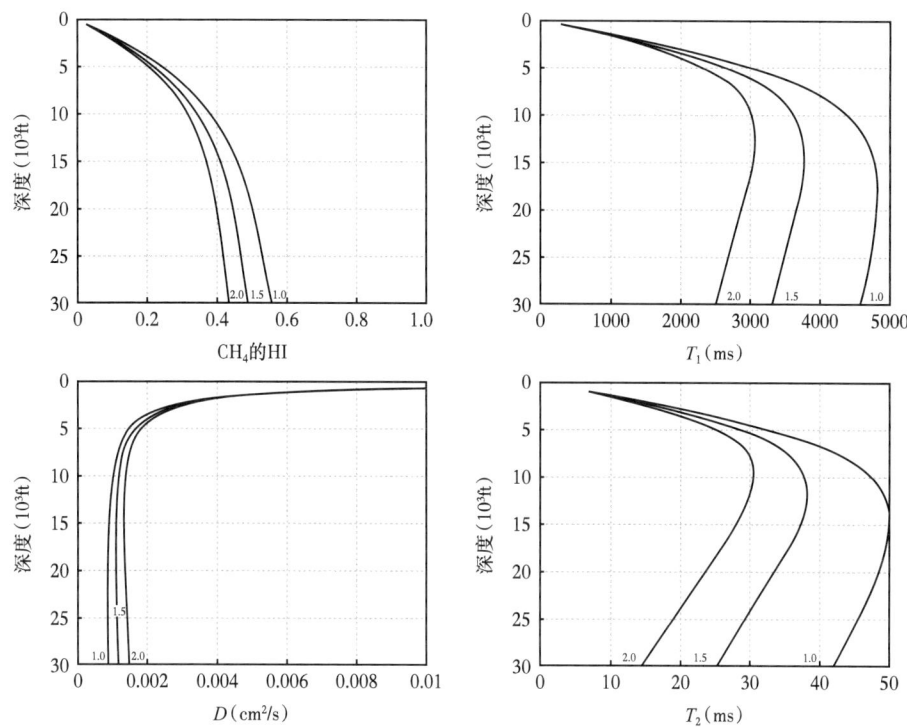

图 3-6-2　甲烷的 HI、体积扩散系数、$T_1$ 和 $T_2$ 随压力（深度）和温度的变化关系图版

表 3-6-1 是自由流体（如盐水、油、气）在储层条件下的核磁共振特性（Akkurt et al.，1995）。这些流体的 $T_1$、$T_2$ 和 $D$ 在储层条件下的差别形成了核磁共振流体识别的基础。有两种烃类识别方法得到了发展：双 $T_w$ 方法和双 $T_E$ 方法。双 $T_w$ 方法是基于水和轻烃之间的 $T_1$ 差异，而双 $T_E$ 方法则是基于水和中等黏度油，以及流体和气之间的扩散差异。

表 3-6-1　储层流体的核磁共振特性

| 流体类型 | $T_1$（ms） | $T_2$（ms） | $T_1/T_2$ | HI | $\eta$（mPa·s） | $D_0$（$10^{-5}$cm²/s） |
| --- | --- | --- | --- | --- | --- | --- |
| 油 | 3000~4000 | 300~1000 | 4 | 1.0 | 0.2~1000 | 0.0015~7.6 |
| 气 | 4000~5000 | 30~60 | 80 | 0.2~0.4 | 0.011~0.014（甲烷） | 80~100 |
| 盐水 | 1~500 | 1~500 | 2 | 1.0 | 0.2~0.8 | 1.8~7 |

## 二、核磁共振烃类识别

如图 3-6-3 所示，完全饱和水的单一孔隙介质在 $T_2$ 谱上表现为一个单峰，$T_2$ 中等。当可动水部分被油代替时，$T_2$ 谱上的单峰就分离为双峰，其中一个峰的幅度比原先对应的 $T_2$ 幅度要小很多。该峰被认为是由小孔隙和孔隙表面的束缚水引起的。另一个峰的幅度高于原先对应的 $T_2$ 幅度。该峰由油引起，其峰值接近于可动油的值。图 3-6-3 是这一现象在北海白垩系的一个实例，白垩系中有大量与孔隙表面有关的束缚水存在。北海白垩系实例表明了 $T_2$ 谱是如何随着含水饱和度的变化而变化的。当 $S_w=100\%$ 时，岩样表现为一个简单的孔隙尺寸分布，信号主要集中于 $T_2 = 27\text{ms}$，表明岩样实际上是一种单一尺寸的孔隙介质。当 $S_w$ 减小时（含油饱和度增加），随着水的体积减小，$T_2$ 谱上水峰的幅度也减小。随着油的体积增加，位于 200ms 左右处油峰的幅度增加。另外，由于水信号的 $S/V$ 改变（假定孔隙表面积保持不变，表面弛豫强度也保持不变，但是水的体积减小了），其 $T_2$ 也将减小（Coates et al.，2007）。

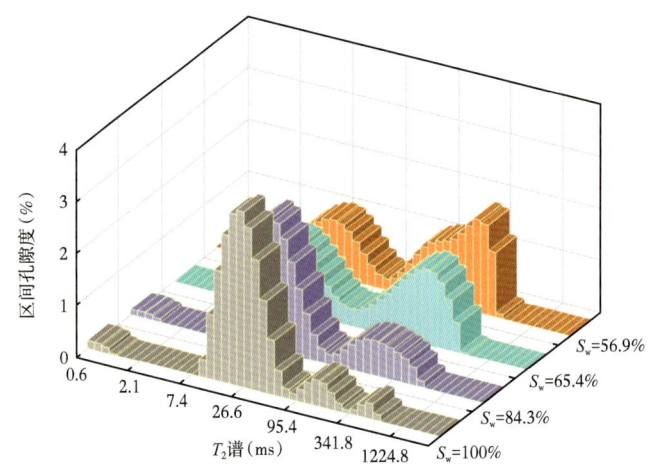

图 3-6-3　不同饱和度岩石的 $T_2$ 谱

表 3-6-1 和式（3-6-1）、式（3-6-3）表明，油和气的 $T_1$ 均比地层盐水要长很多。因此，对于烃而言，要达到完全极化，需要的 $T_w$ 比水的 $T_w$ 要长一些。双 $T_w$ 测量就是根据水和轻烃之间的 $T_1$ 差异，采用两个 $T_w$，即短等待时间 $T_{wS}$ 和长等待时间 $T_{wL}$。

对于 $T_{wS}$：

$$M_{T_{wS}}(t) = \sum M(0)_i \left(1-e^{-T_{wS}/T_{1wi}}\right) e^{-t/T_{2wi}} \\ + M_{\text{oil}}\left(1-e^{-T_{wS}/T_{1\text{oil}}}\right) e^{-t/T_{2\text{oil}}} + M_{\text{gas}}\left(1-e^{-T_{wS}/T_{1\text{gas}}}\right) e^{-t/T_{2\text{gas}}} \tag{3-6-5}$$

对于长 $T_{wL}$：

$$M_{T_{wL}}(t) = \sum M(0)_i \left(1-e^{-T_{wL}/T_{1wi}}\right) e^{-t/T_{2wi}} \\ + M_{\text{oil}}\left(1-e^{-T_{wL}/T_{1\text{oil}}}\right) e^{-t/T_{2\text{oil}}} + M_{\text{gas}}\left(1-e^{-T_{wL}/T_{1\text{gas}}}\right) e^{-t/T_{2\text{gas}}} \tag{3-6-6}$$

式中：$M_{T_{wS}}(t)$ 为 $T_{wS}$ 条件下 $t$ 时刻的磁化强度；$M_{T_{wL}}(t)$ 为 $T_{wL}$ 条件下 $t$ 时刻的磁化强度；$T_{1wi}$ 和 $T_{2wi}$ 分别为水的第 $i$ 个分量的 $T_1$ 和 $T_2$。

图 3-6-4 对双 $T_w$ 方法进行了描述。在双 $T_w$ 测量中，在短 $T_w$ 期间只有水可以完全极化，而在长 $T_w$ 期间水和烃都可以完全极化。取两个 $T_2$ 谱的差值可以探测烃并定量确定其含量（Coates et al., 2007；Xiao, 2023）。要达到 95% 的极化，$T_w$ 需要达到 3 倍 $T_1$。在砂岩孔隙中，水的最大 $T_1$ 约为 0.5s，而轻烃的最小 $T_1$ 约为 3s。因此，$T_{wS}$ 为 1.5s 时（图 3-6-4a 左），水将完全极化，而 $T_{wL}$ = 9s 时（图 3-6-4a 右），烃也将完全极化（注：$T_{wL}$ 应根据烃类的压力和温度进行调整，而对气而言，要达到完全极化是不切实际的）。由于在长、短极化时间内水都可以被完全极化，所以它在处理得到的 $T_2$ 谱上会有相同的幅度（图 3-6-4b）。然而，轻烃只有在使用长 $T_w$ 时才会被完全极化。因此，$T_{wL}$ 和 $T_{wS}$ 获得的两个 $T_2$ 谱的差就只剩下烃类成分了，这样就可以定量检测轻烃。该方法详见第七章第五节。

$T_{2扩散}$ 取决于 $D$、$G$ 和 $T_E$。对于盐水、轻烃和重油而言，$D_g \gg D_w$，而 $D_w \gg D_o$（表 3-6-1）。因此，这些流体的 $T_{2扩散}$ 存在着较大差异。采用不同的 $T_E$ 进行核磁共振测量，可以放大这种差异。因此双 $T_E$ 测量采用两个 $T_E$ 分别测量，即长回波间隔 $T_{EL}$ 和短回波间隔 $T_{ES}$。

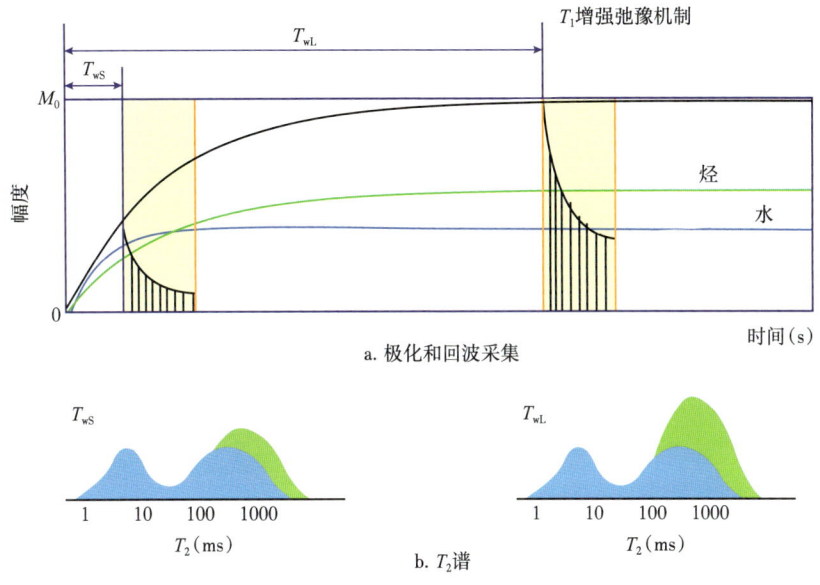

图 3-6-4 双 $T_w$ 方法示意图

对于短 $T_E$：

$$M_{T_{ES}}(t) = \sum M(0)_i \left(1-e^{-T_w/T_{1wi}}\right) e^{-t\left[\frac{1}{T_{2w}}+\rho\frac{S}{V}+D_w\frac{(\gamma G T_{ES})^2}{12}\right]} \\ + M_o \left(1-e^{-T_w/T_{1o}}\right) e^{-t\left[\frac{1}{T_{2o}}+D_o\frac{(\gamma G T_{ES})^2}{12}\right]} + M_g \left(1-e^{-T_w/T_{1g}}\right) e^{-t\left[D_g\frac{(\gamma G T_{ES})^2}{12}\right]} \qquad (3-6-7)$$

当 $T_w \gg 3\max(T_{1w}, T_{1o}, T_{1g})$ 时：

$$M_{T_{ES}}(t) = \sum M(0)_i e^{-t\left[\frac{1}{T_{2w}}+\rho\frac{S}{V}+D_w\frac{(\gamma G T_{ES})^2}{12}\right]} \\ + M_o e^{-t\left[\frac{1}{T_{2o}}+D_o\frac{(\gamma G T_{ES})^2}{12}\right]} + M_g e^{-t\left[D_g\frac{(\gamma G T_{ES})^2}{12}\right]} \qquad (3-6-8)$$

对于长 $T_E$：

$$M_{T_{EL}}(t) = \sum M(0)_i \left(1-e^{-\frac{T_w}{T_{1wi}}}\right) e^{-t\left[\frac{1}{T_{2w}}+\rho\frac{S}{V}+D_w\frac{(\gamma GT_{EL})^2}{12}\right]}$$
$$+ M_o \left(1-e^{-\frac{T_w}{T_{1o}}}\right) e^{-t\left[\frac{1}{T_{2o}}+D_o\frac{(\gamma GT_{EL})^2}{12}\right]} + M_g \left(1-e^{-\frac{T_w}{T_{1g}}}\right) e^{-t\left[D_g\frac{(\gamma GT_{EL})^2}{12}\right]} \quad (3\text{-}6\text{-}9)$$

当 $T_w \gg 3\max(T_{1w}, T_{1o}, T_{1g})$ 时：

$$M_{T_{EL}}(t) = \sum M(0)_i e^{-t\left[\frac{1}{T_{2w}}+\rho\frac{S}{V}+D_w\frac{(\gamma GT_{EL})^2}{12}\right]}$$
$$+ M_o e^{-t\left[\frac{1}{T_{2o}}+D_o\frac{(\gamma GT_{EL})^2}{12}\right]} + M_g e^{-t\left[D_g\frac{(\gamma GT_{EL})^2}{12}\right]} \quad (3\text{-}6\text{-}10)$$

图 3-6-5 是一个双 $T_E$ 测量的示例（这里 $T_{EL}=3T_{ES}$）。假定孔隙流体是由两相流组成，一相的 $D$ 较大，另一相的 $D$ 较小。对于 $D$ 较大的成分，在 $T_{ES}$ 和 $T_{EL}$ 测量之间的衰减差异也较大。在这一双相孔隙流体的双 $T_E$ 测量中，大 $D$ 流体在 $T_{EL}$ 测量期间回波信号（蓝色实线）的衰减比 $T_{ES}$ 测量期间要快得多。在 $T_{EL}$ 测量期间含有小 $D$ 组分的流体回波信号（绿色实线）衰减只是略有增加。这些衰减差异反映在 $T_2$ 谱上，可用来识别流体（Coates et al., 2007；Xiao，2023）。

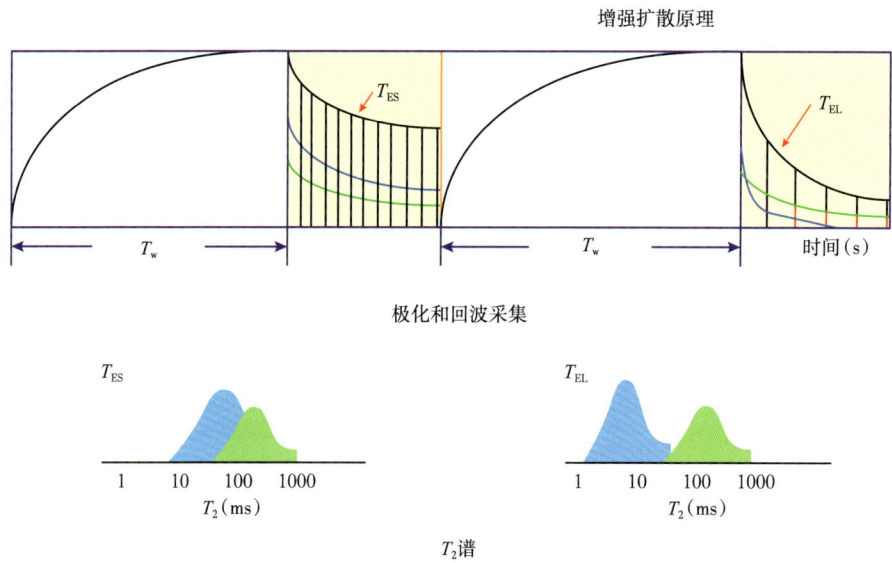

图 3-6-5 双 $T_E$ 方法示意图

## 三、油对 $T_2$ 谱的影响

油对 $T_2$ 谱的影响随孔隙中流体组分的不同而变化。图 3-6-6（顶部）是充满水和轻质油的亲水地层体积模型。模型中各种成分明显的界线并不意味着在相应的衰减谱之间也有明显的界线。如果使用一个 $T_{ES}$ 和一个 $T_{wL}$ 测量回波串，那么水就会有一个宽 $T_2$

谱，而轻质油则显示为一个围绕某一 $T_2$ 的窄 $T_2$ 谱。水和轻质油的扩散系数差别较小，因此这两种流体之间的 $D$ 差异不是非常明显。孔隙水和轻质油的 $T_1$ 差别很大，因此可以检测到这两种流体之间的 $T_1$ 差异。

图 3-6-6 的中图和下图表明如何使用双 $T_w$ 测量方法识别水和轻质油。由于水和轻质油的 $T_1$ 差别较大，因此当 $T_{wS}$ 和 $T_{wL}$ 的 $T_2$ 谱相减时，水的信号将相互抵消，差谱结果将只含轻质油信号。差谱信号的幅度将主要取决于两类流体的 $T_1$ 差异，以及短 $T_{wS}$ 和 $T_{wL}$ 之间的差异。通常对长 $T_w$ 和短 $T_w$ 进行选择，使 $T_{wS}$ 大于或等于 $3T_{1,体积水}$ 并小于 $3T_{1,轻质油}$，$T_{wL}$ 大于或等于 $3T_{1,轻质油}$。如果采用油基钻井液（OBM）钻井，钻井液滤液信号将出现在 $T_2$ 谱上。在图 3-6-6 中轻质油的 $T_2$ 集中在 500ms 左右，而油基钻井液滤液（OBMF）的 $T_2$ 在 200ms。来自轻质油和 OBMF 的信号将保留在差谱结果上。一般来说，这两种流体的核磁共振信号的差别不大，因此准确识别原油和 OBMF 是很困难的。

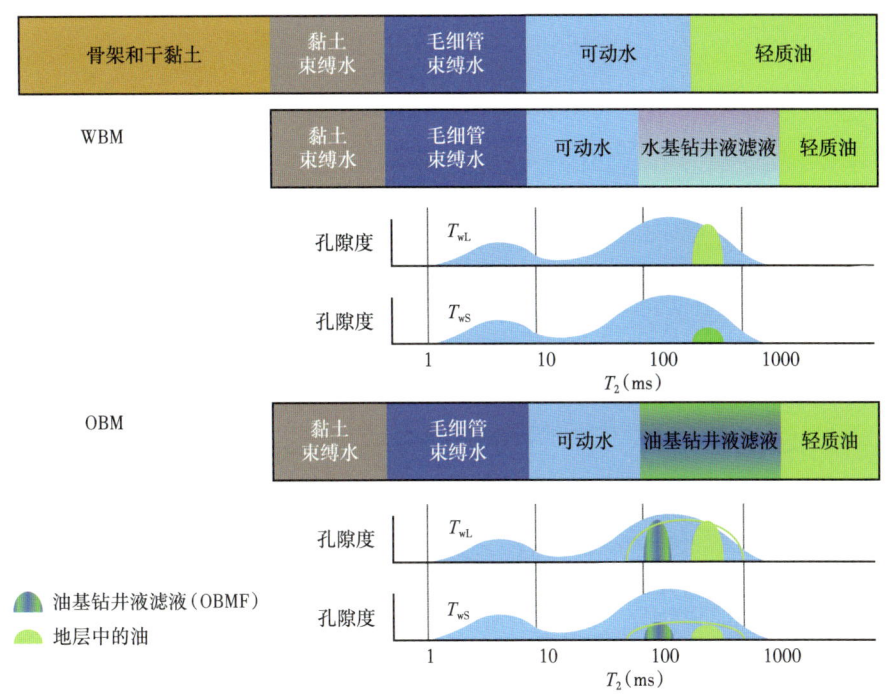

图 3-6-6 在这些轻质油储层的模型中，原状地层（顶部模型）不含钻井液滤液。当进行核磁共振测井时，仪器对骨架和干黏土没有响应，而且已经发生了钻井液侵入，因此核磁共振仪器的部分响应是由冲洗带的钻井液滤液引起的（中部和底部模型）。用双 $T_w$ 测量得到的两个 $T_2$ 谱都含有油的信号。当使用 WBM 时（中部模型），油的信号将集中于某个单峰（约 500ms）。当使用 OBM（底部模型）时，理论上应该存在两个油峰，一个是储层的原油（约 500 ms），另一个是 OBMF 的油（约 200ms）。但是，实际上这两个油的信号在 $T_2$ 谱上是重叠的，如图中绿色曲线所示。无论是采用 WBM 还是 OBM，差谱之后油的信号都将存在（据 Coates et al.，2007；Xiao，2023）

当水和中等黏度油充满亲水地层孔隙时，地层的体积模型如图 3-6-7 表示。如果采用 $T_{ES}$ 和 $T_{wL}$，那么在梯度场下测量得到的水的自旋回波信号通常具有一个较宽的 $T_2$ 谱，中等黏度油的信号也会有一个较宽的 $T_2$ 谱。一般中等黏度油的体积弛豫时间与由表面弛豫引起的水的横向弛豫时间没有太大差别，但水和中等黏度油的扩散系数差别很大，因此可以检测到这两种流体的扩散差异。

图 3-6-7 显示如何采用双 $T_E$ 测量识别水和中等黏度油。由于水和中等黏度油之间存在扩散差异，因此，与 $T_{ES}$ 测量得到的 $T_2$ 谱相比较，$T_{EL}$ 测得的 $T_2$ 谱中水峰与中等黏度油峰相比，$T_2$ 谱有较大的左移（$T_2$ 值变小），水的短 $T_2$ 部分移动很小。当使用 OBM 时，在储层条件下，OBM 比中等黏度油的黏度要低。用短 $T_E$ 测得的 OBMF 组分将围绕一个单峰聚集，单峰的 $T_2$ 比中等黏度油要长一些。但是，用 $T_{EL}$ 测得的 OBMF 的 $T_2$ 峰值有可能比中等黏度油要短。原因是滤液具有较高的扩散。不管井筒中用的是 WBM 还是 OBM，只要选择合适的 $T_E$，就能将中等黏度油和水的 $T_2$ 组分区分开。通常，扩散偏移是非线性的，因此比扩散弛豫时间长的弛豫时间与比扩散弛豫时间短的弛豫时间相比，向左偏移更大。因此随着扩散的增加，这种非线性偏移将谱峰变得越来越尖锐。

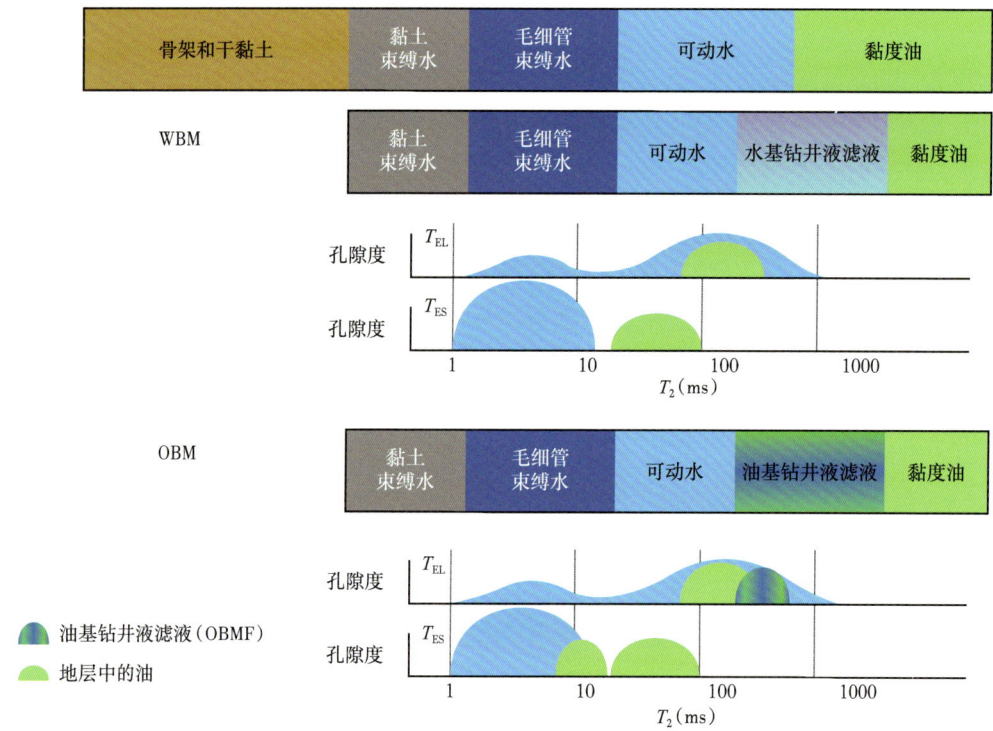

图 3-6-7　在中等黏度油储层中，原状地层（顶部的体积模型）不含钻井液滤液。在核磁共振测井期间，仪器的部分响应信号是由冲洗带的钻井液滤液引起的。如果使用的是 WBM（中部模型），由双 $T_E$ 测量获得的 $T_2$ 谱就可以区分油和水。采用长 $T_E$ 测井时，较快的水成分比油成分在 $T_2$ 谱上向左移动更远。如果使用 OBM（底部模型），滤液将产生一个附加的油信号（据 Coates et al.，2007；Xiao，2023）

在迄今为止的讨论中，都假定地层是亲水的。如果核磁共振测井仪器测量地层不是亲水的，而是部分或完全亲油的，那么油的 $T_2$ 谱和 $T_2$ 将不同于前面讨论的结果（Brown et al.，1956）。岩石绝对不会是完全亲油的，而是有一部分是中等或混合润湿。当油被捕集并与大孔隙中的颗粒表面接触形成油膜或包裹在颗粒表面时，储层的岩石往往表现为混合润湿。原油改变孔隙表面润湿相的能力变化较大。小孔隙的孔隙表面或大孔隙的裂缝是不与油接触的，并保持亲水特征。对于核磁共振来说，亲水的基本条件是岩石颗粒和流体之间存在水的保护层。但是，这一条件与其他的润湿性测量条件不同。

例如，可能不存在部分保护膜，但通过 USBM 测试（美国矿物局开发的普通测试方法）认为岩石依然亲水。

当油的分子直接与颗粒表面接触时，油分子表现为表面弛豫，这将使 $T_2$ 弛豫机制更加复杂。如果地层完全亲油，那么与亲水情况相比，水和油的角色将互换，而且所有特征都是相似的。然而，由于油的表面弛豫和水的表面弛豫可能不同，因此谱的详细特征也可能不同。如果地层是混合润湿，那么情况就更加复杂，区分油和水也就更加困难。

图 3-6-8 显示的是，对于一个含油地层来说，油的黏度和地层的润湿性如何影响油在地层 $T_2$ 谱上的位置。（1）$T_W$ 足够长，以至于不必考虑 $T_1$ 影响；（2）$T_E$ 足够短，以至于不必考虑扩散影响。

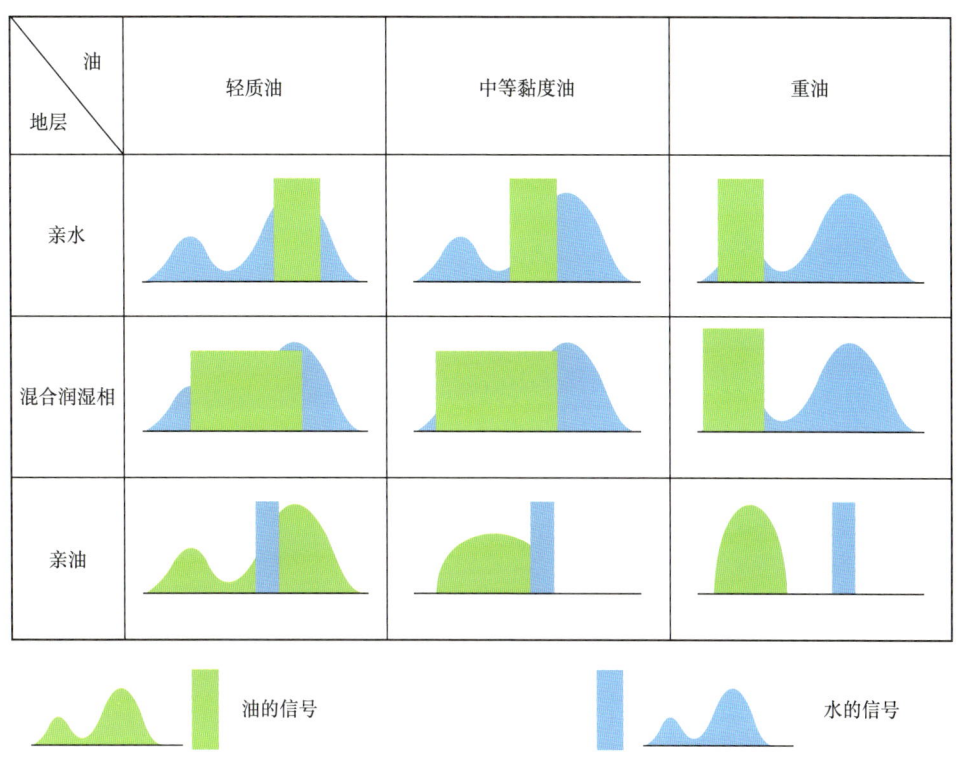

图 3-6-8　油在地层 $T_2$ 谱上的位置和宽度取决于油的黏度和地层的润湿性。在亲水地层中，由于不同的油的组分在 $T_2$ 谱上有适当的宽度和固有的位置，所以油的识别最简单。在混合润湿地层中，由于油和水的组分都较宽而且相互重叠，所以油的识别最困难（据 Coates et al., 2007；Xiao, 2023）

对于亲水地层，油的 $T_2$ 谱特征主要取决于油的黏度（图 3-6-8 亲水行）。需要注意的是，对于任意润湿性，$T_2$ 谱的重油组分都是较宽的，而且分布在 $T_2$ 谱的 BVI 部分（图 3-6-8 的重油列）。这使得用核磁共振探测重油变得困难。对于混合润湿地层，核磁共振测井的应用受到严峻挑战，油和水的组分在 $T_2$ 谱上较宽，而且相互重叠（图 3-6-8 混合润湿相行）。尽管这种重叠不影响总孔隙度的评价，但它影响 BVI、自由流体、渗透率和烃类识别的评价。对于少有的亲油地层，油分子将被吸附于孔隙表面上。在此情况下，RVI 将是束缚油孔隙度。水的组分通常会在 $T_2$ 谱的自由流体部分（图 3-6-8 亲水行），且 $T_2$ 值表现为单值，且大于与孔壁相接触的油的弛豫时间。

## 四、不同条件下气对 $T_2$ 谱的影响

地层孔隙中气通常作为非润湿相。气的 $T_1$ 总是取气的体弛豫时间,而且这个值比与孔壁接触的水的 $T_1$ 大得多。天然气的 $T_2$ 主要由 $T_{2扩散}$ 决定。这些特性和仪器的梯度磁场使得通过核磁共振测井可以探测到气的信号。

图 3-6-9 是由水和气饱和岩石的体积模型。该模型描述了原状地层和由 WBM 或 OBM 侵入的侵入带。如果使用短 $T_E$、长 $T_w$,那么来自水的自旋回波信号有较宽的 $T_2$ 谱,而来自天然气的信号将几乎只有一个 $T_2$ 值。水和气的 $T_1$ 时间差异很大,如图 3-6-9 中部和底部模型所示,利用这一差异可以识别水和气。

对于水和轻质油而言,在气和与孔壁接触的水之间存在较大的 $T_1$ 差异。因此,当使用双 $T_w$ 测量并进行差谱时,水的组分被消除,部分气的组分保留在差谱结果上。差谱上的部分气体组分的幅度主要取决于 $T_{1g}$ 和 $T_{1w}$,以及 $T_{wS}$ 和 $T_{wL}$ 之间的差值。通常设置测井参数使 $T_{wL} \geq T_{1g}$,$T_{wS} \geq 3T_{1w}$。另外,当含气时,由于气的 HI 低、$T_1$ 长,因此必须考虑 HI 和极化的影响。

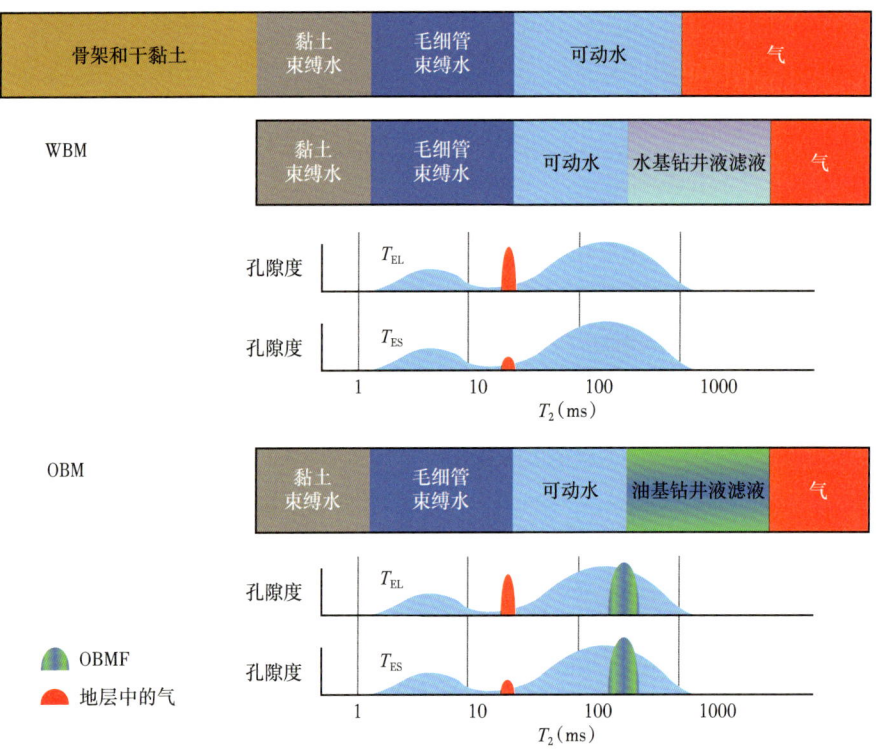

图 3-6-9 在含气储层中,原状地层(顶部体积模型)不含钻井液滤液。在核磁共振测井期间,仪器的部分响应是冲洗带的钻井液滤液引起的。当使用 WBM 并进行双 $T_w$ 测量时(中部模型),可以用差谱法检测气。如果使用的是 OBM,那么差谱的结果中将包含侵入地层的 OBMF
(据 Coates et al.,2007;Xiao,2023)

若使用 OBM,在 $T_2$ 谱上就会出现一个 OBMF 信号。在图 3-6-9 中,气的 $T_2$ 值集中于 40ms 左右,而 OBMF 的 $T_2$ 则集中于 200ms 左右。气和 OBMF 的信号在差谱上都会保留下来。

当同一地层岩石的孔隙系统中同时存在水、轻质油和气时（图3-6-10），通过$T_1$差异也可以检测到轻质油和气。使用双$T_w$测量时，$T_{w1}$应大于轻质油、气和OBMF（若采用OBM的话）之中最大$T_1$值的3倍。如果使用OBM那么在差谱结果上将保留轻质油、气和OBMF的信号。

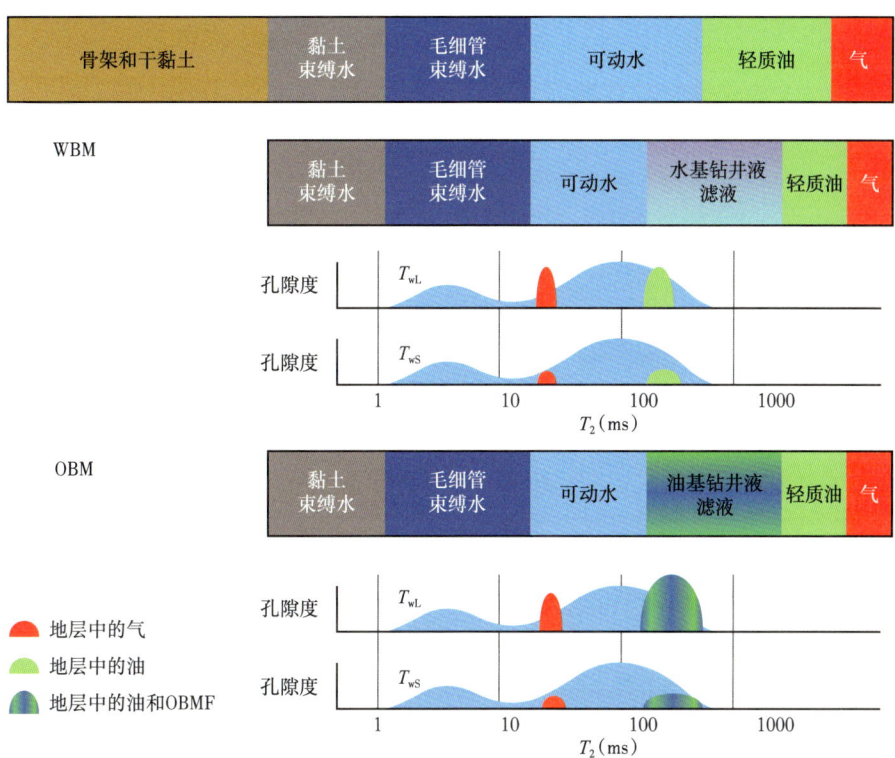

图3-6-10 在含气和轻质油的储层中，原状地层（顶部体积模型）不含钻井液滤液。在核磁共振测井期间，仪器的部分响应是由冲洗带的钻井液滤液引起的。当使用WBM并采用双$T_w$测井时（中部模型），通过差谱法可以将气和轻质油与水区分开来。如果使用的是OBM（底部模型），差谱结果中将包括已经侵入地层的OBMF。气和轻质油/OBMF之间的差别取决于差谱上的可分辨的$T_2$差异（据Coates et al., 2007; Xiao, 2023）

尽管气体和液体之间的扩散系数差异很大，但是却很少使用这一差异来区分这两种流体。一般来说，气的$T_2$非常小。多数情况下，气的$T_2$组分可能在BVI窗口中，当使用较长的$T_E$时，气体成分可能在$T_2$谱上消失。在梯度磁场中，气体的$T_2$主要是受回波间隔的影响。选择合适$T_E$和梯度磁场的强度（与频率有关），可以将气体信号与BVI、轻质油和OBMF区分开来。这种选择是基于$T_1$差异的核磁共振测前设计（即双$T_w$测井）的关键步骤之一。

## 第七节　计算流体黏度原理

流体的一个重要核磁共振性质就是$T_1$或$T_2$与黏度和扩散系数有关。利用这个关系可由核磁共振测井得到的$T_2$，估算流体的黏度。

早期，根据 Vinegar（1995）和 Morriss 等（1994）所测量的脱气原油的 $T_2$，在对数坐标系下建立了 $T_2$ 对数平均值与黏度之间的线性关系：

$$T_{2,\mathrm{LM}}=\frac{1.2T_\mathrm{k}}{298\eta}=0.00403\frac{T_\mathrm{k}}{\eta}（含溶解氧气）\tag{3-7-1}$$

式中：$T_{2,\mathrm{LM}}$ 为 $T_2$ 对数平均值，s；$T_\mathrm{k}$ 为热力学温度，K；$\eta$ 为流体黏度，mPa·s。

式（3-7-1）是在没有进行脱氧处理的情况下测量的。如果样品中含有不同程度的溶解氧，由于后者是顺磁物质，它会加速持续，就会减小弛豫时间。

由 LaTorraca 等（1999）利用 2MHz 核磁共振仪器测量稠油的结果表明，视 $T_{2,\mathrm{LM}}$ 与回波间隔有关，回波间隔较大时，稠油丢失部分信号，导致较大的视 $T_{2,\mathrm{LM}}$，建立了一个经验公式来校正这种影响：

$$\eta=\frac{2210+469T_\mathrm{E}^2}{T_{2,\mathrm{LM}}-(T_\mathrm{E}+0.5)}\frac{T_\mathrm{k}}{298}\tag{3-7-2}$$

Zega 等（1990）和 Zhang G Q 等（1998）对脱氧的纯烷烃和烷烃混合物进行测量，在对数坐标系下建立了 $T_1$、$T_2$ 与黏度之间的线性关系：

$$T_{1,2}=0.00713\frac{T_\mathrm{k}}{\eta}（无氧）\tag{3-7-3}$$

式中：$T_{1,2}$ 为 $T_1$ 或 $T_2$，s。

Lo 等（2000）对式（3-7-3）进行了修正：

$$T_{1,2}=0.009558\frac{T_\mathrm{k}}{\eta}（无氧）\tag{3-7-4}$$

脱氧处理使 $T_{1,2}$ 更大，可见早期测量［式（3-7-1）］样品中可能含有溶解氧。利用脉冲磁场梯度自旋回波（PFGSE）方法，Lo 等测量了液态甲烷和癸烷混合物的扩散系数。结果显示，扩散系数的分布有两种组分，每种都与它们在纯状态时的值不一样，然而它们的幅度与相关组成成分的质子分数是一致的。Lo 等（2000）发现了烷烃混合物的扩散系数 $D$ 与黏度／温度的线性关系，并发现含气原油的 $T_1$ 与黏度／温度不再满足线性关系：

$$D=5.05\times10^{-8}\frac{T_\mathrm{k}}{\eta}\tag{3-7-5}$$

Lo 等（2000）所研究的不同气油比（GOR）系统的 $T_1$ 与扩散系数的依赖关系如图 3-7-1 所示。GOR 定义为

$$\mathrm{GOR}=\frac{标准条件下甲烷的体积(\mathrm{m}^3)}{地面脱气原油的体积(\mathrm{m}^3)}\tag{3-7-6}$$

式（3-7-6）的标准条件为 60°F 和 1atm（1atm≈0.1MPa）。

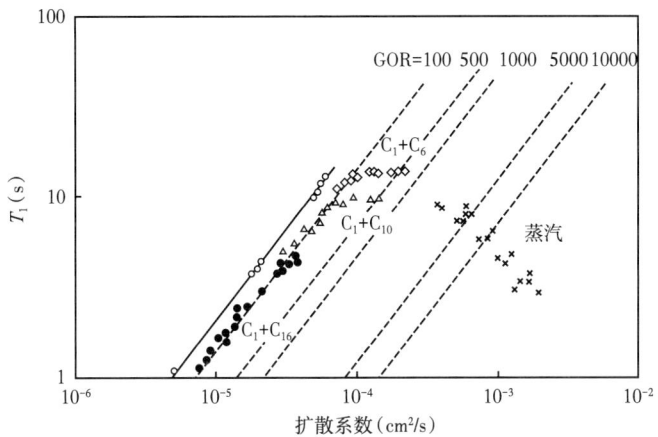

图 3-7-1 纯甲烷、纯烷烃和甲烷—烷烃混合物的 $T_1$ 与扩散系数的关系图

气油比为常数的等值线与气油比为零的等值线（最左侧的实线）一起画在图上（据 Lo et al., 2000）

$T_1$ 与 $D$ 关系曲线是在同样的气油比下作出的，横坐标可以是 $D$（单位是 $cm^2/s$），也可以是 $5.05\times10^{-8}T_k/\eta$。

图 3-7-2 给出了对数坐标下同线性关系之间的偏差与气油比的关系图，按下面的方法确定了一个偏差的二次拟合函数：

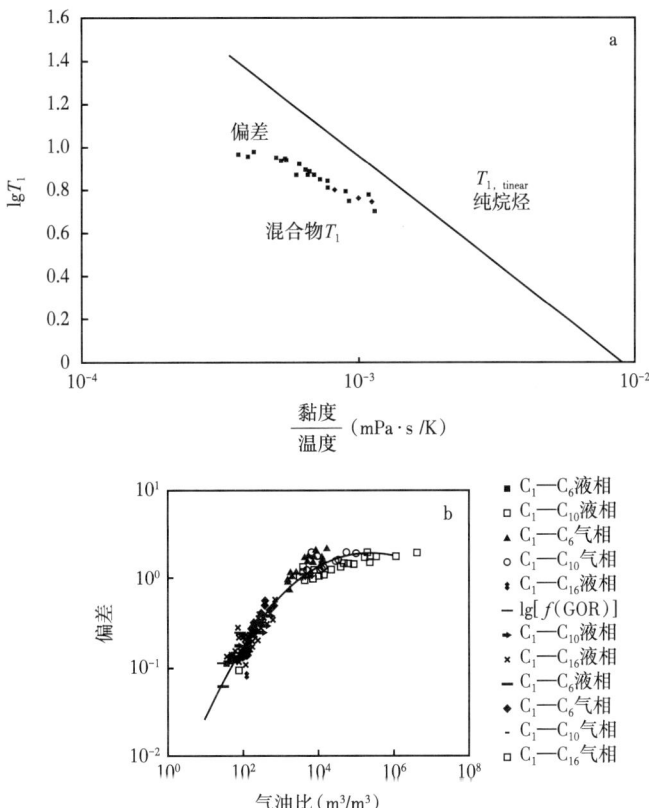

图 3-7-2 在对数坐标下同线性关系之间的偏差（a）及偏差与气油比的关系图（b）（据 Lo et al., 2000）

对于含气原油可以用一个拟合的二次函数来校正

$$\text{deviation} = \lg T_{1,\text{tinear}} - \lg T_1 = \lg[f(\text{GOR})]$$
$$\lg(\text{deviation}) = -0.127(\lg \text{GOR})^2 + 1.25\lg \text{GOR} - 2.8 \quad (3\text{-}7\text{-}7)$$

式中：$T_{1,\text{tinear}}$ 为纯烷烃的 $T_1$。

一旦原油的 GOR 和 $T_1$ 已知，就可以用式（3-7-8）来估算黏度。

$$T_1 = \frac{0.009558}{f(\text{GOR})} \frac{T_k}{\eta} \quad (3\text{-}7\text{-}8)$$

式（3-7-8）中，$T_1$ 与 $T_k/\eta$ 的线性关系仍按照式（3-7-4）计算。

Chen 等（1998）提出一种结合多次的回波间隔和不同等待时间估计原油黏度的方法；Freedman 等（2000）基于"组成黏度模型"的假设提出一种通过变回波间隔、极化时间及磁场梯度来确定孔隙流体特性的方法，该方法具备反演重叠在一起的油水信号的能力。以上两种方法的本质是利用多维 NMR 进行油水识别，测量结果较一维 NMR 更为准确，但测量时间较长，具体计算步骤详见第七章第五节。

## 第八节　表征岩石润湿性原理

油藏润湿性作为描述地层岩石、原油、地层水界面相互作用的重要参数，控制着油水流动和分布，是影响原油储量计算和原油采收率的关键因素。与孔隙度、渗透率等常规物性参数不同，润湿性是一个与储层岩石矿物成分、孔隙流体性质等有关的相对特征参数，会影响储层岩石相对渗透率、残余油饱和度、束缚水饱和度，以及流体分布等诸多岩石物理参数。准确表征岩石润湿性是储层高效勘探开发的基础。

### 一、储层岩石的润湿性

岩石的润湿性是指岩石表面颗粒对单相流体的吸附能力，描述固液接触中，固体更容易润湿或者吸附某一相流体的状态，反映了固液表面界面张力的平衡。更容易润湿固体表面的流体将驱赶另一种流体，在固体表面铺展开来；相反，非润湿的流体接触固体表面时，流体将呈珠状立在固体表面。在油、水、固体系统中，在接触面上三者作用力的平衡会产生接触角 $\theta_c$，存在于固液之间，如图 3-8-1 所示。油（绿色）、水滴（蓝色），流体界面张力之间的平衡构成接触角 $\theta_c$（图 3-8-1a）。亲水表面水滴在固体表面铺展开来，接触角接近 0°（图 3-8-1b）；亲油表面水珠半立在固体表面（图 3-8-1c）。

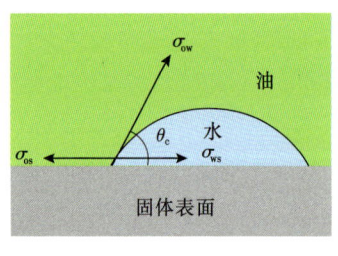
a. 理想固液表面系统

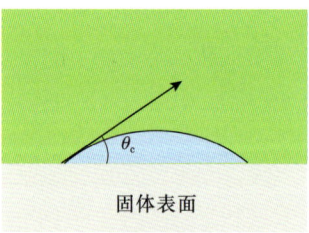
b. 亲水表面

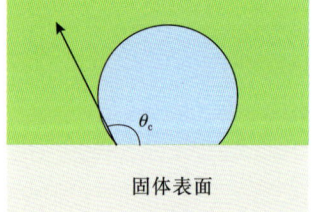
c. 亲油表面

图 3-8-1　接触角示意图

图 3-8-1 中油水界面张力达到平衡的条件下，水的接触角满足杨氏方程：

$$\sigma_{ow}\cos\theta_c = \sigma_{os} - \sigma_{ws} \quad (3-8-1)$$

式中：$\sigma_{ow}$ 为油水界面张力，mN/m；$\sigma_{os}$ 为固体和油的界面张力，mN/m；$\sigma_{ws}$ 为固体和水的界面张力，mN/m；$\theta_c$ 为接触角，(°)。

根据水的接触角，可判断岩石的润湿性质。

根据岩石表面性质的不同，可以将润湿分为均质润湿和非均质润湿。根据润湿强度，可以分为水湿、中间润湿和油湿。通常用接触角的大小表征固液系统的润湿强度。

假设油藏岩石是均质的，那么岩石的润湿属于均质润湿，说明岩石表面各处对水或油具有相同的润湿趋势，图 3-8-2a 是均质润湿中的水湿示意图。这种均质润湿可以是水湿、油湿或者中间润湿。然而，由于岩石本身的非均质性，以及原油的复杂性，实际岩石极大程度会出现非均质润湿，表现为部分表面为水湿，其余部分为油湿。非均质润湿可以分为：斑点润湿（图 3-8-2b）和混合润湿（图 3-8-2c）。斑点润湿是指斑块状的、非均质的润湿表面，是指在同一岩样表面上由于矿物组成不同表现出不同的润湿性。油湿或水湿表面无特定位置。混合润湿通常是与岩石孔径有关的一种润湿性，水占据岩石的较小孔隙，使其水湿；而岩石较大孔隙表现为油湿。它是根据油藏形成的方式，原油从下至上运移得出的结论。初始亲水的油藏随着原油运移，润湿行为发生改变。许多研究认为，混合润湿是一种主要的润湿特征。

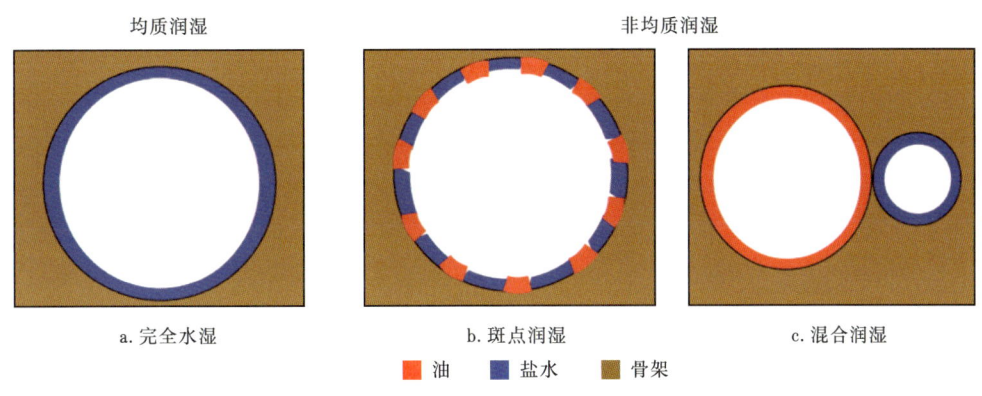

图 3-8-2 不同润湿特征示意图（据 Xiao, 2023）

岩石—流体系统的润湿性是孔隙微观非均质润湿特征的宏观平均表征。Cassie 和 Baxter 通过式（3-8-2）描述多孔介质视接触角 $\theta_D$（Cassie et al., 1994）。

$$\cos\theta_D = f_w\cos\theta_w + f_o\cos\theta_o$$
$$f_w + f_o = 1 \quad (3-8-2)$$

式中：$\theta_w$ 为亲水固体表面水的接触角，(°)；$\theta_o$ 为亲油固体表面油的接触角，(°)；$f_w$ 为水润湿表面比例；$f_o$ 为油润湿表面比例。

图 3-8-3 展示了不同润湿性岩石油驱水时的流体分布。LBM 模拟生成不同润湿性岩石油驱水时流体分布（三种状态下具有相近的油、水饱和度）。在亲水情况下，油保持在毛孔的中心（图 3-8-3a）。如果所有岩石表面都是亲油的，则情况正好相反

（图3-8-3c）。在混合润湿情况下，油会驱替部分岩石表面的水，但仍然位于亲水孔隙的中心（图3-8-3b）（Xiao，2023）。在许多油田实例中，人们都假设储层是完全水湿的，这种极端的简化掩盖了储层岩石润湿性的复杂性。事实上现在看来，强水湿和强油湿的油藏并不多。

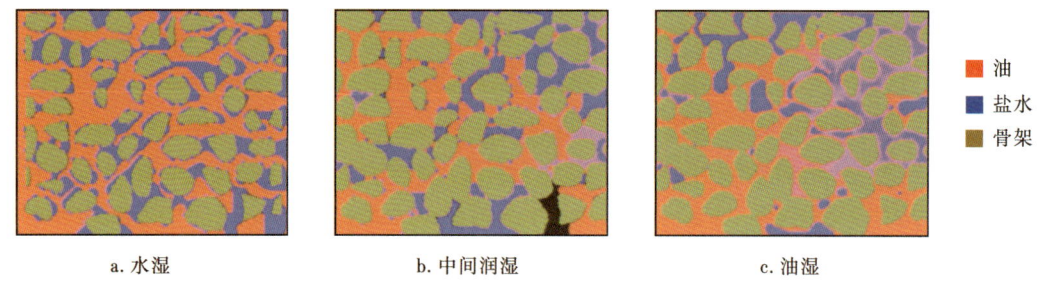

a. 水湿　　　　　　　　b. 中间润湿　　　　　　　　c. 油湿

图3-8-3　不同润湿性岩石油驱水时的流体分布示意图

## 二、核磁共振表征润湿性的理论基础

### 1. 核磁共振和润湿性在界面作用力上的关联

润湿性可以认为是与固体表面接触的流体与固体、流体与流体分子的相互作用。固体和流体之间的分子间作用力包括范德华力、静电作用力和结构力，润湿行为是这些分子间作用力的共同结果（Hirasaki，1991）。核磁共振弛豫来源于在外加磁场条件下氢核自旋和分子运动的能量交换。根据分子作用力的作用范围，可以将固体表面划分为三个区域，以二氧化硅或硅酸盐岩固液界面为例说明，如图3-8-4所示，区域Ⅰ是最靠近固体表面的范围，水分子主要通过极化结构力—氢键作用力的作用束缚于界面，分子旋转受到限制。该区域水分子浓度越高，分子自由运动的空间就越小，无法向外扩散。这个区域的核磁共振弛豫主要来源于自旋系统和分子转动产生的能量交换，这个区域的分子很难离开表面。区域Ⅱ的水分子转动加强，但分子平动受范德华力和静电力的作用，导致大量分子仍聚集在固体表面，这两种作用力的作用效果各有不同。范德华力的作

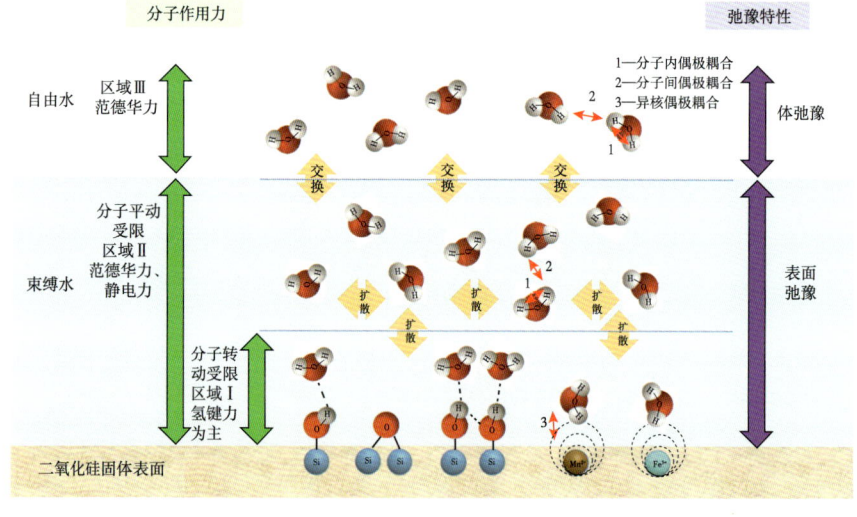

图3-8-4　二氧化硅或硅酸盐岩表面水分子作用和弛豫特性示意图

用决定了润湿薄膜的厚度，例如对于亲水岩石，水分子浓度会随着薄水膜厚度增加而减小。静电力来自二氧化硅或硅酸盐岩岩石表面的双电层结构，决定了水膜的稳定性。油的侵入可能破坏双电层结构，导致水膜断裂，原油中活性组分直接与岩石表面作用，表面润湿性质发生改变。这个区域核磁共振弛豫来自分子平动产生的能量交换。区域Ⅰ和区域Ⅱ的流体弛豫行为认为是表面弛豫，主要由顺磁性杂质离子浓度决定。区域Ⅲ的水分子自由扩散，与区域Ⅱ水分子发生频繁交换，这个区域的水分子与周围分子产生偶极相互作用，表现自由流体弛豫特征。固体表面的润湿性质决定了界面流体所涉及的弛豫机制，只有润湿相流体才具有表面弛豫机制。常规油藏中，水是润湿相，沿着岩石的孔隙壁存在；油是非润湿相，位于孔隙空间的中心，不与孔隙壁接触。那么，油信号以体弛豫为主，水信号以表面弛豫为主。前文提到，岩石往往表现混合润湿，那么油与骨架表面接触，会表现出表面弛豫，这将使孔隙流体弛豫响应变得更为复杂。

2. 核磁共振和润湿性在视接触角上的关联

当非均质润湿的岩石饱和油和水，在不考虑磁场梯度的条件下，孔隙流体的 $T_2$ 可以表示为

$$\frac{1}{T_{2,w}} = \frac{1}{T_{2,bulk,w}} + \rho_{2,w}\frac{A_w}{V_w} = \frac{1}{T_{2,bulk,w}} + \rho_{2,w}\frac{A_w}{VS_w} \quad （3-8-3）$$

$$\frac{1}{T_{2,o}} = \frac{1}{T_{2,bulk,o}} + \rho_{2,o}\frac{A_o}{V_o} = \frac{1}{T_{2,bulk,o}} + \rho_{2,o}\frac{A_o}{VS_o} \quad （3-8-4）$$

式中：$\frac{1}{T_{2,bulk}}$ 为流体体弛豫项；$\rho_{2,w}\frac{A_w}{V_w}$，$\rho_{2,o}\frac{A_o}{V_o}$ 分别为孔隙水和油的表面弛豫项；$V$ 为孔隙体积；$A_w$，$A_o$ 分别为水润湿和油润湿的表面积；$S_w$ 为含水饱和度；$S_o$ 为含油饱和度；$\rho_{2,w}$，$\rho_{2,o}$ 分别为水和油的表面弛豫率；孔隙流体的有效体积 $VS_w$（或 $VS_o$）随饱和度变化，而有效表面积 $A_w$（或 $A_o$）不随饱和度变化。表面弛豫项中的润湿面积 $A_w$（或 $A_o$）可以写作含水率 $f_w$（或含油率 $f_o$）与润湿总面积（$A_w+A_o$）的乘积，因此从润湿面积这个具体参数上揭示了核磁共振和润湿性的理论联系。

### 三、核磁共振确定润湿性的方法原理

如式（3-8-3）和式（3-8-4）所示，与润湿相流体 $T_2$ 弛豫直接相关的参数包括润湿面积，表面弛豫率和饱和度。据此，建立了基于这三个参数的三类润湿性指数，具体的方法表达式见表 3-8-1。

（1）根据润湿面积定义核磁共振润湿性指数 $I_{NMR}$，表示为孔隙亲水面积 $A_w$ 和亲油面积 $A_o$ 之差与孔隙总表面积的比值，见表 3-8-1 中的 Fleury 和 Deflandre 提出的方法。

$$I_{NMR} = \frac{A_w - A_o}{A_w + A_o} \quad （3-8-5）$$

（2）根据有效表面弛豫率 $\rho_{2,w,eff}$［式（3-8-6）］或平均弛豫率 $\rho_{2ave}$［式（3-8-7）］，建立核磁共振润湿性指数或者间接计算 $I_{NMR}$，见表 3-8-1 中的 Chen 提出的方法和 Tandon 提出的方法。

表 3-8-1 基于 $T_2$ 谱建立的润湿性指数总结

| 作者 | 润湿性指数表达 | 说明 | 局限性 |
|---|---|---|---|
| Fleury and Deflandre (2003) | $I_{\text{NMR}} = \dfrac{S_w\left(\dfrac{1}{T_{2,w}} - \dfrac{1}{T_{2,w,B}}\right) - C_\rho S_o\left(\dfrac{1}{T_{2,o}} - \dfrac{1}{T_{2,o,B}}\right)}{S_w\left(\dfrac{1}{T_{2,w}} - \dfrac{1}{T_{2,w,B}}\right) + C_\rho S_o\left(\dfrac{1}{T_{2,o}} - \dfrac{1}{T_{2,o,B}}\right)}$  $C_\rho = \dfrac{\rho_w}{\rho_o} = \dfrac{1/T_{w100} - 1/T_{Bw}}{1/T_{o100} - 1/T_{Bo}}$ <br>$S_w$ 表示含水饱和度；$T_{2,w,B}$ 和 $T_{2,o,B}$ 分别表示饱和水和油的体弛豫；$T_{2,w}$、$T_{2,o}$ 分别表示不同饱和度条件下油和水信号的 $T_2$ 主峰值；$C_\rho$ 是水和油表面弛豫率比值 | 根据式（3-8-5）推导的 $T_2$ 润湿性指数，需要 4 种不同的饱和度条件。应用在 USBM 指数（-0.3, 0.9）的砂岩样品中验证 | 基于单孔模型的推导。适用于束缚水和残余油状态的岩石。需要已知流体体弛豫和饱和度。不适用碳酸盐岩 |
| Guan et al. (2002) | $\Delta T_j = (T_{j,S_{or}} - T_{j,S_{wi}})$ 或 $\Delta T_j = \dfrac{T_{j,S_{or}}}{T_{j,S_{wi}}}$ <br>$T_j$ 表示 $T_1$ 或者 $T_2$；$T_{j,S_{wi}}$ 和 $T_{j,S_{or}}$ 表示束缚水和残余油状态弛豫时间的算术平均值 | 根据饱和度建立润湿性指数。适应于任何曲线或者流体体弛豫和饱和度的先验知识 | 必须已知束缚水和残余油状态的 $T_2$ 弛豫。由于 $T_2$ 会随着孔隙结构表面弛豫率改变而变化，该方法只限于有限的物理基础 |
| Al-Mahrooqi et al. (2006) | $I_{\text{IC}}^{\text{NMR}} = \dfrac{T_{2m}^{S_{wi}} - T_{2m}^{S_{or}}}{T_{2m}^{S_{or}}}$ <br>$T_{2m}^{S_{wi}}$ 和 $T_{2m}^{S_{or}}$ 分别表示束缚水和残余油状态 $T_2$ 弛豫的几何平均值 | 不需要校正曲线或者流体体弛豫和饱和度的先验知识 | 单孔隙模型推导。仅适用于束缚水和残余油状态的岩石。需要已知流体体弛豫和饱和度 |
| Chen J et al. (2006) | $I_C^{\text{NMR}} = \dfrac{\rho_{2,w,\text{eff}}}{\rho_{2,w,\max}} - \dfrac{\rho_{2,o,\text{eff}}}{\rho_{2,o,\max}}$ <br>$I_C^{\text{NMR}} = \dfrac{\left(\dfrac{1}{T_{2,w}} - \dfrac{1}{T_{2,o,B}}\right) S_w}{(T_{2,w,S_w=1})_{\text{water-wet}}} - \dfrac{\left(\dfrac{1}{T_{2,o}} - \dfrac{1}{T_{2,o,B}}\right) S_o}{(T_{2,o,S_o=1})_{\text{oil-wet}}}$ <br>$\rho_{2,w,\max}$ 和 $\rho_{2,o,\max}$ 分别表示 100% 含水湿条件、100% 含油油湿条件的表面弛豫率 | 根据有效表面弛豫率[式（3-8-6）]能够量化表面润湿率和润湿表面。应用在 AH 指数（-0.6, 0.9）的贝瑞砂岩样品中验证 | 单孔隙模型推导。仅适用于束缚水和残余油状态的岩石。需要已知水湿和油湿岩石中含油油湿度，需要在水湿和油湿岩石中校准 |

- 66 -

续表

| 作者 | 润湿性指数表达 | 说明 | 局限性 |
|---|---|---|---|
| Tandon et al. (2017, 2020) | $I_{NMR} = \dfrac{2\rho_{ave} - (\rho_{2w} + \rho_{2o})}{\rho_{2w} - \rho_{2o}}$<br><br>$I_{NMR} = \dfrac{2\left(\dfrac{1}{T_{2HM}} - \dfrac{1}{T_{BHM}}\right) - \left[\left(\dfrac{1}{T_{2WHM}} - \dfrac{1}{T_{BW}}\right) + \left(\dfrac{1}{T_{2OHM}} - \dfrac{1}{T_{HO}}\right)\right]}{\left(\dfrac{1}{T_{2WHM}} - \dfrac{1}{T_{BW}}\right) - \left(\dfrac{1}{T_{2OHM}} - \dfrac{1}{T_{HO}}\right)}$<br><br>$\dfrac{1}{T_{2HM}} = \sum_{i=0}^{\infty} \phi_i \dfrac{1}{T_{2i}}, \quad \dfrac{1}{T_{BHM}} = \dfrac{S_w}{T_{Bw}} + \dfrac{1-S_w}{T_{Bo}}$<br><br>$T_{2HM}$ 表示 $T_2$ 调谐平均值，$T_{BHM}$ 是体池豫的调谐平均值；$T_{2WHM}$ 和 $T_{2OHM}$ 分别表示 100% 含水水湿条件、100% 含油油湿条件的 $T_2$ 调谐平均值 | 通过定义平均表面弛豫率 [式 (3-8-7)] 建立 AH 指数润湿性指数。应用在 AH 指数 (-0.6, 0.5) 的碳酸盐岩样品中验证 | 需要已知流体体池豫和饱和度。需要在水湿和油湿岩石中校准 |
| Al-Garadi et al. (2022) | $I_{NMR} = \dfrac{T_{2,Bw} - T_{2,Bw,S_{wi}}}{T_{2,Bw}} - \dfrac{T_{2,Bo} - T_{2o,S_{wi}}}{T_{2,Bo}}$<br><br>$T_{2,Bw}$、$T_{2,Bo}$ 表示水和油的体池豫；$T_{2o,S_{wi}}$ 和 $T_{2w,S_{or}}$ 表示束缚水和残余油状态油和水信号 $T_2$ 主峰值 | 根据饱和度建立润湿性指数。应用在润湿指数 (-0.39, 0.79) 的碳酸盐岩和砂岩样品中验证。与 AM 方法具有良好的一致性 | 必须已知束缚水和残余油状态的 $T_2$ 池豫。不适用页岩样品 |

$$\rho_{2,\text{w,eff}} = \rho_\text{w} f_\text{w}, \quad \rho_{2,\text{o,eff}} = \rho_\text{o} f_\text{o} \quad (3\text{-}8\text{-}6)$$

$$\rho_{2\text{ave}} = \rho_{2\text{w}} f_\text{w} + \rho_{2\text{o}} f_\text{o} \quad (3\text{-}8\text{-}7)$$

（3）通过对比不同润湿岩石在不同饱和度条件下弛豫谱的移动，能够对润湿特征进行定性判别，提出基于饱和度的核磁共振润湿性指数的经验公式，见表 3-8-1 中的 Guan、Al-Mahrooqi、Al-Garadi 提出的方法。这种基于饱和度的 $T_2$ 润湿性表征方法，更适合井下钻井液侵入的应用场景。

荷兰壳牌石油公司的两位学者 Looyestijn 和 Hofman（2006）基于润湿面积的核磁共振润湿指数定义［式（3-8-5）］，建立了 $T_2$ 正演模拟的润湿性表征方法。图 3-8-5a 展示了该方法的算法流程，输入参数构成岩石孔隙流体 $T_2$ 谱的信息（包括孔径分布、流体体弛豫等），通过正演算法，不断调整评价饱和度和润湿性的参数，使得正演模型计算的 $T_2$ 与岩心实际测量的 $T_2$ 趋近，那么输出即为满足实际地层条件的润湿性指数 $I_\text{NMR}$。该方法最重要的理论假设是：含水饱和度 $S_\text{w}$ 和润湿性 $I_\text{NMR}$ 是孔隙半径的函数，这是根据孔隙流体 $T_2$ 谱［式（3-8-3）和式（3-8-4）］推导而来：

$$\frac{1}{T_{2,\text{w}}} = \frac{1}{T_{2,\text{bulk,w}}} + \rho_\text{w} \frac{A f_\text{w}}{V S_\text{w}} = \frac{1}{T_{2,\text{bulk,w}}} + \rho_\text{w} \frac{c}{r} \frac{W(r)}{H(r)} \quad (3\text{-}8\text{-}8)$$

$$\frac{1}{T_{2,\text{o}}} = \frac{1}{T_{2,\text{bulk,o}}} + \rho_\text{o} \frac{A f_\text{o}}{V S_\text{o}} = \frac{1}{T_{2,\text{bulk,o}}} + \rho_\text{o} \frac{c}{r} \frac{1-W(r)}{1-H(r)} \quad (3\text{-}8\text{-}9)$$

式中：$A$ 为总润湿面积；$f_\text{w}$，$f_\text{o}$ 分别为水湿和油湿的润湿面积比例。

那么，含水饱和度 $S_\text{w}$ 和润湿性 $I_\text{NMR}$ 表示如下：

$$S_\text{w} = \int_0^\infty V(r) H(r) \mathrm{d}r, \quad I_\text{NMR} = 2\int_0^\infty V(r) W(r) \mathrm{d}r - 1$$

$$H(r) = \frac{a_1 - a_2}{1 + (r/r_a)^\alpha} + a_2 \quad (3\text{-}8\text{-}10)$$

$$W(r) = \frac{b_1 - b_2}{1 + (r/r_b)^\beta} + b_2$$

式中：$W(r)$ 表示孔隙半径 $r$ 到 $r+\mathrm{d}r$ 变化范围内的水湿表面比例；$H(r)$ 是孔隙半径 $r$ 到 $r+\mathrm{d}r$ 变化范围内的饱和水体积分数；$V(r)$ 表示孔隙半径 $r$ 到 $r+\mathrm{d}r$ 变化范围内的孔隙体积分数。

由此，孔隙流体的核磁共振宏观磁化强度可以表示为

$$M(t) = \phi \int V(r) H(r) \mathrm{e}^{-\frac{t}{T_{2,\text{w}}(r)}} \mathrm{d}r + \phi \int G(T_2) \int V(r) [1-H(r)] \mathrm{e}^{-\frac{t}{T_{2,\text{o}}(r)}} \mathrm{d}r \mathrm{d}T_2 \quad (3\text{-}8\text{-}11)$$

式中：$G(T_2)$ 为油的体弛豫。

该算法从宏观磁化强度出发正演计算 $T_2$，同时输出饱和度和润湿性两个未知参数，在实验室和井下均有应用，如图 3-8-6 所示。在总体润湿程度相同情况下，该算法能够区分不同孔隙的润湿性，可以用于混合润湿岩石的润湿性表征。在碳酸盐岩中的应用结果可以与 AH 指数和 USBM 指数形成良好对比（Al-Muthana et al.，2012）。

Dick 等（2022）在上述方法的框架下，通过优化函数 $H(r)$ 和 $W(r)$［式（3-8-12）］，发展了适用于非常规岩石的润湿性表征方法，具体的算法流程如图 3-8-5b 所示。通过

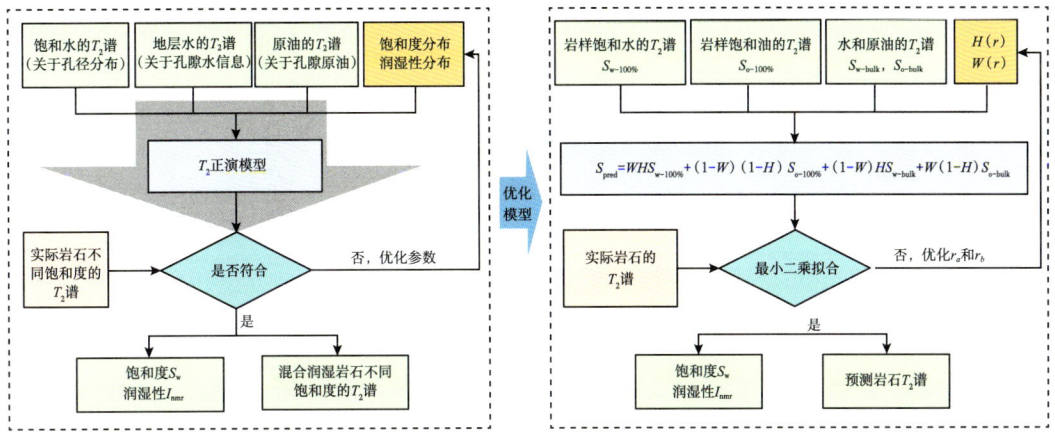

图 3-8-5 $T_2$ 正演方法计算核磁共振润湿性指数的算法流程
（据 Valori and Nicot，2019；Dick et al.，2022 有修改）

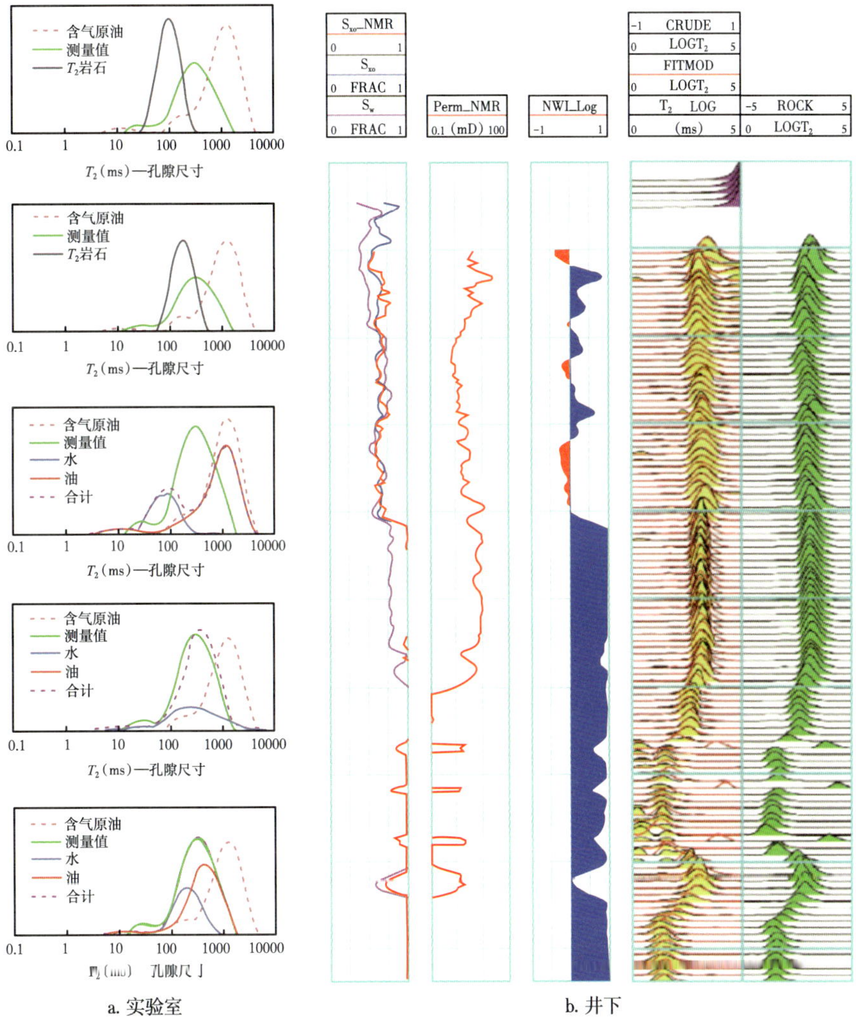

a. 实验室　　b. 井下

图 3-8-6 $T_2$ 正演方法在实验室和井下的应用实例（据 Looyestijn，2008）

卷积函数构建混合润湿岩石的 $T_2$ 谱，然后利用最小二乘法拟合实际岩石 $T_2$ 谱和预测 $T_2$ 谱，确定孔径参数 $r_a$ 和 $r_b$，从而获得满足实际岩样情况的 $H$ 和 $W$ 函数；最终求取含水饱和度和岩石润湿性指数［式（3-8-13）］。该算法假设函数 $H$ 和 $W$ 只在拐点（$r_a$ 和 $r_b$）处发生变化，小于拐点半径的孔隙都饱和水。该方法的应用效果在北美非常规致密油藏岩石应用中得以验证（Dick et al.，2019，2021；Kelly et al.，2020，2021）。

$$H(r)=\frac{a_1-a_2}{1+(r/r_a)^\alpha}+a_2=\frac{1}{1+(T_2/r_a)^2},\ W(r)=\frac{b_1-b_2}{1+(r/r_b)^\beta}+b_2=\frac{1}{1+(T_2/r_b)^2} \quad (3\text{-}8\text{-}12)$$

$$S_w=\sum_{T_2}S_{w\text{-}100\%}H,\ I_{NMR}=2\sum_{T_2}S_{w\text{-}100\%}W-1 \quad (3\text{-}8\text{-}13)$$

这两种算法实质上都是基于 $T_2$ 谱的正演模拟建立，区别在于：LH 方法（Looyestijn 和 Hofman 提出的方法）的成功应用需要大量的输入参数和约束条件，采用反演方式正演 $T_2$ 模型求解未知参数，可能会输出不符合物理定义的结果，而且用于测试的岩石多来自常规储层。Dick 方法是 LH 方法的优化，实验的岩石样品来自低孔渗的致密油藏，但实验缺乏其他润湿测试，如 USBM 方法的验证或校准。这两种方法的输入参数都包括：油和水的体弛豫、饱和水和饱和油的 $T_2$ 弛豫，并假设岩石表面弛豫率恒定，不需要提供岩样束缚水和残余油状态的核磁共振实验结果，均可应用于岩心和测井尺度。但是在实际应用中，还需要考虑其他因素（原油性质如黏度、油和水表面弛豫率比值、孔径分布等）对 $T_2$ 谱的影响。尤其在井下应用时，需要了解成藏历史、钻井液侵入等情况，目前在井下场景的应用主要作为定性识别技术（Looyestijn，2008；Looyestijn et al.，2012）。

## 四、核磁共振表征润湿性的影响因素分析

1. 岩石矿物

研究表明，造岩矿物与表面弛豫率相关。硅、氧、钙和镁等元素与表面弛豫率呈负相关；铁、锰、镍和钴等元素与表面弛豫率呈正相关。与铁和锰相比，铬、铜、钛和钒等其他元素对表面弛豫率的影响较小（Bryar et al.，2000；Korb et al.，2003；Saidian et al.，2015；Washburn et al.，2017；Yuan et al.，2019）。顺磁性矿物（例如：黄铁矿、绿泥石、菱铁矿等）增加，磁化率差异增大，表面弛豫率将增大（Ge et al.，2021）。据此，基于表面弛豫率的润湿性表征技术会明显受岩石矿物含量的影响。

顺磁性矿物不仅能造成表面弛豫率的增加，而且会产生内部磁场梯度 $G_0$。内部磁场梯度会引起额外的扩散弛豫，加速磁化矢量的衰减。如果在处理 $D$—$T_2$ 二维数据时，不知道内部磁场梯度，那么会把这种因素归因于流体本身具有更大的扩散系数上，使得反演计算的流体扩散系数比理论值大，从而影响基于 $D$—$T_2$ 图谱的润湿性确定（傅少庆等，2012）。

2. 孔隙流体

原油的体弛豫与黏度、成分和温度有关，作为各种烃类的混合物，原油成分越复杂，分布越宽。当岩石饱和原油，随着原油黏度增加，$T_2$ 向短弛豫移动（Coates et al.，1999）。原油的 $T_1/T_2$ 值与原油组分、黏度关系密切（Jia et al.，2016）。据此，当岩石饱

和稠油或含沥青质的原油，会增加采用 $T_2$ 谱和 $T_1/T_2$ 比值法判别润湿性的难度。

3. 地层条件

钻井液侵入是储层原位润湿性评价必须考虑的影响因素，尤其是油基钻井液和原油混合，不得不考虑油基钻井液的核磁共振特性，而且，油基钻井液含有改变储层润湿性的表面活性物质，会起到储层改性的作用，采用 $T_2$ 正演的润湿性表征方法不再适用。

地层温度会影响 $T_1$ 和 $T_2$ 弛豫。碳酸盐岩和硅酸盐岩中，$T_1$ 和 $T_2$ 弛豫随地层温度的变化关系不尽相同（Godefroy et al.，2002；谢然红等，2008）。当实验室的方法应用到井下需要考虑温度校正（Veselinovic et al.，2017；Hursan et al.，2019）。

# 第四章　电缆核磁共振测井仪器

电缆核磁共振测井时，将核磁共振测井仪器放入已经钻好的井眼中，在标准测井电缆的牵引下，探头以固定速度在井中被提升或下放的同时对井眼周围地层连续测量，形成反映沿井眼方向地层性质变化的核磁共振测井曲线，其特点是具有多频多深度信息采集能力。本章将重点介绍电缆核磁共振测井仪器基本组成、仪器探头、电子系统关键模块、数据采集方法及质量控制的基本原理。

## 第一节　仪器结构及工作原理

电缆核磁共振测井仪器包括探头短节、电子系统短节、储能短节、遥传短节和地面系统五个主要组成部分，如图4-1-1所示。

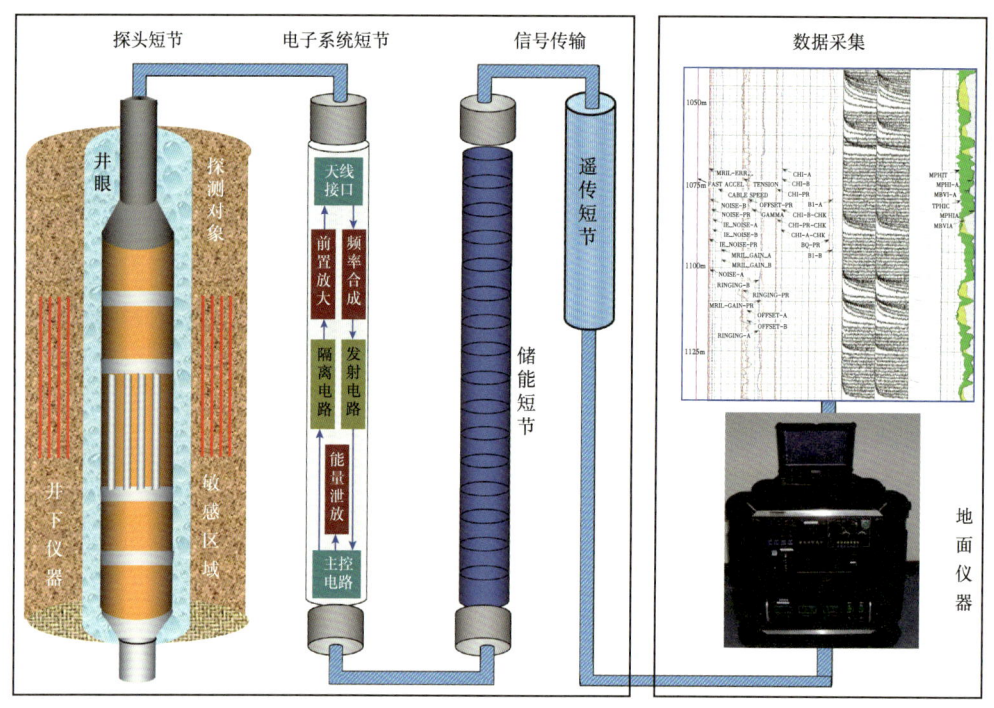

图4-1-1　电缆核磁共振测井仪器结构示意图（据肖立志，2016）

探头短节是核磁共振测井仪的核心部件，主要用于发射交变电磁场，产生并接收核磁共振信号。探头短节的结构主要包括磁体和天线：磁体用于产生静磁场 $B_0$，将地层孔隙中流体的氢质子极化，使得氢原子核由杂乱无章的取向逐渐具有和外加静磁场相一致的取向，为了得到较强的核磁共振信号，静磁场强度需要远远大于地磁场强度（约

$0.5×10^{-4}$T）；天线用于发射交变电磁场 $B_1$ 及接收核磁共振信号，其方向与静磁场方向处处垂直。

电子系统短节是整个核磁共振测井仪的重要组成部分，用于信号控制、信号处理、信号传输、信号接收、射频脉冲发射等功能。通常由电源变压器、高压继电器模块、低压电源供电模块、发射电路接口/发射电路供电模块、DSP数字处理/辅助测量模块、发射器模块、发射脉冲滤波器模块、刻度电路/$B_1$探头模块、前置放大器模块、高压DC电压辅助供电模块、接收电路/继电器驱动模块、天线接口模块等功能模块组成。每一个模块的电子线路板都封装在一个封闭的屏蔽盒内，模块两端用高质量的插接件相互连接。

储能短节能够为核磁共振测井仪器提供一个附加的能量存储。在发射器发射脉冲期间，由于电缆电阻的限制，不可能在短时间内为其提供充足的发射能量。电容短节在仪器接收期间进行充电，所存储的能量就为发射器在发射脉冲期间直接提供足够的能量补充，完成发射过程。电容短节内还包括滤波电路，用来消除数据采集和通信之间的干扰，而电容短节滤波器板上的继电器用来解决辅助直流电源的兼容问题。

遥传短节是地面系统与井下核磁共振仪器的通信部件，不仅是核磁共振测井仪器的数据中转站，也是信号有效传输的保障，能够接收地面发送来的命令和数据，并转换成标准的曼彻斯特码下发到命令总线上，它还能把总线上仪器采集的数据转换成标准信号通过缆芯驱动上传至地面系统。

地面系统实现整个核磁共振测井仪器测井任务控制、状态监测，以及测井数据的实时处理与结果显示等。

## 第二节　仪器探头

核磁共振测井仪器探头主要由磁体、天线、骨架和外壳等组成。磁体产生静磁场将地层流体中的氢质子极化，使得氢质子由杂乱无章的取向逐渐具有和外加静磁场相一致的取向。为了在井下形成测井所需要的磁场强度和磁场分布范围，核磁共振测井仪器的探头永磁体通常由多个磁体组合构成，通过对磁体结构的优化设计，使得具有特殊排列组合的磁体在地层中一个预先设定的区域产生符合要求的静磁场，这个设定的区域一般远离磁体一定的距离，而处在这个设定区域的样品最终将会成为被观测的对象。

天线具有两个功能：一是激发地层流体被极化的氢核，二是接收来自地层流体的核磁共振信号。天线在向地层中发射射频脉冲时，它把射频功率转换为用来扳转宏观磁化矢量的射频场。这种把射频功率转换为射频场的过程，要求尽可能是高效率的，即要求以最小的功率损耗产生最大的射频场。天线在接收核磁共振信号时，和低噪声前置放大器相连接，把来自地层流体的核磁共振信号转换为适于后期处理的电压信号或电流信号。而在这一转换过程中则要求尽可能地减少信号的本征信噪比的降低量。设计完善、结构良好的天线，无论是在发射射频脉冲还是在接收核磁共振信号，其效率都应该是高效的。核磁共振测井仪器在发射射频脉冲时，仪器功率高达上千瓦，这就要求天线能够承受发射射频脉冲时的高电压和大电流。

骨架主要为探头提供机械支撑，承受仪器工作时的拉力或剪切力，保护探头内部磁体和天线不受应力的损坏,这就需要骨架材料具有足够的机械强度;同时,由于静磁场的强度和方向是经过特殊设计而得到的,这就要求骨架的材料对静磁场的影响最小。

核磁共振测井仪器的探头结构设计复杂,仪器在井下工作时处于运动状态,仪器的长度、磁体的长度、天线的长度、仪器的运动速度、回波个数、回波间隔、等待时间等参数相互限制和制约,因此仪器关键参数的设计需要充分考虑仪器的工作状态。核磁共振测井仪器可采用均匀磁场或梯度磁场,居中测量或贴井壁测量。此外,为了获取更多的地层信息,核磁共振测井仪器可采用多天线结构设计,使得仪器一次下井可以采得多组不同参数的数据进行一维和多维分析。本节主要介绍核磁共振测井仪器探头、工作原理,以及影响因素。

## 一、探头类型

最初核磁共振测井利用的是地磁场。1960 年,雪佛龙公司的 Brown 和 Gamson 研制出基于地磁场的核磁共振测井仪器。线圈作为探头的一个主要部件,如图 4-2-1 所示,通过向线圈中施加强电流产生极化磁场,用来极化地层中水、油和气中的氢质子。在施加足够长的电流后,地层中质子得到充分极化,此时快速撤走极化磁场,使得极化质子在地磁场下进动,随后在同一个线圈中就能探测到自由感应衰减信号(FID 信号)。地磁场强度通常约为 $0.5×10^{-4}$ T,信号的频率约为 2kHz,能够得到的信噪比很低。然而,地磁场核磁共振测井仪由于井眼中的钻井液信号淹没地层信号,以及仪器的"死时间"太长导致信号采集不完整等问题,并没有成为一种标准的石油与天然气核磁共振测井方法而得到广泛应用。

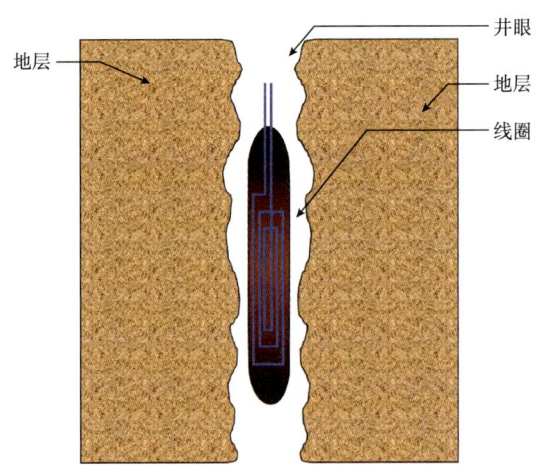

图 4-2-1 地磁场核磁共振测井线圈探测示意图(据肖立志,2016)

1978—1980 年,Jackson 等针对地磁场核磁共振测井仪器的缺陷,提出了"Inside-out"核磁共振仪器设计理念,这一理念的提出成为核磁共振测井仪器发展的里程碑。该设计的核心思想是,通过永磁体在地层中形成一个远大于地磁场强度的人工静磁场。人工静磁场在地层中实现聚焦,通过调节天线所发射的射频脉冲频率来选择共振区域,无须过于考虑消除井眼流体的影响,且仪器的测量"死时间"大为降低,提高了作业效率和测量准确性。如图 4-2-2 所示,两个柱状永磁体同极性相对,磁体的南北两极沿井轴方向。这种磁体组合产生的静磁场沿井眼径向进入地层,形成以井轴为中心的环状磁场带,磁场带中的磁场强度相对均匀。射频线圈位于磁铁中间,且线圈轴向与井轴方向一致,通过调节射频脉冲的频率使环状区域成为共振区域。然而,这种仪器的均匀磁场范围小,且产生强度够大的静磁场需要较大的磁体尺寸,已经不适合放置在井眼中。此外,该仪器的结构对测井时效十分苛刻。

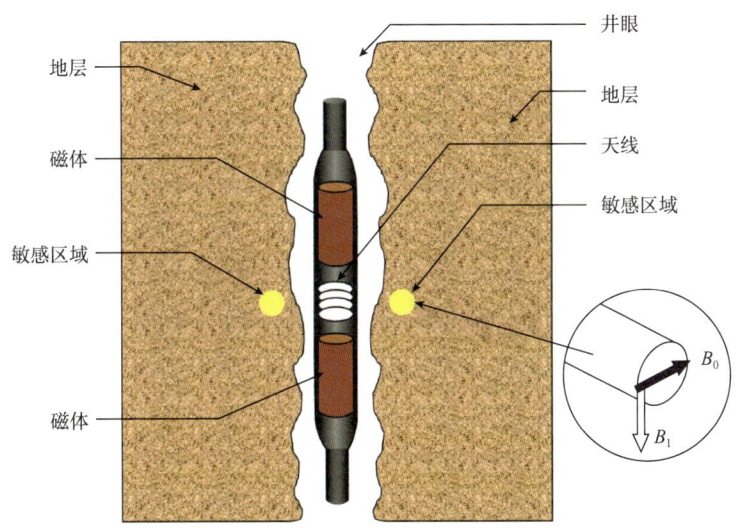

图4-2-2 "Inside-out"核磁共振测井仪器探测示意图(据肖立志,2016)

现代电缆核磁共振测井仪器的探头均在"Inside-out"设计理念上发展而来,探头类型根据仪器在井下作业的工作方式可分为居中型探头和偏心型探头,按照磁体所产生的磁场类型可分为梯度磁场探头和均匀磁场探头。其中,居中型探头采用梯度磁场,在井下工作时,探头通过扶正器位于井眼中间,探头外壳与井壁没有接触,如图4-2-3所示。偏心型探头既可以采用梯度磁场也可以采用均匀磁场,仪器在井下工作时,仪器探头通过推靠器贴靠在井壁上,探头外壳与井壁相接触,如图4-2-4所示。

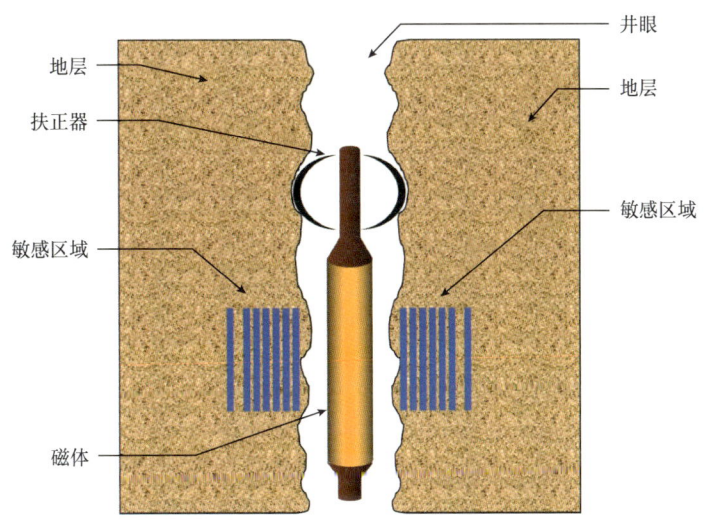

图4-2-3 居中型核磁共振测井仪器探测示意图(据肖立志,2016)

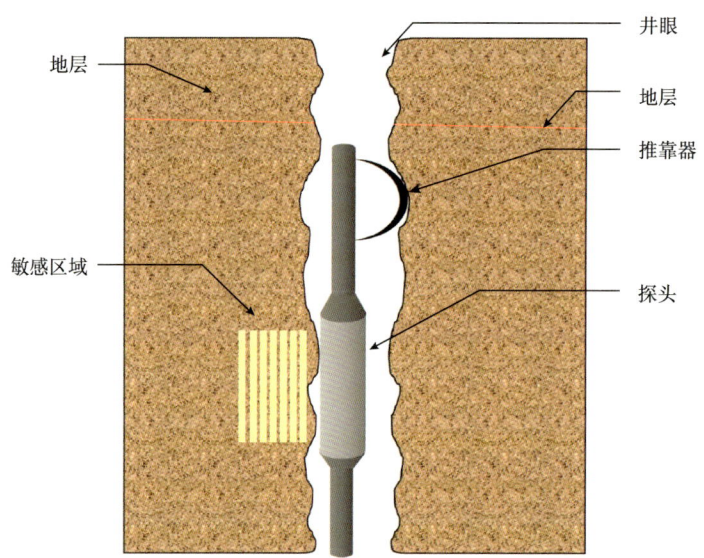

图 4-2-4　偏心型核磁共振测井仪器探测示意图（据肖立志，2016）

在国外，油田的核磁共振测井服务主要以哈里伯顿公司、斯伦贝谢公司、贝克休斯公司为典型。从 1985 年至今，这三大国际油田服务公司推出了一系列的核磁共振测井仪器。随着勘探开发的不断深入，探测对象由常规油气储层转向非常规油气储层，目前在国际油田现场进行核磁共振测井服务的成熟仪器主要包括哈里伯顿公司的居中型核磁共振测井仪器 MRIL-Prime$^{TM}$（Prammer et al.，1998）、偏心型核磁共振测井仪器 MIRIL-XMR$^{TM}$（Balliet et al.，2018）；斯伦贝谢公司的偏心型核磁共振仪器 CMR-Plus$^{TM}$（Minh et al.，1999），现已经升级成 CMR-MagniPHI$^{TM}$；贝克休斯公司 MREx$^{TM}$（Chen S et al.，2003；Reiderman et al.，2003）。

在国内，油田的核磁共振测井服务主要以中国石油集团测井有限公司（简称中油测井）为典型，居中型核磁共振测井仪器 MRT6910$^{TM}$（侯学理等，2015）和偏心型核磁共振测井仪器 MRT6911$^{TM}$（Sun et al.，2018a，2018b），形成了 MRT$^{TM}$ 核磁共振测井仪器系列。MRT$^{TM}$ 核磁共振测井仪器系列采用通用的电子系统、数据采集与处理系统进行测井作业，针对不同的探测对象及复杂井况，能够有效实现孔隙度测井、束缚水饱和度测井、油气水定量识别等。

图 4-2-5a 展示了 MRT6910$^{TM}$ 仪器探测示意。该仪器探头部分的永磁体为非金属的、圆柱形永磁材料，能够沿着井眼径向方向产生一个随探测深度增大而逐渐衰减的静磁场，即梯度磁场。射频线圈缠绕在磁体的外部，用于核磁信号的激励与接收。MRT6910$^{TM}$ 探头的直径为 15.2cm，仪器总体长度为 10.16m（包括探头短节、电子短节、储能短节），能够适用于 180~310mm 井眼直径范围。探头的射频线圈为马鞍形结构，长度为 61cm。静磁场与射频磁场正交时所产生的共振区域形态，为高度与线圈长度相同、薄状中空圆柱壳。MRT6910$^{TM}$ 仪器具有五个中心频率，操作频率范围为 800~500kHz，对应的探测深度范围为（从井轴算起）17~22cm，对应产生的磁场梯度范围为（20~14）×10$^{-4}$T/cm。通过偏共振的测量方式（中心频率 $f_0$±6kHz），可以将操作频率进一步分成 9 个。由于每个中心频率之间的间隔大于等于 24kHz，因此 9 个切片之间没有区域重叠，即每一个

切片的厚度不超过 1mm，测量结果相互独立。从径向深度上来看，每个切片的位置距离很接近，因此可以认为测量的多切片信号来自同一样品体积（地层径向非均质性较强的情况除外）。通过 9 个切片的切换测量，进行一次序列采集的信号可以定量反映出泥质束缚水、总孔隙度、流体性质等测量信息。MRT6910™ 的最短回波间隔为 0.6ms，最大测速为 180m/h。

图 4-2-5b 展示了 MRT6911™ 仪器探测示意。该仪器探头部分的永磁体由两个磁体组合构成，磁体的极化方向一致，与井轴方向垂直，这种特殊的磁体结构能够增大探头前方的极化区域范围。MRT6911™ 的仪器外径为 12.7cm，偏心的工作方式使得仪器受井眼环境影响小，具有适用于水平井与大斜度井、对高钻井液电导率耐受度高等特点。MRT6911™ 的射频线圈为双线圈结构，一个为主天线，用来发射射频脉冲和接收信号；另外一个为扰流天线，用来消除井眼中钻井液对核磁共振测井信号的影响，确保仪器接收到的信号全部来自地层流体。MRT6911™ 的静磁场为梯度磁场，操作频率为 1000~500kHz（具有 9 个操作频率），探测深度（从井壁算起）为 4~10cm，对应磁场梯度大小为 $(35~15) \times 10^{-4}$T/cm。MRT6911™ 的共振区域形态为弧度 120°的薄状瓦壳，天线的纵向长度为 61cm，能够获取较好的信噪比。MRT6911™ 的最小回波间隔为 0.3ms，为 MRT6910™ 仪器的一半，能够更加有效地获取更短弛豫衰减特性的地层信息，其最大测速为 180m/h。

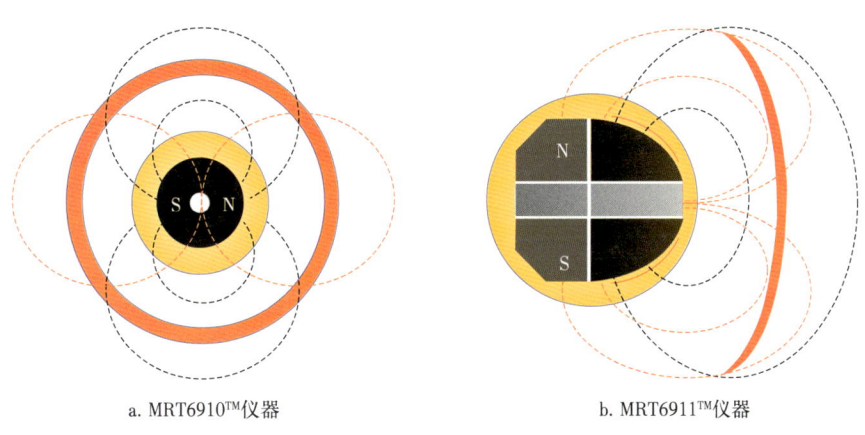

a. MRT6910™仪器　　　　b. MRT6911™仪器

图 4-2-5　MRT™ 系列核磁共振测井仪器探测示意图

表 4-2-1 为国内外核磁共振测井仪器的性能对比。

表 4-2-1　国内外核磁共振测井仪器性能对比

| 参数 | MRIL-Prime | CMR-Plus | MREx | XMR | MRT6910 | MRT6911 |
|---|---|---|---|---|---|---|
| 工作方式 | 居中型 | 偏心型 | 偏心型 | 贴井壁 | 居中型 | 偏心型 |
| 磁场类型 | 梯度磁场 | 均匀磁场 | 梯度磁场 | 梯度磁场 | 梯度磁场 | 梯度磁场 |
| 探测深度（cm） | 20.32（井轴开始） | 2.84（井壁开始） | 5.59~10.16（井壁开始） | 3.81~10.16（井壁开始） | 17.00~22.00（井轴开始） | 4.00~10.00（井壁开始） |
| 纵向分辨率（cm） | 60.96（点测） | 15.24（点测） | 45.72（点测） | 30.48（点测） | 61.00（点测） | 61.00（点测） |

续表

| 参数 | MRIL-Prime | CMR-Plus | MREx | XMR | MRT6910 | MRT6911 |
|---|---|---|---|---|---|---|
| 最短回波间隔（ms） | 0.6（最高频率） | 0.2（单一频率） | 0.3（最高频率） | 0.3（所有频率） | 0.6（最高频率） | 0.3（最高频率） |
| 井眼直径范围（cm） | 17.78~40.64 | >14.92 | >14.92 | >14.92 | 18.00~31.00 | >15.00 |
| 操作频率数 | 9频 | 单频 | 6频 | 7频 | 9频 | 9频 |
| 磁场梯度（$10^{-4}$ T/cm） | 20~14 | <4 | 35~15 | 46~15 | 20~14 | 35~15 |
| 工作频率范围（kHz） | 800~500 | 2200 | 880~450 | 1180~545 | 780~560 | 1000~500 |
| 耐温（℃） | 177 | 177 | 175 | 177 | 175 | 175 |
| 耐压（MPa） | 138 | 172 | 138 | 242 | 140 | 140 |
| 发射脉冲类型 | 软/硬脉冲 | 硬脉冲 | 硬脉冲 | 硬脉冲 | 软/硬脉冲 | 软/硬脉冲 |
| 最小钻井液电阻率（Ω·m） | >0.02 | >0.02 | >0.02 | >0.02 | >0.02 | >0.02 |

## 二、探头工作原理

核磁共振测井包括极化、扳转、检测信号、重新极化四个基本步骤，详见第二章第二节。本节以 MRT6910™ 核磁共振测井仪器为例，重点讨论核磁共振测井中的相关问题，如纵向分辨率、探测深度、信噪比和观测模式等，这些均由仪器性能决定。

1. 极化

MRT6910™ 仪器包括一个大的圆柱形永久磁体，用于产生静磁场 $B_0$。在 MRT6910™ 仪器测井之前，地层中的自旋核素，例如氢核，其方向和地磁场方向一致。地磁场的强度相对较小，因此自旋系统（多个自旋核素组成的集合）所形成的宏观磁化强度的幅度也较小。当 MRT6910™ 仪器经过地层时，它产生高强度的静磁场 $B_0$，控制氢核自旋方向并对其极化，即使得氢核自旋方向和 $B_0$ 方向一致。例如，地磁场强度是 $0.5×10^{-4}$T，而 MRT6910™ 仪器在探测范围内产生的宏观静磁场强度为 $(183~132)×10^{-4}$T，比地磁场强度大三个数量级。对于孔隙流体中的质子来说，完全极化需要几秒钟的时间，只要整个测量周期内质子都是在同一个静磁场内，就可以进行可靠的测量。图 4-2-6 表示自旋系统产生的磁化强度在外加静磁场 $B_0$ 的作用下随时间的变化情况。自旋系统在进入静磁场之前，它们的自旋轴是随机取向的，当自旋系统进入仪器静磁场后，自旋系统开始沿着静磁场 $B_0$ 进动，所产生的净宏观磁化矢量增加。一旦自旋系统被极化，它就会处于一个平衡状态，除非这种平衡被打破，它才需要重新极化。所有被极化氢核的宏观磁化强度和为 $M_0$，而核磁共振信号主要由 $M_0$ 随时间的变化而产生。

井下作业具有高成本和高风险的特点，核磁共振测井时必须采用运动测量模式以满足高时效性的要求。在运动测量模式下，图 4-2-6 所描述的地层流体的极化强度难以达到非运动模式下的理想状态。由于核磁共振测井是时间（时序）驱动的，则要求待测地层进入可探测区域时达到特定的极化状态。因此，合理的预极化机制设计是核磁共振测井仪器设计中的关键环节。

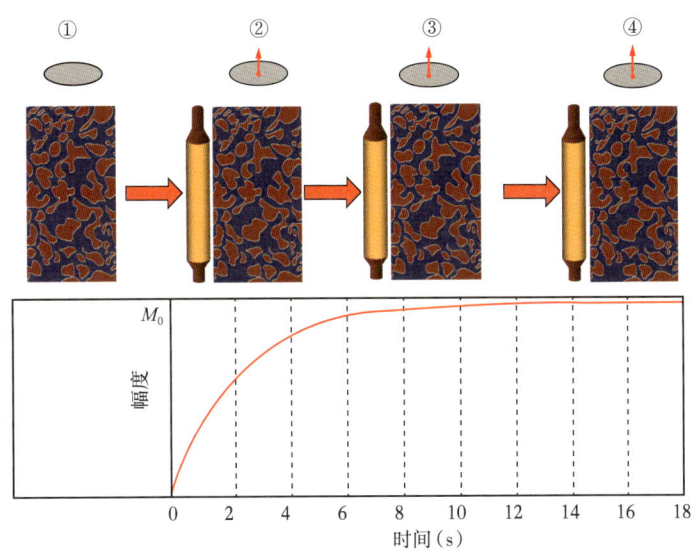

图 4-2-6　仪器外加磁场作用下的磁化强度随时间变化示意图（据 Coates et al.，1999）

核磁共振测井实现预极化的一般原则为，当自旋完成预极化后、即将进行核磁共振测量的时刻满足以下条件：（1）极化强度与探测区域相等或尽量接近；（2）对较宽范围的 $T_1$ 弛豫组分均有较好极化效果；（3）预极化期间的极化时间（运动长度）尽量短，即确保预极化磁体尽可能短，以缩短仪器长度。Hürlimann 等提出预极化磁场与探测区磁场强度相等的方法相对简单有效，但预极化效率不高。Prammer 基于加入强预（过）极化磁体增大信号量的思想发展出一级强磁场预极化方法提高核磁共振测井速度，这种方法极化效率很高，但常针对长 $T_1$ 进行优化设计，对于短纵向弛豫时间的流体极化效果受限。随后，Prammer 等提出两级预极化方法，在强预极化磁场之后加入一级稳定（欠极化）磁场，将过极化量快速拉近探测区域的目标极化量。

预极化磁场强度与探测区磁场相等的方法简单明了（图 4-2-7），能够适应很高的运动速度。根据 Bloch 方程可知，此时欲达到 $M_Z(t)/M_0$ 的极化率所需时间 $t = -T_1\ln[M_Z(t)/M_0]$，其中，$M_Z(t)$ 为随时间变化的宏观磁化强度，$M_0$ 为所需要达到的宏观磁化强度，其值取决于期望达到的仪器工作频率。例如，若仪器操作频率为 500kHz，则探测区域磁化矢量强度大小约为 $118\times10^{-4}$T。预极化磁场长度取决于预极化磁体长度 $L_{pre}$，理想情况下主要由地层流体的 $T_1$、仪器运动速 $v$ 和目标极化程度 $M_Z(t)/M_0$ 决定，即 $L_{pre}=-vT_1\ln[M_Z(t)/M_0]$。

地层流体的 $T_1$ 范围分布较宽，原油的 $T_1$ 组分可达 4.5s，此时达到 99.33% 的极化率所需极化时间 $t=5T_1=22.5$s，$L_{pre}=66.7$cm（$v=3$cm/s）。这种传统方法的优点在于所有 $T_1$ 组分的磁化量上限均为 $M_0$，预极化磁场调整参数只有 $L_{pre}$ 一项。其不足之处在于磁体利用率较低，预极化时间过长。强磁场一级预极化是指在探测区域之前利用一级强磁场快速提升磁化强度以实现预极化（图 4-2-8）。这种预极化模式下，待测地层经过预极化磁场作用后、即将进入探测区域时刻的极化率为 $M_Z(t)/M_0=B_{pre}/B_0[1-\exp(-t/T_1)]$，其中，

$B_0$ 为探测区域磁场强度,$B_{pre}$ 为预极化磁场强度,且 $B_{pre} > B_0$。目前,所有的核磁共振测井仪器探头均采用两级磁体结构,即一段强磁场一级预极化(由预极化磁体实现)加上一段主磁场极化(由主磁体实现)。

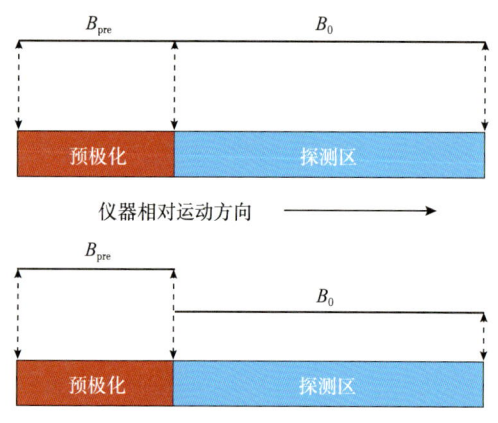

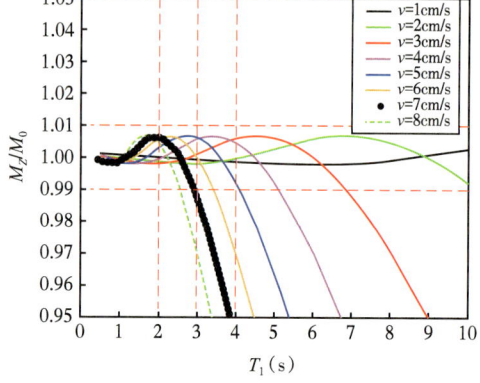

图 4-2-7　核磁共振测井的预极化方法示意图　　　图 4-2-8　不同纵向弛豫时间的流体在不同仪器运动速度 $v$ 条件下核磁共振测井极化率变化示意图

### 2. 扳转

如图 4-2-9 所示,仪器天线给自旋系统施加一个 90° 射频脉冲(图左),使磁化矢量扳转 90°。当自旋系统散相时,天线再施加一个 180° 射频脉冲(图中),使得自旋系统相位重聚。当自旋系统重聚时(图右),产生一个回波信号被仪器天线接收(Coates et al.,1999)。MRT6910™ 仪器产生一个沿着井轴径向上梯度变化的静磁场 $B_0$,因此,自旋系统的拉莫尔频率就随径向距离的变化而变化。绕在仪器磁铁外部的天线,用来发射射频脉冲产生共振,同时接收自旋回波信号。天线产生一个与静磁场 $B_0$ 正交的射频磁场 $B_1$,它使宏观磁化强度偏转到横向平面上。射频磁场 $B_1$ 通过射频脉冲产生,脉冲的功率、频率和带宽选择决定着探测区的几何形状及仪器的探测深度。

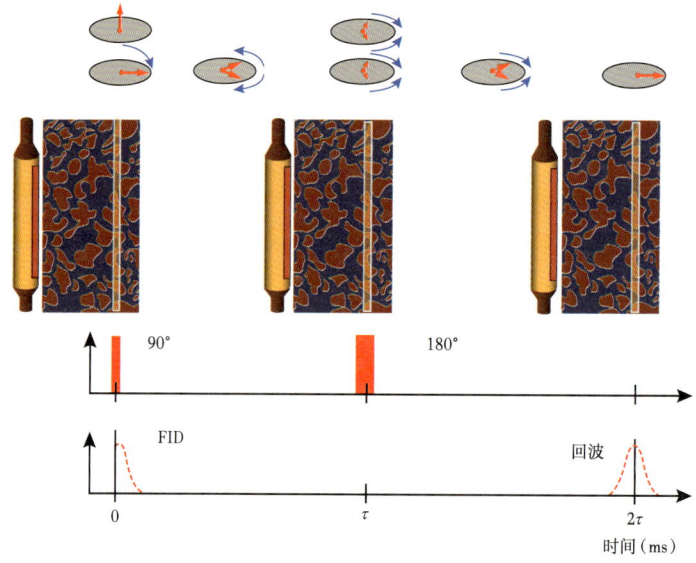

图 4-2-9　MRT6910™ 仪器磁化强度的扳转和自旋回波的采集示意图

3. 自旋回波检测

如图 4-2-10 所示,为了接收自旋回波串信号,在 90° 射频脉冲后,紧跟一系列 180° 射频脉冲(Coates et al.,1999)。CPMG 脉冲序列抑制了由静磁场 $B_0$ 的梯度效应引起的散相。然而,由于散相导致的分子作用或扩散过程是不可扳转的。当发生这一不可扳转的散相时,质子不再完全重聚,CPMG 自旋回波串开始衰减。MRT6910$^{TM}$ 仪器测量 CPMG 序列检测横向磁化矢量衰减及不可扳转的散相,以记录自旋回波串的幅度变化。在采集到一个自旋回波串之后,仪器的永磁体将为下一个 CPMG 测量进行与上一次测量前相同的极化过程,如图 4-2-11 所示。

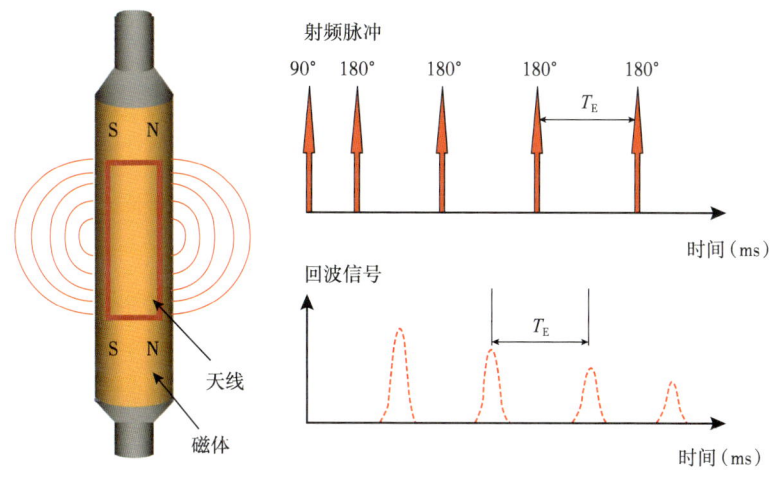

图 4-2-10 回波串记录示意图

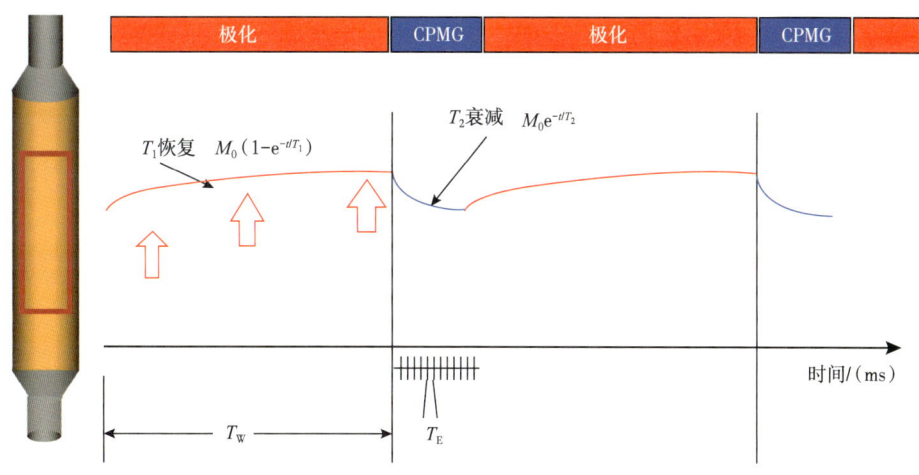

图 4-2-11 多个 CPMG 测量示意图(据 Coates et al.,1999)

4. 测井速度和纵向分辨率

当 MRT6910$^{TM}$ 仪器在井孔中运动时,与仪器发生相互作用的自旋系统的密度(地层孔隙中流体中氢核的密度)是不断改变的,这一变化以两种方式影响仪器的特性和测井参数,如图 4-2-12 所示。首先,仪器即将进入待测地层时,遇到"新"的未极化的自旋系统,向后留下"旧"的极化过的自旋系统。新的自旋系统在进入仪器可探测的区域之前需要被完全极化，其极化时间由自旋系统的 $T_1$ 决定。对于 MRT6910$^{TM}$ 仪器而言，极化时间 $T_w$ 需要不小于 $3T_1$，且与仪器永磁体长度及测井速度直接相关。为了保证仪器以较高的测井速度工作，MRT6910$^{TM}$ 仪器的磁体长度在主磁体的上下要贴加预极化磁体（分别对应上提和下放测井）。采用这种设计，可以保证在较高的测井速度条件下，使得新的自旋系统进入仪器探测区域之前就已经被极化。当仪器在井眼中运动时，极化周围的部分地层。如果测井速度是 $v$，极化时间是 $T_w$，回波个数为 $N_E$，那么仪器在一个极化事件期间的移动距离为 $vT_w$。在极化完成后，CPMG 脉冲序列发射与采集事件期间，若回波间隔为 $T_E$，回波个数为 $N_E$，那么仪器将移动 $v(N_E T_E)$。随后，新的极化与 CPMG 周期将继续开始。

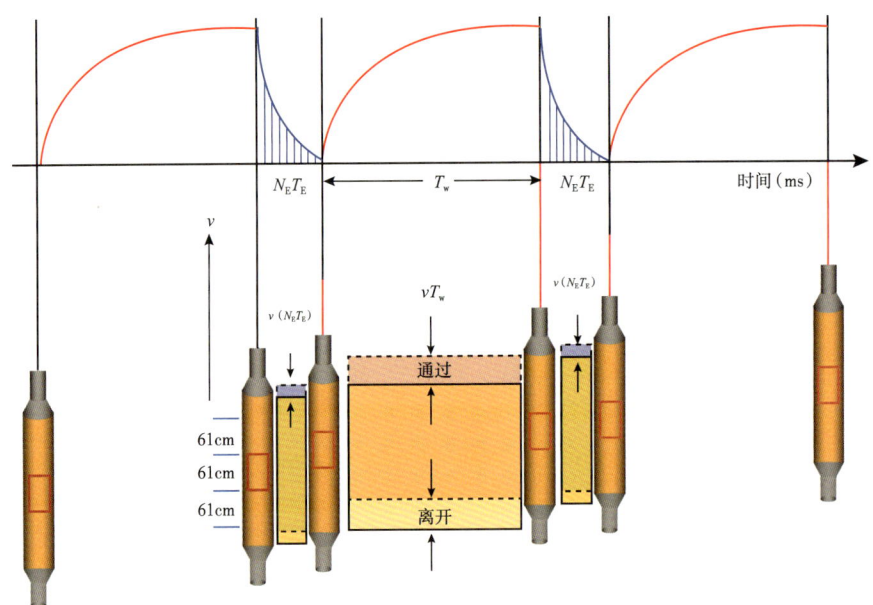

图 4-2-12　仪器运动状态下的核磁共振测量示意图（据 Coates et al., 1999）

其次，在 CPMG 序列期间，磁化矢量已经扳转到横向平面上的自旋系统将离开仪器探测区域，而已极化的但未扳转的自旋系统又进入探测区域。如果天线太短或测速太快，将使得后面的回波测量幅度偏小。为了保持一个合理的测速，MRT6910$^{TM}$ 允许 10% 的精度损失。即，在一个 CPMG 脉冲序列期间，待测体积可以在 10% 的范围内变化。由于天线的长度决定着测量体积，所以使用较长的天线可以得到较快的测速，但是这样做又要降低仪器的分辨率。MRT6910$^{TM}$ 仪器的天线长度是 61cm。

如果在 CPMG 测量期间仪器不动（即得到一个静态读数），则纵向分辨率（VR）等于天线长度。如果仪器在 CPMG 测量期间运动，则纵向分辨率降低，其降低程度与仪器测速成正比。

为了对测量结果进行信噪比影响校正，通常将多次测量结果进行叠加。用来提高信噪比所需要的测量次数称为累加次数（RA）。测量周期（$T_c$）是完成一个 CPMG 脉冲序列测量时间加上下一个 CPMG 脉冲序列可以启动之前的极化时间（或等待时间）。如图 4-2-13 所示，仪器在单频方式下工作时，$T_c = T_w + T_E N_E$。仪器在单频方式工作时，以测井速度 $v$ 移动，其纵向分辨率 VR 可以表示为 $VR = v(T_c \cdot RA - T_w)$。该 VR 公式表明：

（1）对于静态测量（$v=0$），VR 等于射频天线的长度，使用较短的天线可以得到较高的 VR；（2）测速提高时，VR 下降；（3）测量周期增加时，纵向分辨率降低，测量周期主要包括 $T_w$、$T_E$、$N_E$；（4）多次实验叠加，可以提高信噪比，但 VR 下降。

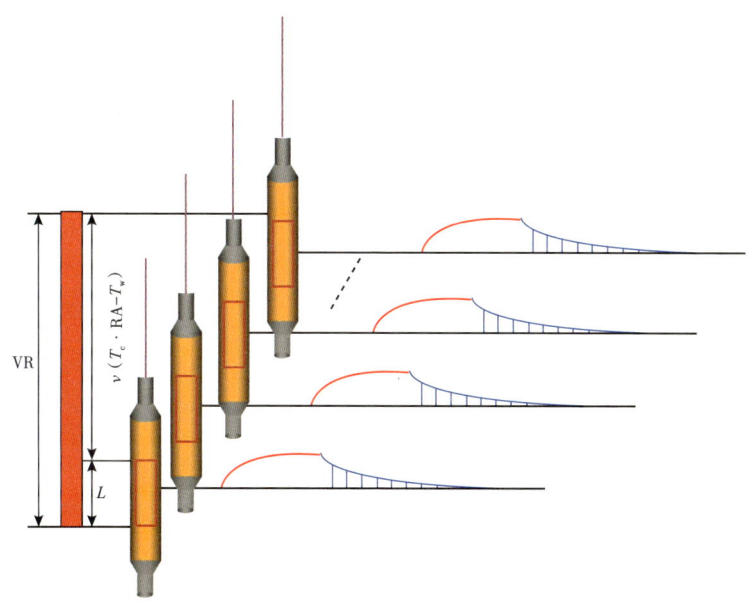

图 4-2-13　仪器的纵向分辨率 VR 计算示意图（据 Coates et al.，1999）

5. 探测深度

由 MRT6910$^{TM}$ 仪器永磁体产生的磁场是一个梯度磁场 $\boldsymbol{B}_0(r)$，其强度是径向距离 $r$（从仪器表面算起）的函数，即 $\boldsymbol{B}_0(r) \propto 1/r^2$。例如，对于与 MRT6910$^{TM}$ 仪器的轴是同心的一个直径 21cm 的圆柱体，其磁场强度约为 $152 \times 10^{-4}$T，如图 4-2-14 所示。MRT6910$^{TM}$ 仪器的静磁场 $B_0$ 随径向距离的增加而减小。拉莫尔频率与 $B_0$ 成正比，因此当径向距离增加时，地层中质子的拉莫尔频率将减小。

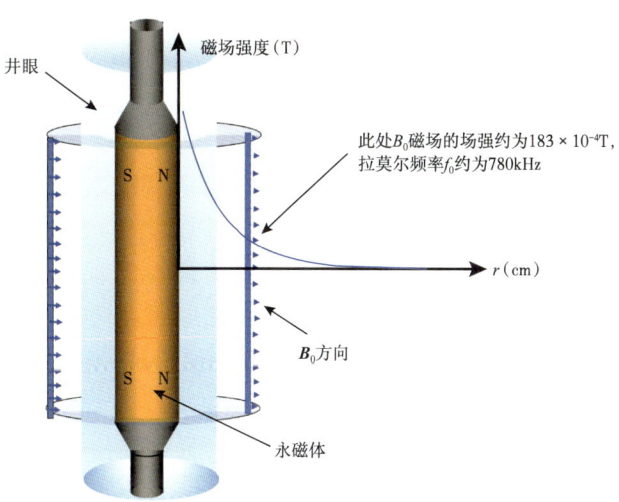

图 4-2-14　仪器永磁体产生的径向磁场强度分布示意图（据 Coates et al.，1999）

对于 MRT6910™ 仪器而言，要想探测某一径向距离的地层，就要选择天线的射频频率，以便与这一区域自旋系统的拉莫尔频率相匹配。实际上是选择一个窄的频带，探测区是一个薄薄的圆柱壳。图 4-2-15 是 MRT6910™ 仪器的横截面图，包括仪器、井眼、地层和探测区域。图 4-2-15 中的曲线表明 $B_0$ 强度随径向距离增加而减小。仪器探测区域的直径和圆柱壳的厚度由 $B_0$ 梯度及 $B_1$ 频带的选择而决定，一旦确定了 $B_0$ 梯度和 $B_1$ 频带，则准确确定了探测区域。所确定的探测区域的周围自旋系统都将被极化，但是由于这些自旋系统的进动和 $B_1$ 频带间的频率不匹配，这些自旋系统将不会由 $B_1$ 场扳转。从理论上来说，减小 $B_1$ 频率可以增加探测深度。实际上，探测深度的增加需要较高的 $B_1$ 功率以使自旋系统扳转（90°脉冲）和重聚（180°脉冲）。另外，增加探测深度将减小信噪比。

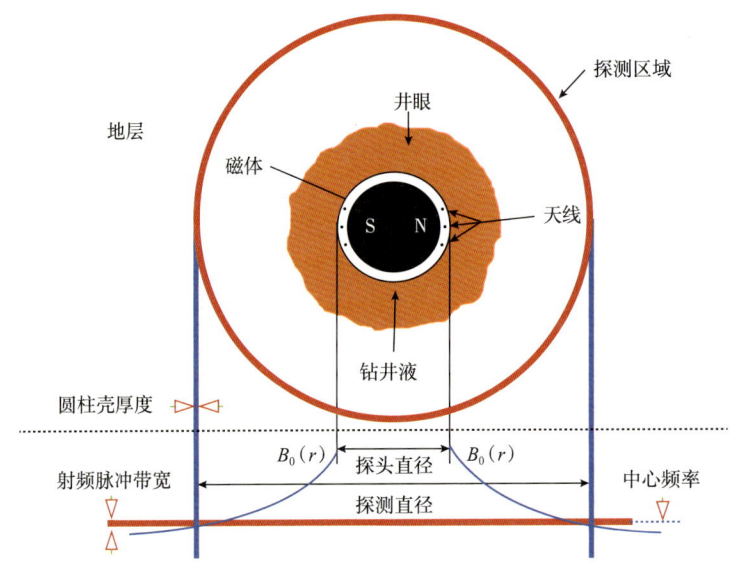

图 4-2-15　MRT6910™ 仪器探测横截面示意图（据 Coates et al., 1999）

**6. 多频测量和射频脉冲带宽**

根据第二章，只有以拉莫尔频率进动的自旋系统才对 CPMG 测量信号有贡献。因此，当存在磁场梯度时，不同频率的脉冲就可以使不同空间区域的质子产生共振。这一原理已经成功地应用于医学核磁共振成像和多频核磁共振测井的切片选择。如图 4-2-16 所示，当核磁共振测井采用双频测量时序时，频率 $f_1$ 与 $f_2$ 是交替进行的。当拉莫尔频率为 $f_1$ 的自旋系统被极化时，CPMG 脉冲序列采集的是拉莫尔频率为 $f_2$ 的自旋系统，反之亦然。MRT6910™ 的脉冲带宽约为 12kHz。当仪器以双频方式工作时，两个工作频率的差异必须大于或等于 12kHz，这样，对应的探测区域就不会重叠（据 Coates et al., 1999）。如图 4-2-17 所示，多频核磁共振测井的探测区域是具有一定间隔，且相互接近的圆柱壳，频率增加，圆柱壳的半径减小（Coates et al., 1999）。

当 MRT6910™ 射频脉冲激发的自旋系统的拉莫尔频率等于射频信号的频率时，这些质子将处于一个特定的区域内，在这一区域之外的自旋系统将不受射频脉冲的影响，而且将根据外部磁场重新极化。周期性地通过几种频率激发不同圆柱壳内的自旋系统，可使测量加快。频率之间的间隔可以小到一个回波串的时间，一般为 0.6s（1.2ms 回波间隔，

500个回波个数）。而同频率条件下，多次测量之间的时间间隔实际上就是重新极化的时间，一般约为12s（随着探测对象的变化而变化）。如果多频测量的频率是很接近的，那么探测区就会非常接近，为了实际应用，可以认为测量信息来自同一区域。这样，在维持相同的信噪比的情况下，测速也可以相应地增加。例如，如果采用两个频率，全部极化的CPMG测量的数量将增加一倍，在信噪比没有减小的情况下测速可以提高一倍。当使用$n$个频率进行多频采集时，$T_c=(T_w+T_E N_E)/n$，且$VR=L+v(T_c \cdot RA-T_w)/n$。

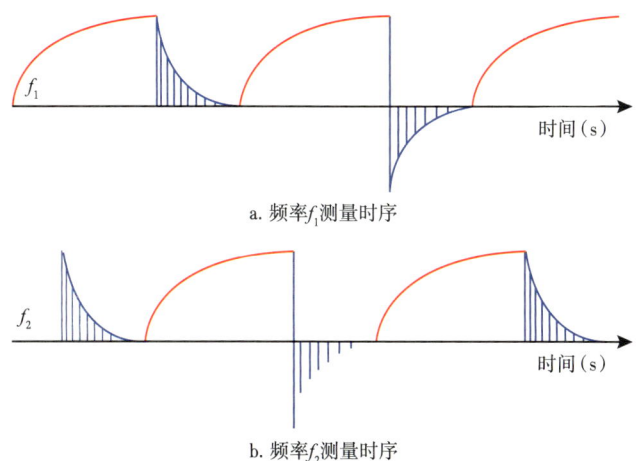

图4-2-16 核磁共振测井双频测量示意图

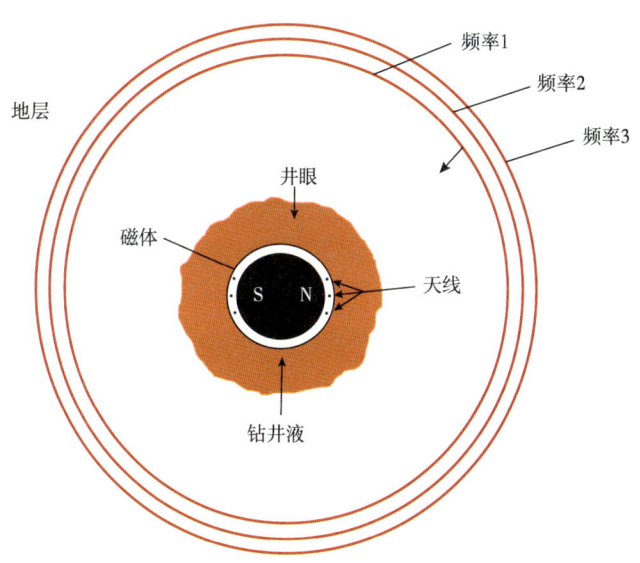

图4-2-17 多频核磁共振测井时的探测区域示意图

$B_1$由射频脉冲产生，且射频频率是按照探测区域的拉莫尔频率来选择的。但任何射频脉冲的频率响应都不是单一的频率，而是由脉冲的带宽定义的一个频率范围。射频脉冲的带宽$\Delta f$和磁场梯度$G$确定与这一脉冲相关的共振区域的厚度：$\Delta r=\Delta f/G$，如图4-2-18所示。用于核磁共振测井的射频脉冲通常具有非常好的频率选择性，即非常好的探测区域选择性（Coates et al.，1999）。

- 85 -

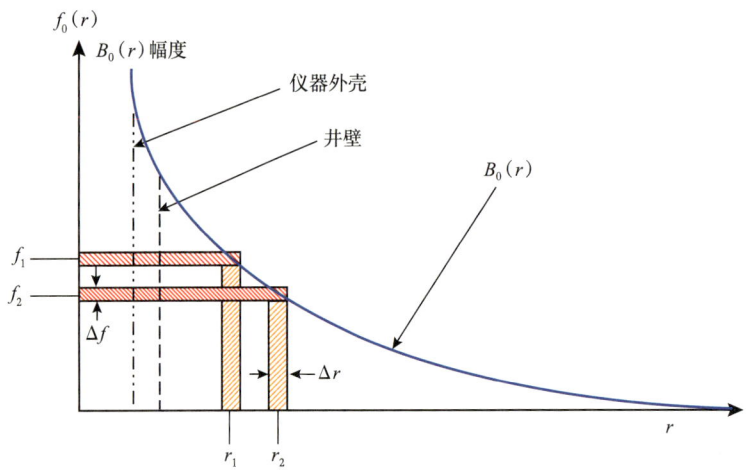

图 4-2-18 核磁共振测井时的探测区域选择示意图

MRT6910™ 仪器每个软/硬脉冲（不同的形状脉冲，具有不同的选频特性）的带宽约为 12kHz，磁场梯度约为 $17×10^{-4}$T/cm，因此，探测区域内每个切片的厚度约为 1mm。在双频测量模式下，两个工作频率之差不小于 12kHz，这样可以避免两个频率下的探测区域重叠。例如，对于中心频率为 675kHz 的仪器，频率 $f_1$ 设为 681kHz，$f_2$ 设为 669 kHz。这样，相应的两个探测区域不会重合。如图 4-2-19 所示，MRT6910™ 仪器可采用 9 个工作频率进行作业，9 个 RF 信号形成 9 个测量区域，可以在 9 个非常接近又互不干扰的探测区域进行核磁共振测量，全部都位于一个约 2.5cm 厚的圆柱壳内。这些信号在 5 个中心频率范围之内。最高的频率范围测量最小的探测深度，用来确定黏土束缚水。在黏土束缚水的应用中，仪器以单频方式工作。从其余的 4 个频率带（每个频带对应两个工作频率）中可以选择 8 个频率，用于双 $T_w$、双 $T_E$ 或任何标准的 $T_2$ 测量。

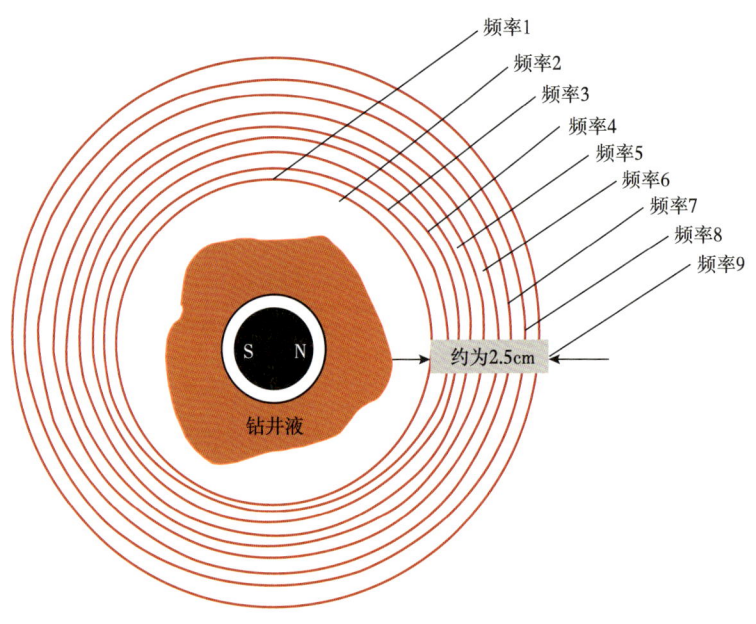

图 4-2-19　9 个工作频率作业时的核磁共振探测区域示意图（据 Coates et al., 1999）

7. 振铃效应

MRT6910™仪器的永磁体是具有磁性的非金属材料。当振荡电流流过环绕磁铁的天线时，仪器就会发生电一机效应，称为振铃。图4-2-20表示流过射频线圈的电流 $I$ 和磁场 $B_0$ 的相作用，在磁铁的表面产生一个力 $F$，在仪器上形成一个净力矩。流过射频线圈的电流 $I$ 和磁场 $B_0$ 的相作用，在磁铁的表面产生一个力 $F$，在仪器上形成一个净力矩，该力矩在CPMG事件期间产生振铃噪声，这个电流不是直流，所以力矩是变化的，使仪器产生振动。反之，这一振动又在天线上产生电磁噪声。尽管振铃噪声衰减很快，但它在回波检测期间依然存在。

振铃幅度一般是很高的。由于90°扳转脉冲和180°聚焦脉冲都产生振铃，则会影响第一个回波。经验表明，振铃与频率相关，而且不同的仪器也不一样。对于短 $T_E$，由于振铃消除的时间有限，因此振铃效应更为明显。

改变90°扳转脉冲的相位，可以有效地减小测量系统的偏置和振铃噪声。当90°扳转脉冲的相位是0°时，回波幅度将为正值；当90°扳转脉冲的相位是180°时，回波幅度将为负值。但是，系统偏置和振铃噪声都不会受90°脉冲的相位的影响。对这两个测量回波相减，结果再除以2，就可以得到真实信号；两个测量回波相加再除以2，就可以得到振铃和偏置信号，这对仪器的质量控制十分重要，而这项技术也被称为交叉相位对（Phase Alternating Pairs，PAPs）。

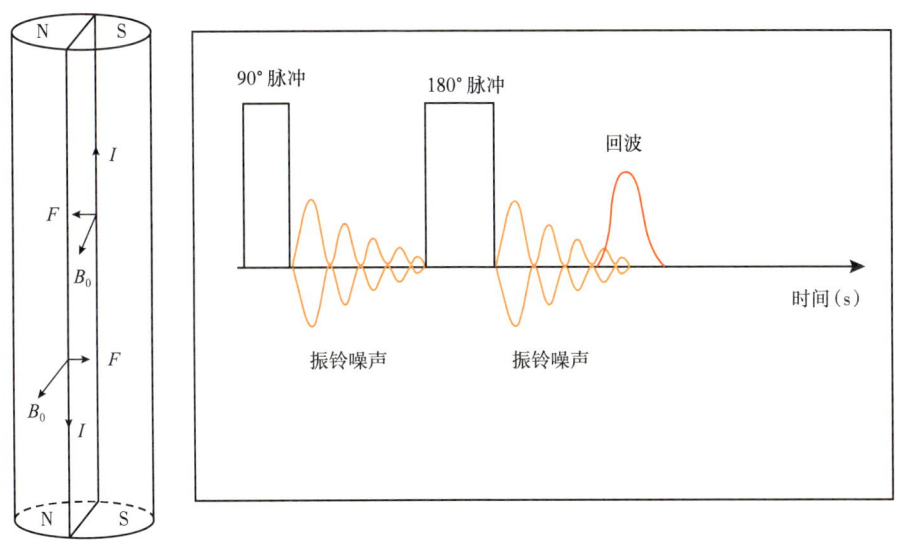

图4-2-20 核磁共振测井仪射频线圈振铃产生示意图（据Coates et al.，1999）

8. 信噪比和累加次数

核磁共振信号是非常弱的，特别是由核磁共振接收到的回波信号的幅度都在纳伏级，很难与噪声区分，所以原始数据的信噪比（Signal to Noise Ratio，SNR）很低。如果重复进行回波测量，那么在相同的时间序列上，回波串信号的幅度和位置是重复的，而噪声则不可能重复，因为它是随机分布的。对几个回波串进行叠加和平均将减小噪声影响，从而提高信噪比。通常，用RA表示用来产生一个叠加的、平均的回波串而需要的单个回波串的总数。叠加平均后可以使SNR增加。如果叠加次数是 $n$，则最终的

SNR=$\sqrt{n}$ 倍单个回波的信噪比。当使用 PAPs 和多频操作方式时，RA 的选择不是随意的。由于回波的交叉相位对与每个频率都有关，因此在仪器中，RA 是采集回波串时使用的频率数的偶数倍。此外，只有相同频率采集的回波串数据才能够进行叠加处理。

9. 观测模式与测量效率

观测模式就是确定一组参数，用来控制测井作业期间仪器所需要发射的脉冲序列。选择观测模式就可以确定要进行的核磁共振测井的类型。观测模式参数包含在一张数字表中，它可以从测井地面系统发送到 MRT6910™ 仪器的数字信号微处理器（Digital Signal Processor，DSP）中。有些观测模式参数可以由现场工程师方便地进行修改，如 $N_E$、$T_w$ 和 RA，而有些参数则固定在观测模式表中，如脉冲类型、增益数或噪声周期数，以及 B，测量数，因此是不可改变的，也可以有效避免操作不规范而引起的作业事故。另外，有些参数只能通过选择另外一个观测模式来修改。这些参数包括 $T_E$ 和操作的频率个数 n。对于 MRT6910™ 仪器而言，观测模式可以根据以下原则选择：

（1）仪器测量获取的信息：有效孔隙度（使用标准 $T_2$ 观测模式）；通过差谱/时域分析直接进行烃类识别（使用双 $T_w$ 观测模式）；使用移谱/扩散分直接进行类识别（使用双 $T_E$ 观测模式）；总孔隙度（使用总孔隙度观测模式）。

（2）井眼环境：高阻井眼（使用高 Q 值设置，Q 值是天线的品质因子，其变化程度主要与井孔中流体电导率性质相关）；中等电阻率井眼（使用中 Q 值）；低阻井眼（使用低 Q 值）。

（3）仪器所用频率的个数：单频（使用单频观测模式）；双频（使用双频观测模式）；三频（使用三频观测模式）。

每种观测模式都含有几种参数，对此要认真选择，以便在不超过仪器操作限度情况下取得精确的数据，这些参数是 $T_w$、$T_E$、$N_E$、RA。观测模式与仪器有关。选择适当的观测模式是核磁共振测井作业计划的一部分。MRT6910™ 仪器的 9 个频率工作与单频工作时相比，在一个特定的周期内，能够得到更多的数据。如图 4-2-21 所示，仪器的

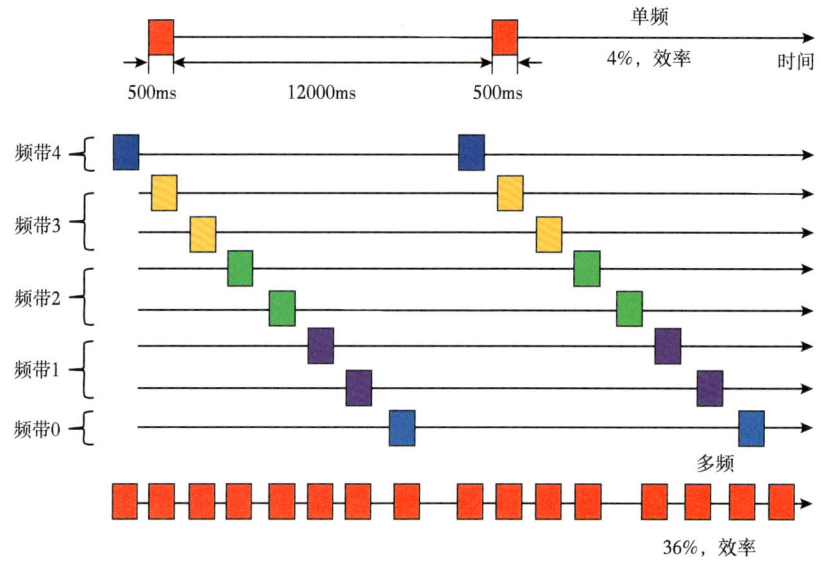

图 4-2-21 多频观测模式示意图

9个频率可以从 5 个频带进行选择。当极化时间为 12000ms 时，9 个操作频率的效率是 36%，而单个操作频率的效率只有 4%。可以从设计的 0、1、2、3、4 的 5 个频带中进行选择。选择频带 4 的频率，可以用作部分极化、单频操作测量黏土束缚水。其他四个频带的频率可以用于不同的观测模式，例如，以双频方式运行的标准 $T_2$、双 $T_E$、双 $T_w$。图 4-2-20 还解释了测量效率 $nN_ET_E/T_w$ 的概念。假设 $N_ET_E$=500ms，$T_w$=12s，$n$ 是使用的频率数，$N_ET_E$ 是脉冲时间，对于单频测量，测量效率只有 4%，而 9 频测量时测量效率为 36%。

10. 射频脉冲类型

在核磁共振测井过程中，主要采用两种类型的脉冲进行射频激励，如图 4-2-22 所示。一种是硬脉冲，其形态在时间域上是一个方波，因此又称作方波脉冲；一种是软脉冲，其形态在时间域上是一个 Sinc 函数，因此又称作 Sinc 脉冲。在可采用多频激励方式进行核磁共振测井的 MRT6910™ 仪器中，硬脉冲主要用于高频射频激励（例如黏土束缚水模式下的 CPMG 脉冲），其频率域的波形为 Sinc 函数，频带较宽，能够在较大的磁场梯度条件下激发较宽的共振区域，以避免强磁场梯度条件下探测区域选择不精确的问题。软脉冲主要用于低频射频激励（例如双 $T_w$ 与双 $T_E$ 模式），其频率域的波形为方波，频带较窄，具有较好的频率选择性，即能够实现低磁场梯度条件下探测区域的精准选择，避免在多频工作时干扰附近探测区域的自旋系统。此外，软脉冲的使用也意味着脉冲持续时间（脉冲宽度）需要增加，以形成高选择性的软脉冲波形，也意味着回波间隔需要增加。相比而言，硬脉冲的使用则可以更加灵活地调节脉冲持续时间，这就意味着回波间隔可以缩短。然而，脉冲持续时间的缩短需要相应地增加脉冲的功率，在电子短节最大输出功率一定的条件下，则需要权衡考虑软/硬脉冲的宽度与幅度。MRT6910™ 仪器中，通常采用固定脉冲宽度、改变脉冲幅度的方式进行脉冲发射。

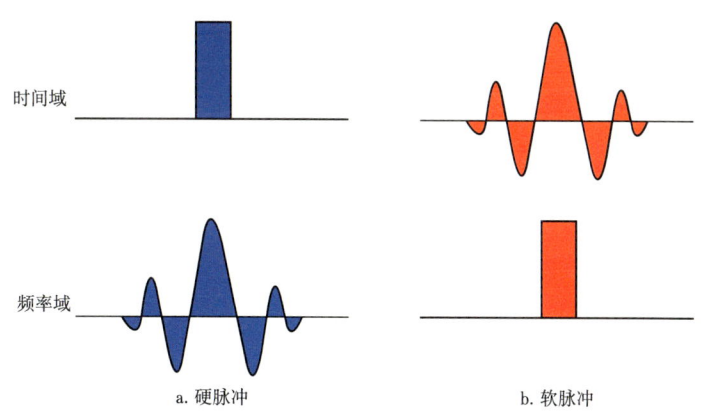

图 4-2-22　软脉冲和硬脉冲的时间域与频率域波形示意图

## 三、电缆核磁共振测井的关键影响因素

居中型核磁共振测井仪的探测区域是一个以井轴为中心的圆柱壳，能够探测到井眼周围 360° 范围地层的平均信息；偏心型核磁共振测井仪的共振区域是一个瓦型壳，且区域方位探测角度最大能够达到 120°。偏心型核磁共振测井仪通常具有较高的纵向分辨率。因此从所测样品体积大小来看，居中型探头的样品体积大于贴井壁型探头的样品

体积，在工作频率差别不大的条件下，使得居中型探头信号强度大于偏心型探头信号强度。几种核磁共振测井仪的探头结构各有差异性，使得仪器具有不同的探测特性。由于核磁共振测井仪工作的环境特殊，因此会受到以下几个环境因素的影响：

1. 井周地层非均质性的影响

偏心型核磁共振测井仪的探测区域范围（以仪器的中心轴为圆心的方位角度）一般不超过120°。若井眼周围地层各个区域的岩石具有较强的非均质性，仪器贴在井壁上的方位不同，那么仪器的测井响应也会不同，因此仪器的测量重复性会受到限制。居中型核磁共振测井仪的共振区域范围是360°的圆柱壳，仪器的测井响应与方位无关。即便井眼周围地层具有很强的非均质性，仪器的响应是所有方位地层的共同贡献，因而具有较好的测量重复性。

2. 井底条件下高温状态的影响

核磁共振测井仪采用永磁体产生静磁场，而永磁体的磁性能与其温度有关。随着温度的升高，均匀磁场核磁共振测井仪（例如 CMR$^{TM}$）磁场强度发生变化，从而引起磁场均匀性产生变化。此外，地层中如果存在铁磁性物质，则会破坏其磁场的均匀性，改变其磁场分布及磁场强度，导致仪器测量失准。因此，均匀磁场核磁共振测井仪在井下工作时，仪器需要不停地寻找拉莫尔频率，提高了对仪器电子线路的要求。

对于拥有梯度磁场特性的核磁共振测井仪器而言，磁场强度也会受到温度的影响，但对磁场的变化并不敏感。随着温度的增大，磁场强度减小，梯度增大，仪器的探测深度变小，此时仪器的探测区域会更靠近仪器本身。然而，射频线圈的射频场强度不受温度的影响，但探测区域内的射频场能量变大，会严重影响脉冲序列中90°脉冲和180°脉冲的精准性，因而需要对仪器的能量发射与信号采集进行严格的刻度与校正。

3. 钻井液和井壁不规则的影响

偏心型核磁共振测井仪的探头贴靠在井壁上，在天线与井壁之间几乎没有或有很少量的钻井液存在，射频磁场能量几乎都发射到地层中，钻井液对射频磁场能量的衰减作用很小。

居中型核磁共振测井仪天线与地层之间有钻井液存在，钻井液起到负载作用，对射频磁场的能量有衰减作用。因此，需要对钻井液电阻率进行校正，确定不同井眼环境的校正量。居中型核磁共振测井仪所能适应的最小钻井液电阻率为0.02Ω·m，如果低于这个值则需要在仪器探头上增加一个钻井液排除器。

如果井眼条件不好，即井壁不规则时，由于其探测深度浅，因此其受井壁不规则的影响较大。对于居中型核磁共振测井仪，如果井眼扩径严重或者仪器高度偏心时，则其测井数据仍然会受到影响。

例如，由于 MRT6910$^{TM}$ 仪器核磁共振信号响应的径向特性，仪器在井孔中必须很好地居中。当井眼垮塌不在探测范围之内时，除了钻井液对射频磁场 $B_1$ 的负载影响外，井眼垮塌对测量没有影响。因此，由于负载影响，在低阻钻井液井比高阻钻井液井就需要更大的90°脉冲功率。如果井眼垮塌超过探测区，井眼流体就会对测量有影响。有时仪器偏心也会使井眼流体进入探测区，使仪器测量包括了一部分钻井液信号。在这两种情况下，由 MRT6910$^{TM}$ 仪器确定的有效孔隙度和束缚水饱和度都比地层的实际数值高得多。这是因为：（1）钻井液中的流体质子较多；（2）钻井液颗粒有较高的表面积，导致钻井液中自旋系统的弛豫时间很快。一般来讲，井眼流体对核磁共振信号的影响是容易识别的，特别当井径数据正常时更是如此。由于核磁共振测井不能做井眼垮塌和井眼流体校正，因此，当井眼流体影响核磁共振信号时，测量的核磁共振数据就不再代表地层情况，也不能用于地层评价。

## 第三节　仪器电子系统

测井仪器在高温高压环境下工作，体积受到井眼尺寸的严格限制。核磁共振测井仪器和常规的测井仪器相比，其特殊的工作环境决定了其系统设计的复杂性。核磁共振测井仪器的核心部分是探头，探头的性能在一定程度上决定了整个仪器的性能。核磁共振测井仪器探头由磁体和天线组成，磁体的磁场强度和磁场梯度决定了仪器的工作频率范围；为减少地层流体电导率对天线的影响，天线大都采用低电感设计且谐振电路为调频简单的并联谐振电路。由于探头采用"Inside-out"方案，天线所需要的激励功率更高、接收到的核磁共振信号更微弱，因此，对电子线路来说，功率放大电路的输出功率更高、接收电路性能要求更加苛刻。

电子线路的主要功能是激励天线产生符合特定脉冲序列时序要求的射频脉冲，采集处理天线接收到的核磁共振信号等。电子线路的设计一定程度上由探头特性决定（于慧俊，2012）。核磁共振测井仪器在井下数千米处的高温高压环境下工作，且体积受到严格的限制。因此，器件选型受到一定的限制，所选用器件要能够耐高温，电路板布局和布线也受到一定的限制。为减少井下高温环境下对散热的要求和满足天线对激励电压的需求，功率放大电路采用发射效率较高的 D 类功放结构，同时需要专门的功率放大驱动电路来满足高温环境下 MOS 管对驱动电流的需求；在射频脉冲发射期间，为克服由于供电电缆电阻的限制而无法在短时间内提供发射所需的能量，需要额外的储能电容短节；由于发射和接收采用同一天线，为不影响回波信号的接收，就需要 Q 转换电路在发射完大功率射频脉冲后快速地泄放天线中储存的能量；同时，天线和接收回路之间通过隔离电路在脉冲发射和能量泄放期间对接收回路进行保护；由低噪声前置放大电路对回波信号进行低噪声高增益放大；为提高测井效率和测井速度，需要天线调谐电路来频繁地切换天线谐振频率以完成多频测量；主控电路要具有一定的可扩展性以满足新型脉冲序列对时序的要求。井下核磁共振测井仪器电子线路如图 4-3-1 所示。

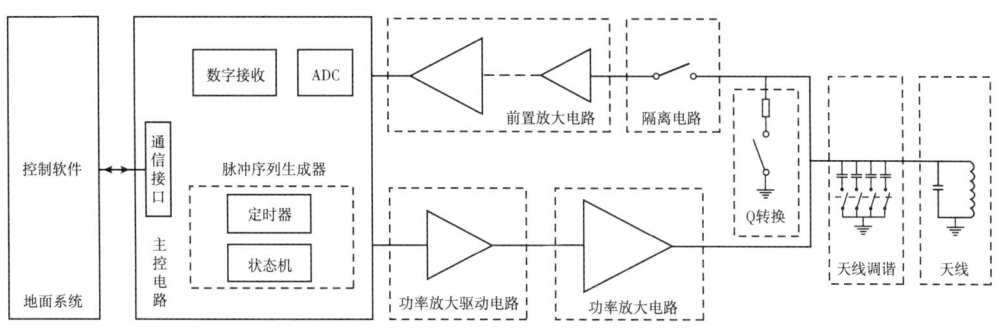

图 4-3-1　井下核磁共振测井仪器电子线路示意图（据肖立志，2016）

核磁共振测井仪器电子线路的设计难点包括：（1）在高温环境下设计输出功率大于1kW的功率放大电路；（2）能够有效减小天线恢复时间的Q转换电路；（3）对接收回路进行高压隔离保护的隔离电路；（4）对回波信号进行低噪声放大的增益大于86dB的接收电路。本节主要介绍MRT6910™的电子线路基本组成及其关键模块（表4-3-1）。

表4-3-1 MRT6910™的电子线路关键模块（据肖立志，2016）

| 序号 | 关键部件 | 主要功能/性能指标 |
|---|---|---|
| 1 | 主控电路 | 实现井下电路的控制；<br>NMR信号的A/D转换与处理；<br>与地面进行命令传送及数据通信，155℃/100MPa环境下连续工作8h |
| 2 | 大功率发射电路 | 平均功率1.5kW；<br>瞬时功率大于20kW；<br>155℃/100MPa环境下连续工作8h |
| 3 | 弱信号接收电路 | 能接收到小于50nV的NMR信号；<br>155℃/100MPa环境下连续工作8h |
| 4 | 天线接口电路 | 两路大功率发射信号耦合至天线；<br>接收前清空天线上的残余能量；<br>接收纳伏级回波信号，输出至前放模块；<br>155℃/100MPa环境下连续工作8h |

如图4-3-2和图4-3-3所示，MRT6910™仪器电子线路由主控电路、辅助测量电路、激励电路、发射接口电路、发射电源电路、发射电路A、发射电路B、发射滤波电路A、发射滤波电路B、天线接口电路、辅助电源、前置放大电路、接收电路、刻度/$B_1$电路和电源电路组成。其工作原理是遥传接口接收地面系统下发的测量模式参数信息和控制命令信息，经解码后传输至数字信号处理（DSP）电路，由DSP电路产生仪器各模块工作所需的控制信号。DSP电路产生SIN和COS两路正交控制信号及幅度控制信号AM至激励电路，激励电路根据这三路控制信号产生相应的发射控制信号，激励电路同时受到经发射接口电路驱动的发射门控信号的输出使能控制。发射接口电路对DSP电路产生的发射门控信号和能量泄放控制信号进行处理，对发射状态进行监测，在仪器异常时停止脉冲的发射以保护发射电路。激励电路对脉冲发射波形进行控制，其产生的两路控制信号分别传输至两个完全相同的发射电路，产生高压方波并由发射滤波电路滤除谐波成分，最后经天线接口电路中的变压器进行功率合成后传输给天线，用于激励地层中的氢核，产生核磁共振现象。天线接口电路在脉冲发射期间对前置放大电路进行保护，在脉冲发射完成后泄放天线储存的能量。天线接收到的回波信号，由前置放大电路进行低噪声放大。放大的回波信号由接收电路进一步放大后，经抗混叠滤波器滤除高频噪声后进行模数转换，在DSP中实现回波信号的提取和数字滤波等数字化处理。在天线发射射频脉冲时，由天线附近的$B_1$线圈监测天线的发射过程，经积分放大后发送给辅助测量电路用于仪器的发射功率校正。仪器在扫频和增益测量时，首先由DSP电路产生刻度信号给刻度电路，通过$B_1$线圈发射耦合给天线，天线接收此信号并经过和回波信号相同的路径，由DSP电路进行采集处理，用于仪器的扫频和增益校正。

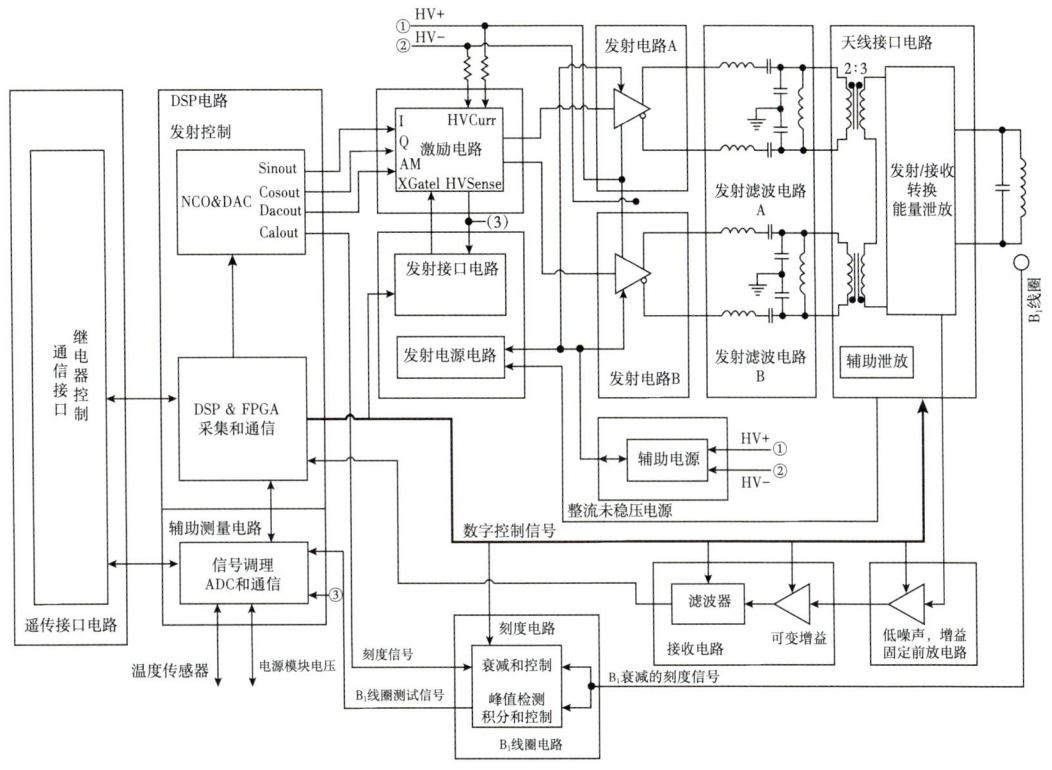

图 4-3-2 MRT6910™ 仪器电子线路示意图（据肖立志，2016）

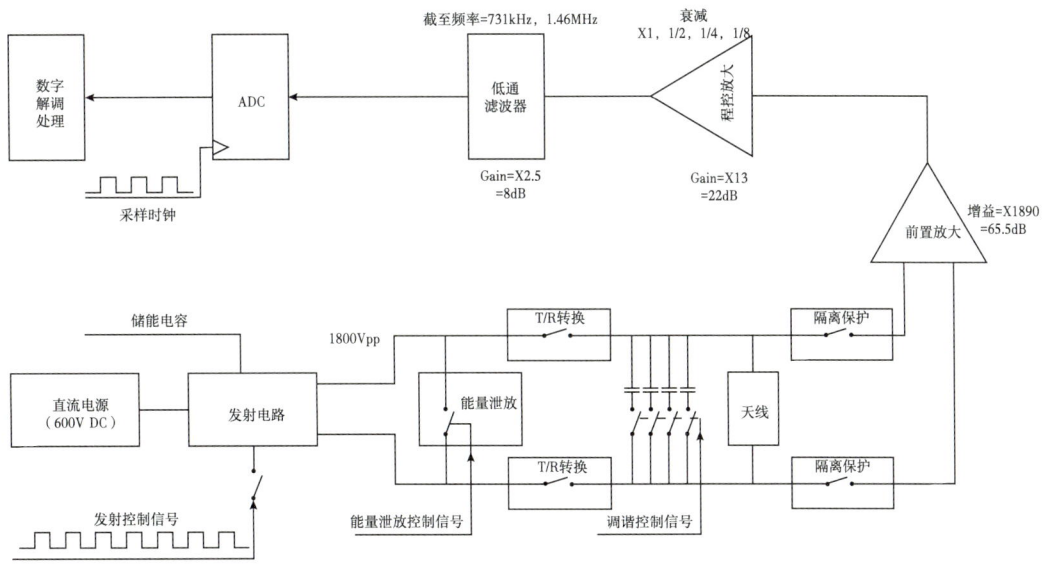

图 4-3-3 MRT6910™ 仪器信号流程图（据肖立志，2016）

如图 4-3-4 所示，MRT6910™ 仪器发射激励电路由激励电路、发射电路、发射滤波电路 A、发射滤波电路 B 和天线接口电路中功率合成变压器组成。其工作原理是激励电路接收来自 DSP 电路的两路正交控制信号（I 和 Q）和一路幅度调制信号（AM），经算术运算后生成具有可控相位差的两组脉冲序列控制信号，并且在发射接口电路的发射使

- 93 -

能控制下产生两路发射控制信号，发射控制信号经发射电路中 MOS 管驱动后变为幅度为 15V 的 MOS 管控制信号，从而控制全桥电路对直流高压进行斩波，生成两路高压射频脉冲，产生的高压射频脉冲输出给发射滤波电路。发射滤波电路滤除来自发射电路的方波脉冲中的谐波成分，方波脉冲经过此 LC 滤波网络后输出为正弦信号。对于不同频率的信号，通过频率选择控制信号来控制继电器，从而选择不同的 LC 滤波网络。两路正弦信号由天线接口电路中的变压器进行功率合成后传输给天线，从而生成幅度随时间变化的大功率软脉冲，射频脉冲的理论最大幅值为 3600V。

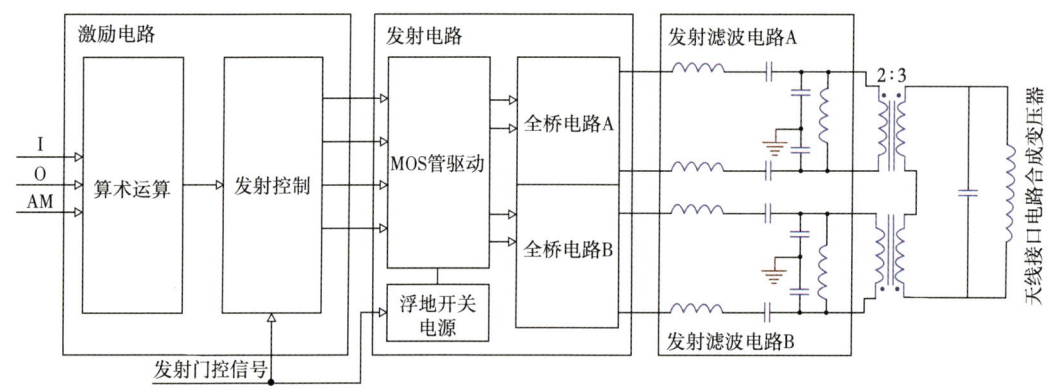

图 4-3-4　MRT6910™ 仪器激励发射电路示意图（据肖立志，2016）

MRT6910™ 仪器的能量泄放和对前放的隔离保护功能在天线接口电路中实现，天线接口电路接收两路发射滤波器输出的高压信号，经变压器耦合至天线用于发射。在脉冲发射期间，需要对接收电路进行保护，防止高压脉冲信号进入接收回路；在接收天线的回波信号前需要清空天线上的残余能量，因为残余能量可能会导致前放模块超过耐压值而损坏。如图 4-3-5 所示，Q1 和 Q2 为 MOS 管，Q5~Q10 为结型场效应管（JFET）。天线接口电路工作原理是在脉冲发射时，Q1、Q2、Q5、Q6、Q9 和 Q10 闭合，发射脉冲进入探头天线，接收部分短路；在脉冲发射结束时 Q1、Q2、Q5、Q6、Q9、Q10、D1 和 D2 闭合，进入能量泄放状态，泄放经设定时间后，Q7 和 Q8 闭合进入回波信号接收状态。

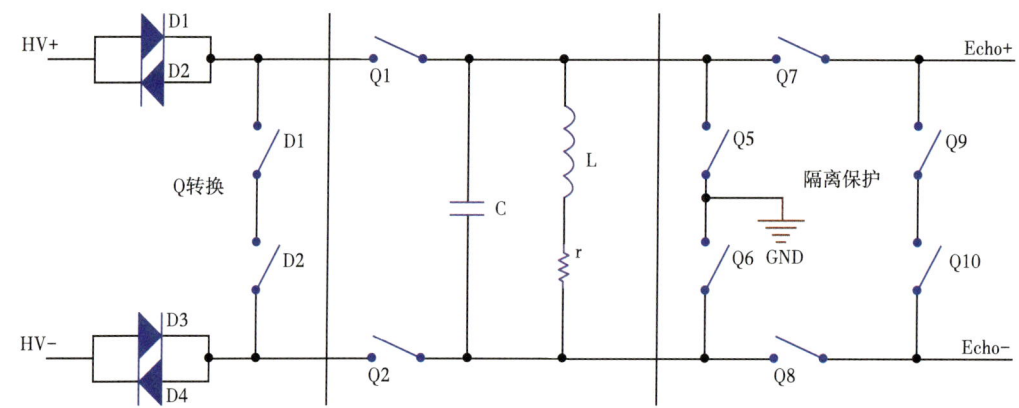

图 4-3-5　MRT6910™ 仪器天线接口电路示意图（据肖立志，2016）

MRT6910™ 仪器对回波信号的放大由前置放大电路和接收电路完成，如图 4-3-6 所示。前置放大电路主要由模拟电路组成，与天线接口电路用同轴电缆连接，主要功能是对来自天线接口的回波信号进行放大。此电路应具有大的增益、高的信噪比，对噪声信号应具有一定的抑制，可以接收到纳伏级的回波信号。前置放大电路放大天线接收到的回波信号，第一级放大使用低噪声分立三极管来实现，其增益为 35.7dB；第二级放大的增益为 29.8dB，由接收控制信号控制，在脉冲发射期间禁止对信号进行进一步放大，从而保护整个接收回路。接收电路对来自前置放大电路的信号进行进一步放大和滤波，信号放大由程控增益实现，滤波由低通滤波器实现，通过选择信号调控模拟开关来选择不同的截止频率，以达到更好的滤波效果。电路最大增益为 95.5dB。在接收过程中，核磁共振回波信号经过微弱信号放大后，在数字信号处理（DSP）模块中被转换为数字量存储并在数字信号处理器（DSP）中实现数据的运算。

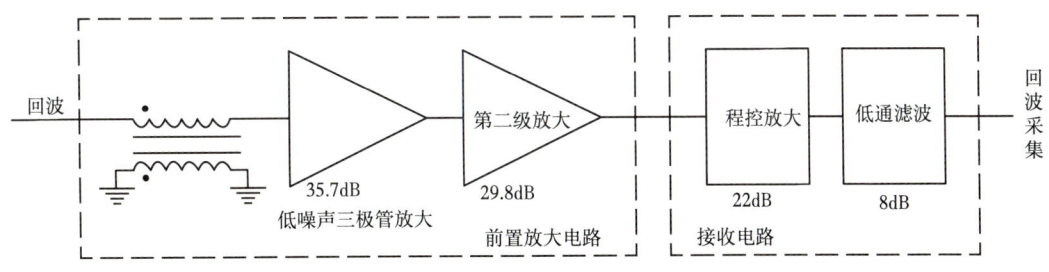

图 4-3-6　MRT6910™ 仪器回波信号放大电路示意图（据肖立志，2016）

MRT6910™ 仪器的脉冲序列生成、仪器控制和回波信号采集由 DSP 电路实现。DSP 电路主要由 DSP、FPGA（可编程阵列逻辑器）、NCO（数字控制振荡器）和 ADC（模数转换器）等组成，如图 4-3-7 所示。DSP 电路主要功能为按照不同测量模式实现相应的脉冲序列，采用数字频率合成方法生成激励信号；输出时序控制信号到各电路板，使其按相应的时序工作；将放大的回波信号数字化，采用相敏检波算法提取回波的幅度和相位信息等。DSP 电路通过遥传接口接收测量模式的参数信息和控制命令，并按照相应

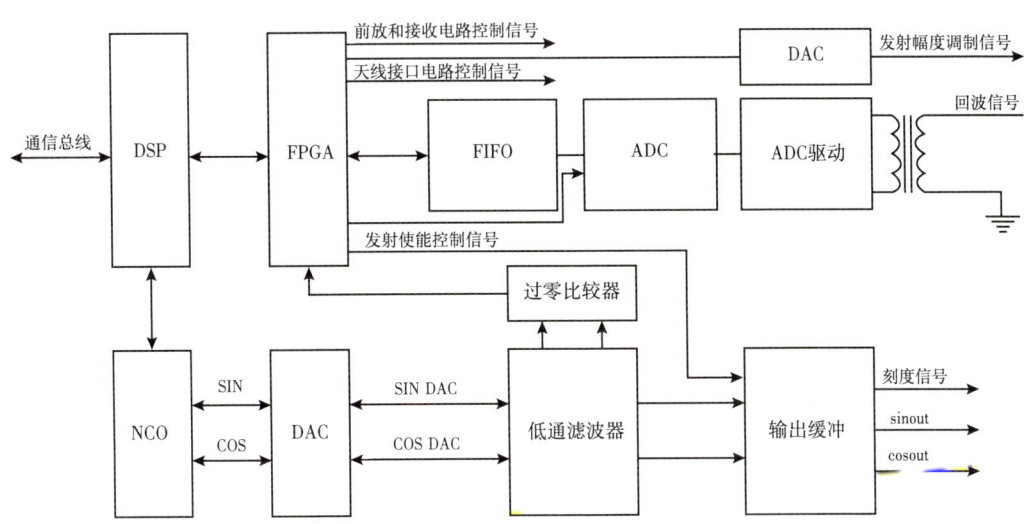

图 4-3-7　MRT6910™ 核磁共振测井仪器的 DSP 电路示意图（据肖立志，2016）

的测量模式，由FPGA产生相对应的控制时序信号。NCO在FPGA和DSP的控制下产生两路正交的数字信号，数字信号经数模转换器后发变为模拟信号并经低通滤波后发送给输出缓冲器，在发射使能控制信号有效时，即脉冲发射时，将正余弦信号发送给激励电路。同时正余弦信号经过零比较后生成四路方波信号，供回波采集时使用；由FPGA产生幅度调制数字信号并经DAC（数模转换器）产生发射幅度调制信号发送至激励电路。同时FPGA根据测量模式产生特定时序的前置放大和接收电路控制信号、天线接口电路控制信号。在回波接收期间，将放大后的回波信号经变压器变为差分信号后再经ADC驱动电路后由ADC进行采样，采样后的回波信号经FIFO（先进先出）缓存后由FPGA读取，并传输给DSP进行幅度和相位信息的提取等，其中采样时钟由FPGA提供。

## 第四节 数据采集方法

不同的核磁共振测井仪器所用的脉冲序列（一般又称作观测模式）稍有不同，因此信号平均的方式可能影响其数据存储的格式，但CPMG数据采集的基本原理是相同的（邓克俊等，2010）。本节主要介绍核磁共振测井数据采集中的相关方法，包括正交信号检测与获取用于后续数据处理的相位旋转方法。

### 一、信号检测

除了探测CPMG自旋回波信号，还需要将这些信号进行数字化、存储和处理。典型的CPMG自旋回波串通常有成百上千的回波，不可能也无必要将整个回波的曲线数字化，只需测量和存储自旋回波信号的峰值即可。信号的记录方式有两种：单道检测法（Single Channel Detection）和正交检测法（Quadrature Detection）。

在单道检测法中，从样品来的射频信号送入单个的相敏检测器中以识别样品信号频率与射频脉冲载波频率（即测量值设定的拉莫尔频率）之间的差异。通过单个的相敏检测器，只能得到这一频率差异的大小，而不能判断它的符号，所以不能判定频率偏移到底是正是负。傅里叶变换后，在载频$v_0$两侧对称的差异频率处会出现单一的谱特征。在$v_0+\delta_v$到$v_0-\delta_v$处反映出这一特征的过程称为混叠（folding）。为了避免混淆，需要将载频的偏移选择在谱区域的一个边界。在测量区域之外的信号会发生折叠，以镜像信号的形式出现，通常其相位不确定。由于不能确定相位差，所以在核磁共振测井中不能利用单道检测法。

正交检测法是核磁共振测井中通常使用的信号检测方法。利用正交检测方法，输入的采样信号送到两个同样的相敏检测器中，这两个检测器的参考信号相位相差90°。合成声频信号被放大，然后通过同样的低通滤波器，经多元模数转换器数字化并存储在单独的数据存储区中。正交傅里叶变换以与单道检测法相同的方式产生实数谱和虚数谱，所不同的是该变换可以区分出相对于射频载频的正频率和负频率。

假设在引入的采样信号上加入本机振荡频率$\omega_0$后，采样信号表达式为$\cos[(\omega_0-\omega_c+\Delta\omega_B)t-\phi]$，其中$\omega_0$是拉莫尔频率，$\omega_c$为射频脉冲载频，$\Delta\omega_B$是所有共振自旋的带宽$t$为信号采集时间，$\phi$为信号相位。当$\omega_0=\omega_c$时，调制信号表达式如下：

$$\text{Re}(t) = \sum_i A_i(t)\cos(\omega_i t - \phi) \qquad (4\text{-}4\text{-}1)$$

式中：$A_i(t)$ 是频率 $\omega_i$ 的幅度。

对共振频带 $-\Delta\omega_B/2$ 到 $\Delta\omega_B/2$ 内所有频率 $\omega_i$ 求和。当信号输入到两个相敏检测器中时，则存在 cos（实部）通道 [式（4-4-1）] 和 sin（虚部）通道 [式（4-4-2）]：

$$\text{Im}(t) = \sum_i A_i(t)\sin(\omega_i t - \phi) \qquad (4\text{-}4\text{-}2)$$

在自由感应衰减（FID）情况下，$A_i(t)$ 是指数衰减函数。共振频带内的不同频率的求和会导致 FID 信号快速衰减。在测量 CPMG 时，采样信号如图 4-4-1 所示。图 4-4-1a 和图 4-4-1b 表示了两个相敏检测器的输出值，它们有着相同的包络 $\sum_i A_i(t)$。这是相位角 $\phi$ 等于 0° 时的情况。因此，如果对输出曲线以 $2\tau$ 的时间间隔进行数字化，即在自旋回波的峰值点处，图 4-4-1a 中为 $\sum_i A_i(t)\cos 0°$，描绘出 $\sum_i A_i(t)$ 的轮廓，图 4-4-1b 中为 $\sum_i A_i(t)\sin 0°$，描绘出直流基线。如果相位角 $\phi$ 不是 0°，经过每 $2\tau$ 的信号采样后，它们变成了图 4-4-2。这就是 NMR 测井所采集的两个通道的数据。

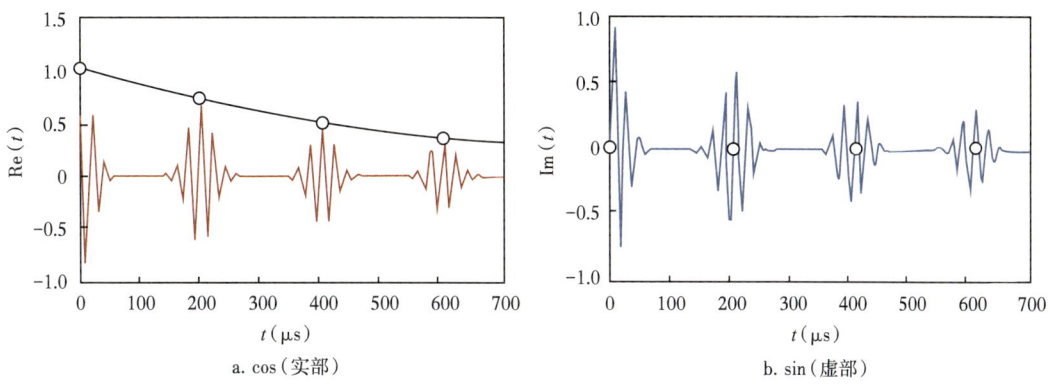

图 4-4-1　当相位角 $\phi$ 等于 0° 时的两个正交通道（据邓克俊等，2010）

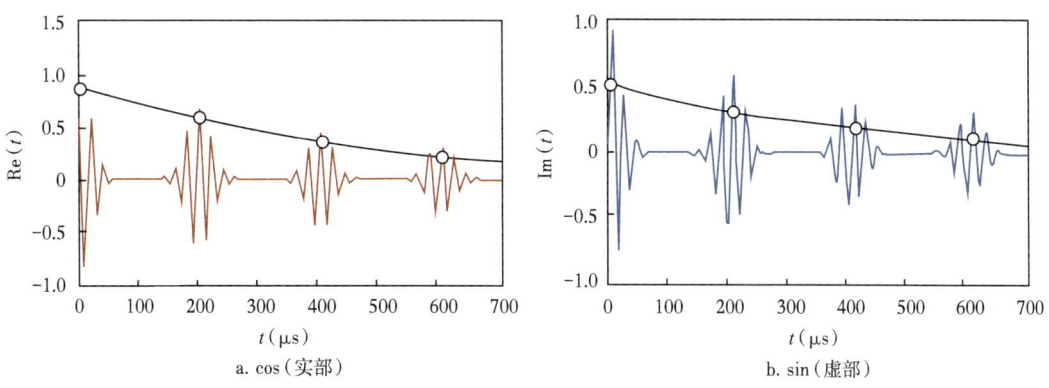

图 4-4-2　当相位角 $\phi$ 不等于 0° 时的两个正交通道（据邓克俊等，2010）

为了消除振铃和基线偏移的影响，测井作业中总是成对采集 $T_2$ 的 CPMG 测量值（PAPs）。在质量控制中，通常采用 PAPs 数据计算噪声数据，详见第四章第五节。第一个回波串的采集利用常规设置，而在第二组中发射脉冲的相位改变了180°，从而使得自旋回波具有负振幅。这两组 CPMG 信号被称为正相位和负相位。正相位、负相位结合形成 PAPs，用以消除 180° 脉冲振铃和直流偏置的影响。

## 二、相位旋转

记录数据的两个通道通常称为 $X$ 和 $Y$ 通道，也称为原始回波信号，这两道信号还需要进一步处理，才能够得到核磁共振测井数据后续反演处理所需的信号及其噪声。首先需要计算出两个通道的相位角。为计算相位角（Freedman，1995），可以进行如下处理：

$$X_j = S_j \cos\phi + \varepsilon_j^X \quad (4\text{-}4\text{-}3)$$

$$Y_j = S_j \sin\phi + \varepsilon_j^Y \quad (4\text{-}4\text{-}4)$$

式中：$X_j$，$Y_j$ 分别为 $X$ 和 $Y$ 通道的第 $j$ 个回波的幅度；$S_j$ 为回波的实际幅度；$\phi$ 为相位角；$\varepsilon_j^X$，$\varepsilon_j^Y$ 分别为 $X$ 和 $Y$ 通道的第 $j$ 个回波的噪声，图 4-4-3 说明了它们在极坐标下的关系。

如果将回波串中的所有回波相加（假设有 $n$ 个回波），可以得到：

$$\sum_{j=1}^{n} X_j = \left(\sum_{j=1}^{n} S_j\right)\cos\phi + \left(\sum_{j=1}^{n} \varepsilon_j^X\right) \quad (4\text{-}4\text{-}5)$$

$$\sum_{j=1}^{n} Y_j = \left(\sum_{j=1}^{n} S_j\right)\sin\phi + \left(\sum_{j=1}^{n} \varepsilon_j^Y\right) \quad (4\text{-}4\text{-}6)$$

噪声为随机的，取正值和负值的概率相等。如果取平均噪声进行计算，式（4-4-5）和式（4-4-6）中的第二项将最终趋于零。将式（4-4-6）和式（4-4-5）相比，可以得到：

$$\phi = \arctan\left(\sum_{j=1}^{n} Y_j \Big/ \sum_{j=1}^{n} X_j\right) \quad (4\text{-}4\text{-}7)$$

而一旦知道了相位角，就可以利用式（4-4-8）和式（4-4-9）进行坐标轴的旋转，从而得到如图 4-4-1 所示的信号通道和噪声通道。

$$X_j \cos\phi + Y_j \sin\phi = S_j + \left(\varepsilon_j^X \cos\phi + \varepsilon_j^Y \sin\phi\right) \quad (4\text{-}4\text{-}8)$$

$$-X_j \sin\phi + Y_j \cos\phi = \left(-\varepsilon_j^X \sin\phi + \varepsilon_j^Y \cos\phi\right) \quad (4\text{-}4\text{-}9)$$

式（4-4-8）表示旋转到信号通道，式（4-4-9）表示旋转到噪声通道。式（4-4-8）和式（4-4-9）中等号右侧圆括号内的量表示噪声。

大多数情况下，式（4-4-5）和式（4-4-6）的求和是从第一个到最后一个回波求和，由此获得良好的统计特性来消除噪声。特别是对于大量信号中 $\sum X_j$（或 $\sum Y_j$）主要由

$\sum S_j \cos\phi$（或 $\sum S_j \sin\phi$）控制时，则更是如此。但是，当遇到孔隙度很小的泥岩层时，在一些自旋回波后，信号很快消失，其余的回波串都是噪声。事实上噪声的和 $\sum \varepsilon_j^Y$（或 $\sum \varepsilon_j^X$）的标准偏差是以 $\sqrt{n}$ 倍增加的，虽然平均噪声 $\varepsilon^X = \sum \varepsilon_j^X / n$，是以 $1/\sqrt{n}$ 倍降低的。因此，这种情况下如果选取所有的回波，不可能准确地计算出相位角。解决方法是对所有基线以上的回波点求和，等到回波幅度降到基线时，就略去已是噪声的其他后续回波。有时候，测井公司只提供每个回波的幅度 $A_j = \sqrt{X_j^2 + Y_j^2}$ 和回波相位 $\phi_j = \arctan(Y_j/X_j)$，而不是 $X_j$ 和 $Y_j$。这时候必须先由 $A_j$ 和 $\phi_j$ 计算 $X_j$ 和 $Y_j$，然后再进行适当的相位旋转得到信号和噪声（图 4-4-4）。

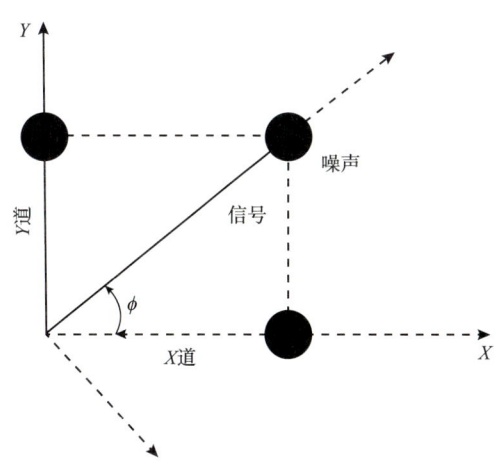

图 4-4-3　极坐标内的回波信号幅度和噪声及其与 $X$ 和 $Y$ 通道的关系示意图

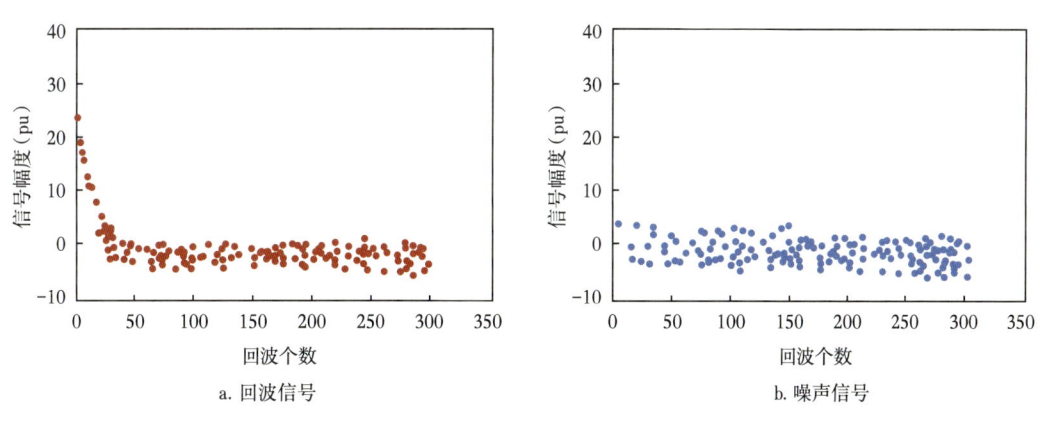

图 4-4-4　回波信号、噪声信号示意图

## 第五节　质量控制方法

要想得到核磁共振测井的准确信息，质量控制十分重要。仪器整体性能和测井质量构成的指标系统可以确保较高水平的数据质量。核磁共振质量控制过程包括刻度、校验（测前和测后）、作业设计、测井记录、质量指标显示和最终质量检查。本节以

MRT6910™ 为例，分别介绍测井质量的相关概念和定义、刻度与校验、测井期间的质量控制、测井质量显示与测后质量检查。

## 一、概念与定义

1. 信号增益与品质因子

信号增益（Gain）：表示由井眼流体和地层施加给仪器发射电路的负载量，可以利用仪器中的一个测试线圈（$B_1$ 线圈）对信号增益进行实时测量。测试线圈发射一个射频信号，并由射频天线接收。信号增益是由射频天线感应到的信号幅度与测试线圈发射的信号幅度的比值。作为每一个脉冲序列的一部分，每次都要进行增益测量。信号增益与频率有关，仪器在最佳操作频率工作时增益最大。测井时测量的增益包括外部环境的影响和发射线路本身的影响。影响增益的外部因素主要是井眼流体电阻率，其次是地层电阻率。低阻钻井液或地层相对于高阻钻井液或地层使信号衰减更快，因此导致更低的增益。由于井眼流体的电阻率在测量井段不会有较大的变化，因此增益的变化主要由地层电阻率或井眼尺寸（当使用导电钻井液时）引起。此外，增益不能为零。增益的突然变化一般说明仪器有故障。对于 MRT6910™ 仪器而言，仪器开启时需设置某一品质因子（$Q$）运行：高 $Q$（300＜增益）、中 $Q$（200＜增益≤300）、低 $Q$（增益≤200）。

2. $B_1$ 和井眼温度校正后的 $B_1$

$B_1$ 是 CPMG 脉冲序列的射频磁场强度，可引起磁化矢量扳转和相位重聚。作为每个脉冲序列的一部分，$B_1$ 由测试线圈测量。$B_1$ 曲线应当接近于常量，但也随井眼和地层电导率不同而发生变化。在导电的井眼垮塌处和导电地层处 $B_1$ 将会减小。$B_1$ 的变化将随着总电导率的变化与增益在同一方向上发生改变。进行了井眼温度校正的 $B_1$ 称为 $B_{1\text{mod}}$，$B_{1\text{mod}}$ 和 $B_1$ 之间的关系为：$B_{1\text{mod}}=B_1[1+0.0033(T_{\text{mag}}-T_{\text{cal}})]$，其中 $T_{\text{mag}}$ 是磁铁在井下条件下的温度，$T_{\text{cal}}$ 是刻度时磁铁在刻度箱内的温度，这两个温度单位都是 ℃。为了在测井时能产生最大信号值，必须控制 $B_1$ 使 $B_{1\text{mod}}$ 的误差达到车间刻度的峰值的 5% 以内。如果 $B_{1\text{mod}}$ 未达到这一范围，则产生以下影响：（1）质子将欠扳转或过扳转；（2）仪器的信噪比和孔隙度测量精度将降低；（3）$B_{1\text{mod}}$ 的任何突然变化都表明仪器存在故障，应该进行检修。

3. Chi 值

Chi 值是计算的衰减曲线（拟合曲线）和记录的回波幅度（测量曲线）之间匹配质量的度量，是测井期间记录的主要测井质量指标之一。一般来说，Chi 值要小于 2，但在某些低 $Q$ 的情况下，其平均值可能稍大于 2。Chi 值的突然变化，即使小于 2，也表明仪器存在故障，要进行检查。

4. 噪声指标

噪声指标包括直流偏置（OFFSET）、本底噪声（NOISE）、振铃（RINGING）和回波间噪声（IENoise）。每个 CPMG 试验的噪声都由这四个噪声测量来描述，如图 4-5-1 所示。

在每个 CPMG 试验之前，对周围环境的信号进行分析可以确定偏置和噪声。偏置是这一信号的平均值，而噪声则是其标准偏差。PAPs 技术可以用来确定振铃和回波间噪声。图 4-5-2 所示为一个 PAPs，它包含两个具有相同回波间隔的 CPMG 脉冲序列，

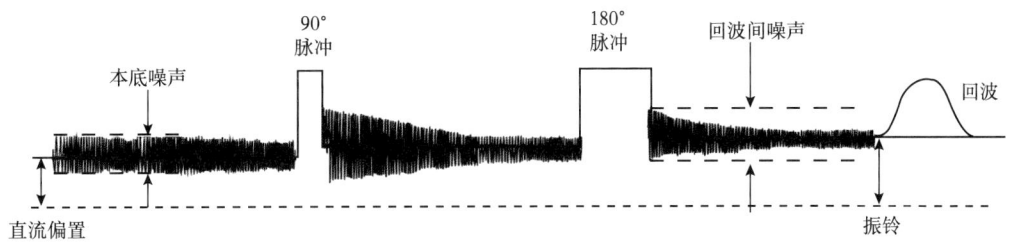

图 4-5-1 噪声测量示意图（据 Coates et al., 1999）

图 4-5-2a 所示 90°脉冲的相位为 $x$，之后的 180°脉冲完全相同且相位为 $y$。此时得到的核磁共振信号可表示为

$$y_{1,+}(t) = R_{90} + R_{180}(i) + M(t)e^{-t/T_2} + \text{dc} \tag{4-5-1}$$

式中：$t$ 为时间；$y_{1,+}(t)$ 为实际测量得到的核磁共振回波数据；$R_{90}$ 为 90°脉冲振铃；$R_{180}(i)$ 为第 $i$ 个 180°脉冲振铃；$M(t)e^{-t/T_2}$ 为核磁共振回波信号；dc 为直流偏置。

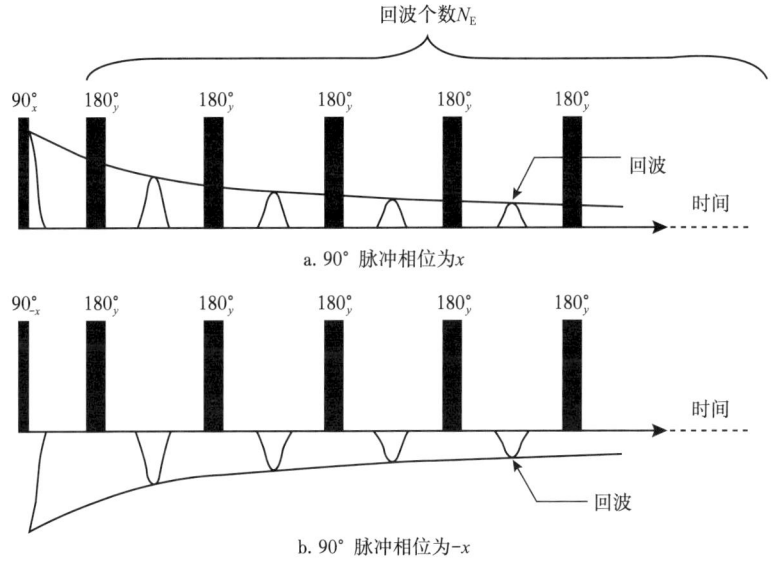

图 4-5-2 PAPs 脉冲序列示意图

如图 4-5-2b 所示，90°脉冲的相位为 $-x$，之后的 180°脉冲完全相同且相位为 $y$，由于 90°脉冲相位的反转，自旋回波信号也反转 180°，而直流偏置和 180°脉冲振铃的相位不会因为 90°脉冲相位的反转而发生变化。此时得到的核磁共振信号可表示为

$$y_{1,-}(t) = -R_{90} + R_{180}(i) - M(t)e^{-t/T_2} + \text{dc} \tag{4-5-2}$$

用式（4-5-1）减去式（4-5-2）得到式（4-5-3），在真实信号得到累加的同时，直流偏置和 180°脉冲振铃得到消除，但是 90°脉冲振铃得到累加。

$$s_1(t) = y_{1,+}(t) - y_{1,-}(t) = 2R_{90} + 2M(t)e^{-t/T_2} \tag{4-5-3}$$

PAPs 回波的和对于首次逼近来说是不含信号的，这一和的平均值是 180° 脉冲振铃，其标准偏差是回波间噪声。回波间噪声应当约等于噪声，如果二者之间有明显差别，则这种差别是在发射脉冲期间内部形成的噪声产生的。这四个噪声测量用作质量指标，它们的刻度和环境校正方法与回波串一样，需要被刻度为孔隙度单位。本底噪声和回波间噪声与增益成反比，振铃受 $T_E$ 的影响：短 $T_E$ 的振铃比长 $T_E$ 的要强得多。例如，对于 $T_E$=1.2ms，最大振铃约为 40 个孔隙度单位，而对于 $T_E$=0.6ms，最大振铃可能达到 60 个孔隙度单位，必须选择仪器的操作频率使振铃最小。这些指标的数值应始终处于其允许的范围内，见表 4-5-1，本底噪声和回波间噪声不应有突变。当采用多频模式时，噪声的特点由每个频率决定。

表 4-5-1 噪声质量指标的允许范围（据 Coates et al., 1999）

| 质量参数 | 取值区间 |
| --- | --- |
| 本底噪声 | 8~10（低 $Q$）；5~8（中 $Q$）；< 5（高 $Q$） |
| 回波间噪声 | 8~10（低 $Q$）；5~8（中 $Q$）；< 5（高 $Q$） |
| 直流偏置 | −30~30 |
| 振铃 | −40~40（$T_E$=1.2ms），−60~60（$T_E$=0.6ms） |

5. 低压与高压采样

核磁共振测井质量控制程序提供一组低压采样数据以确保电子线路短节正常工作，每个低压的数据都应在其允许范围之内。

核磁共振测井仪器的地面系统试图维持直流电容高压为 600V，以产生 CPMG 脉冲需要的高电流。一般来说，从地面发送的电流在一组回波串之间不足以使电容完全充电，因此在 CPMG 回波串之间，电容上的输出电压将减小。仪器在脉冲（回波）序列开始和结束时都要测量电容两端电压数据，并对这两个数值实时记录、补偿这种电压变化。开始直流电压定义为 $HV_{max}$，结束直流电压定义为 $HV_{min}$。在 50 个回波且 $T_w$ 不小于 1500ms 的高 $Q$ 情况下，$HV_{max}$ 与电源电压表的指标电压应当接近。对于标准 $T_2$、双 $T_w$ 和双 $T_E$ 模式，$HV_{min}$ 必须保持在 400V 以上。如果达不到这一条件，仪器就不能补偿这一压降，导致 $B_1$ 减小、孔隙度被低估，尤其是对于长 $T_2$ 组分。当采用总孔隙度模式时，两种模式将逐个运行：标准 $T_2$ 模式测量有效孔隙度，部分极化模式则测量黏土束缚水。在此情况下，由于部分极化模式是紧随标准 $T_2$ 模式之后，因此记录的 $HV_{min}$ 不仅是有效孔隙度模式的 CPMG 脉冲的结束电压，而且也是部分极化模式的 CPMG 开始电压。因此在用总孔隙度模式测井时，$HV_{min}$ 不允许低于 450V。

6. 温度

测井期间记录三种温度指标：Temp1、Temp2 和 Temp3。Temp1 是电子线路短节的温度，Temp2 是发射模块的温度，Temp3 是磁铁的温度，磁铁的温度用于功率校正。

## 二、测前刻度与校验

在每次测井前，核磁共振测井仪器都应在刻度箱中进行刻度。刻度箱结构如图 4-5-3 所示。刻度箱中充满了掺杂硫酸铜的水以模拟井眼和地层流体，并且探测区的孔隙度为100%。每次测井作业前没有必要进行全面刻度，但是至少每月应进行一次全面刻度。对每种观测模式都应进行刻度。刻度箱是用玻璃纤维做成的法拉第屏蔽筒，既可以用作水样的容器，又能屏蔽外界的射频信号干扰。最早的刻度箱有三个仓，它们与放置天线的轴是同心的。刻度6in（约15.24cm）仪器时，外仓注满了掺加硫酸铜的水。硫酸铜明显地降低了水的$T_1$、提升了刻度效率。中间和最里面的仓可以充满不同矿化度的水以模拟井眼条件。刻度核磁共振测井仪器时，地层模拟仓要充满掺杂硫酸铜的水，井眼模拟仓可以充满盐水以模拟天线负载。如今的刻度箱只有一个仓，另外用一个等效负载模拟井眼条件。

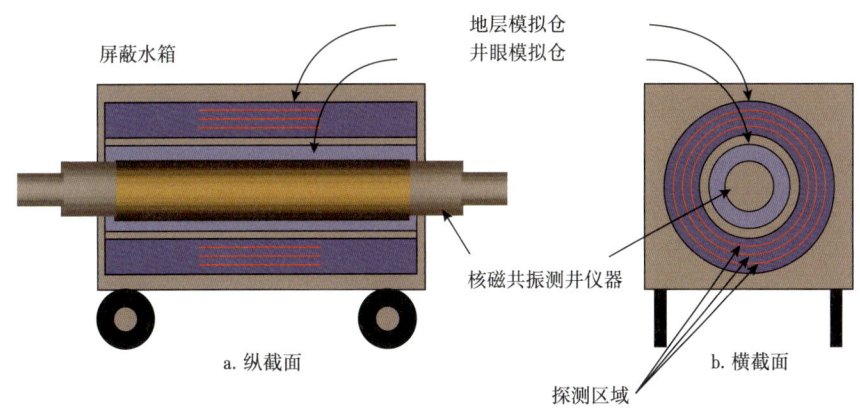

图 4-5-3　核磁共振测井仪器刻度箱结构示意图

车间刻度过程包括扫频测试、主刻度、刻度箱统计检查，每次测井作业前刻度箱的统计检查必须要进行。在车间刻度期间确定的参数是：（1）$B_1$必须能够产生最大的$A_0$，$A_0$是回波串在零时刻的幅度（90°脉冲和180°脉冲具有相同的幅度，但宽度不同）；（2）要知道$B_1$和$A_0$之间的关系，需要进行功率校正；（3）由受激回波效应对回波1和回波2进行校正。$A_0$和孔隙度之间的关系表现为：在刻度箱中，最大的$A_0$被刻度为100%孔隙度。

1. 扫频测试

扫频测试是为了找到一个产生最高增益的频率。在一个相当宽的范围内改变测试线圈的发射频率，同时测量射频天线处的增益，可以找到一个产生最大增益的频率，发射器就以这个频率工作。扫频对于仪器的正常工作很重要。操作频率以两种方式影响着仪器的发射和接收电路。首先，如果发射和接收电路未调谐到同一频率，且功率发射无效，那么，仪器就会过热而且不能正常工作；其次，接收电路的效率在一个以天线共振频率为中心的极窄的频带之外将会急剧下降。因此，如果选择一个不正确的操作频率，就会人为地减小回波幅度，降低信噪比。同样地，如果仪器用一个不正确的频率刻度，以后的测井就会包含不正确的数据。

2. 主刻度与校正

主刻度用于确定CPMG脉冲的幅度及功率和受激回波校正的关系。分别记录回波1和回波2的幅度$E_1$和$E_2$，用从回波3到最后一个回波确定的指数衰减拟合曲线计算回波串在0时刻处的幅度$A_0$，然后再计算三个数乘因子$A_{0\text{mul}}$、$E_{1\text{mul}}$、$E_{2\text{mul}}$，并且显示为$B_1$幅度的函数。$A_{0\text{mul}}$ 是用于衰减曲线标准化（以使之在水箱中读数为100%）的参数。$E_{1\text{mul}}$ 和 $E_{2\text{mul}}$ 是用于消除受激回波效应的校正系数，$A_{0\text{mul}}$ 和 $E_{1\text{mul}}$ 是 $B_1$ 的函数，这三个因子定义为

$$A_{0\text{mul}} = \frac{A_0}{100}$$
$$E_{1\text{mul}} = \frac{E_{1\text{fit}}}{E_1} \qquad (4\text{-}5\text{-}4)$$
$$E_{2\text{mul}} = \frac{E_{2\text{fit}}}{E_2}$$

式中：$E_{1\text{fit}}$，$E_{2\text{fit}}$ 分别为由回波3到最后一个回波确定的拟合曲线计算得到的回波1和回波2的数值。

产生 90° 扳转和 180° 相位重聚的 CPMG 脉冲所需的幅度由最大幅度 $A_0$ 确定，由 $B_1$ 和 $A_{0\text{mul}}$（曲线①）的回归可以建立功率校正关系。由 $B_1$ 和 $E_{1\text{mul}}$（曲线②）的回归可以建立回波1的激励回波校正关系，回波2的激励回波校正一般是个常数（曲线③）。

对 $A_0$ 和 $E_1$ 的 $B_1$ 校正满足如下的二阶多项式关系：

$$A_{0\text{mul}} = A_{0-A}B_1^2 + A_{0-B}B_1 + A_{0-C}$$
$$E_{1\text{mul}} = E_{1-A}B_1^2 + E_{1-B}B_1 + E_{1-C} \qquad (4\text{-}5\text{-}5)$$

确定 $A_{0-A}$、$A_{0-B}$、$A_{0-C}$、$E_{1-A}$、$E_{1-B}$、$E_{1-C}$，然后可以计算出某一范围内的 $B_1$ 校正值。核磁共振孔隙度的刻度如下：

$$\phi_{\text{MRIL}} = \frac{A_0}{A_{0\text{mul}}} \qquad (4\text{-}5\text{-}6)$$

所有的数乘因子和关系都由一个主刻度报表给出。

3. 刻度箱统计检查

刻度箱的统计检查是检验仪器在100%孔隙度水箱中的响应。在每次测井前对不同回波间隔 $T_\text{E}$、操作频率 $f$ 和期望 $Q$ 的组合都要进行检验。不同的 $T_\text{w}$ 和回波数量不需另外的刻度。进行检查时仪器要放在刻度箱内，并且采用扫频和主刻度期间确定的数值。图 4-5-6 是刻度箱的统计检查报告的样本。在箱中测量的孔隙度平均值误差应在100pu 的 ±1pu 以内。在测井作业完成、仪器回到车间之后，把仪器放在刻度箱中进行测后检查，可以得到仪器响应的最终确认。要检查仪器的长期一致性，应当对仪器当前刻度数据和以往的刻度数据进行比较。刻度结果和刻度箱统计检查结果都包括在测井记录中，而且应当对照其参考值进行检查。为了做好核磁共振测井作业的准备工作，要对各种基本模式和预期的井下环境对测井仪器进行刻度。

4. 电子线路校验

在车间刻度之后，要进行初始校验，检查仪器的电路工作是否正常。在这个校验中，要把现场校验器连到仪器电子线路短节上，以检查几个内部仪器参数的响应。允许的所有噪声特征的标准偏差都应当进行检验，且用作仪器校验样板。由于校验只是对仪器的电子线路短节进行检查，因此，完整的独立校验没有必要做测井响应校正。如果校验失败，仪器就不应该下井运行。

校验器测量在测前和测后都要在井场重复进行，以产生测前测后校验值。这两组数值应互相比对，而且测前数值还要与初始校验数值比对。

在单次校验中，对于多频方式下的频率1的振铃和偏置 A1RINGING 和 A1OFFSET 应当近似相等。如果偏差超过 5pu，则表明校验器或电子线路短节有问题。

在多频方式下频率1的噪声 A1NOISE 和回波间噪声和 A1IENoise，取决于增益，并且随系统的变化而变化。在每个系统内其数值都应当稳定。如果从初校到测前校，或者从测前校到测后校，该值的误差超过2，就说明仪器可能有问题。

### 三、测井间质量控制

1. 操作频率

核磁共振测井仪器的操作频率是 $B_1$ 磁场的中心频率。在测井之前，如同刻度一样，要在井下进行扫频测量。之后发射器就设置为这一频率，该频率是在扫频期间得到最大增益时的频率。MRT6910™ 仪器可以设置 9 个操作频率。改变仪器的工作频率范围需要较大的硬件改动，必须在车间完成。

2. 测速和累加次数

测速受多种因素的影响，基于以下参数确定测速的速度图版：增益、观测模式、极化时间、仪器类型、仪器尺寸、希望的纵向分辨率、工作频率。从速度图版上得到的信息对于根据增益选择正确的（最小的）累加次数 RA 很重要。图 4-5-4 是仪器在双频模

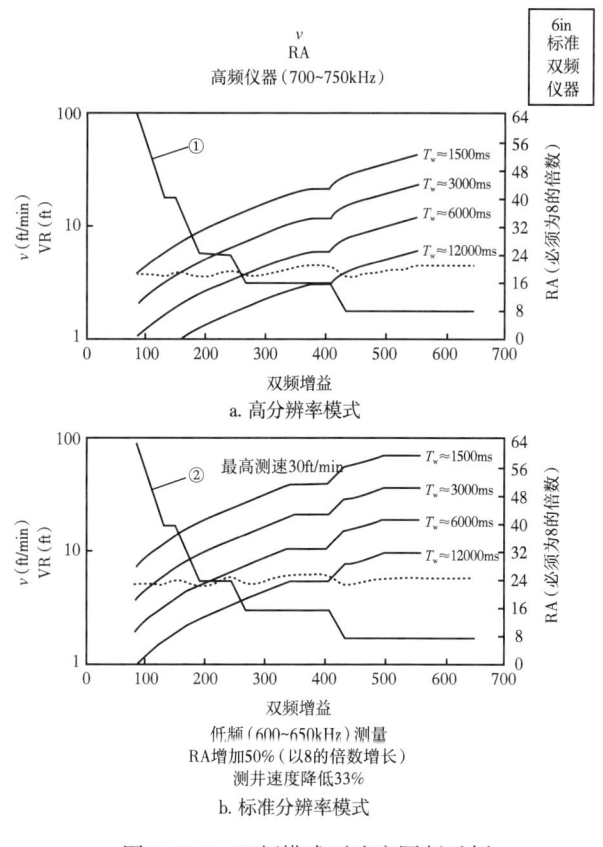

图 4-5-4　双频模式下速度图版示例

式下速度图版实例（高分辨率和标准分辨率的图版），对于每一种期望的VR都要设计不同的速度图版。该速度图版是为工作于高频（即700~750kHz）的以双频方式工作的核磁共振测井仪器设计的。图4-5-7a用于采集高分辨率测井数据使用（高精度测井对于任何增益其VR都约为4ft）。图4-5-7b用于标准分辨率测井（对任意增益其VR约为6ft）。该速度图版对于单频、双频和三频方式，对于标准$T_2$、双$T_w$、双$T_E$和总孔隙度模式都是适用的（Coates et al., 1999）。

图4-5-8显示的是如何使用图4-5-7中的速度图版。在此例中，假定仪器增益为470，以高分辨率模式运行，$T_w$=3000ms。从横轴（双频增益）上的470开始，向上引一条垂线，直到与曲线①的RA相交于一点。在这一点，从右边的累加次数轴上可以得到读数8。当垂线继续向上就会与曲线②的VR曲线相交于一点。在这一点，从左边的VR轴上可读到数值4ft。当垂线再继续向上延长时，会与$T_w$=3000ms的测速曲线相交于一点。在这一点，对应的测速轴上的读值为17ft/min。图4-5-5下的注释解释了在采用低频模式时如何调整从图版得到的$v$和RA。

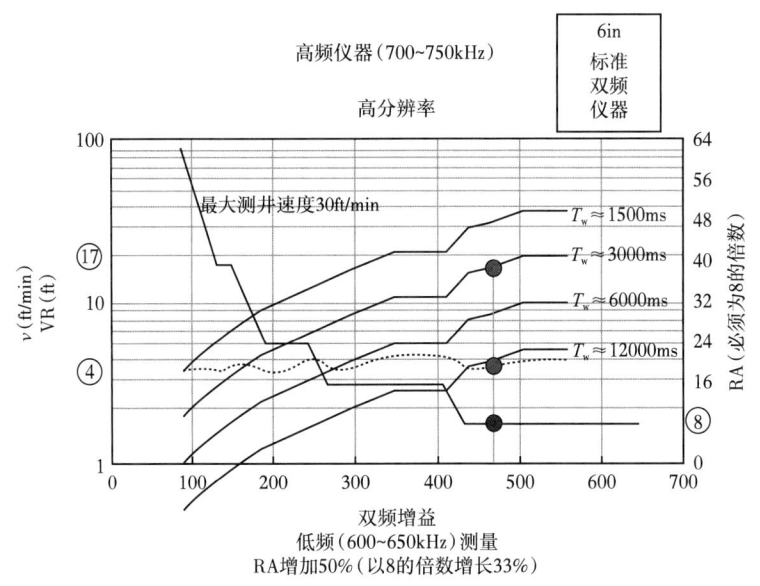

图4-5-5 速度图版使用策略示意图（据Coates et al., 1999）

3. 测井时的$B_1$控制

在测井时需要调整的一个非常重要的参数就是$B_1$。$B_1$是产生质子90°扳转和180°重聚所需要的CPMG脉冲的强度。$B_1$必须进行井眼温度校正。而且$B_1$值必须能够调节和控制，以便使$B_{1max}$维持在车间刻度期间确定的$B_1$峰值的5%误差范围内。

4. 测井时的数据质量监控

在CPMG的回波串采集期间，地面采集系统的监视器上的主窗口实时地显示了大多数的质量控制指标，如图4-5-6所示。该窗口包括三列参数值、一幅原始回波串图形和$T_2$谱。第一列顶部是一些基本采集参数，如仪器系列号、采集模式的名称、工作频率、CPMG脉冲的强度、$T_w$、回波数和RA。第一列底部是一些基本的校正参数，如功率校正、增益校正、温度校正、回波1与回波2的校正。第二列顶部显示测量得到的核磁有效孔隙度 MPHI，根据默认的 $T_2$ 截止值（砂岩是 33ms，石灰岩是 92ms）计算的 BVI 和 FFI。第二列下部是主要的质量控制指标，如 Chi、增益、$B_1$、$B_{1mod}$ 和噪声特征（OFFSET、RINGING、NOISE 和 IENOISE）。第三列显示辅助探头测量值，如分别是来自电子线路短节、发射器和磁铁的温度（Temp1、Temp2、Temp3），还有所有的电子线路短节的电压探头数据。当任一质量指标超出其允许范围时，窗口将在这一指标名下自动地显示为红色的闪烁，提醒现场工程师注意。

| 温度和电压 | 测量值 | A Group | 测量值 | B Group | 测量值 | C Group | 测量值 |
|---|---|---|---|---|---|---|---|
| 发射温度 | 25.51 | Offset | −8.9474 | Offset | −8.9531 | Offset | −6.2038 |
| 线路温度 | 28.765 | Noise | 0.031933 | Noise | 0.028912 | Noise | 0.023038 |
| 探头温度 | 27.219 | Ring | 6.833 | Ring | 6.4608 | Ring | 24.868 |
| V5D | 5.1122 | IENOise | 4.1699 | IENOise | 3.3985 | IENOise | 5.1421 |
| V5A | 5.0959 | T2Ave | 246.3 | T2Ave | 535.65 | B1 | 549 |
| V5AN | −5.0592 | B1 | 371.75 | B1 | 371.25 | B1mod | 555.9 |
| V5UM | 11.02 | B1mod | 374.68 | B1mod | 374.17 | Gain | 837.6 |
| V15 | 15.1 | Gain | 693.6 | Gain | 694.4 | CurFreq | 772.58 |
| V15N | −15.08 | CurFreq | 674.36 | CurFreq | 674.36 | CenterFreq | 772.58 |
| V15T | 15.16 | CenterFreq | 680.36 | CenterFreq | 680.36 | TW | 20 |
| V15UM | 21.34 | TW | 12700 | TW | 2000 | GA | 50 |
| V15UP | 21.321 | GA | 50 | GA | 50 | Ra | 8 |
| HVMAX | 548.8 | Ra | 16 | Ra | 16 | CHI | 1.4883 |
| HVMIN | 530.4 | CHI | 1.6504 | CHI | 1.6009 | SNR | 7.9689 |
|  |  | SNR | 44.925 | SNR | 16.961 |  |  |
|  |  | MPHI | 73.784 | MPHI | 26.233 |  |  |

图 4-5-6　核磁共振仪器质量指标数据显示窗口图

### 5. 测井质量显示

所有的质量显示都记录在原始数据文件中，无论何时，只要需要就可以回放。核磁共振测井质量可以用不同的方式和格式进行显示，图 4-5-7 就是其中的方式之一。第 1 道包括自然伽马（GR）、电缆速度（CS）和张力（TENS）。第 2 道是下面要描述的两个自旋回波串增益（GAINA 和 GAINB）、对应的 CPMG 脉冲的幅度（B1A 和 B1B），以及对应的 CPMG 脉冲的温度校正幅度（B1MODA 和 B1MODB）。第 3 道是所有的电压探头数据。第 4 道显示发射器（TXTA）、电子线路短节（ECTA）和天线（ANTA）的温度，第 4 道还显示相位校正参数，如相位角（PHCOA 和 PHCOB）、自旋回波串虚部的均值（PHERA 和 PHERB）、自旋回波串虚部的标准偏差（PHNOA 和 PHNOB）。第 5 道是 A 组和 B 组，以及频率 1 和频率 2 的 NOISE 和 IENOISE（N1A、N1B、N2A、N2B、IEN1A、IEN1B、IEN2A、IEN2B）。例如，N1A 是 A 组频率 1 的 NOISE。第 6 道表示 A 组及 B 组，以及频率 1 和频率 2 的 OFFSET 和 RINGING。第 7 道是 A 组和 B 组的 Chi，从 A 组和 B 组得到的孔隙度，以及由 A 组得到的 BVI。所有的质量指标都应当按照前面所讨论的原理和标准进行检查。有些指标，如电压探头数据、噪声特征、Chi，如果超出了它们的允许范围，都表示存在某一问题。另外，密切关注同一指标的数值对于不同组别的差异是很重要的，正常情况下这些数值应当非常接近。核磁共振测井质量显示包括不同的组和不同的频率的增益、$B_1$、$B_{1\text{mod}}$、电压探头数据、回波串相位特征、噪声特征、Chi，以及测量的孔隙度和 BVI。如果任一指标值超出了其允许范围，该指标就用某一颜色标识出来。

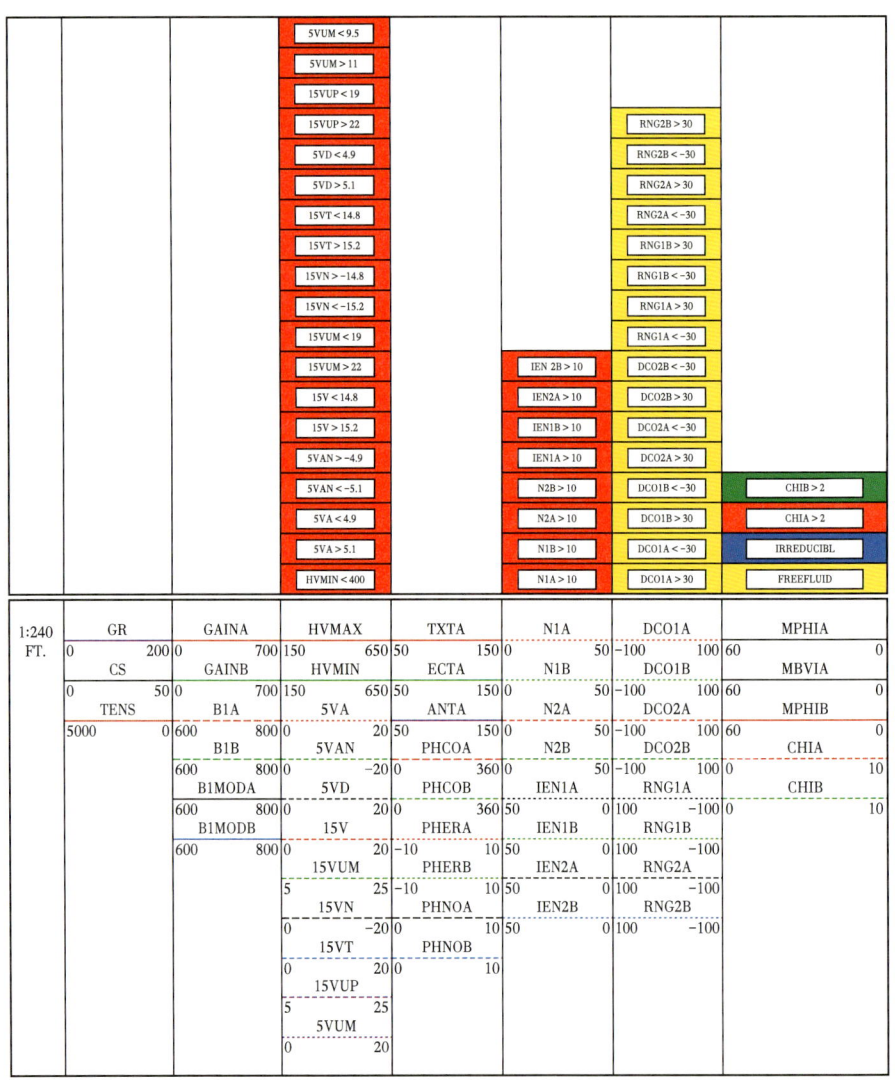

图 4-5-7　质量显示示意图（据 Coates et al., 1999）

图 4-5-7 可以用于不同的采集模式，例如 C/TP、双 $T_w$ 和双 $T_E$。当采用 C/TP 模式时，A 组代表用完全极化的 $T_w$ 和 1.2ms 的 $T_E$ 采集的回波串，而 B 组代表用部分极化的 $T_w$ 和 0.6ms 的 $T_E$ 采集的回波串。当采用双 $T_w$ 模式时，A 组由长 $T_w$ 回波串组成，而 B 组由短 $T_w$ 回波串组成。当采用双 $T_E$ 模式时，A 组包含短 $T_E$ 回波串，B 组包含长 $T_E$ 回波串。

## 四、测后质量检查

1. 总孔隙度测井时的有效孔隙度与总孔隙度

除非非常纯的地层，通常核磁共振测井仪器的有效孔隙度 MPHI 总是小于总孔隙度 MSIG。对于纯地层，MCBW 为 0，MPHI 等于 MSIG。通常，MPHI ≤ MSIG。

2. 双 $T_w$ 测井时的有效孔隙度

用短极化时间 $T_{wS}$ 测到的孔隙度一般都偏低,小于用长极化时间 $T_{wL}$ 测量的孔隙度。即使 $T_w$ 不是足够长,不至于完全极化,情况也是如此。这一现象对于含烃地层更为普遍。因此,通常 MPHI_$T_{wS}$ ≤ MPHI_$T_{wL}$。

3. 双 $T_E$ 测井时的有效孔隙度

由于扩散效应,用长回波间隔 $T_{EL}$ 测到的 $T_2$ 谱相对于用短回波间隔 $T_{ES}$ 测量的 $T_2$ 谱向左偏移。某些 $T_2$ 分量可能左移超出了最早区间范围,因而一些较早的区间孔隙度用长 $T_E$ 测井时可能记录不上。通常,MPHI_$T_{EL}$ ≤ MPHI_$T_{ES}$。

4. 有效孔隙度和中子密度交会孔隙度的符合性

在纯含水地层中,MPHI 应约等于 XPHI(中子—密度交会孔隙度)。在纯气层,静态测量得到的 MPHI 应接近于骨架校正后计算的中子孔隙度。在泥质砂岩地层,MPHI 应约等于密度校正后计算的密度孔隙度。在分析核磁仪器的响应(特别是居中型仪器)时了解钻井液的类型非常重要。由于仪器的探测深度相对较浅,仪器探测的主要是冲洗带。

5. HI 和极化时间对有效孔隙度的影响

由于含氢指数 HI 和长 $T_1$ 成分的影响,MPHI 可能不等于有效孔隙度,核磁共振测井仪器测量通常可以消除由于温度影响而导致的孔隙度偏低问题。但是,测量依然受到 HI 的影响。在纯气层,由静态测量得到的 MPHI 应接近骨架值校正后计算的中子孔隙度。

# 第五章　随钻核磁共振测井仪器

复杂和特殊油气藏在许多情况下只能使用大斜度井和水平井进行开发，如海洋钻井、陆上钻井开采海底油藏、打旁井封堵救援、钻井过程中修正改变轨迹、单井钻穿多个油层和油藏上方有城市建筑或坚硬岩石时旁钻取道等。电缆核磁共振测井仪器由于靠自身的重力下放到井中，只能工作在垂直井或近似垂直井中，对井眼的狗腿度要求较高，一旦井眼斜度较大，便不能继续下放，限制了工作范围。随钻核磁共振测井将电缆核磁共振测井的优势带入实时钻井作业中，是地质导向和地层评价技术的重大进步。本章主要介绍随钻核磁共振测井仪器基本组成、仪器探头、数据采集方法及质量控制的基本原理。

## 第一节　仪器结构及工作原理

随钻测井相对于电缆测井的优势主要体现在：（1）地层信息的实时性：实时获得原状地层信息进行地质导向，大大节约作业时间和成本（Akkurt et al., 2008）；（2）作业范围广：由于随钻核磁共振仪器无须考虑上提或下放时的井眼角度（电缆核磁共振仪器则相反），因此在大斜度井和水平井中的作业能力在地质导向和地层评价中具有重要地位；（3）复杂井眼环境的适应性：由于钻井液的冷却作用，随钻核磁共振测井仪器可工作在更深的井中（Turco et al., 2007）。

随钻测井不是简单地在钻井过程中进行电缆测量。随钻核磁共振测井仪器与电缆核磁共振测井仪器的测量原理相同，但特殊的工作环境对探头提出了更苛刻的要求。随钻核磁共振测井工作时，仪器将被装配为井底钻具组合（无磁钻铤）的一部分。如图5-1-1所示（以MRIL-WD为例），钻铤位于钻杆之下、钻头之上，为钻头施加合适的钻压，使钻具有较大刚度，保持钻头工作的稳定性，实现更有效地破碎岩石。这种装配方式有利于获得原状地层信息，钻铤壁厚相对较大，可容纳和保护探头。随钻核磁共振测井仪器主要包括钻铤骨架、磁体与射频天线、电池供电组（或涡轮发电机）和电子线路，以及钻井液脉冲传输器。随钻核磁共振测井仪器的电子线路的工作原理与电缆核磁共振测井仪器相似，但由于钻铤的存在，其空间相比于电缆核磁共振测井仪器而言更加狭小，且为了确保仪器结构刚度，电子线路设计需要足够短、电路板要足够小。此外，在仪器工作过程中，一般都需要给井下电子测量总成及旋转导向系统中的导向控制模块供电。一种传统方式是利用耐高温锂电池供电，但其存在着诸如耐高温性差、输出电功率较小、操作不当时可能爆炸等缺点。另外一种优选的方式是利用钻井液发电机供电，通过井下循环钻井液冲刷涡轮带动发电机转子旋转发电。这种方式理论使用时间无限，目前的产品连续使用时间可达到500h以上，维修时只需要更换少数易损件（如轴承等），可重复使用，提供的电功率也较大，因此应用广泛。

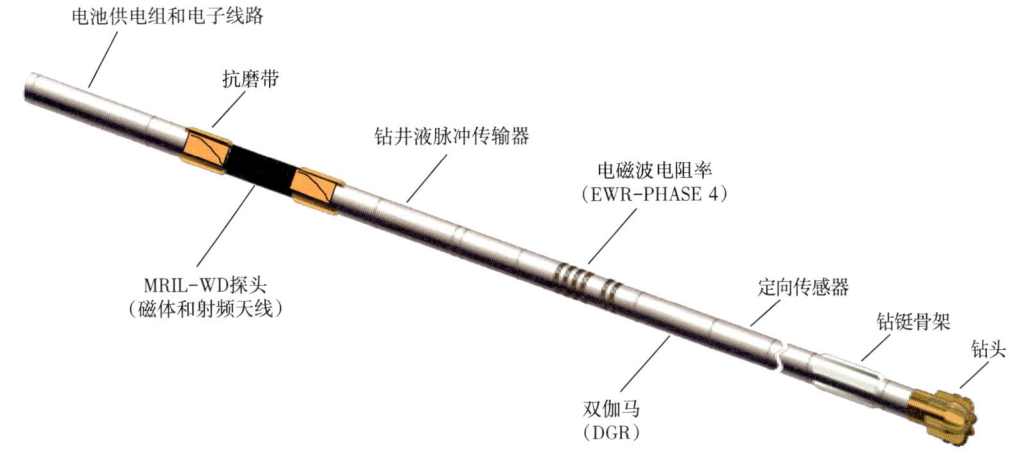

图 5-1-1 MRIL-WD 探头组合示意图（据李新，2012）

随钻核磁共振测井自身的工作方式与钻井过程中严格的井底条件，使得随钻核磁共振测井仪器设计面临与电缆核磁共振测井仪器不一样的特殊问题及工作原理。

## 一、探头材料和工艺

随钻核磁共振测井仪器的探头挂接在钻铤中，钻铤骨架需占用较多空间承受破碎岩石过程中的机械运动和钻杆压力，而且仪器中心必须留有钻井液循环的通道。因此，探头的体积受到非常严格的限制，必须设计适合挂接在标准钻铤中的管状探头，在有限空间内采用相应的材料和合理探头结构产生足够高的静磁场以保证信号强度和仪器刚度，特别是磁体结构的材料选取、胶水工艺等，不仅要满足足够的磁场强度需求，还需要保持随钻过程中的结构刚度，防止磁体振动破碎。

## 二、复杂运动中的切片测量

与电缆核磁共振测井作业模式不同的是，随钻核磁共振测井仪器在测量的同时处于复杂运动之中，主要包括（相对仪器纵轴）轴向转动、纵向钻进和径向振动，如图 5-1-2 所示。核磁共振测量为时间驱动时，脉冲序列的实现需要一定的极化和回波采集时间，必须考虑测量过程中仪器运动对测量结果的影响。

1. 轴向转动

钻头转动切割和破碎岩石是最主要的钻井方式。在旋转状态下进行核磁共振测量，共振敏感区域在井周方位上不能存在盲区，敏感区域内的磁化量和磁化方向不能随磁体旋转而改变，如果发生变化，则会大幅度降低信号幅度。

2. 纵向钻进

测量过程中不断有地层进入和离开敏感区域。较高的测速要求是电缆核磁共振测井需要解决的重要问题。相对较慢的钻进速度对随钻核磁共振测井有利，一般不需要设计预极化磁体和对应机制，应设计纵向稍短的敏感区域提高纵向分辨率，以降低随钻核磁共振测井仪器对狗腿度的要求。较低的测速，允许更多的数据累加来提高信噪比，也为虽然相对耗时、但为径向振动不敏感的 $T_1$ 测量创造了条件。

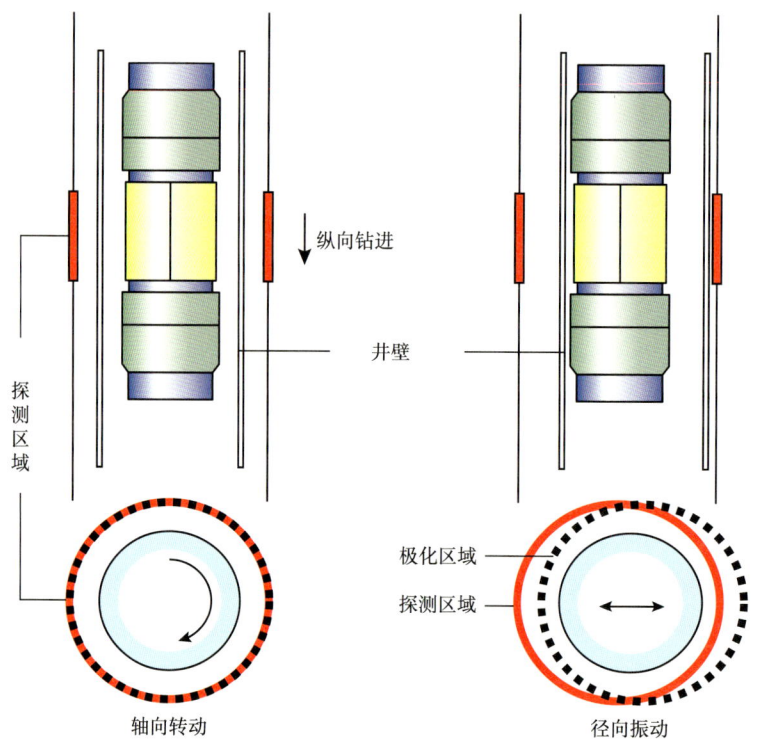

图 5-1-2　复杂运动中的核磁共振切片测量示意（据李新，2012）

### 3. 径向振动

核磁共振测量为具有频率选择性的切片定位观测，敏感区域在径向上的位置由射频脉冲载波频率和质子的拉莫尔频率匹配决定。仪器径向振动时进行测量，敏感区域将在不同径向深度的地层中摆动，使地层中的自旋时刻处于不同强度的静磁场中。径向振动使自旋发生散相，形成额外的回波幅度衰减。

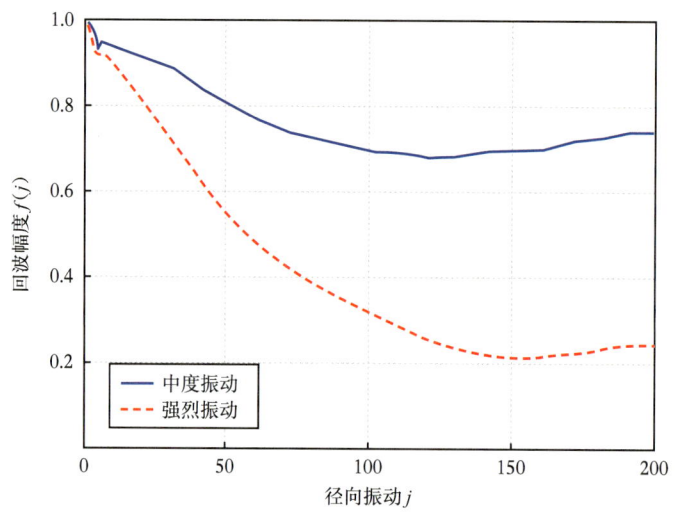

图 5-1-3　CPMG 自旋回波幅度与仪器径向振动的关系（据李新，2012）

径向振动引起的额外衰减的速率受静磁场变化程度控制，与磁场梯度、振动速度、回波间隔和回波个数相关。严重的径向振动使敏感区域完全脱离上一次回波采集时的位置，导致测量失败。斯伦贝谢公司某次作业中实测的不同程度的仪器径向振动对不同回波幅度造成的衰减如图 5-1-3 所示。这种状态下，使用 CPMG 测量 $T_2$ 采集到的回波串可表示：

$$\text{Echo}(j) = \sum_{i=1}^{m} P(i) e^{-\frac{jT_E}{T_{2\text{real}}}} f(j) = \sum_{i=1}^{m} P(i) e^{-\frac{jT_E}{T_{2\text{app}}}} \quad (5\text{-}1\text{-}1)$$

$$\frac{1}{T_{2\text{app}}} = \frac{1}{T_{2\text{real}}} + \frac{1}{T_{2\text{motion}}} \quad (5\text{-}1\text{-}2)$$

式中：$\text{Echo}(j)$ 为第 $j$ 个回波幅度；$P(i)$ 为 $T_2$ 谱第 $i$ 个组分的幅度；$T_E$ 为回波间隔；$T_{2\text{app}}$ 为径向振动下的视横向弛豫时间；$T_{2\text{real}}$ 为真实横向弛豫时间；$T_{2\text{motion}}$ 为径向振动引起的横向弛豫时间衰减；$f(j)$ 为径向振动对第 $j$ 个回波的幅度衰减因子。

假设仪器径向移动引起的额外回波衰减时间 $T_{2\text{motion}}=300\text{ms}$，根据式（5-1-2）可知对 $T_{2\text{real}}=150\text{ms}$ 的地层所测量得到的 $T_{2\text{app}}$ 为 100ms。

针对这一问题的解决思路：（1）降低静磁场梯度和增加射频脉冲带宽，增大共振敏感区域厚度，降低变化的敏感区对总信号的贡献；（2）降低静磁场梯度，减小相同径向位移情况下的磁场变化引起的散相程度；（3）缩短回波间隔，以缩短相邻回波采集时的敏感区位移；（4）优化采集模式，控制回波个数，回波个数越多，后续回波采集时静磁场变化越复杂，长 $T_2$ 组分受到的影响越明显；（5）选用机械居中稳定器缩短仪器外壁与井壁间的距离，限制径向振动范围。

### 三、有限电力供应和大功率 RF 发射

电缆核磁共振测井仪器发射射频脉冲的功耗很大，随钻核磁共振测井没有地面的直接电力供应，常用大容量电池组和井下涡轮发电机供电；要实现长时间的作业，需要在满足信噪比的条件下尽量降低功耗。降低频率个数、发展高效率天线和优化脉冲序列是解决这一问题的主要途径。一般而言，随钻核磁共振测井仪器在井下作业时的功率不能大于 300W，且十分依赖于供电电池组和涡轮发电机的工作性能。

### 四、其他特殊问题

随钻核磁共振测井轨迹的复杂性决定地层界面响应受到诸多因素的影响：仪器运动轨迹、仪器探测特性与工作参数、地层组合和性质、目标地层厚度等，较难给出统一显式表达式。应用随钻核磁共振技术地质导向的有限参数定性确定目的井段和定量获取地层及流体性质，需要系统研究随钻核磁共振测井的地层界面响应特征。另外，核磁共振测量的数据量大，受井下至地面数据传输速率的限制，在地面实时地获取地层测井信息，需要在传输前选择关键信息并进行数据压缩。与其他随钻测井技术相似，随钻核磁共振仪器的数据传输采用钻井液脉冲传输器。

## 第二节 仪器探头

随钻核磁共振测井仪器代表了井下核磁共振测量的最新进展和方向。2006年，国际上对核磁共振测井成为一种日常测井方法进行讨论，随钻核磁共振测井是最佳选择。截至目前，随钻核磁共振测井仍然是一种高端技术，国际上具有代表性的随钻核磁共振测井仪器主要有哈里伯顿公司MRIL-WD™、斯伦贝谢公司proVISION™和贝克休斯公司MagTrak™（Prammer et al., 2002；Horkowitz et al., 2002；Borghi et al., 2005）。贝克休斯公司与沙特阿拉伯国家石油公司联合研制且成功应用了小井眼随钻核磁共振测井仪器（Akkurt et al., 2009；Kruspe et al., 2009）。国内尚无随钻核磁共振测井仪器和相关油田服务。

### 一、MRIL-WD™ 随钻核磁共振测井仪

哈里伯顿公司最早在1990年开始随钻条件下的核磁共振测井仪器研发，于1995年与Sperry-Sun公司联合研制MRIL-WD™，此次合作也成为1998年哈里伯顿公司和Dresser公司合并的催化剂。第一支手工制作的实验仪器（EX-MRWD）在1999年初测得世界上第一条随钻核磁共振测井曲线（Prammer, 2001），2000年完成随钻核磁共振测井实验仪器EX-MRWD的现场测试（Prammer et al., 2000a, 2000b），2001年哈里伯顿公司的新一代随钻核磁共振成像仪器MRIL-WD™正式商业化（Drack et al., 2001）。MRIL-WD™的探头结构源自电缆核磁共振测井仪MRIL™系列。磁体径向极化充磁，在地层中形成径向梯度静磁场，敏感探测区为关于仪器中心轴旋转对称、直径35.56cm的圆柱壳，共振频率为500kHz。其静磁场径向梯度为$14×10^{-4}$T/cm，在径向运动强烈的钻井状态下使用饱和恢复脉冲序列测量$T_1$，称为RL（Reconnaissance Logging）模式；在径向振动不强烈的滑动钻进状态下，使用CPMG脉冲序列测量$T_2$，称为EL（Evaluation Logging）模式。MRIL-WD™探头装配加速度传感器监测径向振动状态来决定模式的切换。在英国大陆架的复杂致密气藏评价中，切换标准为25r/min转速（Cuddy et al., 2004）。MRIL-WD™的探测敏感区域很长，与MRIL-Prime™同为60.96cm，测量$T_2$时的测速也与MRIL-Prime™相同，可在较快的提钻过程中再进行测量，提高单次下井的数据采集效率。

MRIL-WD™的磁体结构源自电缆核磁共振具有中心轴的居中型的测井仪MRIL™系列。MRIL-WD™采用圆柱形管型磁体，径向（垂直于仪器纵向中心轴）充磁，径向两端分别为N极和S极，磁体产生的静磁场由N极进入地层返回S极（Miler M, 1994；Prammer et al., 2003）。这种磁体结构相对简单，可整体加工也可使用多个完全相同小圆柱形磁体组合而成，可整体充磁也可将小圆柱磁体单独充磁。磁体使用铁氧体材料制作，特点是磁能积较低，降低了成本；共振区域为关于中心轴旋转对称的圆柱壳，敏感区域高度较高。通过优化磁体体积和材料，磁体放置在钻铤的钻井液通道外侧（图5-2-1）。

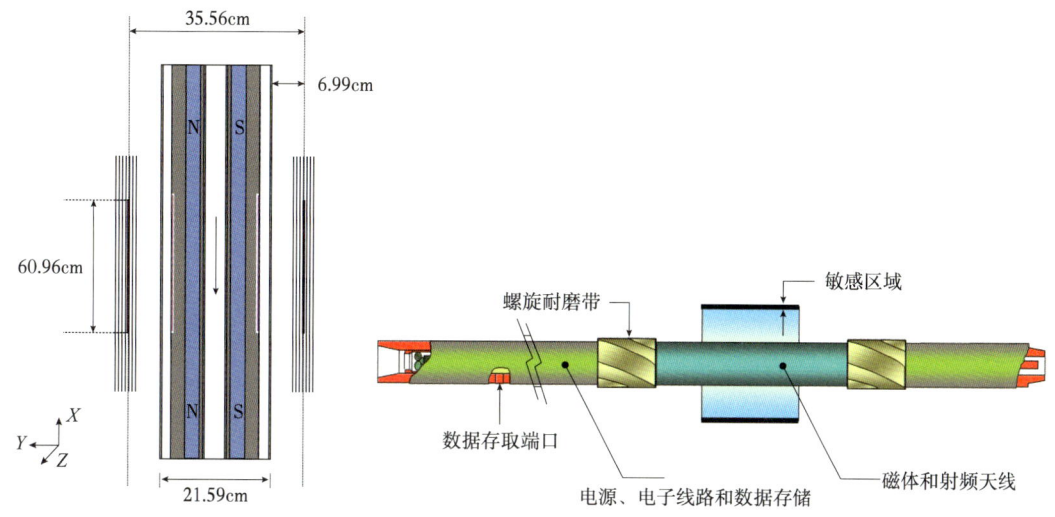

图 5-2-1  MRIL-WD™ 探头结构示意图（据李新，2012）

MRIL-WD™ 的磁场分布在径向方向上为梯度磁场，$B_0$ 强度随径向上深度的增加而减小，$B_0$ 强度的等势线分布形状为以仪器纵轴为原点的圆环（图 5-2-2a）。MRIL-WD™ 中心横截面上的二维磁感应强度和磁力线分布如图 5-2-2b 所示，其磁感应强度关于仪器中心轴旋转对称，但磁力线方向分布不呈旋转对称（图 5-2-2c）。MRIL-WD™ 的静磁场由

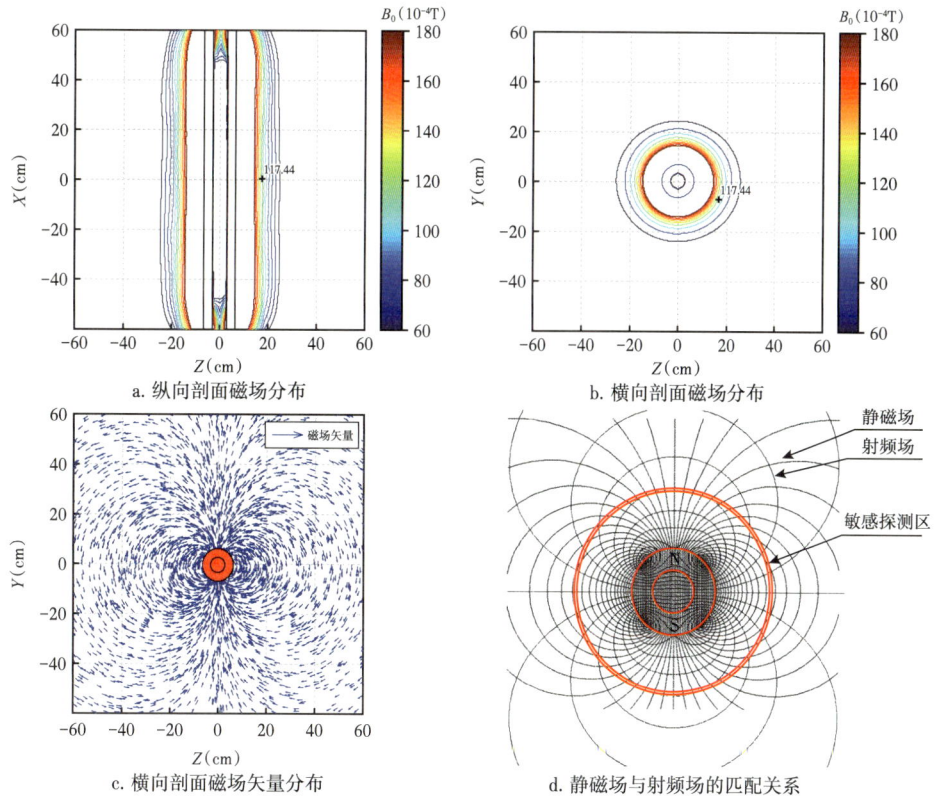

a. 纵向剖面磁场分布

b. 横向剖面磁场分布

c. 横向剖面磁场矢量分布

d. 静磁场与射频场的匹配关系

图 5-2-2  MRIL-WD™ 随钻核磁共振测井仪器磁场分布示意图（据李新，2012）

平面偶极子结构磁体产生，如果探头仪器转动，会改变敏感区域内每一点的磁场方向。从微观角度来说，静磁场 $B_0$ 的旋转导致磁化矢量的极化幅度保持不变，而磁化矢量方向随 $B_0$ 的变化进行连续的重定向。根据"磁极化旋转不变性"（Prammer et al., 2000a, 2000b），在能级水平不变的情况下，重定向过程快于由于 $B_0$ 旋转产生的幅度变化。$T_1$ 常数控制具有能级变化的晶格弛豫行为，但不影响上述能级不变的情况。如果重定向速率远低于拉莫尔频率，那么这种能级不变状态将一直保持。例如，共振频率为 500kHz 时，每秒 5000r 之内的仪器转速均满足这一条件，而这个钻速约为真实钻井作业中钻杆转速的 1000 倍，所以实际应用中认为磁化强度与 $B_0$ 的方向始终一致，如图 5-2-2d 所示。

## 二、proVISION™ 随钻核磁共振测井仪

斯伦贝谢公司于 1997 年开始随钻核磁共振测井仪器的研发。2000 年左右，其两代随钻核磁共振测井仪器在深海、大陆架、近海和陆上进行了大量测试，并于 2001 年推出商业化仪器 proVISION™（Alvarado et al., 2003; Heidler et al., 2003）。2002 年，proVISION™ 成功应用于大洋钻探计划 204 航次（ODP Leg204）中天然气水合物钻井的随钻测量（Collett et al., 2002）。

proVISION™ 的探头采用一对钐钴材料的管状磁体，磁体沿仪器轴向同极相对，磁体间用软磁材料调整磁场分布，并消除井眼流体的影响，其结构示意图如图 5-2-3 所示。proVISION™ 的静磁场分布为低梯度磁场，磁感应强度等势线为以仪器纵轴为原点的圆环（图 5-2-4a），关于仪器中轴旋转对称；探头磁体所产生的静磁场由仪器中心径向射入地层，磁力线关于仪器中轴旋转对称（图 5-2-4b）。仪器的共振区域为直径 35.56cm、高度 15.24cm 的圆柱壳，共振频率约 255kHz，共振区域内的磁场梯度较小（约为 $3\times10^{-4}$ T/cm）、体积较厚，钻井状态下可以使用 CPMG 脉冲序列测量 $T_2$。

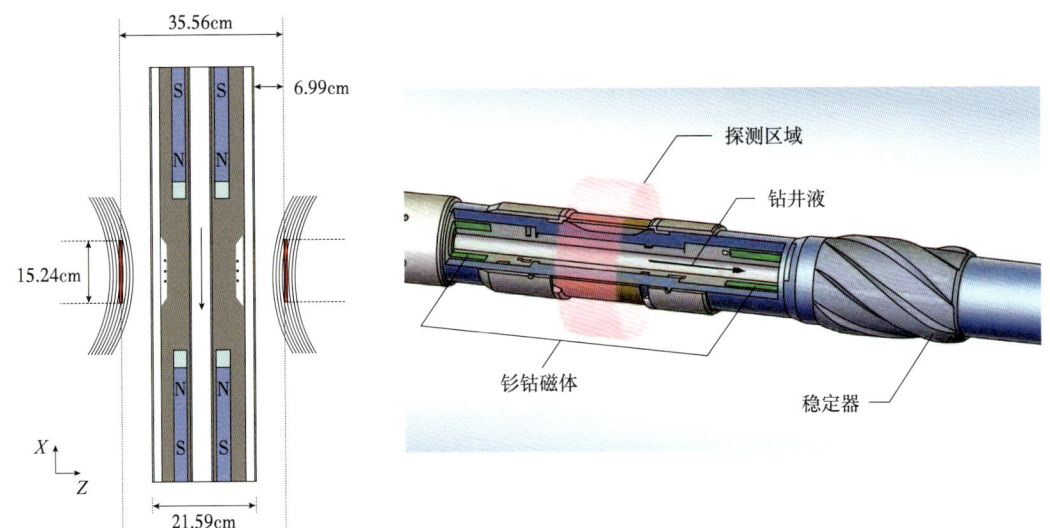

图 5-2-3　proVISION™ 随钻核磁共振测井仪结构示意图（据李新，2012）

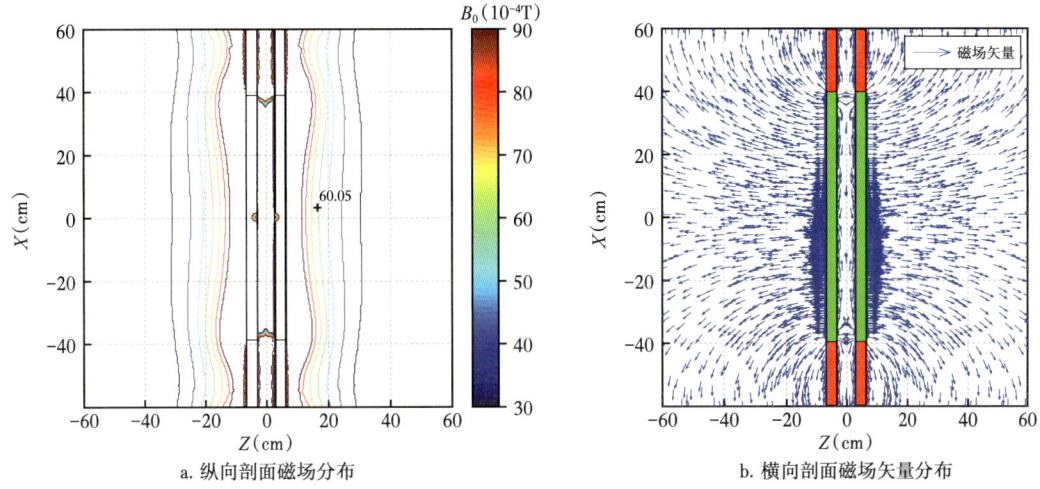

图 5-2-4 proVISION™ 随钻核磁共振测井仪器磁场分布示意图（据李新，2012）

## 三、MagTrak™ 随钻核磁共振测井仪

贝克休斯公司 MagTrak™ 随钻核磁共振测井仪的探头直接基于"Inside-out"概念（Borghi et al.，2005），如图 5-2-5 所示。探头磁体结构使用一对管状磁体同轴同极相对放置，消除了井眼钻井液信号影响，两磁体间的磁感应强度 $B_0$ 关于纵轴旋转对称（图 5-2-6a）；磁力线向外发散，空间上呈轴对称分布（图 5-2-6b）。径向上为低梯度静磁场，能够获得最大信噪比并消除径向运动的影响，核磁共振区域为关于中心轴的旋转对称，为直径 32cm、高度 7.62cm 的圆柱壳，共振频率 500kHz。静磁场梯度小于 $2×10^{-4}$T/cm，敏感区域较厚，在钻井状态下使用 CPMG 脉冲序列测量 $T_2$。

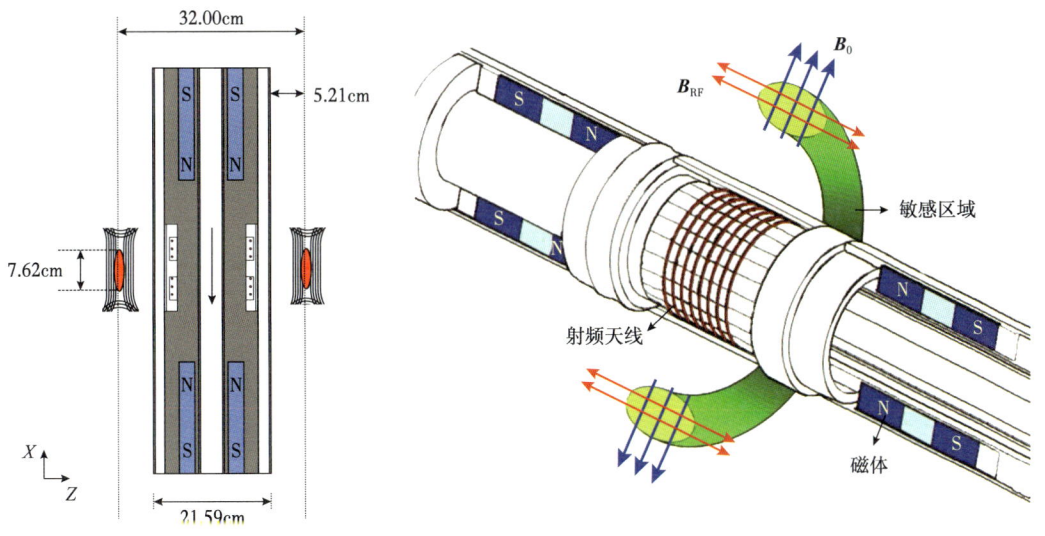

图 5-2-5 MagTrak™ 随钻核磁共振测井仪器示意图（据李新，2012）

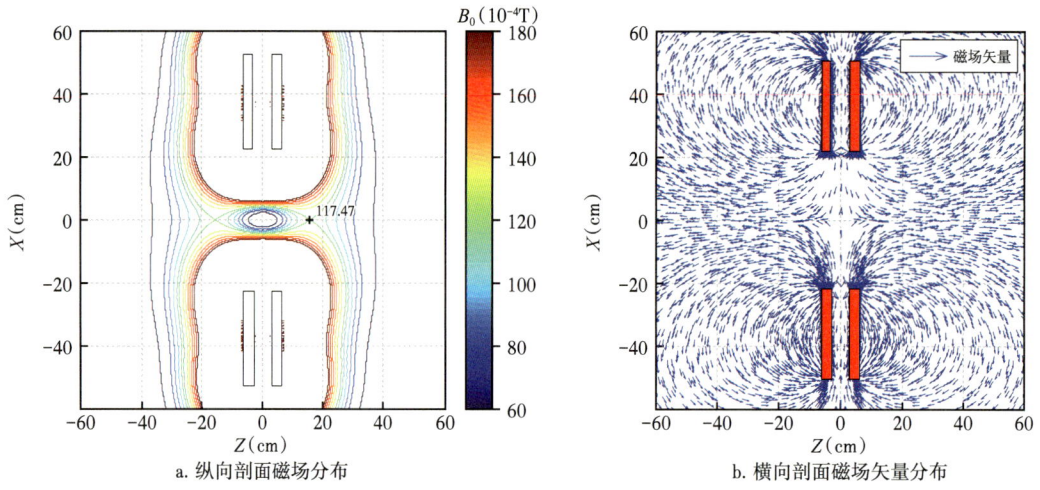

图 5-2-6　MagTrak™ 随钻核磁共振测井仪器磁场分布示意图（据李新，2012）

## 四、仪器探测特性

在过仪器中点且垂直于纵轴的平面上，磁感应强度与探测深度间的关系如图 5-2-7 所示，井眼以直径 8.5in（21.59cm）为例。MRIL-WD™ 的探测深度为 6.99cm，此处静磁场强度 $B_0$ 为 $117.44×10^{-4}$T，对应氢核共振频率 500.06kHz，梯度约为 $14×10^{-4}$T/cm；proVISION™ 的探测深度为 6.99cm，此处静磁场强度 $B_0$ 为 $60.05×10^{-4}$T，对应氢核共振频率为 255.69kHz，磁场梯度约为 $3×10^{-4}$T/cm；MagTrak™ 的 $B_0$ 随探测深度的增大而先增大后减小，在探测深度 5.21cm 处达到最大值 $117.47×10^{-4}$T，对应氢核共振频率为 500.19kHz，磁场梯度小于 $2×10^{-4}$T/cm（表 5-2-1）。

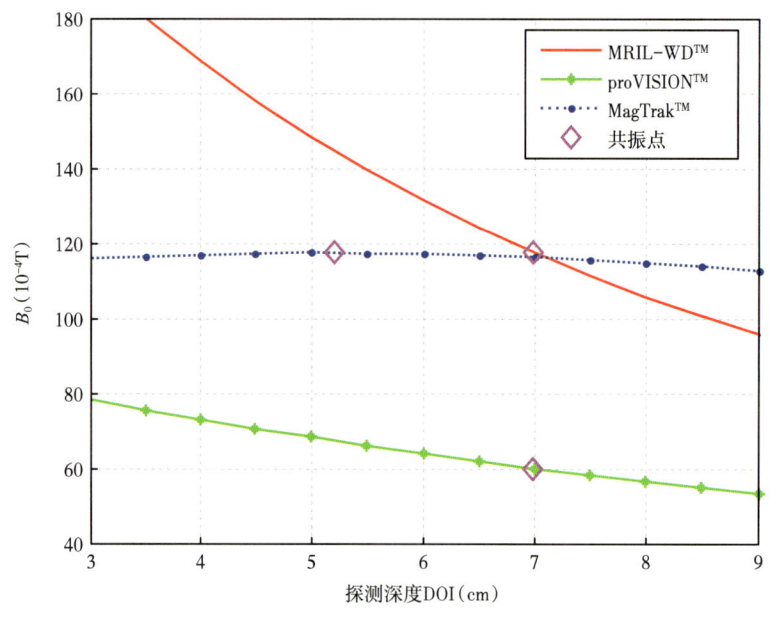

图 5-2-7　三种仪器磁感应强度与探测深度的关系（据李新，2012）

表 5-2-1　随钻核磁共振测井仪参数对比（据李新，2012）

| 参数 | MRIL-WD™ | proVISION™ | MagTrak™ |
| --- | --- | --- | --- |
| 磁场梯度（$10^{-4}$ T/cm） | 14 | 3 | ＜2 |
| 仪器位置 | 居中 | 居中 | 居中 |
| 中心共振频率（kHz） | 500 | 255 | 500 |
| 最小回波间隔（ms） | 0.5 | 0.8 | 0.6 |
| 敏感区直径（cm） | 35.56 | 35.56 | 32.00 |
| 敏感区高度（cm） | 60.69 | 15.24 | 7.11 |
| 仪器外径（cm） | 17.15 | 17.15 | 17.15 |
| 井眼范围（cm） | 21.59~26.99 | 21.27~26.99 | 21.27~26.99 |

通过上述分析可知，MRIL-WD™、proVISION™ 和 MagTrak™ 都通过巧妙的管状磁体结构设计解决了磁体体积受限和仪器运动的问题。三种仪器都为单频、居中式测量；探测深度均小于电缆居中型 MRIL-Prime™（9.53cm），满足随钻测量条件下对功耗的要求，同时它们的探测特性具有各自的特点。

这三种探头中，MRIL-WD™ 的磁场梯度相对较高，在钻井过程中径向运动明显时用"饱和恢复脉冲序列"测量 $T_1$（Reconnaissance Mode）（Prammer et al.，2000a，2000b）：首先用频带较宽（约 100kHz）的射频脉冲将较厚的地层"饱和"，再用频带较窄（约 10kHz）的"读出"脉冲测量不同等待时间的前几个回波，读出脉冲测量的范围始终处于被"饱和"的区域内，消除了径向振动影响。因测量 $T_1$ 需要较长时间，数据测量效率相对较低。MRIL-WD™ 的探测敏感区域很长（与 MRIL-Prime™ 相等），纵向分辨能力相对较低，但测量 $T_2$（Evaluation Mode）时的测速快。

proVISION™ 和 MagTrak™ 通过降低静磁场梯度来增大敏感区域的径向厚度使测量对径向摆动不敏感，可以在钻井的过程中测量 $T_2$，测量效率较高；但低磁场梯度使扩散系数较大的轻烃和天然气在 $T_2$ 谱上峰值偏移（对比高梯度电缆核磁共振测井仪器），不能直接沿用电缆核磁共振测井的某些成熟的处理方法，需要新的解释标准；二者的敏感区域高度小于 MRIL-WD™，具有相对较高的纵向分辨率。

## 第三节　数据采集

随钻核磁共振测井仪器的数据采集模式与电缆核磁共振测井仪器具有一定的相似性，但是由于作业环境与探测目的不同，随钻核磁共振测井仪器的数据采集与质量控制亦具有一定的特殊性。本节以 MRIL-WD™ 为例，讲述随钻核磁共振测井仪器数据采集的特殊性，数据采集的基本原理详见第四章第四节。

## 一、$T_1$ 与 $T_2$ 信息采集

随钻核磁共振测井仪探头是产生核磁共振现象的基本部件，是整个测井仪系统的核心；而脉冲序列是核磁共振采集的基本实现方式，同样是核磁共振测井重要的有机组成部分，二者共同决定随钻核磁共振测井仪器的探测特性。钻井过程中的特殊井底条件对脉冲序列也提出了新的要求。

现代核磁共振测井的岩石物理基础主要建立在横向弛豫时间和纵向弛豫时间之上。虽然早期的核磁共振岩石物理研究多基于 $T_1$ 测量，但受硬件技术和实际作业中各种问题的限制，CPMG 脉冲序列测量 $T_2$ 成为电缆核磁共振测井的工业标准，$T_1$ 则被作为加权机制实现对流体成分的识别。

随钻核磁共振测井对测井速度（等于钻井速度）没有要求，相对于 $T_2$ 测量，$T_1$ 测量在处理极化问题和仪器运动等方面具有优势。

1. 混合极化

完全极化地层中的 $T_1$ 组分需要 $3\sim5T_1$ 的时间，要实现较快 $T_2$ 测速必须利用预极化磁体和机制。但成功的预极化仍需满足一定条件，即短天线和恒定不变的测速，以避免出现敏感区内的预极化和重复极化的复杂"混合极化"情况。$T_2$ 测井不能适应这种"混合极化"的原因是其处理方法中需要额外的 $T_1$ 先验信息。$T_1$ 在地层混合极化的适应性方面具有优势，$T_1$ 只需要前几个 CPMG 回波，在此很短的测量时间内，敏感区纵向运动极小；$T_1$ 反演算法的稳定性也能承受不同测速的影响，更好适应钻井中破碎岩石时探头的上下跳动。

2. 能耗

$T_2$ 谱的组分分辨能力取决于其覆盖的弛豫时间范围，而这一范围通常需要由回波测量时间 $N_E T_E$ 决定。要识别出较长的 $T_2$ 组分，$N_E T_E$ 必须足够长。同时，这又与准确获得孔隙度和减小径向振动引起的额外回波衰减的短 $T_E$ 和短 $N_E$ 的要求相矛盾，$T_E$ 越短，要维持相同的测量时间所需的 $N_E$ 越大，必将占用更多的井下电力资源。$T_1$ 单次采样时间短，采样个数只需要前几个 CPMG 回波，在降低仪器能耗方面具有非常明显优势，有利于装配有限电池电源情况下增加一次下井测量时间和数据量，配备较少的电容组以缩短储能短节和仪器长度，在高负载测井环境中（如高电导率钻井液）提高仪器性能。

3. 数据传输量

$T_1$ 测量采集 CPMG 的前几个回波，数据传输量要求小，更适合随钻测井较低的数据传输速率条件。

4. 纵向分辨率

以 $n$ 个等待时间的饱和恢复法（SR）为例，最长等待时间约为 $1.5T_1$ 即可满足获得准确地层总孔隙度的要求（Akkurt et al.，2006），总孔隙度曲线纵向分辨率优于 $T_2$ 测井。

5. 径向振动

钻井过程中，探头随钻具做径向随机振动时，常规 CPMG 脉冲序列测量 $T_2$ 的一个周期内（几百毫秒），敏感区切片位置在径向上的不断变化产生额外的回波幅度衰减项 $T_{2motion}$，严重时测量失效。$T_1$ 测量只需要 CPMG 测量的前几个回波，测量时间短，对仪器径向振动不敏感性强。

6. 仪器相关性

$T_1$ 测量不受岩石内部梯度磁场的影响且与流体扩散性质无关，受仪器差异的影响较小，可用于高静磁场（信噪比更高）中的测量。$T_2$ 影响因素中的横向扩散弛豫项 $T_{2D}$ 由式（5-3-3）决定：

$$\frac{1}{T_1} = \frac{1}{T_{1B}} + \frac{1}{T_{1S}} \quad (5\text{-}3\text{-}1)$$

$$\frac{1}{T_2} = \frac{1}{T_{2B}} + \frac{1}{T_{2S}} + \frac{1}{T_{2D}} \quad (5\text{-}3\text{-}2)$$

$$T_{2D} = \frac{12}{(\gamma G T_E)^2 D} \quad (5\text{-}3\text{-}3)$$

式中：$T_{1B}$ 为纵向自由弛豫时间；$T_{1S}$ 为纵向表面弛豫时间；$T_{2B}$ 为横向自由弛豫时间；$T_{2S}$ 为横向表面弛豫时间；$\gamma$ 为旋磁比；$G$ 为磁场梯度；$D$ 为流体自扩散系数。

可以看出，$T_{2D}$ 同时受仪器参数 $G$ 和测量参数 $T_E$ 的影响，$T_2$ 测量依赖于特定的仪器，不同仪器的测量结果差异较大。

如图 5-3-1 所示，产气层段中，$T_2$ 分布为单峰，$T_1$ 谱为双峰（不包括最左侧由束缚水引起的微弱信号）。$T_1$ 谱中，峰值位于 2s 的较强信号为天然气，而峰值位于 200ms 处的信号为钻井液滤液（图 5-3-1a）。由于天然气具有很大的扩散系数，扩散效应使二者在 $T_2$ 谱上发生重叠，较难区分（图 5-3-1b）。

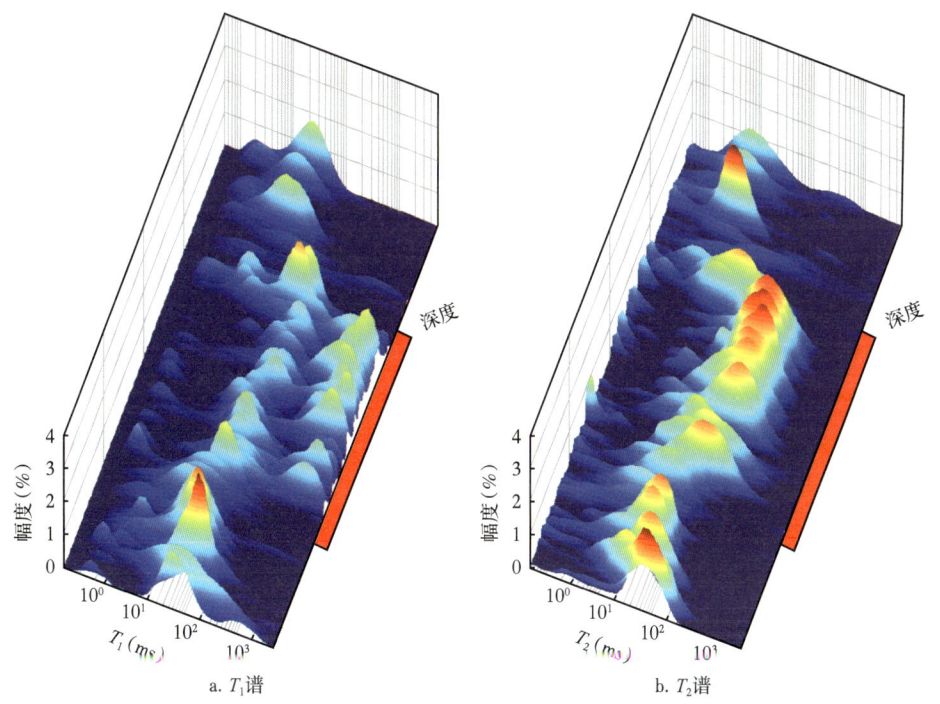

图 5-3-1 某天然气井中的 $T_1$ 和 $T_2$ 测量结果对比（据 Bittner et al., 2006）

$T_1$ 测量的优势使其在随钻核磁共振测井中得到重视。实践表明，$T_1$ 测井的采集和解释都更加直接（Bonnie et al., 2003），$T_1$ 数据中包含的信息优于 $T_2$ 数据（Prammer et al., 2002）。现有的随钻核磁共振测井中，$T_1$ 测量与 $T_2$ 测量均有重要应用。

## 二、抗径向振动采集

随钻核磁共振测井的探头位于井眼中，地层作为样品在仪器之外。当较大样品处于非均匀静磁场 $B_0$ 之中时，所有的射频脉冲都表现为选择性脉冲。任何射频脉冲都不是单一的频率响应，具有一定的频率宽度 $\Delta f$。静磁场的非均匀性和脉冲频率宽度共同决定敏感探测区域的厚度 $\Delta z$：

$$\Delta z = \Delta f / (\gamma G_Z) \quad (5\text{-}3\text{-}4)$$

式中：$G_Z$ 为静磁场沿 $Z$ 方向的静磁场梯度。

钻井过程中敏感区随钻具和探头的旋转做圆周运动，所以随钻核磁共振测井的敏感区域均设计为圆柱壳形状（横截面为环形）。根据随钻核磁共振测井探头与井眼和地层中的敏感区域的位置关系（图 5-3-2）。设井眼直径为 $D_{bore}$、仪器外直径为 $D_{tool}$，随着振动的剧烈程度和幅度的增加，CPMG 采集的信号切片的位置将偏离极化切片的位置。极端条件下仪器的探测敏感区域的变化范围为 $D_{max}=D_{bore}-D_{tool}$，为了使敏感区域始终处于地层之中，从井轴算起的最小探测深度 DOI 应满足：

$$\text{DOI} > D_{bore} - D_{tool}/2 \quad (5\text{-}3\text{-}5)$$

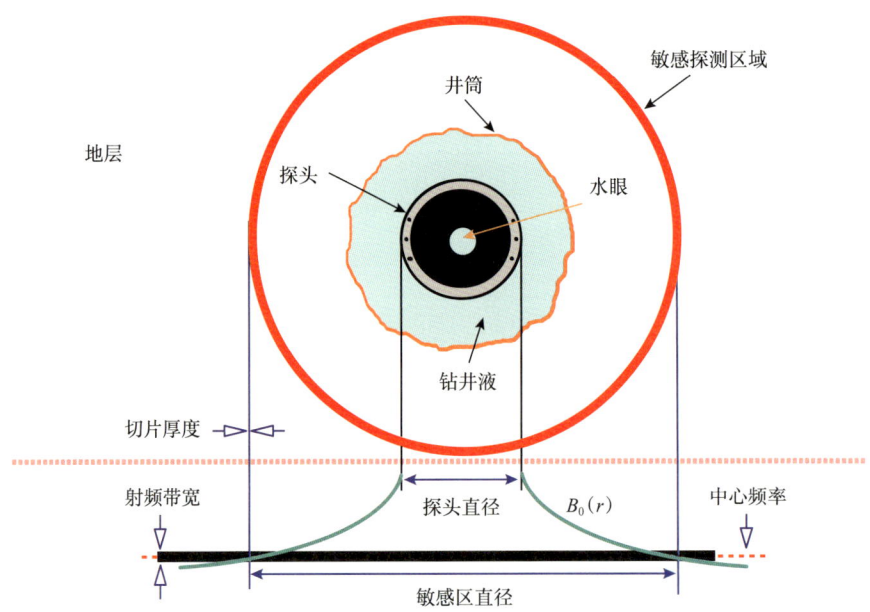

图 5-3-2　随钻核磁共振测井仪器探头在井眼中的位置关系示意图（据李新，2012）

传统的 $T_1$ 测量方法适合实验室内静态条件，不完全适合钻井的过程中测量，因此发展出基于饱和恢复法的径向振动不敏感的脉冲序列（Prammer et al., 2001），如图 5-3-3 所示。

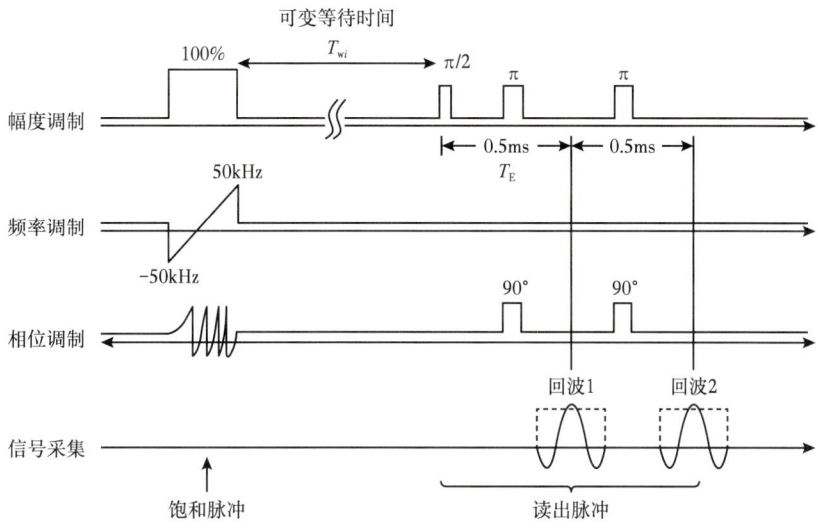

图 5-3-3 径向振动不敏感的饱和恢复 $T_1$ 脉冲序列

地层被极化后,用频率较宽的饱和脉冲将较厚地层内的磁化强度 $M_Z$ 扳转到 $XY$ 平面上;经过等待时间 $T_{wi}$,此地层内的所有氢核在 $B_0$ 方向上具有相同的磁化强度 $M_Z(T_{wi})$;用相对频率带宽较窄的读出脉冲对采集第一个(或前几个)回波幅度,如图 5-3-4 所示。

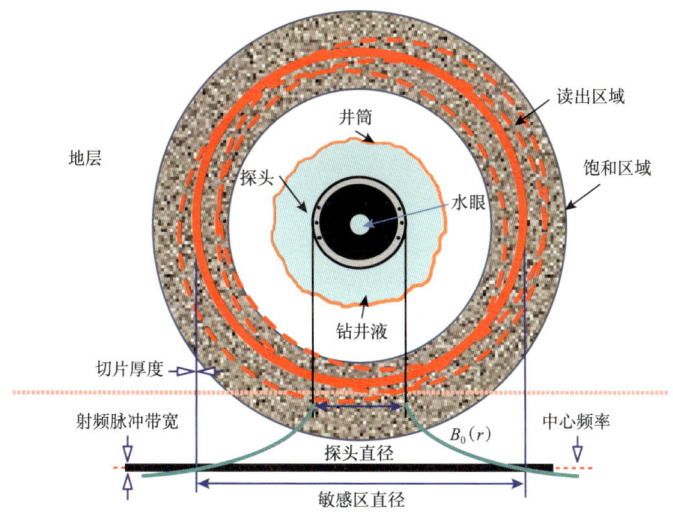

图 5-3-4 基于饱和恢复法的径向振动不敏感的 $T_1$ 测量原理示意图(据李新,2012)

## 三、低功耗脉冲采集

随钻核磁共振测井探头挂接在钻铤之上,没有地面直接的电力供应,只能通过井下电池组和涡轮发电机提供电能。核磁共振测井的测量对象为井眼外的地层,激发一定深度地层流体中的氢核发生核磁共振现象,需要大功率的射频脉冲。定义核磁共振测量期间的射频脉冲平均功率为

$$P \propto B_1 t_p \frac{N_E}{t_c} \quad (5\text{-}3\text{-}6)$$

式中：$P$ 为平均功率；$N_E$ 为回波个数；$B_1$ 为单个脉冲强度；$t_p$ 为单个脉冲持续时间；$t_c$ 为核磁共振测量时间。

核磁共振测量需要在垂直静磁场 $\boldsymbol{B}_0$ 的方向上施加射频脉冲磁场 $\boldsymbol{B}_1$。根据选择特性，射频脉冲分为软脉冲和硬脉冲两类。软脉冲具有较窄的频带，常用于核磁共振成像中的选择性激励；硬脉冲具有较宽的频带，能够激励较宽频率范围的信号。射频脉冲在产生自旋回波信号的过程中的作用有：（1）扳转脉冲，将磁化强度由 $Z$ 轴（$\boldsymbol{B}_0$ 方向）向 $XY$ 平面扳转，扳转角记为 $\alpha$（图 5-3-5a）；（2）重聚脉冲，将散相的磁化强度重聚，重聚角记为 $\beta$（图 5-3-5b）。由 Bloch 方程可知（Bloch，1946），射频脉冲导致磁化强度 $\boldsymbol{M}$ 的扳转角度为

$$\theta = \gamma B_1 t_p \quad (5\text{-}3\text{-}7)$$

式中：$\gamma$ 为氢核旋磁比，取 42.58 MHz/T。

井下核磁共振测井仪器的射频脉冲强度的变化范围有限，且需要复杂的硬件支持，最常用的方法为通过改变脉冲持续时间实现不同的扳转角。若能在获得相同或更佳信号（信噪比）同时，减少回波个数 $N_E$ 和扳转角度 $\theta$，可减小仪器功耗，并增加仪器一次下井的工作时间和采集信息量。随钻核磁共振测井仪采用脉冲宽度较宽的硬脉冲增加敏感区厚度，以实现对仪器径向振动不敏感。脉冲持续时间为 $t_p$ 的余弦硬脉冲表示为

$$\text{Pulse}(t) = \begin{cases} B_1 \cos(\omega t + \varphi), & |t| \leq \dfrac{t_p}{2} \\ 0, & |t| > \dfrac{t_p}{2} \end{cases} \quad (5\text{-}3\text{-}8)$$

$$\omega = 2\pi f_0$$

式中：$\omega$ 为射频信号角频率；$\varphi$ 为信号初始相位。

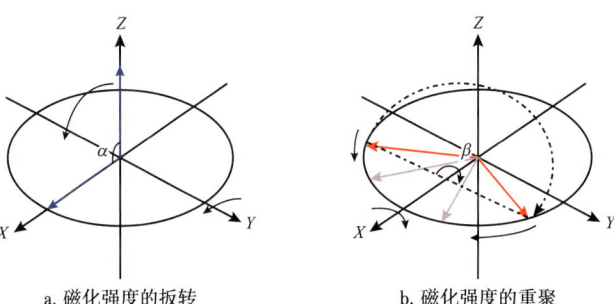

a. 磁化强度的扳转　　　　b. 磁化强度的重聚

图 5-3-5　射频脉冲作用示意图

时间域的射频脉冲信号经 Fourier 变换可以得到频率域的分布：

$$\chi(j\omega) = A\frac{\sin(\omega t_p)}{\omega t_p} \quad (5\text{-}3\text{-}9)$$

频率域上，脉冲主瓣频率带宽与脉冲持续时间 $t_p$ 呈线性反比关系（$\Delta f \propto \dfrac{1}{t_p} \propto \dfrac{1}{\theta}$）。

设 $B_1=5\times10^{-4}$ T、$f_0=500$ kHz，可得 90° 脉冲的持续时间 $t_{p90}=8\mu s$，对应频率带宽为 $\Delta f=119.84$ kHz；将 90° 脉冲持续时间增加一倍得 $t_{p180}=16\mu s$，$\Delta f=59.92$ kHz（3dB 带宽），如图 5-3-6 和图 5-3-7 所示。

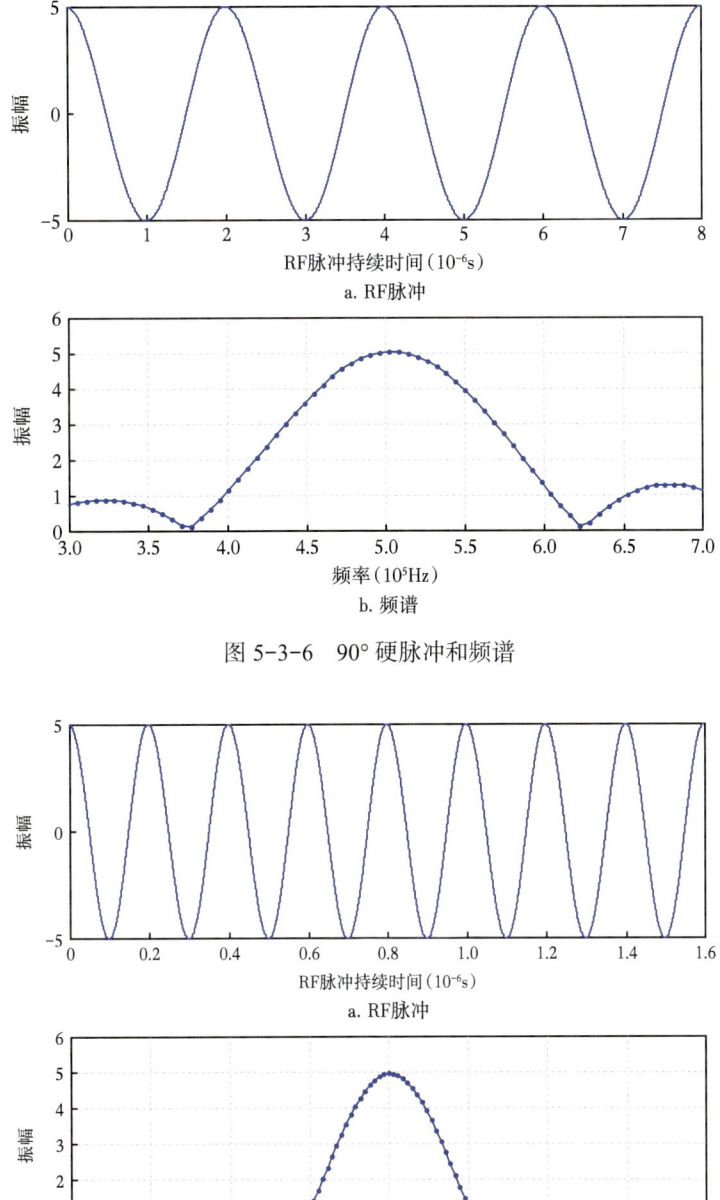

图 5-3-6　90° 硬脉冲和频谱

图 5-3-7　180° 硬脉冲和频谱

如果探测区域内的静磁场和射频场梯度都为线性（核磁共振测井的敏感区域较薄，可近似认为满足条件），90° 脉冲激发的敏感区内的氢原子中只有一半能被 180° 脉冲重聚。但低脉冲重聚角影响散相的磁化强度完全重聚过程，减小了磁化矢量在 XY 平面（观测平面）的投影。

通过上述分析可知，均匀磁场中，较窄的射频脉冲就能将整个样品范围完全激发，敏感区一直为样品体积，其范围不随射频脉冲宽度改变，重聚脉冲扳转角 $\beta=180°$ 时信号最大；梯度磁场中，两种机制的综合作用使得存在获得最大测量信号强度的最优扳转角 $\alpha_{opt}$ 与重聚角 $\beta_{opt} < 180°$ 的组合（表 5-3-1）。Reiderman 通过对离散的重聚角度和对应的信号强度进行曲线拟合得到 $M(\beta)$，得到 135° 时信噪比最大（Reiderman et al., 2001）。

表 5-3-1 重聚脉冲角度在均匀场和非均匀场的作用（据李新，2012）

| 参数 | 均匀场 | 非均匀场 |
|---|---|---|
| 信号带宽 | $BW=\gamma\Delta B_0 \Delta\omega_t$ | $BW=\Delta\omega_t \propto \dfrac{1}{\beta}$ |
| 敏感区体积 | $V(\beta)=$ 样品体积 | $V(\beta) \propto \dfrac{\Delta\omega_t}{\gamma G} \propto \dfrac{1}{\beta}$ |
| 磁化矢量 | $M(\alpha,\beta)=M_0 f(\alpha)M(\beta)$ | |
| 信号 | $S(\alpha,\beta) \propto f(\alpha)M(\beta)$ | $S(\alpha,\beta) \propto f(\alpha)M(\beta)\dfrac{1}{\beta}$ |
| 噪声 | $N \propto \sqrt{\gamma\Delta B_0}$ | $N \propto \sqrt{BW} \propto \sqrt{\dfrac{1}{\beta}}$ |
| 信噪比 | $SNR \propto S(\alpha,\beta) \propto f(\alpha)M(\beta)$ | $SNR \propto \dfrac{S(\alpha,\beta)}{N(\beta)} \propto \dfrac{f(\alpha)M(\beta)}{\sqrt{\beta}}$ |

$\beta_{opt} < 180°$ 属于低重聚角（Low Refocusing Flip Angle，LRFA）范畴（Hennig 1988），指缩短脉冲持续时间使磁化矢量扳转角度小于传统的 180°，最初应用于医学核磁共振成像领域中减小射频脉冲电力消耗和降低高场环境下样品的特定吸收率（Alsop, 1997）。近几年来，低重聚角技术被用于在线核磁共振测量中，以解决由 180° 脉冲持续时间较长引起的探头温度升高带来的实时调谐匹配问题（Andradea et al., 2011）。梯度磁场下存在可获得最大测量信号强度的扳转角和重聚角（小于 180°）脉冲组合。在均匀磁场和梯度磁场中对扳转角和重聚角与信号强度的关系进行模拟和实验，结果表明，均匀磁场下 90° 扳转脉冲和 140° 重聚脉冲组合所获得的信号强度最大；磁场梯度为 2.3T/m 时，90° 扳转脉冲和 140° 重聚脉冲（脉冲宽度降低为原来 77.8%）组合能获得最大信号强度，比同样条件下采用 180° 重聚脉冲获得的信号强度提高了 13%。为低电力供应和低信噪比条件下的随钻核磁共振测量的脉冲序列优化设计提供新的解决途径。

## 第四节 随钻质量控制

随钻核磁共振测井仪需提供实时的质量控制数据来确保测井数据质量，主要包括四个部分（以 proVISION™ 为例）：（1）输入数据质量监控；（2）信号相位质量控制；（3）回波预处理质量控制，包括回波数据平滑、叠加与数据压缩；（4）$T_2$ 反演质量控制。

## 一、仪器刻度

大量现场测试经验表明，随钻核磁共振测井仪器无论在钻进测量模式还是在滑动测量模式下，为了确保获取更为精准的随钻核磁共振测量结果，需要通过测前或者现场刻度来使得仪器获取最优的信噪比，且测量信号能够在所有预期的工作环境下得以校正。刻度过程包括主频刻度、脉冲刻度等，详见第四章第五节。

## 二、测井间质量控制

1. 输入数据质量监控

预处理所需的所有输入数据都将受到严格的质量控制，包括仪器的运动、环境条件（射频天线 $Q$、操作频率和地层温度）、未做相位估计的原始回波和井下反演的 $T_2$ 谱。

测井时，随钻核磁共振测井仪器的质量控制曲线如图 5-4-1 所示。

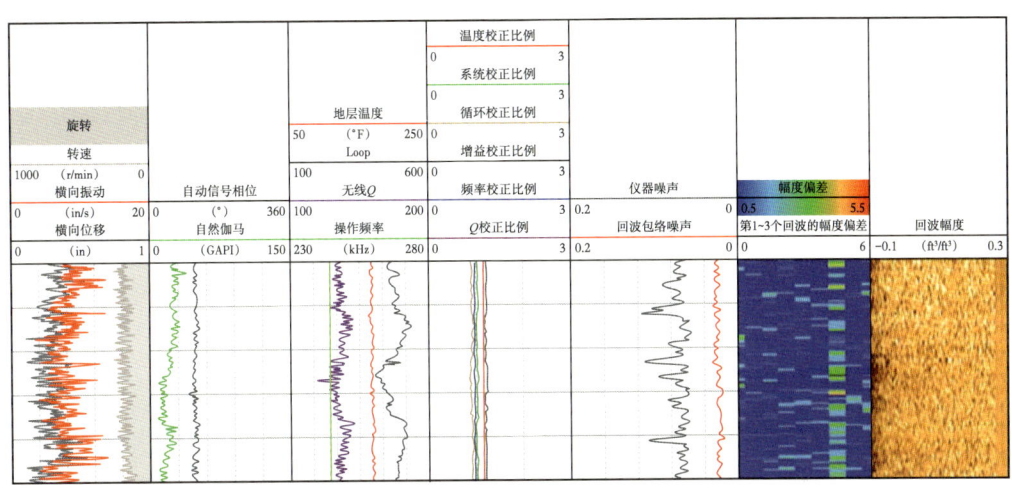

图 5-4-1　质量控制曲线及格式（据 Heaton et al., 2012）

（1）第 1 道：展示了用于运动质量控制的井下钻头钻速（r/min），仪器振动状态下的横向速度和横向位移。

（2）第 2 道：展示了原始核磁共振测井数据相位角，随钻核磁共振测井仪器在某一层段内钻进和测井时，原始核磁共振测井数据的相位角应当保持为一定的常数显示。自然伽马测井曲线则用于表示仪器在某一层段内钻进和测井时，地层岩性的变化。

（3）第 3 道：展示了测量环境的变化，包括地层温度、采集的回波个数、射频天线 $Q$、仪器的操作频率状态。这些参数将用于原始回波数据的校正。在某一层段进行随钻测井时，$Q$ 的突然变化可能指示仪器工作状态出现问题。

（4）第 4 道：展示了随钻核磁共振测井数据的校正系数范围，包括温度校正系数、系统校正系数、功率校正系数、增益校正系数、频率校正系数和 $Q$ 校正系数。一般情况下，所有的校正系数都处于稳定的状态，且应当与随钻核磁共振测井仪器在室内进行主刻度时的校正系数吻合度较好（在室内进行主刻度时，所有的校正系数应当接近 1）。当校正系数出现异常时，表明仪器所处的地层环境或运动状态发生强烈变化，此时需要排查仪器是否正常工作。

（5）第5道：展示了随钻核磁共振测井仪器的本底噪声（该噪声信号为仪器特征噪声信号，未经过系统增益、环境温度和操作频率等校正），以及环境噪声（该噪声信号是采集的信号经过相位旋转、叠加平均处理，以及系统增益、环境温度和操作频率等校正后，回波信号的噪声）。在随钻过程中，随钻核磁共振测井仪器的本底噪声水平在刻度成孔隙度后，应当处于5.5~7.5pu范围内，而环境噪声则处于相对稳定的状态。仪器的本底噪声与环境噪声的数值变化，直接决定了仪器获取数据的准确性，以及后续数据处理的精度。

（6）第6道：展示了随钻核磁共振测井仪器获取前三个回波信号的变密度图。随钻核磁共振测井时，前三个回波受环境及仪器运动的影响较大，通过前三个回波信号，可以直接监测系统噪声、振铃参数。

（7）第7道：展示了经过滤波、相位旋转，以及校正后的回波信号的变密度图。

2. 信号相位质量控制

每次测量的原始回波信号及其幅度（两道正交回波信号，R道信号与X道信号，与电缆核磁共振测井仪器信号采集原理相同），首先在特定的深度间隔上取平均值，然后相互绘制（这些信号点，来自每次信号采集时的前几个回波）。如图5-4-2所示，红色

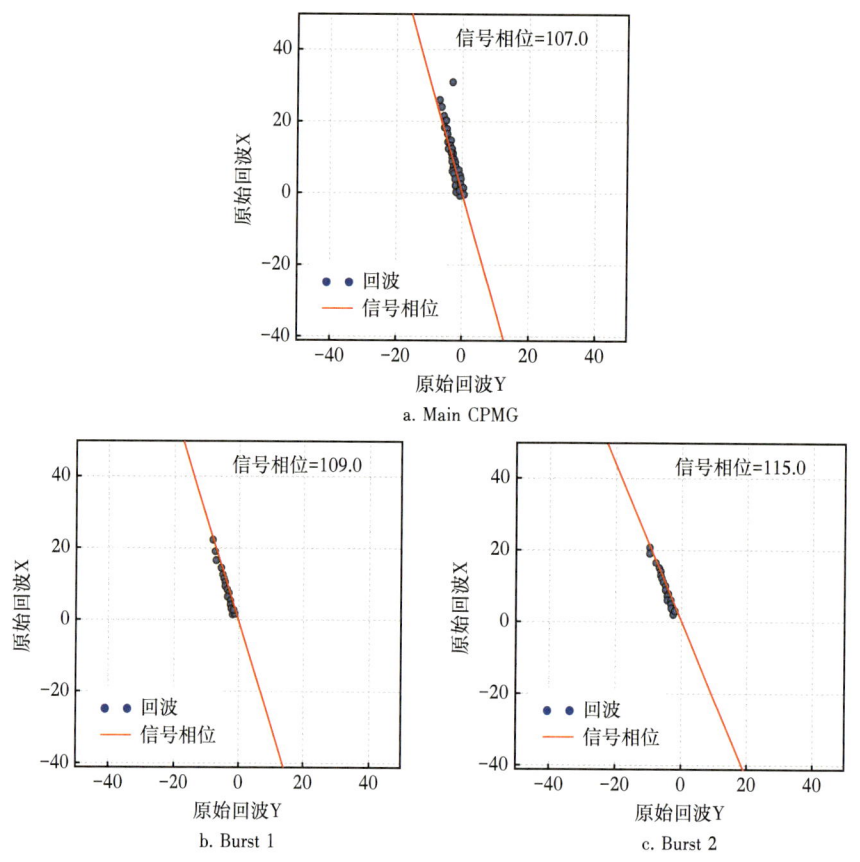

图5-4-2　随钻核磁共振测井采集的原始回波信号的相位质量控制（据Heaton et al., 2012）

相位质量控制用于识别每次序列采集时前几个回波的振铃。其中Main CPMG代表的是对长弛豫信息的测量，其测量的回波数据较大，但叠加次数较少；Burst代表的是对短弛豫信息的测量，测量的回波数据较小，但叠加次数较多

线和水平轴（R 回波轴）之间的角度决定了信号相位。在随钻核磁共振测量过程当中，对于每一次测量循环（包括 Main CPMG 和 Burst），其信号相位应该是相同的，若信号相位差异明显，则说明测量数据有问题。此外，图 5-4-2 有助于识别被采集的回波数据上的系统噪声，如未消除的振铃或直流偏置。

3. 回波预处理质量控制

回波预处理质量控制包括回波数据去峰值化（去峰值化技术被用于识别和消除可能扭曲整体数据表达的离群值或噪声）、叠加与数据压缩。采集得到的回波数据通过去除尖刺与平滑滤波，再通过叠加与数据压缩后，将回波校正前的仪器本底噪声及校正后的回波噪声进行比较，来监控回波数据采集与处理质量。

4. $T_2$ 反演质量控制

核磁共振测量的数据量大，受井下至地面数据传输速率的限制，在地面实时地获取地层测井信息需要在传输前选择关键信息并进行数据压缩。随钻仪器所采集的回波数据在井下进行实时反演，获取得到 16bin 的 $T_2$ 谱数据，由于钻井液脉冲的传输带宽限制，通常情况下只向地面传输孔隙度、束缚水等计算后的储层参数信息。在 $T_2$ 反演质量控制中，随钻核磁共振测井仪器会采用 Chi 值进行数据的质量控制，这一点与电缆核磁共振测井仪器类似，将采集的回波数据的拟合值与实际值进行对比，估算得到 Chi 值并进行显示。仪器正常工作时，Chi 值通常显示为 1 这一恒定值，表明数据获取稳定，反演结果具有较高的可信度，如图 5-4-3 所示。

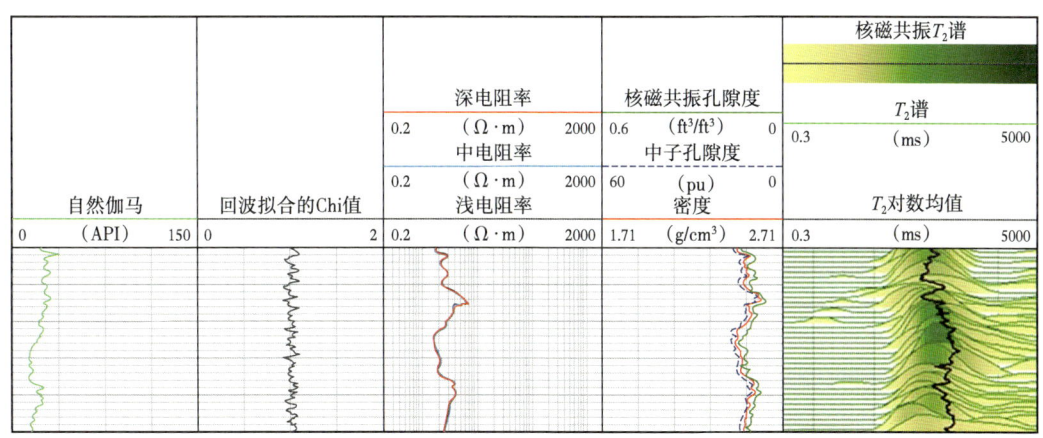

图 5-4-3　$T_2$ 反演质量控制（据 Heaton et al., 2012）

# 第六章 核磁共振测井数据处理方法

核磁共振测井资料处理是核磁共振测井应用的基础，核磁共振测井采集的原始回波串数据，需要通过反演得到核磁共振谱，才能进一步获得地层岩石物理参数、评价岩石的孔径分布和识别储层流体类型。本章主要介绍核磁共振测井资料的预处理、一维和二维核磁共振测井数据处理方法，其中数据处理方法主要包括降噪和反演，降噪方法围绕小波变换方法和经验模态分解方法进行阐述，反演方法围绕奇异值分解方法、Tikhonov正则化方法进行阐述。

## 第一节 数据预处理

核磁共振测井根据指定的采集模式采集数据。数据采集完毕后，后期处理要先根据采集模式信息识别所需采集参数的回波串，然后再用合适的方法进行反演处理，最后计算岩石物理参数或进行流体识别等。采集模式是一种以获取特定应用信息为目标的极化和采集方式，包括等待时间 $T_W$、回波间隔 $T_E$、回波个数 $N_E$、叠加次数 RA、频率的使用，以及回波串的采集时序。

### 一、回波串识别

不同的处理方法需要采集不同参数的数据，复杂采集模式所采集的数据，可以用多种不同处理方法从多种角度进行分析。这就要求能够对不同采集参数的回波串进行识别。

核磁共振测井是根据选择的采集模式进行回波串数据的采集，要想准确识别出所采集的回波串数据，就必须将采集模式的各种参数进行存储，后期根据这些存储的采集模式信息来识别和选择不同参数的回波串进行反演处理。每种核磁共振仪器回波串识别方法不同，下面分别介绍目前常用的核磁共振仪器回波串识别方法。

1. MRIL-P 核磁共振测井仪回波串识别

MRIL-P核磁共振测井仪只有4类采集模式，一个周期内所采集的不同参数回波串有限。为此，用数字对不同 $T_W$ 和 $T_E$ 的回波串进行分类编号，如65表示长 $T_W$ 短 $T_E$ 回波串，66表示短 $T_W$ 短 $T_E$ 回波串，67表示PR组回波串，68表示长 $T_W$ 长 $T_E$ 回波串，69表示短 $T_W$ 长 $T_E$ 回波串，用GRP曲线来记录回波串的这些标识符。不同参数回波串的回波个数用曲线NECH进行记录。对一个周期内所采集的回波串进行编号，并记录在曲线CACT中。具体的采集参数如 $T_W$ 和 $T_E$ 等，记录在m.cls数据体的采集参数区域中，直接读取即可。

使用PAPs技术消除振铃的影响，对于90°脉冲的不同相位，正相位标识符为1，负相位为 0，使用曲线 SEQN 记录。

通过不同的名字来表示不同处理阶段的回波串，如采集的原始回波串数据用 RAMP 表示幅度，用 RPHA 表示角度。用 REALA 和 IMAGA 分别表示从 RAMP 和 RPHA 中提取出来的 A 组回波串实部和虚部。经过校正和回波串叠加后，用 AVRA，AVIA 分别表示实部和虚部。用 REALCA 和 IMAGCA 分别表示经过相位旋转后得到的信号和噪声。

2. MREx 核磁共振测井仪回波串识别

MREx 核磁共振测井仪的核磁共振测井原始数据在存储时，将一个周期内所采集的回波串按照采集的先后顺序分别进行单独存储。用一个结构体来记录这组采集参数的回波串实部、虚部，以及相关采集参数，如 $T_w$、$T_E$、NECH、频率、PAPs 的标识符，以及深度等。可以直接根据这些参数来识别不同采集参数的回波串。

不同处理阶段的回波串通过不同曲线名字来表示，曲线名的说明见表 6-1-1。

表 6-1-1　MREx 曲线名前缀说明

| 曲线前缀 | 说明 |
| --- | --- |
| URKO | 未经校正，原始回波序列曲线 |
| CRKO | 刻度校正，原始回波序列曲线 |
| PCKO | 相位校正，原始回波序列曲线 |
| CBKO | 组合回波序列曲线 |
| RAKO | 计算平均组合回波曲线 |

3. CMR（或 MRX）核磁共振测井仪回波串识别

用 ECHO_R、ECHO_X 分别记录所采集的原始回波串实部和虚部，并且在每一个深度点记录一个周期内所有的不同参数回波串。不同的行记录不同深度的回波串。参数 EDDV 记录了采集一个完整周期回波串所使用的脉冲序列的各种参数，如使用的频率、$T_E$、$T_w$、NECH，以及采集先后顺序等，与 ECHO_R 中一行所记录的不同采集参数回波串数据相匹配。RPTN_V 记录了 EDDV 中所记录的不同采集参数回波串重复采集的次数，即用 EDDV 和 RPTN_V 两个参数表的参数来描述采集模式。

通过以上的 EDDV 和 RPTN_V 参数可以对 ECHO_R 和 ECHO_X 进行回波串的叠加和相位旋转计算，得到 ECHO_SIGNAL 和 ECHO_NOISE。采集模式参数 ETDV 记录经过叠加和相位旋转后 ECHO_SIGNAL 中一行回波串的相应采集参数，如频率、$T_E$、$T_w$ 和 NECH 等。

同样也是利用不同的曲线名字来表示不同处理阶段的回波串。用 ECHO_R 和 ECHO_X 分别表示所采集的原始回波串的实部和虚部。用 ECHO_SIGNAL 和 ECHO_NOISE 分别表示经过预处理后的回波串信号和噪声。

## 二、原始回波数据校正

仪器在井下测量时，其所处的环境与仪器在地面刻度桶中获得刻度信息时的条件不一样。环境的不同，会对仪器采集的回波串产生影响，用地面的刻度信息对井下地层测量时所采集的回波串进行刻度会得到不准确的孔隙度。为此需要考虑以下几种井眼环境因素对核磁共振测量的影响,并对测量结果做环境校正。

1. 温度校正

随着温度增加,被磁化的氢原子总数减小,这种效应是由热能引起的。在绝对零度时,最小单位的静磁场将根据它们各自的磁矩排列取向。当环境温度上升时,可以排列取向的质子数目减小,需要进行校正。

随着温度增加,磁体的静磁场强度 $B_0$ 减小,当发射射频脉冲不变时,所观测的共振区域半径 $r$ 变小,即体积变小,如图 6-1-1 所示。此时,需要进行温度校正。另外,当发射的射频脉冲 $B_1$ 不变时,由于半径变小,其传递到观测区域的有效射频脉冲磁场强度变大,因此,也需要进行温度校正。

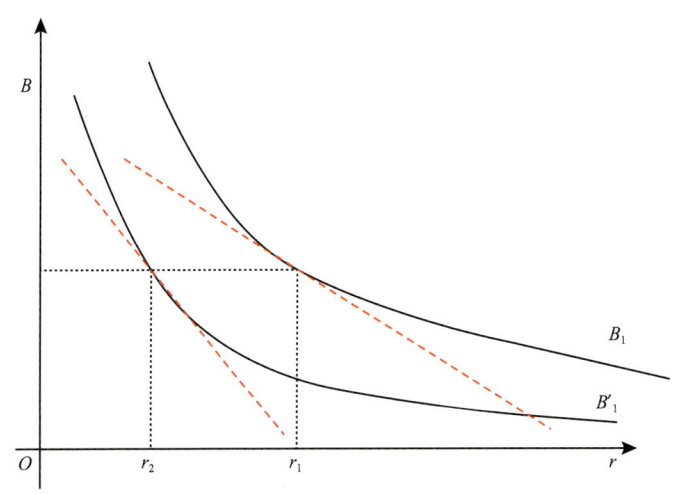

图 6-1-1 温度对静磁场影响示意图

2. 增益校正

地层和井眼电阻率变化,使得天线的负载发生变化,影响到天线电子线路的增益,需要进行增益校正。

3. 功率校正

由于天线的负载发生变化,所发射的射频脉冲磁场强度 $B_1$ 传递到观测区域的有效射频脉冲磁场强度发生变化,使得磁化矢量欠扳转或过扳转,需要进行功率校正。

4. 矿化度校正

当地层水中含有的 NaCl 浓度很高时,会对地层水的含氢指数 HI 产生影响。含氢指数随着矿化度的增大而减小,因此需要进行地层水矿化度校正。

5. 受激回波校正

在梯度磁场条件下,回波串的构成远比在均匀磁场中复杂得多,特别是前两个回波会发生严重失真,如果要应用这些测量数据,就必须进行受激回波校正。

## 三、数据叠加

数据叠加是指对采集的回波数据进行叠加处理,包括相位角计算的回波叠加、相位旋转前的回波叠加,以及旋转后的深度叠加。一般使用正交采集技术来采集核磁共振回

波串数据，所采集的数据可表示为

$$EX_j = ES_j \cos\phi + \varepsilon_j^X$$
$$EY_j = ES_j \sin\phi + \varepsilon_j^Y$$
（6-1-1）

式中：$EX_j$，$EY_j$ 分别为第 $j$ 个回波在 $X$ 轴和 $Y$ 轴上的分量；$ES_j$ 为第 $j$ 个回波的真正幅度；$\phi$ 为相位角；$\varepsilon_j^X$，$\varepsilon_j^Y$ 分别为第 $j$ 个回波的噪声在 $X$ 轴和 $Y$ 轴上的分量。

在实际计算中，不能直接从观测得到的两个道正交信号 $EX$、$EY$ 计算得到信号的幅度，而是要先计算正交相位角。由于噪声的存在，单个回波计算的相位角是不准确的，需要将 $n$ 个回波累加得到，即：

$$\phi = \arctan\left(\frac{\sum_{j=2}^{n} EY_j}{\sum_{j=2}^{n} EX_j}\right)$$
（6-1-2）

式中：$n$ 为计算相位角所用的回波个数，通常 $2 \leqslant n \leqslant 16$。

对于孔隙度大的储层，$n$ 值可以适当放大，只要所求的相位角结果稳定即可。

核磁共振测井数据记录的两个正交信号道需要经过相位旋转处理，才能得到最终的回波串信号。信号道和噪声道可计算为

$$ES_j = EX_j \cos\phi + EY_j \sin\phi$$
$$EN_j = -EX_j \sin\phi + EY_j \cos\phi$$
（6-1-3）

式中：$ES_j$ 为第 $j$ 个回波的信号幅度，用于反演 $T_2$ 谱；$EN_j$ 为第 $j$ 个回波的噪声，可以用来估算噪声水平，反映测井质量。

为提高回波数据的信噪比，需要对回波串进行叠加，尤其是对黏土束缚水信号和毛细管束缚水信号。需要注意的是，叠加虽然可以提高信噪比，但也会带来地层分辨率的损失。叠加强度需要根据实际数据情况确定，并不是越强越好。

回波串叠加分为回波旋转前叠加和回波旋转后叠加。旋转前叠加通常是对使用 PAPs 技术采集的回波串数据，先将同频率同采集参数的回波串进行叠加，目的是消除振铃效应，提高信噪比。例如 MREx 仪器 2 次测量的相位分别是 180° 和 90°（已经做了反相处理），对应的信号分别为

$$E_1 = X_{\text{signal}} + X_{\text{ringing}} + X_{\text{offset}}$$
$$E_2 = X_{\text{signal}} + X_{\text{ringing}} - X_{\text{offset}}$$
（6-1-4）

式中：$X_{\text{signal}}$ 为真实回波信号值；$X_{\text{ringing}}$ 为振铃噪声；$X_{\text{offset}}$ 为系统偏移量。

实际资料处理时，需要通过信号计算：

$$E_s = (E_1 + E_2)/2$$
（6-1-5）

旋转后叠加主要是对相位旋转后的不同频率相同采集参数回波串进行叠加，以增强回波串的信噪比。当然也可以不进行叠加，独立进行处理，获得不同探测深度地层信

息。方法是采用滑动半窗口法进行叠加，设置不同的半窗口大小（必须是大于等于0的整数），进行深度叠加再取均值即可。如图6-1-2所示，为核磁共振测井仪采集的回波数据叠加处理的结果，其中第1道为自然伽马，第2道为深度道，第3道、第4道分别为标准组回波叠加后的实部、虚部信号，第5道、第6道分别为黏土组回波叠加后的实部、虚部信号，第7道为相位角，第8道为旋转后标准组回波叠加的信号道和拟合的信号道，第9道为标准组回波叠加后的噪声道。

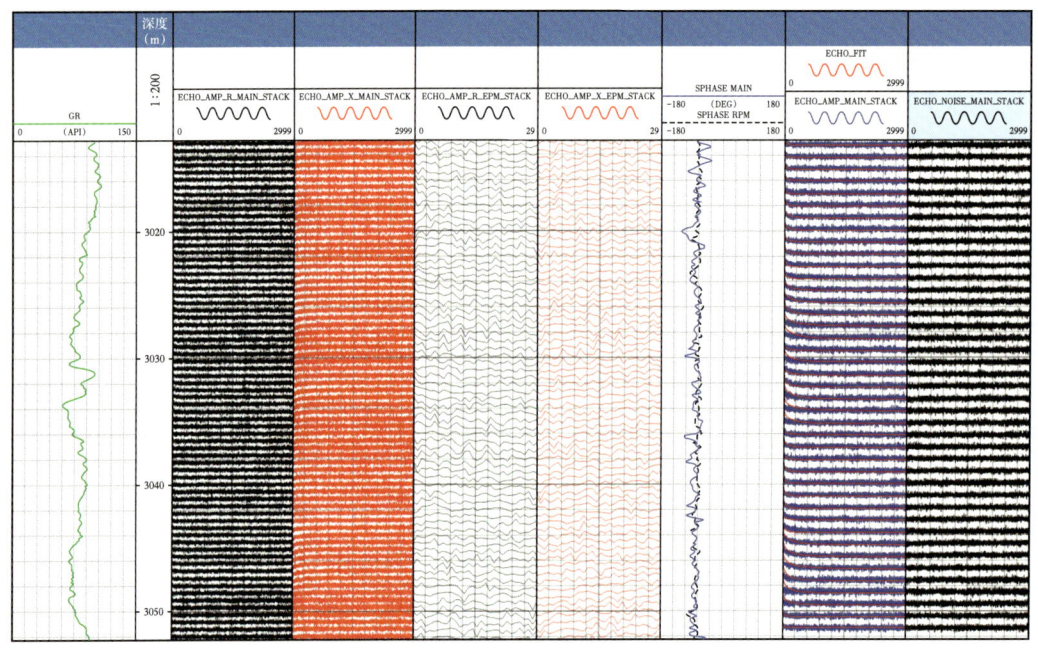

图 6-1-2　回波数据叠加处理结果图

## 四、时深转换与组合

有的核磁共振测井仪器不需要时深转换，其信号的采集记录为深度域，如斯伦贝谢公司 CMR-Plus 核磁共振测井仪器；有的多频核磁共振测井（如 MREx、MRIL-Prime、MRT6910、MRT6911 等）信号的采集记录在时间域，要得到最终的回波串数据，必须将数据从时间域转换到深度域。例如，MREx 核磁共振测井仪器在采集回波串数据的同时，保存了1条对应的深度曲线 ECHO_D（或者 TDEP）用来标定该回波串数据的深度。深度转换便是根据这条曲线将各组回波沿着深度变化的方向进行转换。

多频核磁共振测井仪器的观测模式相对简单，但是每种模式下仍有10道以上的回波信号。这些回波信号中有的回波频率不同，其他参数均相同，称为同组回波信号。通常，需要将同组回波信号进行组合，生成统一的标准回波信号，进一步提高信噪比，如图6-1-3所示，其中较为重要的组合包括标准回波组 ECHO_A、短等待时间组 ECHO_B、长回波间隔组 ECHO_C、黏土束缚流体组 ECHO_P。

ECHO_A 标准回波组需要反映地层中的所有流体信息，因此，要求等待时间最长（5s以上）、回波间隔最小（0.6ms），以及回波个数最多（大于500个）。这组信号反演之后得到的标准 $T_2$ 谱可以用来计算有效孔隙度、可动流体孔隙度等参数。

ECHO_B 回波组要求回波间隔与 ECHO_A 标准组回波间隔一致，等待时间较短（1s 左右）。这组回波信号可与标准组回波联合使用，生成差谱信号 ECHO_F，用于油气识别。

ECHO_C 回波组要求等待时间与 ECHO_A 标准组基本一致，但回波间隔加大（1.5ms 或 2.1ms）。该组信号可与标准组联合使用，得出移谱信号或进行扩散分析，用于油气识别。

ECHO_P 黏土束缚流体组采用很短的等待时间（20~30ms）和很短的回波间隔进行采集。黏土束缚流体信号衰减很快，只需要用较少的回波个数进行前端信号的测量。这组数据测量时间很短，可以在 1 个测量周期内进行多组测量，因此信噪比较高。

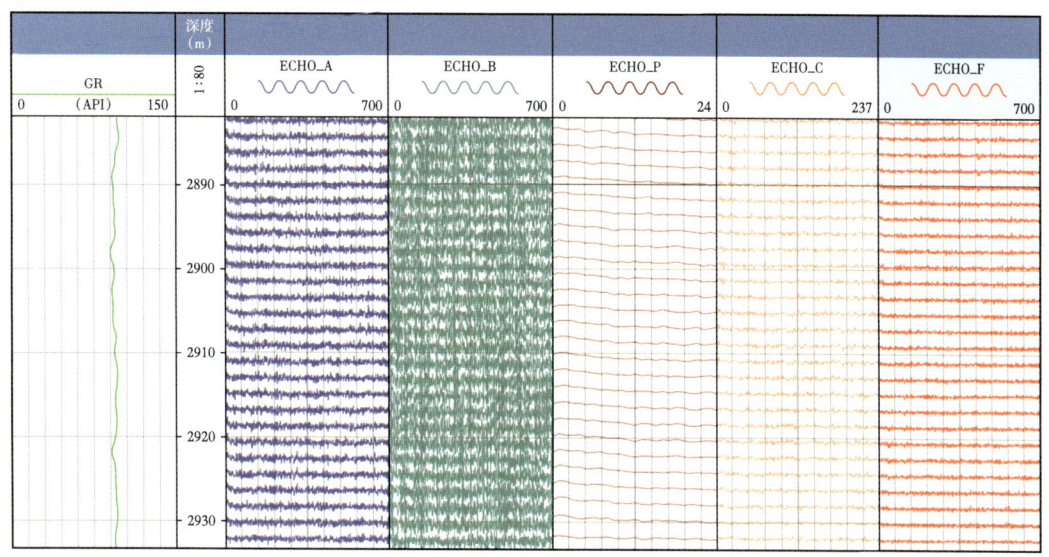

图 6-1-3　回波组合实例图

## 第二节　一维核磁共振测井数据反演方法

一维核磁共振测井通常是指对饱和流体岩石的纵向弛豫时间和横向弛豫时间进行测量。$T_1$ 通常采用反转恢复法或饱和恢复法测量，$T_2$ 采用 CPMG 脉冲序列测量。

当等待时间 $T_w$ 足够长，$T_1$ 测量信号的幅度可表示为

$$b(t) = \int f(T_1)[1 - c \cdot \exp(-t/T_1)] dT_1 + \varepsilon \quad (6\text{-}2\text{-}1)$$

当等待时间 $T_w$ 足够长，$T_2$ 测量信号的幅度可表示为

$$b(t) = \int f(T_2)\exp(-t/T_2) dT_2 + \varepsilon \quad (6\text{-}2\text{-}2)$$

式中：$t$ 为时间；$b(t)$ 为 $t$ 时刻的信号强度；$c$ 为常数，当 $c=1$ 时式（6-2-1）表示饱和恢复法的响应方程，当 $c=2$ 时式（6-2-1）表示反转恢复法的响应方程。

将式（6-2-1）和式（6-2-2）合并，可得到一维核磁共振测井的一般响应方程：

$$b(t)=\int f(T_i)[c_1-c_2\cdot\exp(-t/T_i)]\mathrm{d}T_i+\varepsilon, \quad i=1, 2 \quad （6-2-3）$$

当 $i=1$ 时表示对 $T_1$ 测量，若 $c_1=1$，$c_2=1$ 则表示饱和恢复法，若 $c_1=1$，$c_2=2$ 则表示反转恢复法；当 $i=2$ 时表示对 $T_2$ 测量，$c_1=0$，$c_2=-1$。

式（6-2-3）的离散形式为

$$b_k=\sum_{T_{i,\min}}^{T_{i,\max}} f(T_{i,j})[c_1-c_2\cdot\exp(-t_i/T_{i,j})], j=1,2,\cdots,n, k=1,2,\cdots,m \quad （6-2-4）$$

式中：$n$ 为预选的弛豫时间分量个数；$m$ 为回波个数；$t_i$ 为采集时间（通常为回波间隔的整数倍）；$b_k$ 为回波信号幅度；$T_{i,j}$ 为 $T_i$ 预选的第 $j$ 个弛豫时间分量；$\varepsilon_k$ 为测量噪声；$f(T_{i,j})$ 为 $T_{i,j}$ 的幅度。

由于 $T_1$ 测量时间较长，一维核磁共振测井通常只测量地层的 $T_2$。根据式（6-2-4），可以写出一维核磁共振 $T_2$ 测井采集的数据的矩阵形式：

$$\boldsymbol{A}_{m\times n}\boldsymbol{f}_{n\times 1}=\boldsymbol{b}_{m\times 1} \quad （6-2-5）$$

式中：$m$ 为总的回波个数；$n$ 为 $T_2$ 谱的分量个数；$\boldsymbol{A}$ 为核矩阵；$\boldsymbol{b}$ 为回波串数据；$\boldsymbol{f}$ 为待反演的 $T_2$ 谱。

核磁共振谱反演过程是已知式（6-2-5）中的 $\boldsymbol{A}$ 和 $\boldsymbol{b}$，求解 $\boldsymbol{f}$。

## 一、核磁共振测井数据压缩

核磁共振测井仪采集的 $T_2$ 数据是包含成百上千个回波组成的自旋回波串。地下储层核磁共振测井仪采集的 $T_2$ 数据量大，在反演之前，通常进行数据压缩处理。

窗口法和截断奇异值分解（TSVD）法是核磁共振测井数据压缩最常用的两种方法。窗口法压缩是对式（6-2-5）中的核矩阵 $\boldsymbol{A}$ 和回波串数据 $\boldsymbol{b}$ 进行压缩，如图 6-2-1 所示，将 $m$ 个回波分割为 $s$ 个窗口，在第 $i$ 个窗口内有 $N_i$ 个回波，且

$$m=N_1+N_2+\cdots+N_{i-1}+N_i+\cdots+N_s \quad （6-2-6）$$

$$r_1=0, \quad r_i=N_1+N_2+\cdots+N_{i-1} \quad （6-2-7）$$

$$C_{ij}=\frac{1}{\sqrt{N_i}}\sum_{k=r_i+1}^{r_i+N_i} A_{kj} \quad （6-2-8）$$

$$c_i=\frac{1}{\sqrt{N_i}}\sum_{k=r_i+1}^{r_i+N_i} b_k+\varepsilon_k \quad （6-2-9）$$

式中：$c_i$ 的噪声方差均为 $\sigma^2$。

从而将式（6-2-5）转换为 $\boldsymbol{C}_{s\times n}\boldsymbol{f}_{n\times 1}=\boldsymbol{c}_{s\times 1}$ 求解，矩阵的行数相对 $\boldsymbol{A}$ 的行数和 $\boldsymbol{b}$ 的行数均从 $m$ 行降至 $s$ 行，其中 $\boldsymbol{C}$ 表示压缩后的核矩阵，简称压缩矩阵，$\boldsymbol{c}$ 表示压缩后的数据，简称压缩数据。

由于回波串数据呈多指数衰减，通常将回波串数据沿时间轴按照对数等间隔分割成若干个窗口。由于最开始的几个回波数据对孔隙度和短弛豫时间组分的估计非常重要，前三个回波通常不参与压缩，回波数据压缩后的结果如图 6-2-2 所示。针对多组回波串压缩，可先利用窗口法分别对单组回波串数据进行压缩，然后将每组回波串数据压缩后的数据堆叠在一起实现多组回波串数据压缩，核矩阵按照行进行同样处理实现核矩阵压缩。

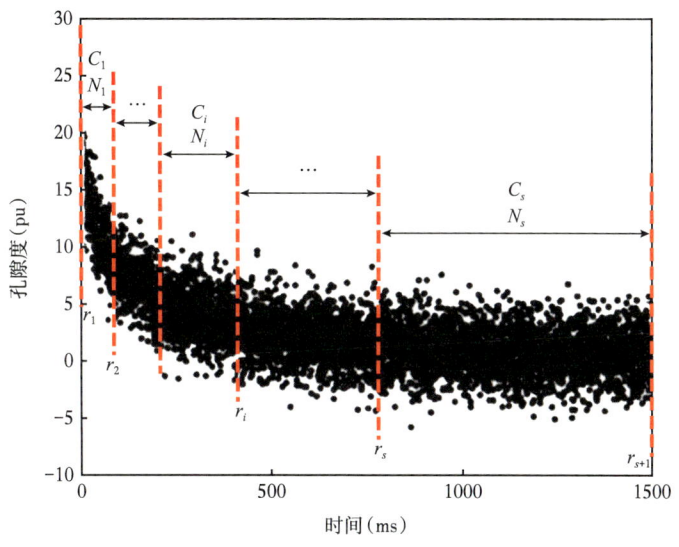

图 6-2-1 窗口法示意图

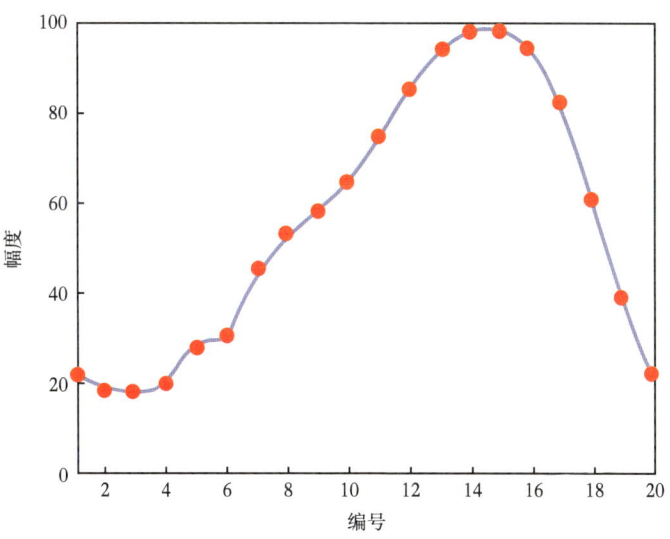

图 6-2-2 利用窗口法压缩回波串数据的结果

Sezginer（1994）采用截断奇异值分解法对式（6-2-5）中的 $A$ 和 $b$ 进行压缩，式（6-2-5）可改写成如下形式：

$$b + \varepsilon = A_r f + (A - A_r) f \quad (6\text{-}2\text{-}10)$$

式中：$\varepsilon$ 为噪声数据的矩阵形式。

其中：
$$A = U_{m \times n} \text{diag}(s_1, s_2, \cdots, s_n)(V_{n \times n})^T$$
$$A_r = U_{m \times n} \text{diag}(s_1, s_2, \cdots, s_r, 0, \cdots, 0)(V_{n \times n})^T$$

奇异值按降序排列 $s_1 \geqslant s_2 \geqslant \cdots \geqslant s_n \geqslant 0$。

$A$ 的奇异值 $s_i$ 呈指数衰减，如图 6-2-3 所示。大部分的 $s_i$ 都趋近于 0，这也是造成核磁共振测井数据反演问题严重病态的原因，因此只需保留前面若干个（如 $r$ 个）奇异值即可使得 $(A - A_r)f \approx 0$。

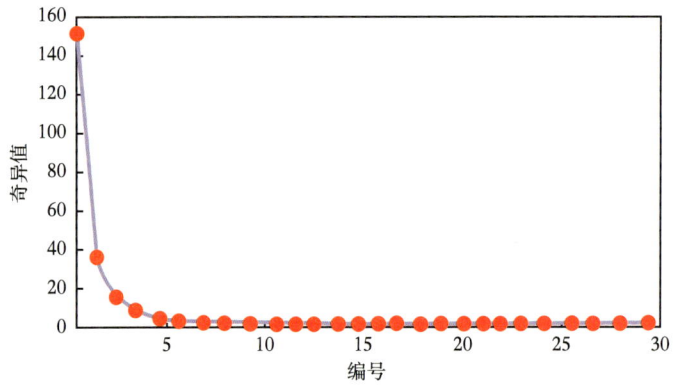

图 6-2-3  核矩阵的奇异值变化示意图

式（6-2-10）可近似写成如下形式：
$$b + \varepsilon \approx A_r f \qquad (6\text{-}2\text{-}11)$$

将式（6-2-11）两边同时乘 $(U_{m \times r})^T$，可得：
$$(U_{m \times r})^T b_{m \times 1} + (U_{m \times r})^T \varepsilon_{m \times 1} \approx S_{r \times r}(V_{n \times r})^T f_{n \times 1} \qquad (6\text{-}2\text{-}12)$$

简化式（6-2-12）可得：
$$C_{r \times n} = S_{r \times r}(V_{n \times r})^T$$
$$c_{r \times 1} = (U_{m \times r})^T b_{m \times 1} + (U_{m \times r})^T \varepsilon_{m \times 1}$$
$$c_{r \times 1} = C_{r \times n} f_{n \times 1} \qquad (6\text{-}2\text{-}13)$$

式中：$C_{r \times n}$ 为核矩阵压缩后的矩阵，简称压缩矩阵，$c_{r \times 1}$ 为回波串数据压缩后的数据，简称压缩数据。

图 6-2-4 为采用截断奇异值分解法压缩回波串数据结果示意图，压缩数据的噪声方差均为 $\sigma^2$。

## 二、核磁共振数据反演

1. 截断奇异值分解法

Prammer（1994）提出采用截断奇异值分解法反演核磁共振测井数据，并采用

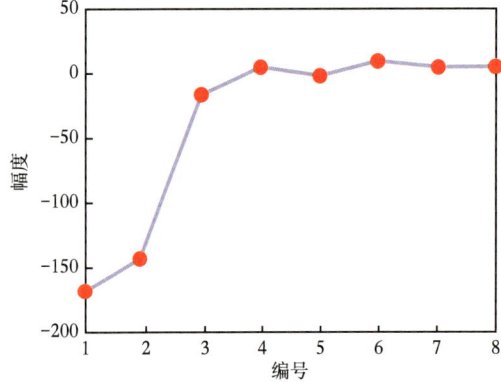

图 6-2-4  利用截断奇异值分解法压缩回波串数据的结果

了一系列措施提高反演速度，实现实时处理的目的。此后，截断奇异值分解法广泛用于核磁共振测井数据反演。截断奇异值分解法原理如下。

对于任意的矩阵 $A_{m \times n}$，可以分解为正交矩阵 $U_{m \times n}$、非负对角矩阵 $S_{n \times n}$=diag（$s_1$, $s_2$, …, $s_n$），$s_1 \geq s_2 \geq \cdots \geq s_n \geq 0$，以及正交矩阵 $V_{n \times n}$ 的转置的乘积，即：

$$A_{m \times n} = U_{m \times n} \text{diag}(s_1, s_2, \cdots, s_n) V_{n \times n}^{\text{T}} \quad (6\text{-}2\text{-}14)$$

则最小二乘解为

$$f_{\text{LS}} = V \text{diag}\left(\frac{1}{s_1}, \frac{1}{s_2}, \cdots, \frac{1}{s_n}\right)(U^{\text{T}} b) \quad (6\text{-}2\text{-}15)$$

利用信噪比（Signal-to-Noise Ratio，SNR）对奇异值截断（$\geq s_1$/SNR），获得正则化解：

$$f = V \text{diag}\left(\frac{1}{s_1}, \frac{1}{s_2}, \cdots, \frac{\text{SNR}}{s_1}, 0, \cdots, 0\right)(U^{\text{T}} b) \quad (6\text{-}2\text{-}16)$$

采用迭代法逐渐消去解的负分量，即在求解出的 $f$ 中，找出具有最大负数的分量，假定为第 $i$ 项，将 $f_i$ 设为零，删除矩阵 $A$ 中对应的列，得到缩减矩阵 $A'$，求取缩减解 $f'$，重复上述过程，直至解的分量均大于等于 0 时停止。

2. Tikhonov 正则化方法

目标函数对于核磁共振测井数据反演至关重要，其通常包括残差项和解的正则化项。残差项用于约束拟合值与测量值相匹配，解的正则化项用于压制噪声造成的解振荡，约束解的幅度和形态。对于 Tikhonov 正则化方法而言，其核磁共振反演目标函数如下：

$$\min\left\{\varphi(f) = \frac{1}{2}\|Af - b\|_2^2 + \frac{\alpha}{2}\|Lf\|_2^2\right\} \quad (6\text{-}2\text{-}17)$$

式中：$L$ 为离散化的零阶、一阶或二阶导数算子，分别对应模平滑、斜率平滑和曲率平滑方法；$\alpha$ 为正则化参数。

斜率平滑方法的应用效果介于模平滑和曲率平滑方法之间，通常很少使用。

对于模平滑而言，至少有两种方法可以实现式（6-2-17）的求解。第一种是由 Bergman 等（1995）提出的，利用当 $c_i$ 变换时，$\hat{M}$ 的分量为分段常数。其方法步骤如下：

（1）固定 $\alpha$，可以找到 $c$，使式（6-2-18）成立：

$$(M_{ij} + \alpha \delta_{ij}) c_j = g_i \quad (6\text{-}2\text{-}18)$$

其中：

$$M_{ij} = \sum_{x=1}^{m} k_{ix} k_{jx}$$

（2）$f_x$ 满足：

$$f_x = \max\left(0, \sum_{i=1}^{n} c_i k_{ix}\right) \quad (6\text{-}2\text{-}19)$$

（3）然后重新计算矩阵元 $M_{ij} = \sum_{x}' k_{ix}k_{jx}$，这次仅对使 $\sum_{i=1}^{n} c_i k_{ix}$ 为正值的 $x$ 进行求和。新的 $M_{ij}$ 用于步骤（1）求解新的 $c$。

（4）重复上述步骤，直到 $c$ 停止改变。$f_x$ 的最终值由步骤（2）得出。

这一方法通常极为有效，但是也有遇到困难的时候。有时式（6-2-18）直接迭代可能无法求解 $c$。这种情况下，可以采用 Butler 等（1981）提出的第二种方法，即搜索下述凸函数的最小值：

$$\psi = \frac{1}{2} \boldsymbol{c}^{\mathrm{T}} (\hat{\boldsymbol{M}} + \alpha \hat{\boldsymbol{I}}) \boldsymbol{c} - \boldsymbol{c} \cdot \boldsymbol{g} \tag{6-2-20}$$

首先计算：

$$\psi' = \frac{\partial \psi}{\partial c_i} = \sum_j (\hat{\boldsymbol{M}} + \alpha \hat{\boldsymbol{I}})_{ij} c_j - g_i \tag{6-2-21}$$

$$\psi'' = \frac{\partial^2 \psi}{\partial c_i \partial c_j} = (\hat{\boldsymbol{M}} + \alpha \hat{\boldsymbol{I}})_{ij} \tag{6-2-22}$$

得出新的 $c$：

其中：
$$c_{\text{new}} = c_{\text{old}} - \gamma \Delta \tag{6-2-23}$$

$$\psi(c_{\text{new}}) < \psi(c_{\text{old}}) \tag{6-2-24}$$

$$\Delta = \psi' / \psi''$$

式中：$\gamma$ 是等比序列 $\left(\frac{1}{2}\right)^0$，$\left(\frac{1}{2}\right)^1$，$\left(\frac{1}{2}\right)^2$ …中最先满足下述条件的值。

通常当满足：

$$\frac{\|(\hat{\boldsymbol{M}} + \alpha \hat{\boldsymbol{I}}) \boldsymbol{c} - \boldsymbol{g}\|}{\|\boldsymbol{g}\|} \leq 10^{-6} \tag{6-2-25}$$

这一任意选定的允许误差时，搜索终止。

为了避免选取的最优正则化参数 $\alpha_{\text{opt}}$ 偏大或偏小分别导致结果平滑或欠平滑，合理地选择 $\alpha_{\text{opt}}$ 至关重要。这里介绍了一种基于偏差原理的最优正则化参数 $\alpha_{\text{opt}}$ 选择方法。假设测量数据的噪声水平 $\sigma$ 已知，Morozov 的偏差原理中选择的 $\alpha_{\text{opt}}$ 应该满足：

$$\zeta(\alpha) = \|\boldsymbol{A}\boldsymbol{f} - \boldsymbol{b}\|_2^2 = \tau m \sigma^2 \tag{6-2-26}$$

式中：$m$ 为测量数据的个数；$\tau \geq 1$ 为预先确定的实数，通常取 1。

除了上述截断奇异值分解方法和 Tikhonov 正则化方法之外，还发展了一些其他方法。Borgia 等（1998，2000）提出了一种复杂的"曲率平滑"方法，即均匀惩罚法，该方法同时对解的模和曲率正则化。均匀惩罚法允许正则化参数在迭代过程中为可变量，沿弛豫时间轴提供了一个均匀惩罚函数，并建立了一个反馈机制，使得全部弛豫时间内惩罚项接近于同一值。该方法最终结果使得沿 $T_2$ 轴的尖峰值变得更尖锐，平滑隆起更加平滑。Liaw等（1994）尝试以B样条函数为基函数，建立反演模型。Miller等（1998）提出利用Gamma函数为基函数建立半连续的弛豫衰减模型反演$T_2$谱。谭茂金等（2007）提出基于遗传算法的核磁共振测井数据反演方法，遗传算法模拟达尔文生物进化论的自然选择和遗传学机理的生物进化过程，是一种通过模拟自然进化过程搜索最优解的方法。而Salazar-Tio等（2009）则提出两种基于模拟退火法的最优化反演方法，分别将幅度蒙特卡罗方法和高斯蒙特卡罗方法用于线性反演和非线性反演。蒙特卡罗方法利用随机数解决计算问题，需要多次迭代寻找到目标函数的全局最小值，当解的分量个数较多时，蒙特卡罗方法运算速度非常慢。Heaton等（2004）采用最大熵方法反演核磁共振数据，根据数据噪声水平对奇异值进行截断实现正则化，然而当噪声水平不能准确估计时，反演的结果可能很糟糕。Chouzenoux等（2010）采用传统形式的最大熵目标函数，提出一种复杂的截断牛顿算法求解最大熵方法的目标函数。Zou等（2015）采用修正的或归一化的Shannon熵函数替换传统的Shannon熵函数作为正则化项，改善核磁共振数据反演结果。解的$l_2$范数正则化与解的平滑性相关，解的$l_1$范数正则化与解的稀疏性相关。为平衡解的平滑性和稀疏性，Berman等（2013）提出对解同时施加$l_2$范数和$l_1$范数正则化。然而，双参数正则化方法难以找到一种非常有效的正则化参数选取方法。Berman等（2013）利用大量的数值模拟结果进行刻度，用于快速确定两个正则化参数的取值。

3. 核磁共振测井数据反演方法的数值模拟和井资料处理

通过数值模拟和井资料处理，首先构建如图6-2-5所示的具有双峰结构的岩石$T_2$谱模型。利用此$T_2$谱模型正演合成回波间隔为0.3ms、回波个数为5000的回波串，并对回波串数据加入不同噪声水平的高斯白噪声，模拟结果如图6-2-6所示，其中红线表示不含噪声的回波串数据，绿线、蓝线、粉色线和黑线分别为加入噪声水平为0.25pu、0.5pu、1.0pu和2.0pu高斯白噪声的回波串数据。

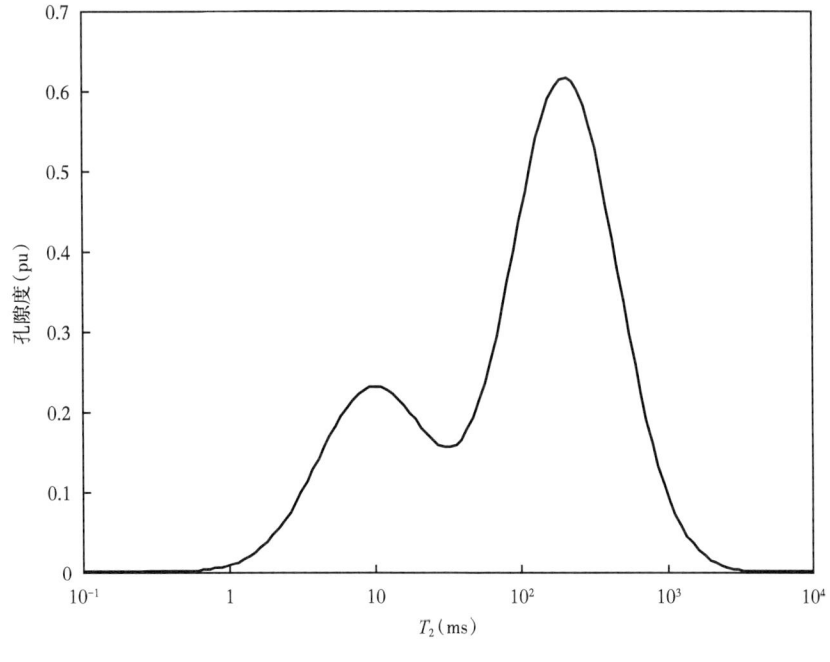

图6-2-5 一维$T_2$谱模型

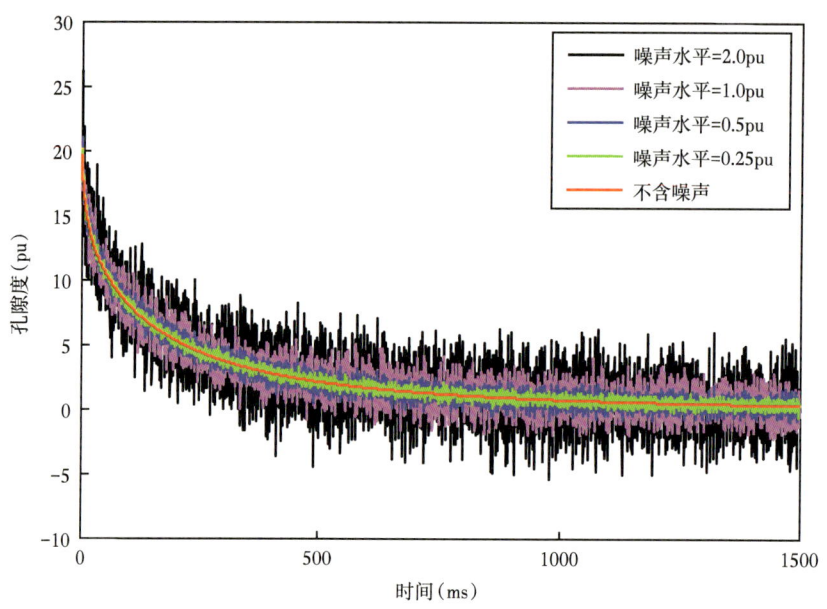

图 6-2-6　利用 $T_2$ 谱模型正演合成的回波串数据

分别采用截断奇异值分解法、模平滑方法、曲率平滑方法和最大熵方法对图 6-2-6 所示的回波串数据进行反演，如图 6-2-7 所示。模平滑方法的反演结果优于曲率平滑方

a. 噪声水平=0.25pu　　b. 噪声水平=0.5pu

c. 噪声水平=1.0pu　　d. 噪声水平=2.0pu

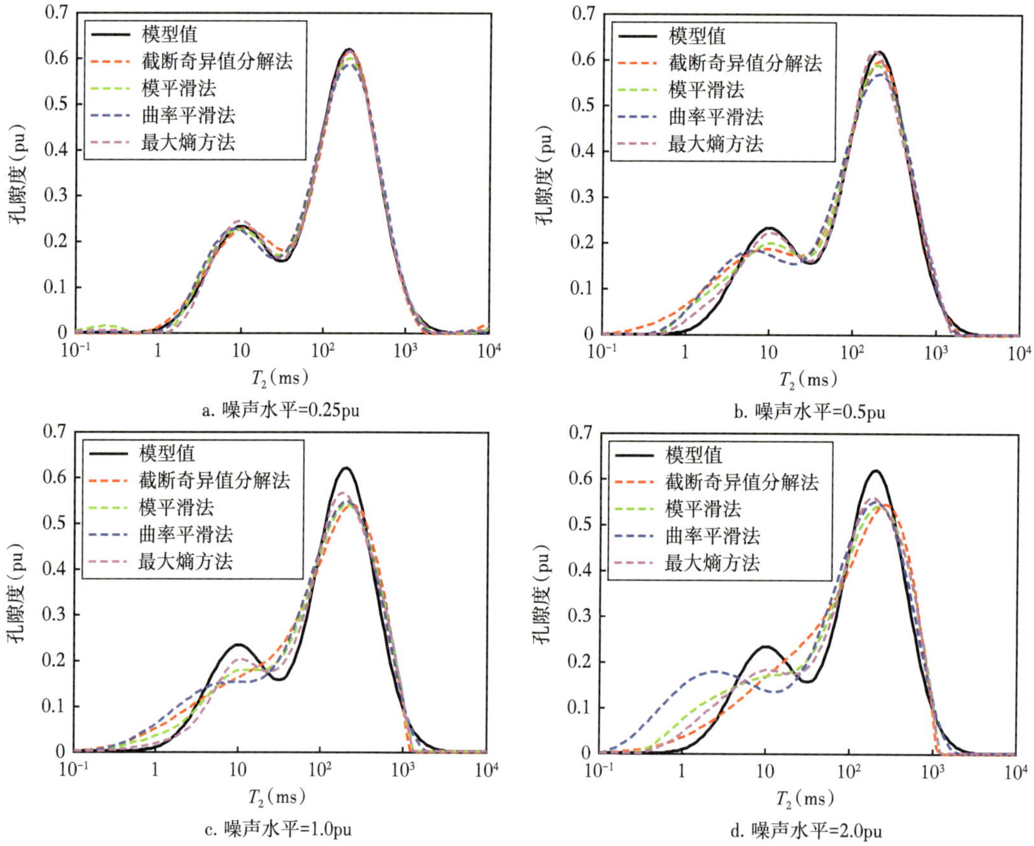

图 6-2-7　截断奇异值分解法、模平滑、曲率平滑和最大熵方法的反演结果对比

法的反演结果。在低信噪比时,最大熵方法有效地避免了截断奇异值分解法将 $T_2$ 谱双峰形态反演成单峰形态;在 $T_2$ 谱短弛豫处,最大熵方法有效改善了模平滑方法反演的短弛豫处的峰变宽。最大熵方法的反演结果相对截断奇异值分解法、模平滑方法和曲率平滑方法具有一定的提高。

如图 6-2-8 所示,目标井为致密砂岩储层,储层孔隙度较小,采用 MRIL-P 型核磁共振测井仪测量,核磁共振测井数据信噪比很低。将 A 组和 C 组两组回波串组合在一起进行联合反演用于获得 $T_2$ 分布。其中第 3 道为 A 组回波串,第 4 道为 C 组回波串,第 5 道至第 8 道分别为截断奇异值分解法、模平滑方法、曲率平滑方法和最大熵方法的反演结果,第 9 道为各反演方法计算的孔隙度。截断奇异值分解法的分辨率相对较低,在某些井段将 $T_2$ 谱反演成单峰形态,而且计算的孔隙度相对偏低。曲率平滑方法反演的 $T_2$ 谱相对模平滑方法更为光滑,谱峰相对更宽,短弛豫峰向短弛豫方向延展更为明显。最大熵方法相对模平滑方法和曲率平滑方法改善了 $T_2$ 谱短弛豫峰向短弛豫方向延展,谱峰更聚焦。

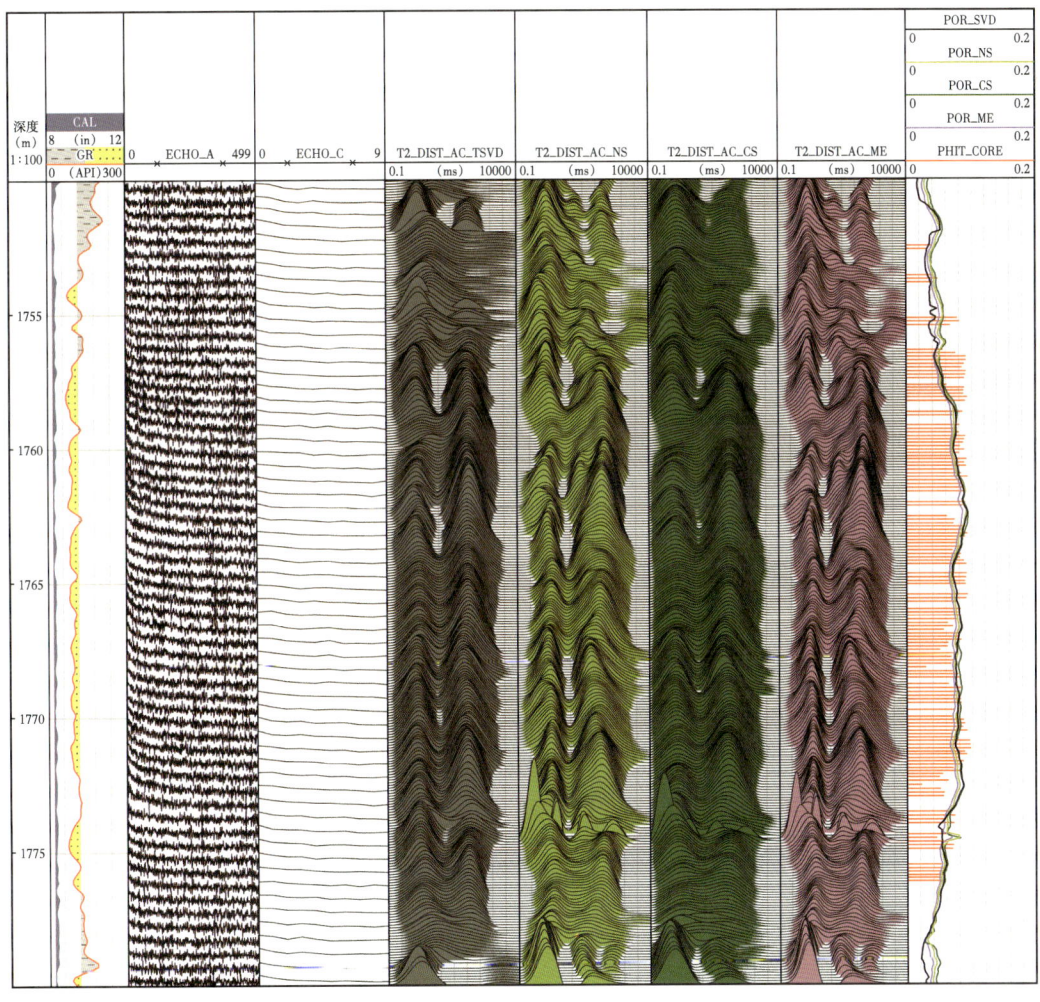

图 6-2-8　截断奇异值分解法、模平滑方法、曲率平滑方法和最大熵方法处理
核磁共振测井资料结果对比

# 第三节 二维核磁共振测井数据反演方法

二维核磁共振测井比一维核磁共振测井的数据量更大、数据更复杂，数据反演稍有差别，但核心的反演算法相同。下面介绍二维核磁共振测井数据反演原理及数值模拟和井资料处理实例。

## 一、二维核磁共振数据反演原理

二维核磁共振测井采集方式主要分为两类：两个窗口脉冲序列、变回波间隔CPMG采集，采集的都是服从指数衰减的回波数据。为了便于后续的解释应用，都需对这些数据进行反演获得对应的核磁共振谱。利用两个窗口脉冲序列测量回波数据获得二维核磁共振测井数据可以用统一的数学模型表达，即第二个窗口测量的回波数据幅度 $S(t_1, t_2)$ 可表示为第一类 Fredholm 积分方程的形式：

$$S(t_1,t_2) = \iint k_1(x,t_1) f(x,y) k_2(y,t_2) \mathrm{d}x\mathrm{d}y + \varepsilon(t_1,t_2) \quad (6\text{-}3\text{-}1)$$

式中：$f(x, y)$ 为待求解的二维谱函数；$k_1(x,t_1)$ 和 $k_2(y,t_2)$ 为两个分离的核函数；$\varepsilon(t_1, t_2)$ 为测量的噪声。

获取二维核磁共振谱的过程就是已知采集参数和测量数据 $S(t_1,t_2)$ 求解式（6-3-1）中的 $f(x,y)$，和一维核磁共振反演问题一致，该问题也是病态问题。首先将式（6-3-1）写为矩阵形式：

$$\boldsymbol{S} = \boldsymbol{K}_1 \boldsymbol{F} \boldsymbol{K}_2^{\mathrm{T}} + \boldsymbol{\varepsilon} \quad (6\text{-}3\text{-}2)$$

式中：矩阵 $\boldsymbol{S}$、$\boldsymbol{K}_1$、$\boldsymbol{K}_2$、$\boldsymbol{F}$ 和 $\boldsymbol{\varepsilon}$ 分别为 $S(t_1, t_2)$、$k_1(x, t_1)$、$k_2(y, t_2)$、$f(x, y)$ 和 $\varepsilon(t_1, t_2)$ 的矩阵形式。

求解式（6-3-1）中 $f(x, y)$ 的问题就转化为求解式（6-3-2）中矩阵 $\boldsymbol{F}$，且满足非负约束 $F(i, j) \geqslant 0$。第六章第二节已描述利用正则化方法反演一维核磁共振谱，同样地，二维核磁共振反演也可以利用正则化方法（Song et al.，2002a）。反演的目标函数可写为

$$\arg\min_{F \geqslant 0} \|\boldsymbol{S} - \boldsymbol{K}_1 \boldsymbol{F} \boldsymbol{K}_2'\|_2^2 + \alpha \|\boldsymbol{F}\|_2^2 \quad (6\text{-}3\text{-}3)$$

式中：$\|\boldsymbol{F}\|_2^2$ 为矩阵的 Frobenius 范数；$\alpha$ 为正则化参数。

由于二维核磁共振测井数据量较大，在求解式（6-3-3）之前通常对采集数据和核矩阵进行压缩处理，且在必要的时候也需要进行降噪处理。第六章第二节已经介绍了截断奇异值分解法是一个有效的核磁共振测井数据压缩方法。这里简要介绍截断奇异值分解法压缩二维核磁共振测井数据的过程。核矩阵 $\boldsymbol{K}_1 \in \mathbb{R}^{N_1 \times N_x}$ 和 $\boldsymbol{K}_2 \in \mathbb{R}^{N_1 \times N_y}$ 通过奇异值分解可得：

$$\begin{cases} \boldsymbol{K}_1 = \boldsymbol{U}_1 \boldsymbol{\Sigma}_1 \boldsymbol{V}_1^{\mathrm{T}} \\ \boldsymbol{K}_2 = \boldsymbol{U}_2 \boldsymbol{\Sigma}_2 \boldsymbol{V}_2^{\mathrm{T}} \end{cases} \quad (6\text{-}3\text{-}4)$$

其中：
$$\mathit{\Sigma}_1 = \mathrm{diag}(\sigma_1, \sigma_2, \cdots, \sigma_C, \cdots, \sigma_{N_x}) \in \mathbb{R}^{N_x \times N_x}$$
$$\mathit{\Sigma}_2 = \mathrm{diag}(\sigma'_1, \sigma'_2, \cdots, \sigma'_C, \cdots, \sigma'_{N_y}) \in \mathbb{R}^{N_y \times N_y}$$

式中：$U_1 \in \mathbb{R}^{N_1 \times N_x}$ 和 $U_2 \in \mathbb{R}^{N_2 \times N_y}$ 分别为核矩阵 $K_1$ 和 $K_2$ 的左奇异矩阵；$V_1 \in \mathbb{R}^{N_x \times N_x}$ 和 $V_2 \in \mathbb{R}^{N_y \times N_y}$ 分别为核矩阵 $K_1$ 和 $K_2$ 的右奇异矩阵；$\sigma_1, \sigma_2, \cdots, \sigma_{N_x}$ 和 $\sigma'_1, \sigma'_2, \cdots, \sigma'_{N_y}$ 分别为核矩阵 $K_1$ 和 $K_2$ 的 $N_x$ 和 $N_y$ 个奇异值，且 $\sigma_1 \geq \sigma_2 \geq \cdots \geq \sigma_C \geq \cdots \geq \sigma_{N_x} \geq 0$ 和 $\sigma'_1 \geq \sigma'_2 \geq \cdots \geq \sigma'_C \geq \cdots \geq \sigma'_{N_y} \geq 0$。

核矩阵 $K_1$ 和 $K_2$ 的奇异值衰减很快，只需要保留前 $C$ 个奇异值就可以保留绝大部分的信息。因此，SVD 法将核矩阵 $K_1$ 和 $K_2$ 中小于 $\sigma_C$ 和 $\sigma'_C$ 的奇异值删除，只保留前面 $C$ 个奇异值，从而得到矩阵 $K_{1C} = \tilde{U}_1 \mathit{\Sigma}_{1C} \tilde{V}_1^T$ 和 $K_{2C} = \tilde{U}_2 \mathit{\Sigma}_{2C} \tilde{V}_2^T$，式中 $\tilde{U}_1 \in \mathbb{R}^{N_1 \times C}$ 和 $\tilde{U}_2 \in \mathbb{R}^{N_2 \times C}$ 为矩阵 $U_1$ 和 $U_2$ 只保留了前 $C$ 列得到的，$\tilde{V}_1 \in \mathbb{R}^{N_x \times C}$ 和 $\tilde{V}_2 \in \mathbb{R}^{N_y \times C}$ 为矩阵 $V_1$ 和 $V_2$ 只保留前 $C$ 列得到的，$\mathit{\Sigma}_{1C} = \mathrm{diag}(\sigma_1, \sigma_2, \cdots, \sigma_C) \in \mathbb{R}^{C \times C}$，$\mathit{\Sigma}_{2C} = \mathrm{diag}(\sigma'_1, \sigma'_2, \cdots, \sigma'_C) \in \mathbb{R}^{C \times C}$。因此，压缩后的核矩阵 $\tilde{K}_1 = \mathit{\Sigma}_{1C} \tilde{V}_1^T \in \mathbb{R}^{C \times N_x}$ 和 $\tilde{K}_2 = \mathit{\Sigma}_{2C} \tilde{V}_2^T \in \mathbb{R}^{C \times N_y}$，压缩后的回波数据 $\tilde{S} = \tilde{U}_1^T S \tilde{U}_2 \in \mathbb{R}^{C \times C}$。式（6-3-3）可改写为

$$\arg\min_{F \geq 0} \left\| \tilde{S} - \tilde{K}_1 F \tilde{K}'_2 \right\|_2^2 + \alpha \| F \|_2^2 \tag{6-3-5}$$

求解式（6-3-5）中的二维矩阵 $F$ 可以通过降维的方式来进行。将式（6-3-5）整理成一维数据格式，即：

$$\arg\min_{f \geq 0} \left\| s - \tilde{K} f \right\|_2^2 + \alpha \| f \|_2^2 \tag{6-3-6}$$

其中：
$$\tilde{K} = \tilde{K}_1 \otimes \tilde{K}'_2$$

式中：向量 $s$ 和 $f$ 是二维矩阵 $\tilde{S}$ 和 $F$ 按一定编码顺序排列的一维数据形式；$\otimes$ 表示两个矩阵的张量积。

式（6-3-6）的求解方法已在第六章第二节进行详细阐述。在获得式（6-3-6）中 $f$ 的解之后，再按照逆编码顺序将一维向量 $f$ 转换为二维矩阵 $F$，此时 $F$ 即为二维核磁共振谱。

当利用变回波间隔 CPMG 采集二维核磁共振测井数据时，采集的数据 $S(t, T_E)$ 同样可以表示为第一类 Fredholm 积分方程的形式：

$$S(t, T_E) = \iint k_1(x, t) f(x, y) k_2(y, T_E, t) \mathrm{d}x \mathrm{d}y + \varepsilon(t, T_E) \tag{6-3-7}$$

式中：$f(x, y)$ 是待求解的二维谱函数；$k_1(x, t)$ 和 $k_2(y, T_E, t)$ 分别为两个相互耦合的核函数；$\varepsilon(t, T_E)$ 为测量的噪声。

式（6-3-7）中，可将两个相互耦合的核函数看成一个单独的核函数，即 $k(x, y, T_E, t) = k_1(x, t) k_2(y, T_E, t)$。不同于两个窗口脉冲序列采集模式，变回波间隔 CPMG 采集模式中每组回波串中数据个数是不同的，所以通常采用窗口平均方法进行压缩处理使每组回波串中回波个数相同，同时也加快了数据反演的速度（Sun et al.,

2005）。将压缩后的二维回波数据按照一定编码顺序排列构成一维数据 $s$，同时也重新构造压缩后的核矩阵 $K$，此时反演目标函数可表示为

$$\arg\min_{f\geq 0}\|s - Kf\|_2^2 + \alpha\|f\|_2^2 \qquad (6\text{-}3\text{-}8)$$

可以发现式（6-3-6）和式（6-3-8）基本一致。后续的处理和两个窗口脉冲序列采集数据的处理一致，得到式（6-3-8）的解 $f$，再按照逆编码顺序将一维向量 $f$ 转换为二维矩阵 $F$，此时 $F$ 即为二维核磁共振谱。

## 二、数值模拟和井资料处理

### 1. 二维 $D$—$T_2$ 谱反演数值模拟

模拟构建如图 6-3-1 所示的包含束缚水、可动水和轻质油的二维 $D$—$T_2$ 谱模型，每种流体组分均服从高斯分布。二维 $D$—$T_2$ 谱模型总孔隙度为 20pu，其中束缚水、可动水和轻质油的孔隙度分别为 6.5pu、6.5pu、7pu。束缚水的 $T_2$ 为 20ms，可动水的 $T_2$ 为 200ms，束缚水和可动水的扩散系数 $D$ 均为 $2.5\times10^{-5}\text{cm}^2/\text{s}$；轻质油的 $T_2$ 为 500ms，$D$ 为 $1.5\times10^{-6}\text{cm}^2/\text{s}$。

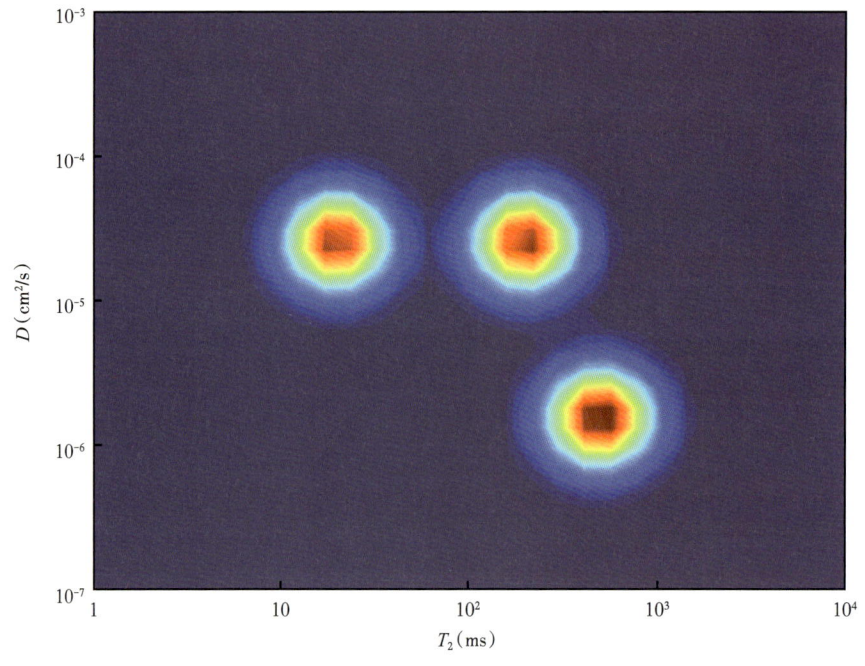

图 6-3-1　二维 $D$—$T_2$ 谱模型

设置磁场梯度 $G$ 为 30Gs/cm，正演合成回波间隔分别为 0.45ms、0.9ms、1.8ms、3.6ms、7.2ms、9.6ms、12.5ms 和 25.0ms 的 8 组回波串，并分别加入噪声水平为 0.25pu、0.5pu、1.0pu 和 2.0pu 的高斯白噪声，各组回波串的扫描次数分别为 1、1、2、2、4、4、8 和 8，模拟结果如图 6-3-2 所示。

分别采用截断奇异值分解法和模平滑方法对图 6-3-2 所示的回波串数据进行反演，得到对应的 $D$—$T_2$ 谱，如图 6-3-3 和图 6-3-4 所示。

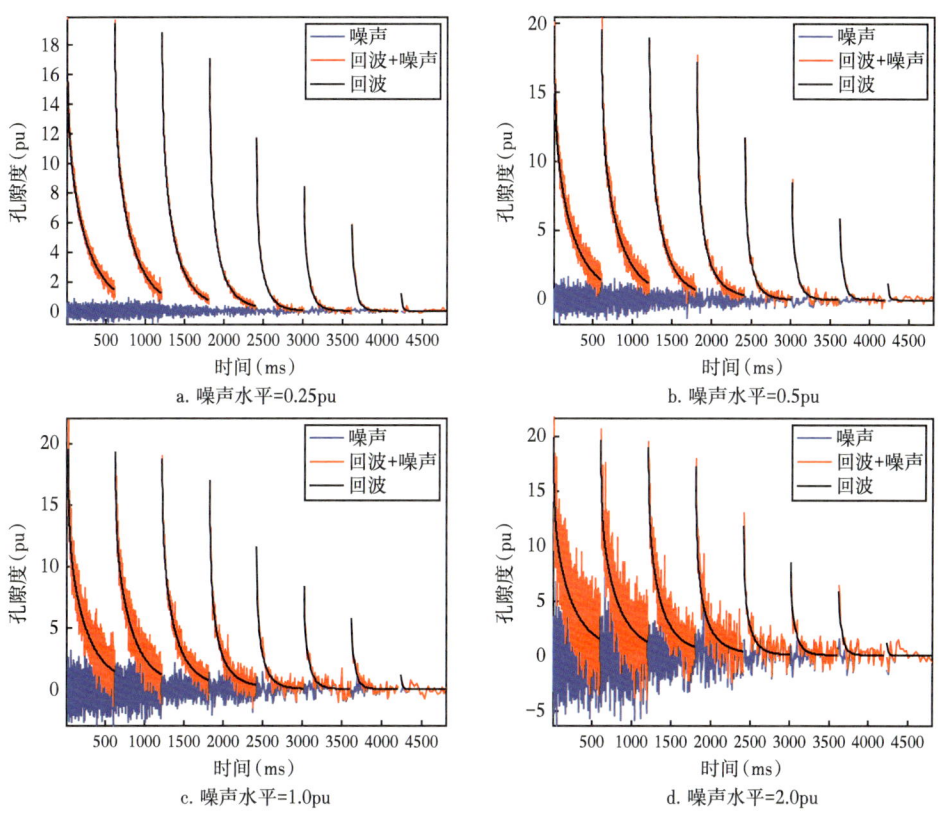

图 6-3-2　正演合成的回波数据及施加的高斯白噪声

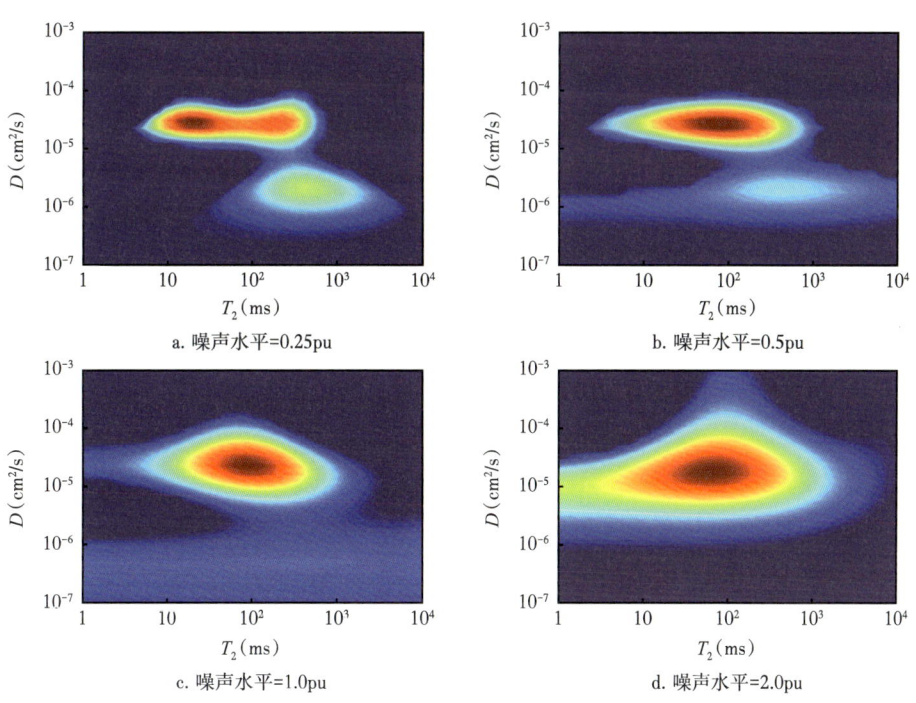

图 6-3-3　截断奇异值分解法的反演结果

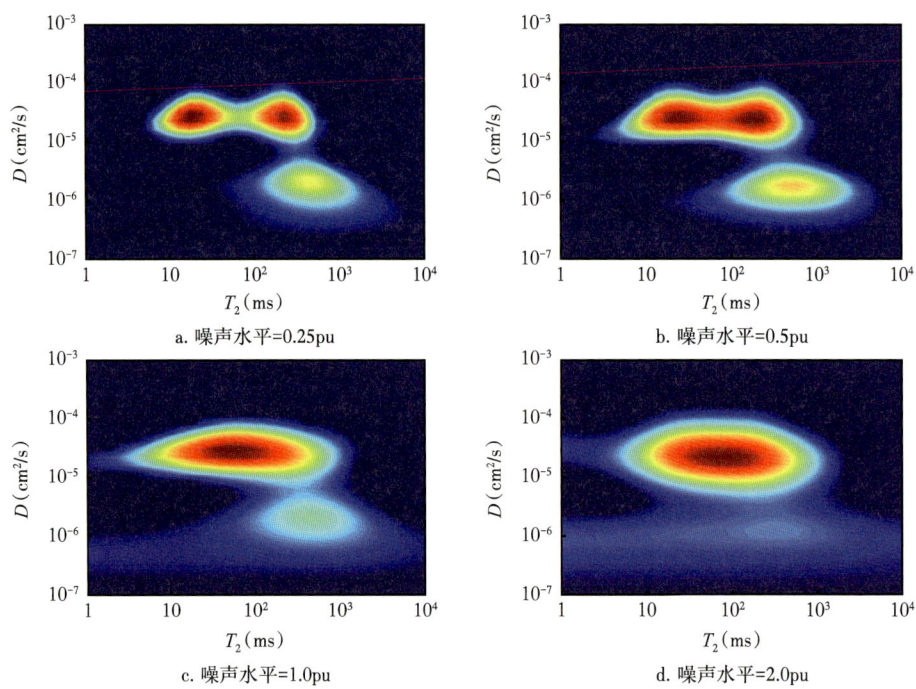

图 6-3-4 模平滑方法的反演结果

从图 6-3-3 中可以看出，截断奇异值分解法的分辨率较低，在噪声水平大于等于 0.5pu（SNR=40）的时候，束缚水和可动水已经很难区分开来了，而且轻质油峰也不明显。从图 6-3-4 中可以看出，当噪声水平小于等于 0.5pu 时，模平滑方法反演结果能很好地区分束缚水、可动水和轻质油；当噪声水平等于 1.0pu（SNR=20）时，束缚水和可动水已经很难区分了；当噪声水平等于 2.0pu（SNR=10）时，轻质油也已经很难区分了。

2. 二维 $T_1$—$T_2$ 谱反演数值模拟

模拟构建如图 6-3-5 所示的包含束缚水、可动水和轻质油的二维核磁共振 $T_1$—$T_2$ 谱模型，每种流体组分均服从高斯分布，$T_1$—$T_2$ 谱模型总孔隙度为 20pu，其中束缚水、可动水和轻质油的孔隙度分别为 6.5pu、6.5pu 和 7pu。束缚水的 $T_2$ 为 10ms，$T_1$ 为 20ms；可动水的 $T_2$ 为 100ms，$T_1$ 为 200ms；轻质油的 $T_2$ 为 800ms，$T_1$ 为 1200ms。

利用图 6-3-5 所示的二维 $T_1$—$T_2$ 谱模型正演合成等待时间分别为 12.0s、3.0s、1.0s、0.3s、0.1s、0.03s、0.01s 和 0.003s 的 8 组回波串，并分别加入噪声水平为 0.25pu、0.5pu、1.0pu 和 2.0pu 的高斯白噪声，各组回波串的扫描次数分别为 1、1、2、2、4、4、8 和 8，模拟结果如图 6-3-6 所示。

分别采用截断奇异值分解方法和模平滑方法对图 6-3-6 所示的回波串数据进行反演处理，结果如图 6-3-7 和图 6-3-8 所示。

从图 6-3-7 中可以看出，截断奇异值分解法的分辨率较低，轻质油和可动水很难区分开来；当噪声水平大于等于 1.0pu（SNR=20）时，束缚水也已经很难区分了。

从图 6-3-8 中可以看出，当噪声水平小于等于 1.0pu（SNR=20）时，模平滑方法反演结果能很好地区分束缚水、可动水和轻质油；当噪声水平等于 2.0pu（SNR=10）时，轻质油和可动水信号重叠严重，已经很难区分了。

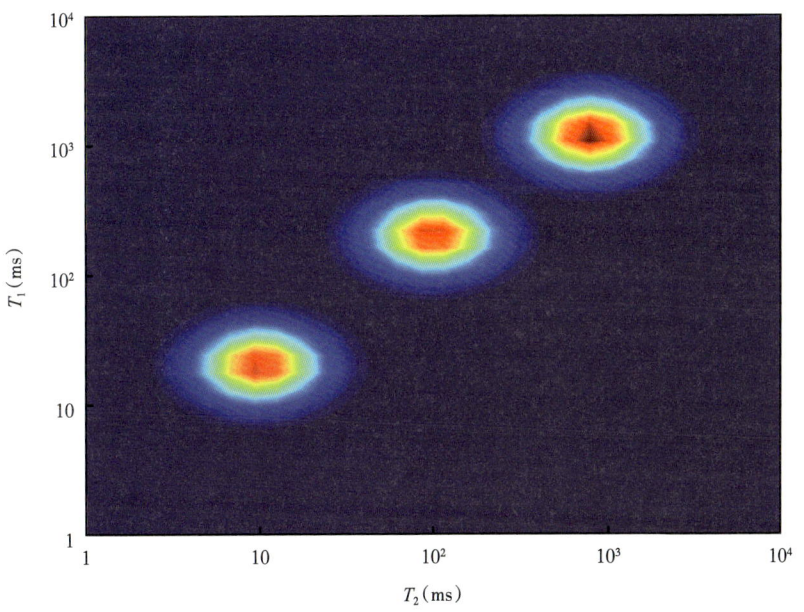

图 6-3-5　二维 $T_1$—$T_2$ 谱模型

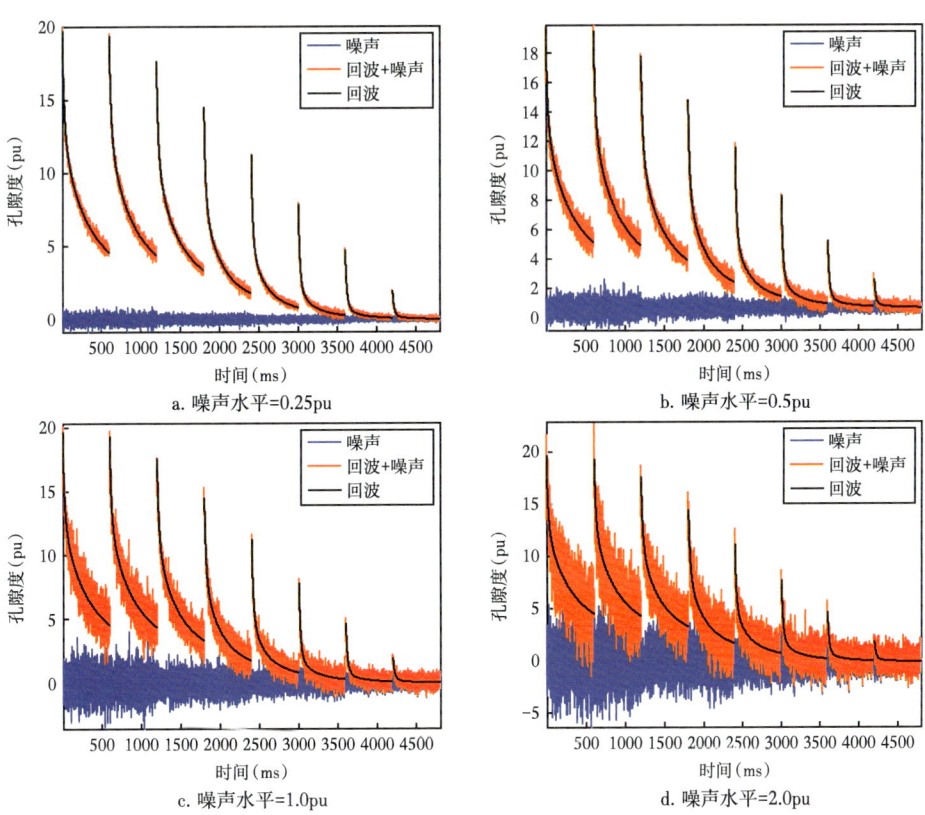

图 6-3-6　利用 $T_1$—$T_2$ 谱模型正演合成的回波数据及施加的高斯白噪声

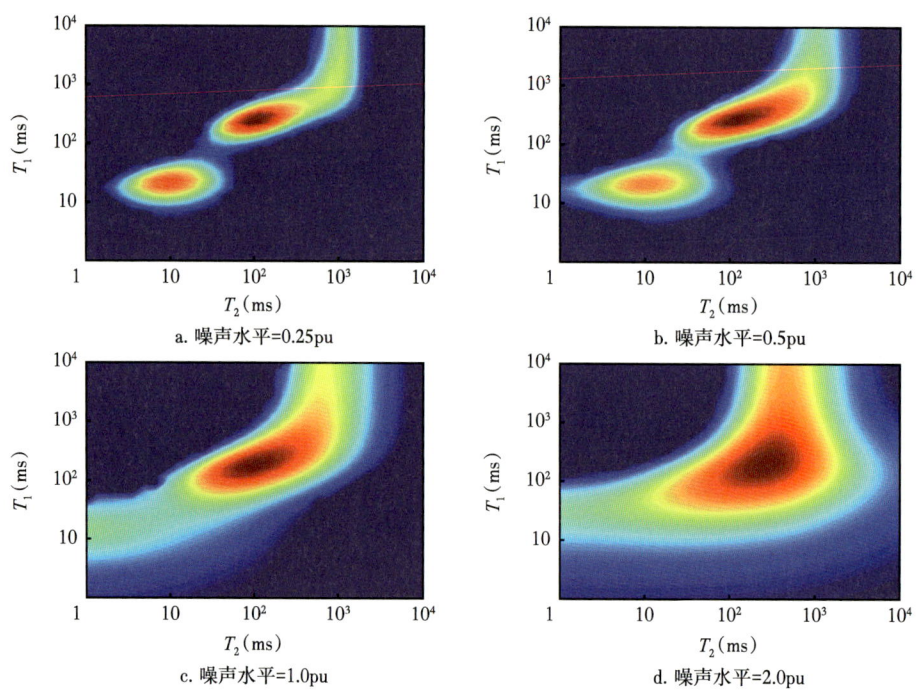

图 6-3-7　截断奇异值分解法的反演结果

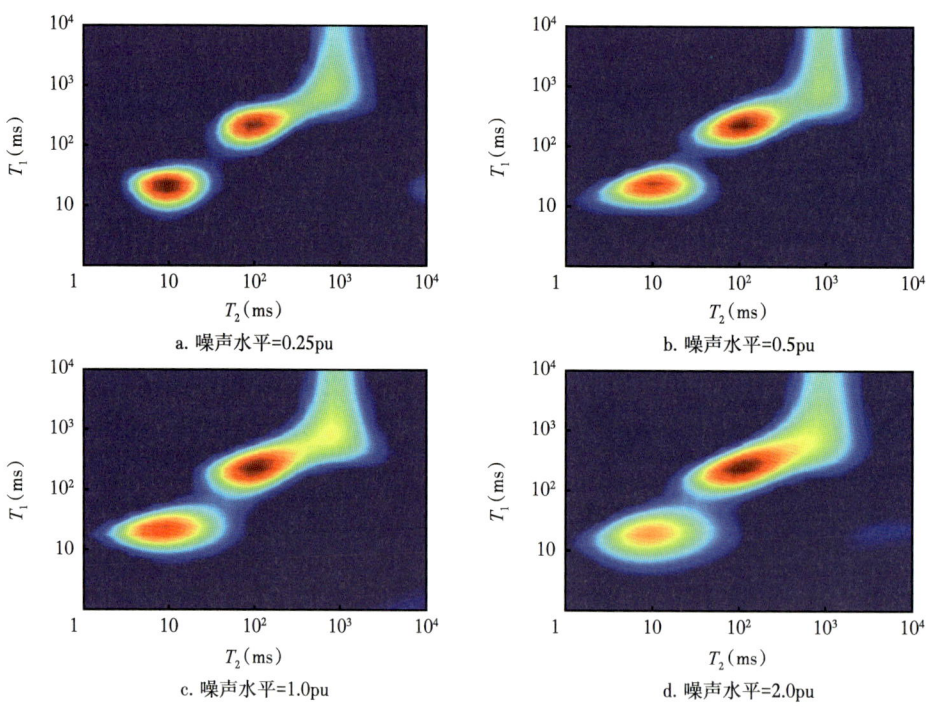

图 6-3-8　模平滑方法的反演结果

3. 二维核磁共振测井资料处理

如图 6-3-9 所示，该地区利用 Halliburton 公司的 MRIL-P 型仪器进行测井。

图 6-3-9 中第 1 道至第 7 道为二维核磁共振测井采集的不同等待时间时的回波串数据；第 8 道至第 10 道为 Halliburton 公司 Insite 软件处理的 $T_2$ 谱、$T_1$ 谱和 $T_1$—$T_2$ 谱结果；第 11 道和第 12 道为模平滑方法处理的 $T_2$ 谱、$T_1$ 谱和 $T_1$—$T_2$ 谱结果。从图 6-3-9 中可以看出，模平滑处理结果与 Insite 软件处理结果接近，展示了模平滑方法的有效性。

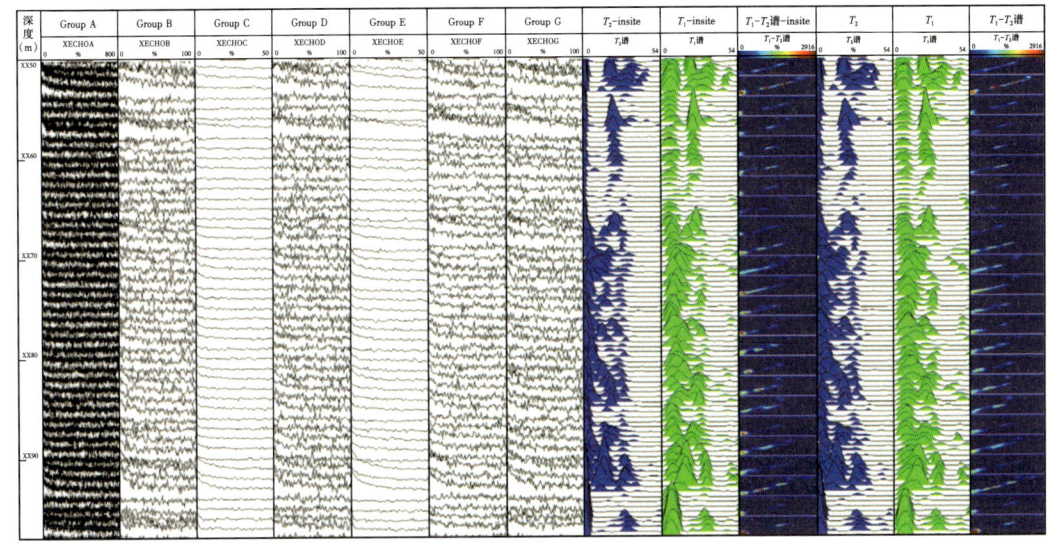

图 6-3-9　某致密砂岩储层二维核磁共振 $T_1$—$T_2$ 测井资料反演结果（据 Zou et al., 2022）

## 第四节　核磁共振测井数据降噪方法

核磁共振测井回波数据反演是一个严重的病态问题，尤其非常规储层孔隙度低、微小孔隙发育时，核磁共振测井采集的回波数据信噪比低，导致非常规储层核磁共振测井反演的 $T_2$ 谱可靠性低，从而降低了核磁共振储层评价的精度。为了提高 $T_2$ 谱的反演精度，有必要在反演之前对回波数据进行降噪处理。

### 一、基于小波变换的核磁共振测井数据降噪方法

小波变换方法已在核磁共振数据降噪方面应用很成熟。小波变换主要分为连续小波变换（CWT）和离散小波变换（DWT）。CWT 把基本小波 $\varphi(t)$ 作位移 $b$ 后，在不同的尺度 $a$ 下与待分析信号 $f(t)$ 作内积，小波基函数可以表示为

$$\varphi_{a,b}(t) = |a|^{-1/2} \varphi[(t-b)/a] \tag{6-4-1}$$

式中：$a$ 为伸缩因子；$b$ 为平移因子。

且必须满足约束条件：

$$C_\varphi = \int_R \frac{|\hat{\varphi}(\omega)|^2}{|\omega|} \mathrm{d}\omega < \infty \tag{6-4-2}$$

式中：$\hat{\varphi}(\omega)$ 为 $\varphi(t)$ 的傅里叶变换。

$W_f(a,b)$ 定义为信号 $f(t)$ 与 $\varphi_{a,b}(t)$ 的内积：

$$W_f(a,b)=\langle f(t)\cdot\varphi_{a,b}(t)\rangle=|a|^{-1/2}\int f(t)\varphi^*[(t-b)/a]\mathrm{d}t \qquad (6-4-3)$$

式中：$\langle\cdot\rangle$ 表示内积；$\varphi^*(\cdot)$ 表示共轭。

重构信号计算式为

$$f(t)=\frac{2}{C_\varphi}\int_0^\infty\left\{\int_{-\infty}^\infty\frac{1}{a^2}W_f(a,b)\varphi^*[(t-b)/a]\mathrm{d}b\right\}\mathrm{d}a \qquad (6-4-4)$$

对于 CWT，$a$ 和 $b$ 都是连续的。目前大多数连续信号处理都已经离散化，DWT 需要对 $a$ 和 $b$ 离散化。经过 DWT 分解后的回波串信号主要由两部分组成：细节系数反映了微小孔隙信号和噪声，近似系数反映中到大孔的核磁共振信号。

小波阈值降噪是小波变换在降噪方面最基本的应用。对于核磁共振测井采集的含噪回波信号，要选取合适的小波函数，确定最优分解层次。采用 Mallat 算法分解 NMR 回波信号，滤波得到低频系数和高频系数，并且上一层分解出的低频系数还可以继续分解，得到下一层的低频系数和高频系数。依此类推，由分解层次确定分解次数。

此处选用 db4 小波对 NMR 回波信号进行三层分解来说明小波分解的变化，绘制对应的三组低频系数和高频系数，如图 6-4-1 所示。

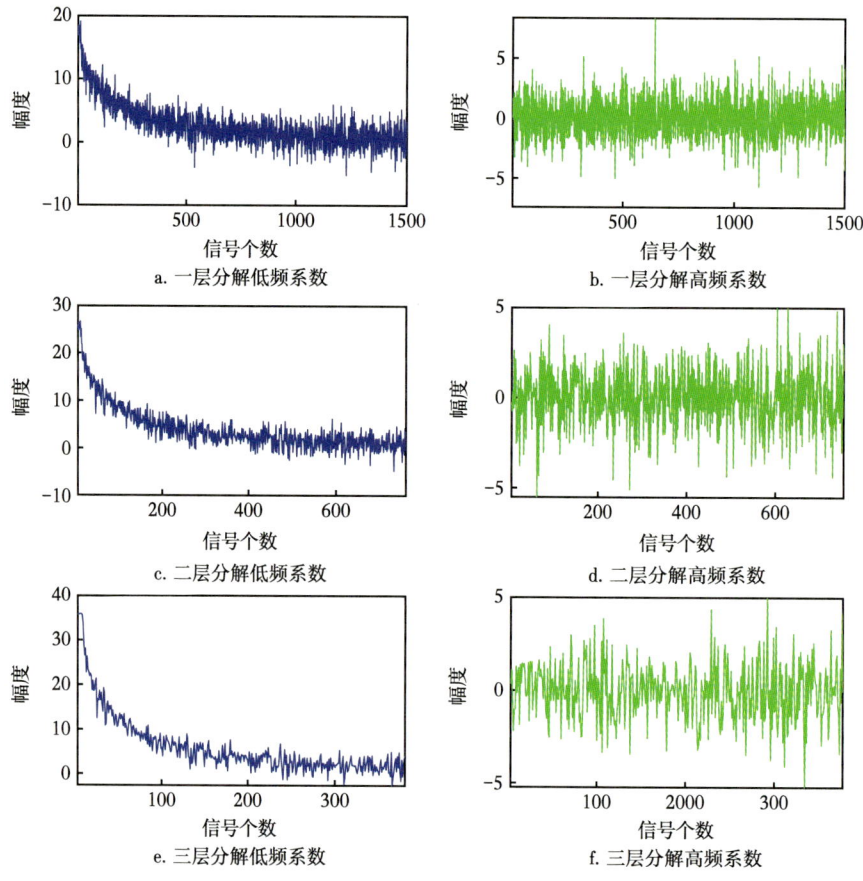

图 6-4-1　三层小波分解的低频系数和高频系数

通过对回波信号的三次小波分解提取的小波系数进行对比,高频系数(主要为噪声)一般都在零的位置上下波动,且噪声幅值随分解层次的增大而逐渐减小,而低频系数(主要为信号)的幅值则是越来越大,与噪声的对比更加明显。此外,随着分解层次增加,保留信号的个数会越来越少,因此选取合适的小波基函数和适当的分解层次非常重要,不仅要最大限度保留真实信号的信息,还要保证降噪效果。

随后进行阈值处理,将小波分解的高频系数大于阈值的部分置 0 进行滤波,即可对其实现降噪操作。如对于图 6-4-1 中所分解出来的一层高频系数,对其幅值分布做数量统计并绘制分布直方图,然后按照 sqtwolog 阈值公式 sqrt{2lg[length($X$)]} 计算阈值,结果如图 6-4-2 所示,两条垂直红线对应的系数幅值的绝对值就是所计算出的阈值。大部分高频系数分布在两条阈值线之间,阈值处理就是将这两条线间的系数置零。对于剩下未置零的系数,如果保持不变即为硬阈值法,如果减去阈值即为软阈值法。相较于硬阈值法会出现间断点和信号抖动的情况,软阈值法处理的系数较小,降噪后的信号会更加平滑,软阈值降噪方法比较符合实际应用。

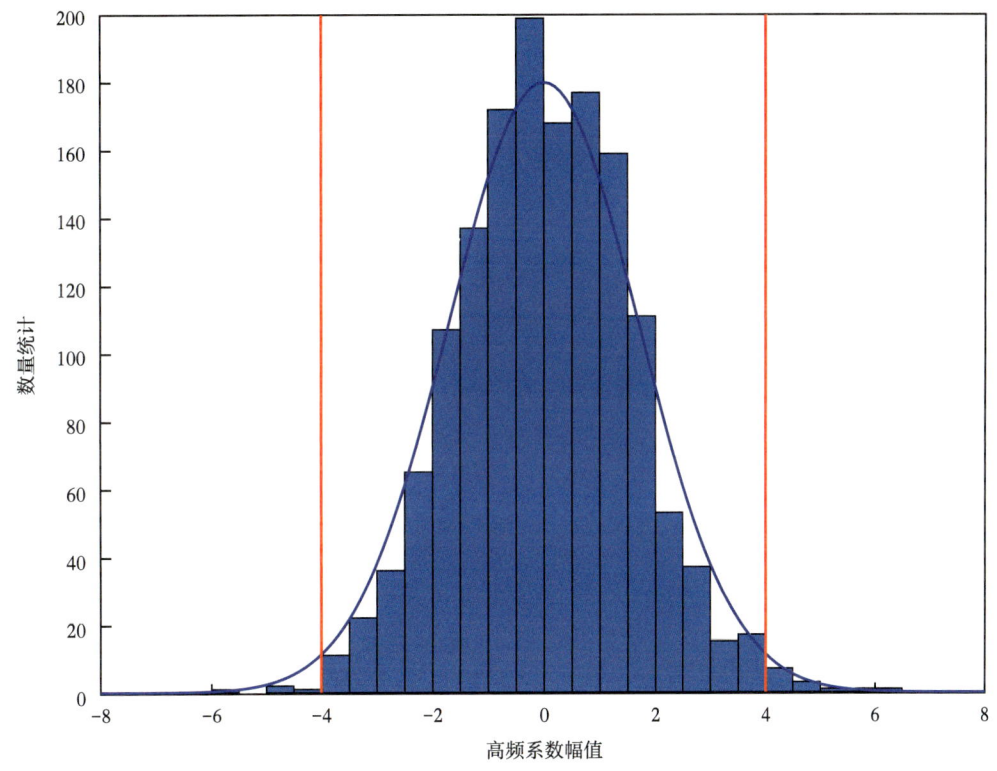

图 6-4-2 一层高频系数幅值的分布直方图

将阈值处理后的新低频系数和新高频系数进行重构得到降噪后的核磁共振信号,并且可以利用源信号减去重构信号得到信号道中的噪声,从而可以为后续的反演估算噪声的标准差。

图 6-4-3 显示了降噪前后反演的 $T_2$ 谱与 $T_2$ 模型的比较,可以发现降噪后反演的结果在短弛豫处与模型更接近,效果更佳,体现了降噪的有效性。

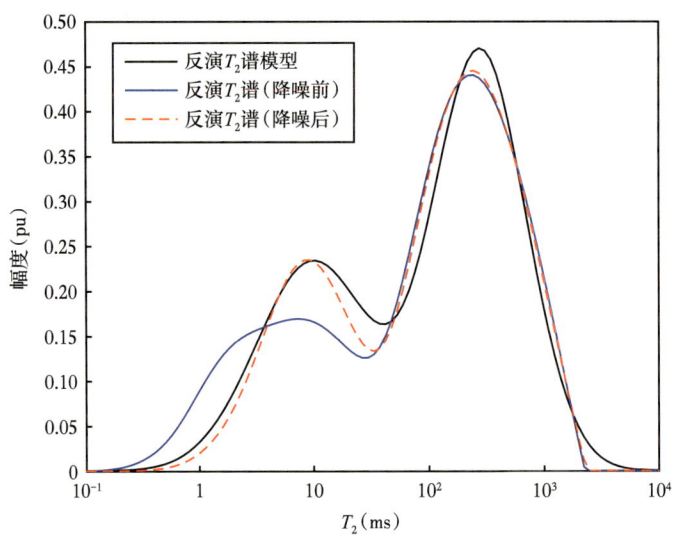

图 6-4-3 降噪前后回波信号反演的 $T_2$ 谱

## 二、基于经验模态分解法和奇异值分解法的核磁共振测井数据降噪方法

**1. 方法原理**

1）经验模态分解（EMD）法

核磁共振测井数据中包含高斯白噪声，可以采用 EMD 法对其进行降噪处理。EMD 法是根据核磁共振回波数据的时间尺度自适应分解成一组由高频到低频的 $k$ 个本征模态函数（IMF）及信号的残差分量（RES），而噪声主要分布在高频的 IMF 分量中。EMD 需要满足两个条件：

（1）极值点与过零点之间的数目差值不超过一个；

（2）由局部极大值和极小值构成的上下包络线的平均值等于零。

对核磁共振回波信号 $b$ 进行 EMD 可以得到如下形式：

$$b = \sum_{j=1}^{k} \text{IMF}(j) + \text{RES} \quad (6\text{-}4\text{-}5)$$

式中：IMF（$j$）表示第 $j$ 个 IMF 分量；RES 为残差分量。

信号的趋势分量为去除高频 IMF 分量，将低频 IMF 分量与残差分量 RES 叠加起来，即为 EMD 法降噪后的信号，趋势分量表示为

$$\text{tc} = \sum_{j=k'}^{k} \text{IMF}(j) + \text{RES} \quad (6\text{-}4\text{-}6)$$

式中：tc 为趋势分量；$k'$ 为第一个低频分量对应的 IMF 分量的序号。

2）奇异值分解（SVD）法

利用 SVD 法进行核磁共振测井数据降噪时，首先根据回波数据 $b$ 构造出如下 Hankel 矩阵 $\boldsymbol{H}$：

$$H = \begin{bmatrix} b_1 & b_2 & \cdots & b_M \\ b_2 & b_3 & \cdots & b_{n+1} \\ \vdots & \vdots & \ddots & \vdots \\ b_{m-M+1} & b_{m-M+2} & \cdots & b_m \end{bmatrix} \quad (6\text{-}4\text{-}7)$$

式中：$b_i$ 表示的是第 $i$ 个回波信号，$i = 1, 2, \cdots, m$，$M=m/2+1$。

设 $H$ 的秩为 $r$，则 $r= \min(M, m-M+1)$，对 $H$ 进行奇异值分解得到：

$$H = U\Sigma V^T \quad (6\text{-}4\text{-}8)$$

$$\Sigma = \mathrm{diag}(\sigma_1, \sigma_2, \sigma_3, \cdots, \sigma_r) \quad (6\text{-}4\text{-}9)$$

式中：$U$、$V$ 为正交矩阵；$\Sigma$ 为奇异值构成的对角矩阵且 $\sigma_1 > \sigma_2 > \sigma_3 > \cdots > \sigma_r > 0$。

SVD 降噪时将小的奇异值置零，但奇异值截取的阈值难以确定，本节采用奇异值差分谱选取最小值对应位置为奇异值截取的阈值，奇异值差分谱定义为

$$d_i = \sigma_i - \sigma_{i+1} \quad (6\text{-}4\text{-}10)$$

$$i=1, 2, \cdots, \min(M, m-M+1)-1$$

假设当 $i=k$ 时，奇异值差分谱 $d_k$ 取得最小值，则差分谱对应的前 $k$ 个奇异值代表信号的真实分量，从 $k+1$ 个奇异值开始到第 $r$ 个奇异值代表噪声分量，将其置零后得到新的对角矩阵 $\Sigma'$，再代入式（6-4-8）得到新的 Hankel 矩阵，从而可以获得降噪后的信号。

3）经验模态分解法—奇异值分解法

对于含有噪声的核磁共振测井数据 $b(t)$，进行 EMD 得到从高频到低频的 IMF 分量时，根据合适的时间尺度选取趋势分量：

$$b(t) = y(t) + \mathrm{tc}(t) \quad (6\text{-}4\text{-}11)$$

式中：$\mathrm{tc}(t)$ 为趋势分量，一般为低频部分；$y(t)$ 为含有噪声的高频部分。

高频部分中可能含有有用的信号，所以对 $y(t)$ 再进行 SVD 降噪处理，选取奇异值差分谱最小值处对应奇异值为阈值，阈值位置及之前的奇异值保持不变，阈值之后的奇异值置零并重构信号，最后将趋势分量与高频部分降噪后的信号叠加组合得到最终的降噪信号：

$$x'(t) = y'(t) + \mathrm{tc}(t) \quad (6\text{-}4\text{-}12)$$

式中：$x'(t)$ 为降噪后的信号；$y'(t)$ 为高频部分 SVD 去噪后的信号。

2. 数值模拟

1）一维 $T_2$ 数据降噪

构造如图 6-4-4 所示的双峰 $T_2$ 谱模型，$T_2$ 峰值分别为 10ms 和 200ms，每个组分比例分别为 7.5 和 2.5，模型的孔隙度为 10pu。假设 $T_2$ 布点数为 128 个，回波间隔为 0.2ms，回波个数为 4096，通过正演计算得到回波数据并加上不同信噪比的高斯白噪声 SNR=10、20 和 30，得到不同信噪比回波数据，如图 6-4-5 所示。

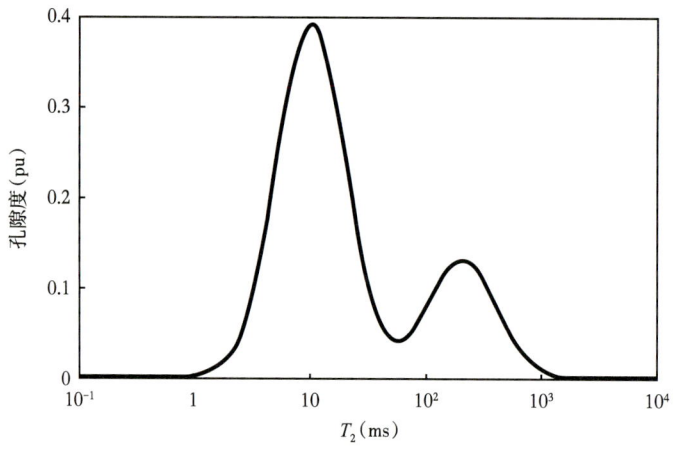

图 6-4-4 孔隙度为 10pu 的双峰 $T_2$ 谱模型

分别利用 EMD 法、SVD 法和 EMD-SVD 法对图 6-4-5 中的回波数据进行降噪处理。当利用 EMD-SVD 法去噪时，将 EMD 的第一个 IMF 进行 SVD 降噪处理。不同降噪方法处理回波数据的结果如图 6-4-6 所示，对比去噪前的回波数据，三种方法去噪后的噪声均有明显减小。对去噪后的回波数据反演得到 $T_2$ 谱，如图 6-4-7 所示。利用孔隙度与均方根误差（RMSE）来评价 EMD、SVD 和 EMD-SVD 三种方法降噪效果，不同信噪比数据降噪前后反演的 $T_2$ 谱孔隙度和 RMSE 见表 6-4-1。从图 6-4-7 和表 6-4-1 可以看出，随着信噪比的提高，反演 $T_2$ 谱 RMSE 逐渐降低，说明准确性逐渐增高。当 SNR=10 时，SVD 法降噪后反演 $T_2$ 谱的孔隙度远低于 10pu，反演的 $T_2$ 谱比未去噪的数据反演的 $T_2$ 谱更差，这是因为在低信噪比数据下 SVD 去噪时容易将一些有用的信号去除，导致结果不准确。当 SNR=20 和 30 时，去噪前后 $T_2$ 谱孔隙度与模型孔隙度（10pu）接近。EMD 法去噪后反演的 $T_2$ 谱较未去噪的 $T_2$ 谱有明显提升。EMD-SVD 法去噪后的反演结果最接近构造的 $T_2$ 谱模型，说明去噪的效果比 EMD 法和 SVD 法更好，验证方法的有效性。

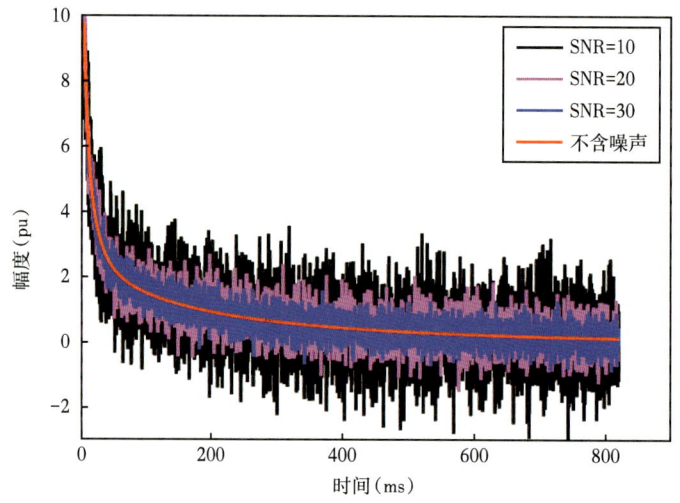

图 6-4-5 正演计算的不同 SNR（10、20、30）核磁共振回波数据

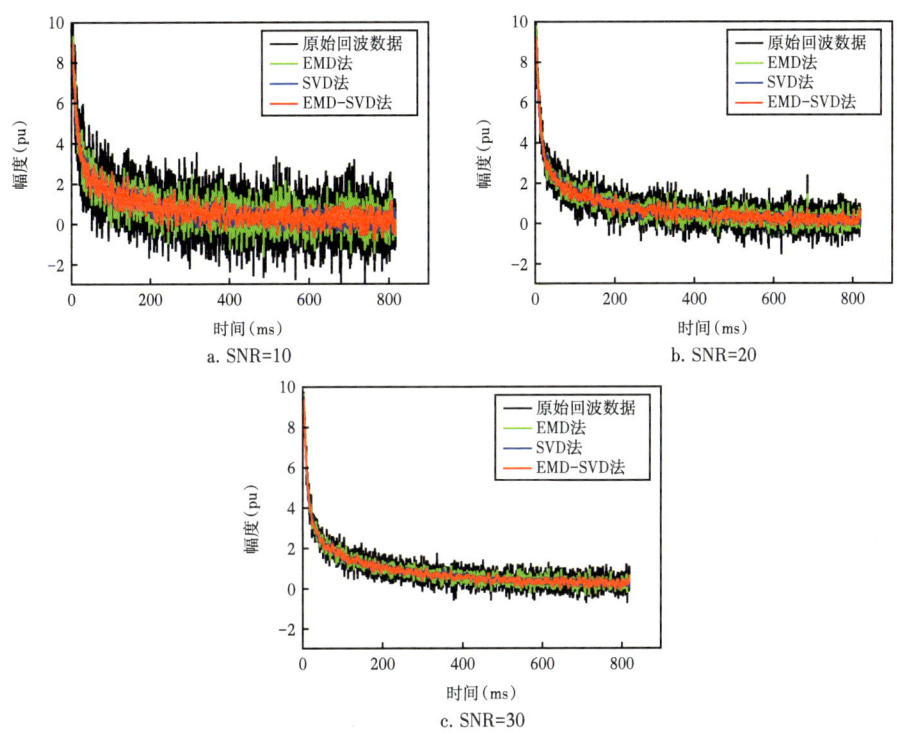

图 6-4-6 利用 EMD 法、SVD 法和 EMD-SVD 法进行不同信噪比回波数据降噪结果

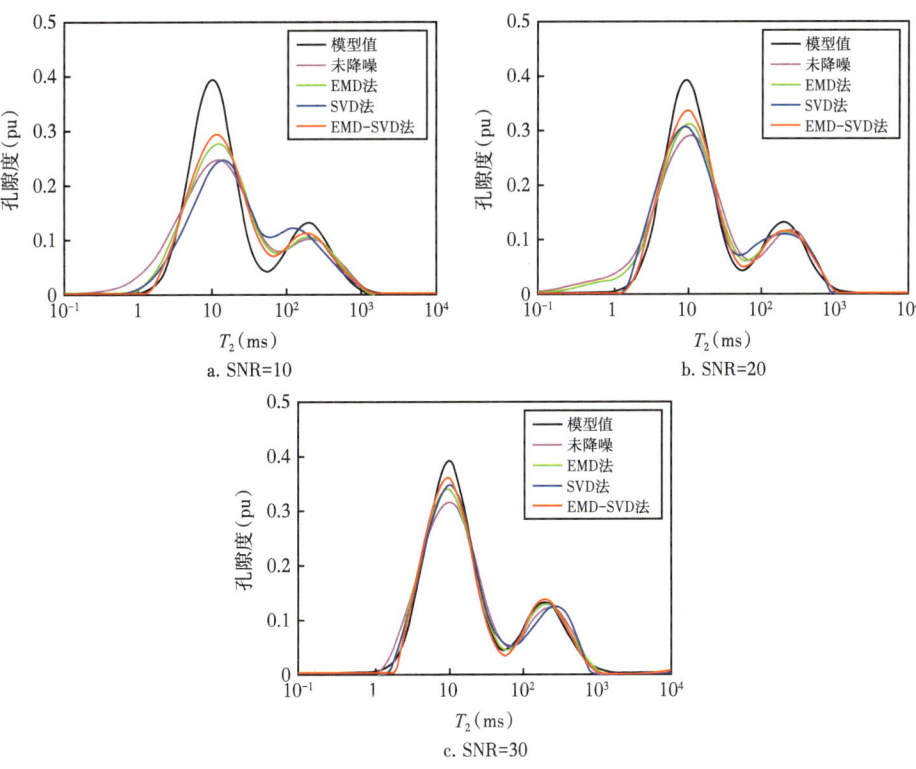

图 6-4-7 不同方法降噪后不同信噪比数据反演的 $T_2$ 谱

表 6-4-1　不同信噪比时降噪前后反演的 $T_2$ 谱的孔隙度与 RMSE 统计表

| 方法 | SNR = 10 | | SNR=20 | | SNR=30 | |
|---|---|---|---|---|---|---|
| | 孔隙度（pu） | RMSE | 孔隙度（pu） | RMSE | 孔隙度（pu） | RMSE |
| 未降噪 | 9.6617 | 0.0467 | 10.1829 | 0.0333 | 9.8402 | 0.0238 |
| EMD | 9.4871 | 0.0379 | 10.0656 | 0.0253 | 9.8344 | 0.0155 |
| SVD | 8.9102 | 0.0512 | 9.7313 | 0.0258 | 9.8166 | 0.0168 |
| EMD-SVD | 9.4780 | 0.0316 | 9.9618 | 0.0150 | 9.8026 | 0.0101 |

2）二维 $T_1$—$T_2$ 数据降噪

构造二维 $T_1$—$T_2$ 谱模型，模型中有束缚水、可动水和油，总孔隙度为 10pu，其中束缚水、可动水的孔隙度均为 3pu，油的孔隙度为 4pu，每一种流体均服从高斯分布。束缚水、自由水，以及油的（$T_1$，$T_2$）分别是（1ms，5ms）、（30ms，40ms）和（200ms，300ms），其中 $T_1$ 和 $T_2$ 布点数均为 80，构造模型如图 6-4-8 所示。

通过对图 6-4-8 的二维 $T_1$—$T_2$ 谱模型采用反转恢复法脉冲序列正演计算，并加上 SNR = 5、10、20 的高斯白噪声得到回波个数为 2048，回波间隔为 0.2ms，等待时间为 0.2ms、0.5ms、0.8ms、1ms、1.5ms、2ms、3ms、4ms、5ms、8ms、10ms、15ms、20ms、30ms、40ms、50ms、60ms、80ms、100ms、120ms、150ms、180ms、200ms、250ms、300ms、400ms、500ms、700ms、900ms 和 1000ms 共 30 组回波串，如图 6-4-9 所示。

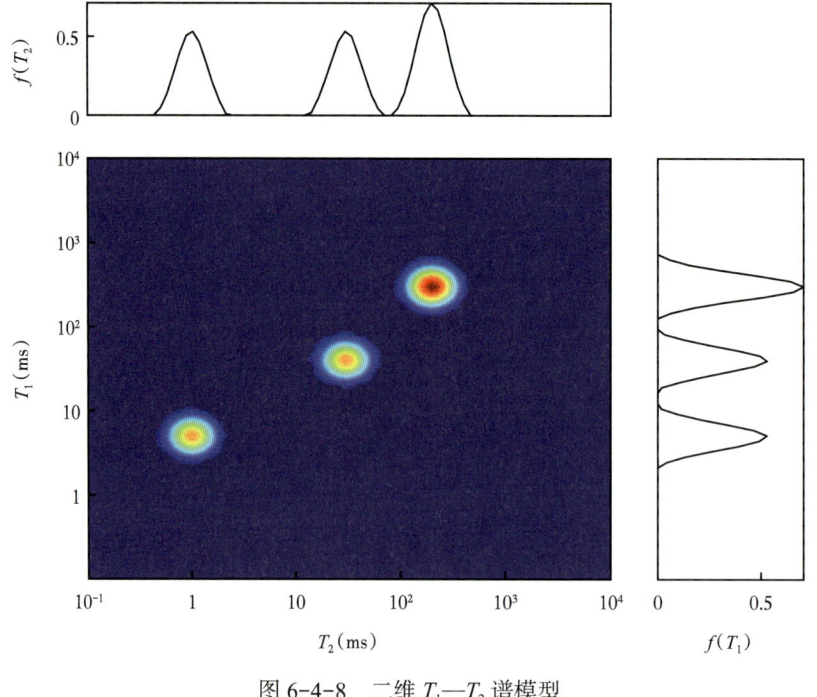

图 6-4-8　二维 $T_1$—$T_2$ 谱模型

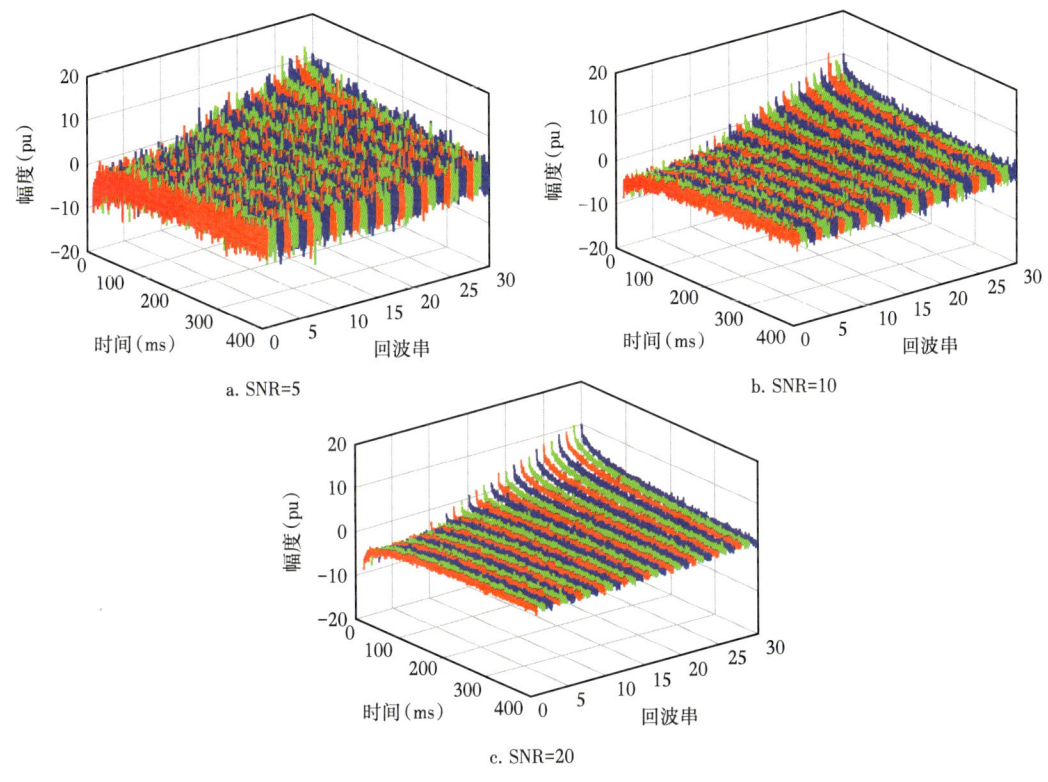

图 6-4-9　正演计算的不同等待时间的回波串数据

对图 6-4-9 中的回波数据进行 EMD 法、SVD 法和 EMD-SVD 法降噪处理，最后将未降噪和降噪的回波数据反演得到 $T_1$—$T_2$ 谱，图 6-4-10 至图 6-4-12 分别为 SNR=5、10 和 20 的回波数据经过三种方法降噪前后反演的 $T_1$—$T_2$ 谱。

从图 6-4-10 中可以看出，未降噪反演的 $T_1$—$T_2$ 谱中难以区分有重叠的束缚水、可动水及油，且束缚水信号扩散明显。从图 6-4-11 和图 6-4-12 中可以看出，未降噪反演的 $T_1$—$T_2$ 谱中可以区分束缚水、可动水和油，但可动水和油两相有重叠且束缚水信号发散明显。SVD 法降噪后反演 $T_1$—$T_2$ 谱只能明显区分油和可动水，这是因为信噪比低时，SVD 法容易将回波数据中的有用信号去除，当 SNR=5 时，EMD 法和 EMD-SVD 法降噪后反演 $T_1$—$T_2$ 谱中束缚水、可动水和油重叠部分减小，可以明显区分束缚水、可动水和油。当 SNR=10 和 20 时，EMD 法和 EMD-SVD 法降噪后反演 $T_1$—$T_2$ 谱中只有可动水与油有部分重叠，可以明显区分束缚水、可动水和油。EMD-SVD 法降噪后束缚水、可动水和油重叠部分最小，束缚水信号发散最小，降噪效果比 EMD 法、SVD 法更好。

利用孔隙度与均方根误差来评价 EMD 法、SVD 法和 EMD-SVD 法三种方法降噪效果，不同信噪比数据降噪前后反演的 $T_1$—$T_2$ 谱孔隙度和 RMSE 见表 6-4-2，各组成分降噪前后孔隙度见表 6-4-3。可以看出，随着数据信噪比的提高，反演 $T_1$—$T_2$ 谱 RMSE 值逐渐降低，说明准确性逐渐增高。降噪前与通过 EMD 法及 EMD-SVD 法降噪后计算的总孔隙度都接近 10pu，降噪后束缚水和可动水组分的孔隙度均接近 3pu，油组分接近 4pu，而 SVD 法容易将回波数据中有用信号去除导致束缚水组分反演不好。EMD-SVD 法降噪后反演结果最接近原始构造 $T_1$—$T_2$ 谱模型，说明降噪效果比 EMD 法和 SVD 法更好。

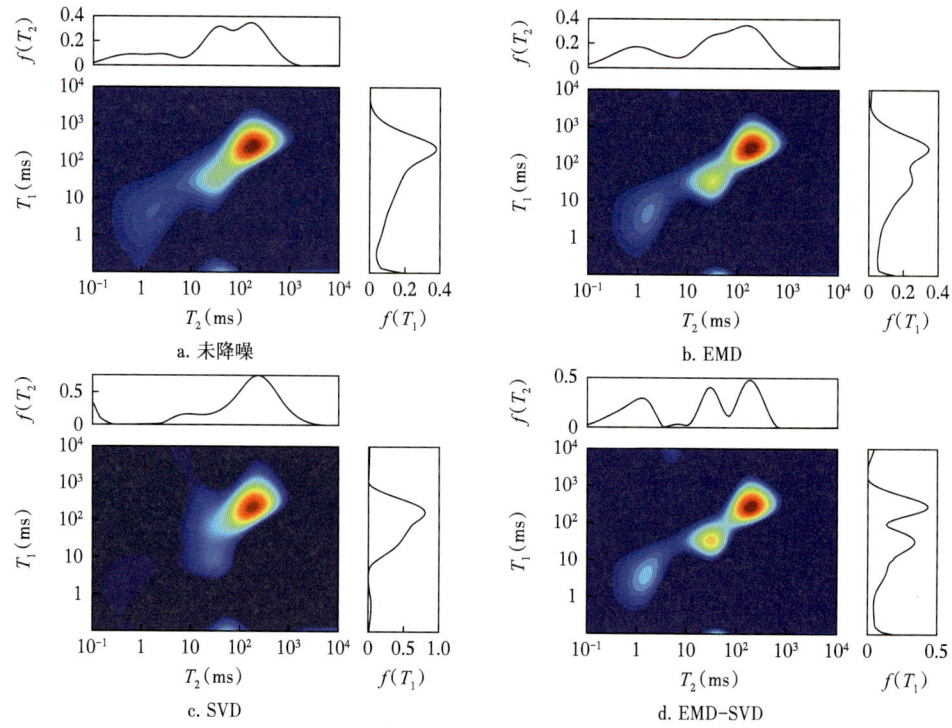

图 6-4-10　SNR=5 时降噪前后反演的 $T_1$—$T_2$ 谱

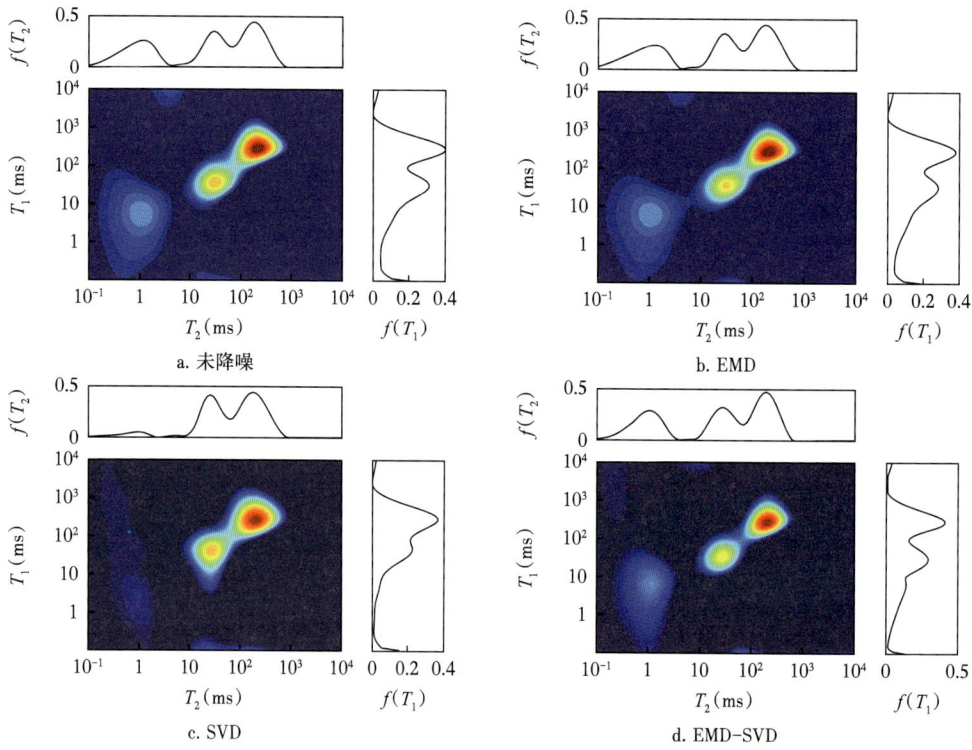

图 6-4-11　SNR=10 时降噪前后反演的 $T_1$—$T_2$ 谱

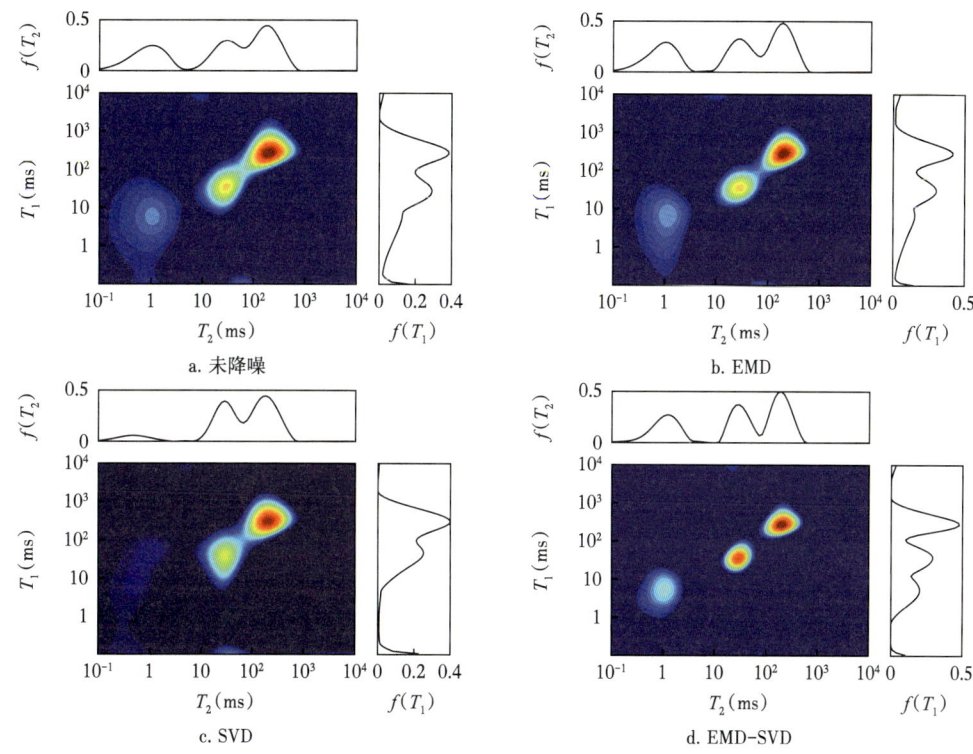

图 6-4-12　SNR=20 时降噪前后反演的 $T_1$—$T_2$ 谱

表 6-4-2　不同信噪比时降噪前后反演的 $T_1$—$T_2$ 谱孔隙度与 RMSE 统计表

| 方法 | SNR=5 | | SNR=10 | | SNR=20 | |
|---|---|---|---|---|---|---|
| | 孔隙度（pu） | RMSE（%） | 孔隙度（pu） | RMSE（%） | 孔隙度（pu） | RMSE（%） |
| 未降噪 | 10.9281 | 1.47 | 11.3128 | 1.29 | 11.0855 | 1.29 |
| EMD | 10.9849 | 1.48 | 11.0944 | 1.28 | 10.4983 | 1.22 |
| SVD | 8.9560 | 2.57 | 8.6169 | 2.36 | 8.5247 | 2.37 |
| EMD-SVD | 10.9496 | 1.35 | 11.0678 | 1.05 | 10.3407 | 0.80 |

表 6-4-3　不同信噪比时降噪前后反演的 $T_1$—$T_2$ 谱各组成分孔隙度统计表　　单位：pu

| 方法 | SNR=5 | | | SNR=10 | | | SNR=20 | | |
|---|---|---|---|---|---|---|---|---|---|
| | 束缚水 | 可动水 | 油 | 束缚水 | 可动水 | 油 | 束缚水 | 可动水 | 油 |
| 未降噪 | 3.0995 | 3.2127 | 4.6233 | 3.3440 | 3.1679 | 4.3959 | 3.4973 | 3.2815 | 4.3067 |
| EMD | 3.0995 | 3.5127 | 4.4233 | 3.3616 | 3.3787 | 4.3011 | 3.2523 | 3.0912 | 4.1548 |
| SVD | 1.2191 | 3.2162 | 4.5207 | 1.0161 | 3.4183 | 4.1735 | 1.0036 | 3.3105 | 4.2106 |
| EMD-SVD | 3.2496 | 3.3514 | 4.3486 | 3.1599 | 3.1304 | 4.0055 | 3.1192 | 3.1722 | 4.0493 |

### 3. 岩心实验数据降噪

某一砂岩岩心样品直径 2.53cm、长 4.13cm，饱和后样品质量增加 2.55g。在 CPMG 测量过程中，回波间隔为 0.1ms，回波个数为 6000，等待时间为 3s。核磁共振 CPMG 采集实验设置扫描数（NS）分别为 8、16、32、64、128 和 256，获取的回波数据如图 6-4-13 所示，在 6 个扫描次数下的信噪比分别为 17、25、33、47、61 和 77。对不同扫描次数下的回波数据进行 EMD、SVD 及 EMD-SVD 三种方法降噪后反演得到相应的 $T_2$ 谱如图 6-4-14 所示，表 6-4-4 为降噪前后岩心核磁共振 $T_2$ 谱计算的孔隙度统计表。

图 6-4-13 不同扫描次数的核磁共振实验获取砂岩岩心样品的回波数据

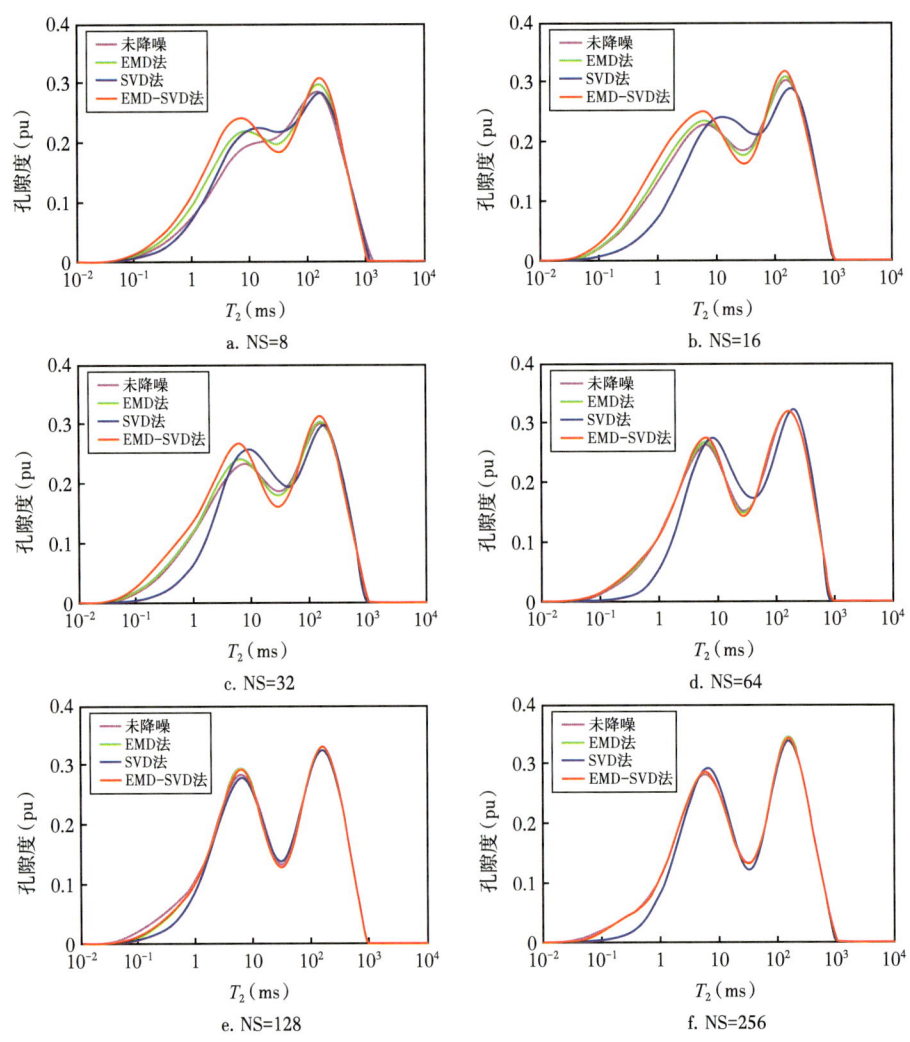

a. NS=8

b. NS=16

c. NS=32

d. NS=64

e. NS=128

f. NS=256

图 6-4-14 对不同扫描次数下的砂岩岩心样品回波数据降噪前后反演的 $T_2$ 谱

表 6-4-4　不同扫描次数下岩心回波数据降噪前后反演的 $T_2$ 谱计算的孔隙度统计表　　单位：pu

| 方法 | NS = 8 | NS = 16 | NS = 32 | NS = 64 | NS = 128 | NS = 256 |
|---|---|---|---|---|---|---|
| 液测孔隙度 | 12.2722 | 12.2722 | 12.2722 | 12.2722 | 12.2722 | 12.2722 |
| 未降噪 | 12.6230 | 13.3883 | 13.0616 | 13.0971 | 13.3601 | 13.3326 |
| EMD | 12.4709 | 12.6578 | 13.3015 | 13.1618 | 13.1713 | 13.2874 |
| SVD | 12.8626 | 13.0963 | 13.1494 | 12.9541 | 13.6443 | 13.5583 |
| EMD-SVD | 12.9344 | 12.8036 | 12.6835 | 12.7326 | 12.6827 | 12.4950 |

从图 6-4-14 中可以看出，在不同扫描次数下 EMD-SVD 法有效地去除实验数据的噪声，反演的 $T_2$ 谱比未降噪的 $T_2$ 谱有明显的提高，验证了方法的有效性。SVD 法容易将短弛豫时间的信号去除导致反演 $T_2$ 谱向右偏移，丢失一些短弛豫信号。当扫描次数小于 64 时，EMD-SVD 法降噪后反演的 $T_2$ 谱比 EMD 法、SVD 法及未降噪数据反演的 $T_2$ 谱更好。从表 6-4-4 中可以看出，在不同扫描次数下岩心回波数据降噪前后反演的 $T_2$ 谱计算的孔隙度稍大于岩心孔隙度，这可能是因为孔隙中的束缚流体未烘干导致核磁共振测得的孔隙度偏大。实验数据降噪处理现象与数值模拟一致，也验证了 EMD-SVD 法对实际核磁共振回波数据降噪的有效性。

# 第七章　核磁共振测井资料解释与应用

核磁共振测井在储层解释评价方面有很多应用，包括孔隙度的估计、地层毛细管压力曲线的构建、束缚水饱和度含量的确定、渗透率的计算、油气水的识别、储层流体黏度和润湿性指数的计算等。本章主要讨论核磁共振测井资料在地层评价方面的应用，当核磁共振测井数据单独解释时，可以得到地层孔隙度、渗透率，以及侵入带的流体类型和流体饱和度的全部信息。

## 第一节　计算地层孔隙度

核磁共振测井可以用于地层孔隙的计算，本节主要阐述地层孔隙度计算原理和影响因素，并呈现了计算地层孔隙度的实例。

### 一、地层孔隙度计算原理

核磁共振测井在孔隙度估计中具有重要应用，其特点是不受矿物影响（Akkurt et al., 1996）。传统的密度测井或中子测井方法在测量孔隙度时会受到地层中存在的矿物的显著影响，为了获得准确的孔隙度数值，通常需要进行矿物校正。然而，在矿物成分比较复杂的情况下，这种校正并不容易实现，而核磁共振测井能够克服这个问题。尽管核磁共振测井能够减少矿物对孔隙度的影响，但并不能完全消除与矿物相关的因素。

核磁共振测井是一种用于测量地层中总的氢核数的方法，包括孔隙空间中水和油中的氢原子，以及泥质中的氢原子。由于固体骨架中的氢原子具有非常长的 $T_1$ 和非常短的 $T_2$，很难被核磁共振测井仪器检测到。一般来说，所测得的核磁共振信号通常只反映了孔隙空间中的氢核情况，并不包括固体骨架中的氢原子。

核磁共振测井响应与常规测井响应有本质的区别，常规测井响应的基础是岩石体积物理模型，模型中岩石骨架和孔隙流体对测井响应值的贡献都很大。而核磁共振测井是一种定域观测，只有灵敏区内孔隙流体中的氢核被观测到，其每次测量包括磁化和回波串采集两个独立的过程。假设地层亲水，若孔隙中含有水、轻质油及天然气，不同孔隙中的水的磁化和回波串衰减速率不同，服从多指数规律；轻质油的磁化和回波串衰减通常服从单指数规律；天然气总是非润湿相，其磁化和回波串衰减服从单指数规律。

### 二、地层孔隙度计算影响因素

核磁共振测量方法也并非十全十美，仍然有许多因素影响孔隙度的测量。

1. 含铁的和顺磁性的物质

一些含铁的矿物或高磁化系数的孔壁附着物质会大大减小 $T_2$，使得一些 $T_2$ 非常短的核磁共振信号因为仪器的有限回波间隔而无法测到，从而会导致孔隙度的减小。另外，由于这些矿物质的存在而产生极大的内部梯度场，使得 $T_2$ 峰值朝着短的弛豫时间移动。因此，准确地说，核磁共振孔隙度的测定与岩石的矿物成分无关，只在高顺磁性物质不存在的时候成立。

2. 仪器的刻度

不正确的仪器刻度会导致孔隙度值的误读。要用已知的标样（通常为水样）对测得的核磁共振信号进行刻度，给出孔隙度值。CPMG 脉冲序列测得的回波串外推到零时刻的回波幅度与探测区地层中的氢核密度是成正比的。这个幅度取决于很多因素，比如信号衰减率、测量的噪声水平、射频线圈的负载等，因此必须小心谨慎，保证这些因素都准确无误。仪器刻度有误而产生的误差很容易识别，因为这影响全井的孔隙度值。

3. 环境校正

在根据测量的核磁共振信号得到正确的孔隙度值之前，必须做很多的环境校正。首先，核磁共振的幅度必须做温度和磁场强度的校正来反映与氢核密度的比例关系。根据 Curie 公式可知：

$$M = \frac{N\gamma^2 \hbar^2 I(I+1) B_0}{3kT} \tag{7-1-1}$$

式中：$M$ 为磁化强度；$N$ 为自旋密度；$\gamma$ 为旋磁比；$\hbar$ 为普朗克常数 $/2\pi$；$I$ 为自旋量子数；$B_0$ 为磁场强度；$k$ 为玻尔兹曼常数；$T$ 为绝对温度。

同一体积水的 $M$ 随着磁场强度的增加而增加，随着温度的增加而减小。$M$ 必须用因子 $T/B_0$ 进行校正（亦即地层温度和测井仪器场强之比）。温度和矿化度同样影响着水中氢核的密度。矿化度也就是水的电导率，能够影响射频线圈的 $Q$，减小信号强度。在测井仪器的设计和信号值的转化时都考虑了这些因素，通常测井公司都会予以正确校正。如果不小心未对一些环境影响进行校正，或是一些特殊的环境导致了错误的校正，测得的孔隙度的值都会受到影响。

4. 不充足的极化时间

在一定的测井环境（例如，高温、孔隙流体有很长的 $T_1$、孔洞型的碳酸盐岩、表面弛豫低等）下重复延迟时间通常要求大于 10s。连续的激发脉冲之间的不充分等待时间会导致自旋无法完全恢复到平衡状态，这将会导致测量信号的降低，从而使 NMR 孔隙度按以下因子降低：

$$a = 1 - e^{-RD/T_1} \tag{7-1-2}$$

式中：RD 为重复延迟时间（或等待时间），即一个 CPMG 回波串的末尾和下一个 CPMG 激发的开头之间的时间；$a$ 为极化因子。

通常把等待时间选为 $T_1$ 的 3~5 倍，这就保证了 95% 的自旋都会顺着所施加的磁场方向极化。

由于自旋没有完全恢复而减少的孔隙度，通常能够通过假设一个 $T_1/T_2$，并考虑极化因子，在数据反演的过程中予以校正。然而，$T_1/T_2$ 对于整个测井深度的地层流体来说并不是一个固定值，这种方法有时并不成功，尤其是在多种流体混合存在的情况下，例如水和油混合，它们的 $T_1/T_2$ 差异很大，这种数据反演的校正多半不准确。

5. 气体的存在

自由气体或溶解在油中的气体也会导致孔隙度的错误计算。气体的含氢指数明显小于 1，即便是高压的气体也是如此。如果不考虑气体的含氢指数，会低估孔隙度。

溶解在油中的气体降低了原油的黏度，但并没有使原油的体积明显增加。黏度的降低使 $T_2$ 和 $T_1$ 都会增加。这些增加意味着需要更长的等待时间，如果仪器刻度时等待时间是在亲水地层中确定的，那么等待时间就会偏短，导致低估孔隙度。油中气体的存在同样会导致油含氢指数降低，从而低估孔隙度。

6. 泥质、稠油和沥青的存在

一些观点认为泥质中水合作用的水所占的空间应视为孔隙的一部分，一般 NMR 测井仪器可以测量地层中 $T_2$ 大于 1~3ms 的所有氢核（与信噪比的优劣有关）。如果测量能够更精密的话，$T_2$ 可低到 0.3ms 或者更少。现有文献说明泥质的 $T_2$ 谱展现为一个比较宽的范围，从 $T_2$ 小于 0.1ms 一直到超过 16ms。因此，在高精度的测量中，绝大部分与泥质相关的孔隙度都包含在内。

稠油的 $T_2$，随黏度不同有一个很大的变化范围。对于高黏度油来说，核磁共振测井不能够获得所有的信号，孔隙度可能会偏低。

固体沥青的 $T_2$ 非常短，常常在 0.1ms 左右或者更短。用当前的核磁共振测井仪器无法测到固体沥青。中子测井可测量到沥青和盐水饱和的所有孔隙空间，所以结合中子孔隙度和核磁共振孔隙度的信息，可以估计出地层中沥青的含量。

7. 其他因素

错估孔隙度的其他原因多半与仪器有关。高的井眼温度会导致仪器出现故障。其他如安装在相同电缆上的仪器之间的串音，也会导致核磁共振测井仪器的信号不稳定，或者噪声过高。

## 三、案例分析

1. 结合核磁共振测井与密度测井校正气层孔隙度

在储层含气时，由于流体密度和含氢指数的影响，使密度测井计算的孔隙度大于实际孔隙度，而核磁共振计算的孔隙度小于实际孔隙度。因此，采用核磁共振孔隙度 $\phi_{NMR}$ 与密度孔隙度 $\phi_D$ 结合校正气层总孔隙度，计算公式为

$$\phi_{DMR} = C\phi_D + (1-C)\phi_{NMR} \tag{7-1-3}$$

式中：$\phi_{DMR}$ 为结合核磁共振测井与密度测井计算的孔隙度；$C$ 为校正因子。

以某砂岩气层为例，利用岩心孔隙度数据，以及对应深度密度测井和核磁共振测井孔隙度数据拟合获得式（7-1-3）中的 $C$。利用建立的核磁共振测井与密度测井校正气层孔隙度模型，对一口砂岩气层测井资料进行处理，如图 7-1-1 所示。第 1 道为深度道，第 2 道至第 4 道为常规测井曲线，其中第 2 道为岩性测井曲线，第 3 道为孔隙度测井曲线，第 4 道为电阻率测井曲线。第 5 道为核磁共振测井得到的 $T_2$ 谱，第 6 道为不同方法计算的孔隙度，第 7 道为矿物体积分析。试油资料显示 XX88.00~XX26.00m 储层为气层，储层含气时，利用核磁共振测井计算的孔隙度明显低于岩心实验测量的孔隙度，

而密度测井计算的孔隙度则偏高。结合核磁共振测井和密度测井计算的孔隙度与岩心实验测量的孔隙度吻合较好,表明利用该方法计算含气砂岩的孔隙度是可靠的。

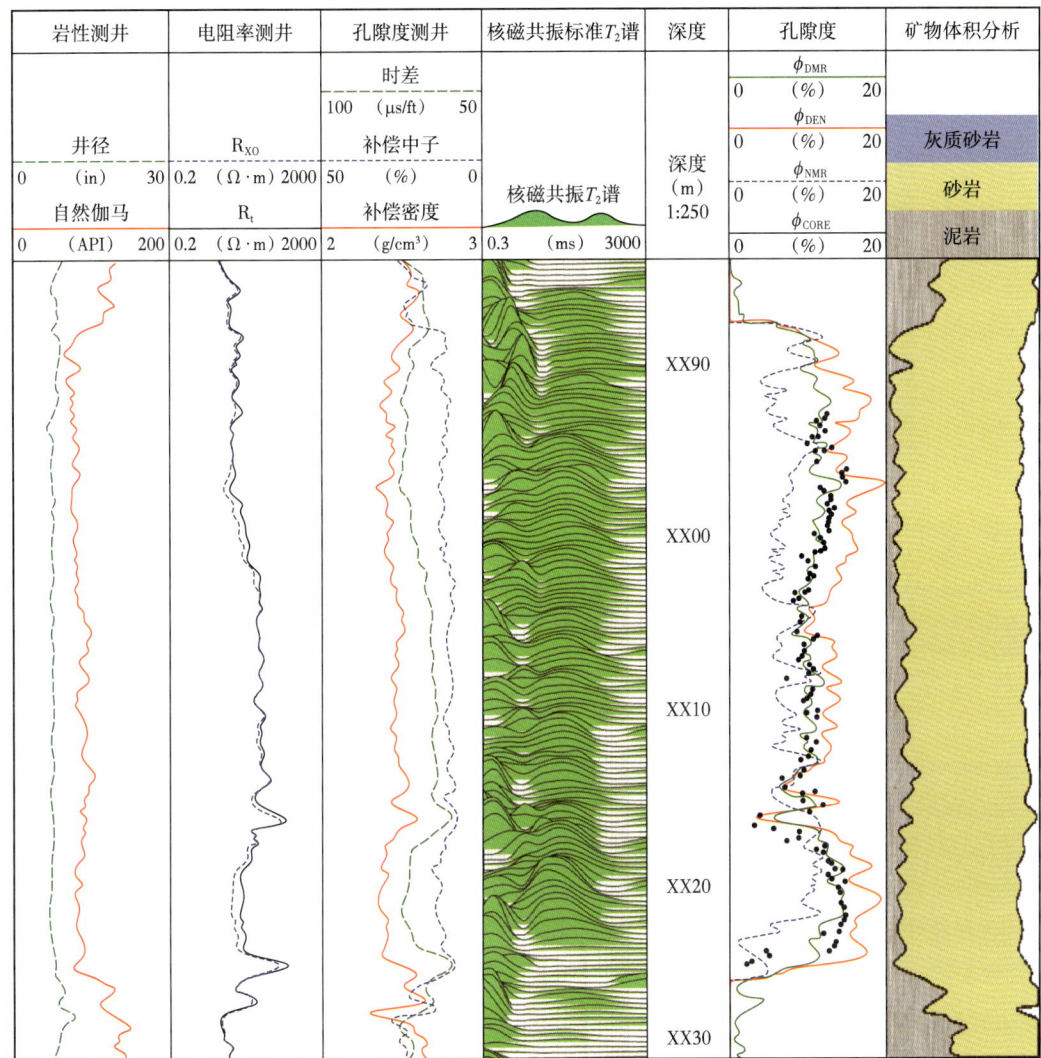

图 7-1-1　砂岩气层核磁共振测井解释成果图

2. 含氢指数校正

高矿化度地层水、轻烃和稠油的含氢指数都小于 1,造成核磁共振孔隙度偏小,需要做含氢指数校正,才能得到准确的核磁共振孔隙度。

在含油饱和度高的诸多储层中,核磁共振孔隙度小于岩心孔隙度,主要原因是轻质原油含氢指数的影响。图 7-1-2 为两口井油层孔隙度计算的实例,第 2 道为核磁共振测井得到的 $T_2$ 谱,第 3 道为核磁共振测井计算的有效孔隙度和岩心分析孔隙度,对比发现,核磁共振有效孔隙度明显低于岩心分析孔隙度。利用 TDA 法对其进行轻烃校正,如图 7-1-3 所示,第 3 道为经过 TDA 校正的孔隙度与岩心分析孔隙度,对比发现,校正后的核磁共振孔隙度与岩心分析孔隙度匹配较好,说明了含氢指数校正方法的有效性。

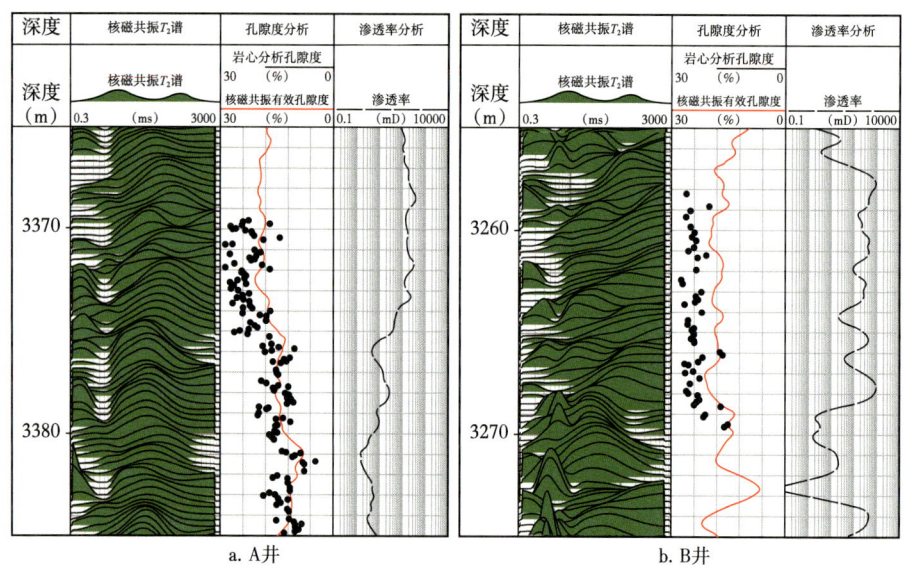

图 7-1-2　油层校正前核磁共振孔隙度成果图

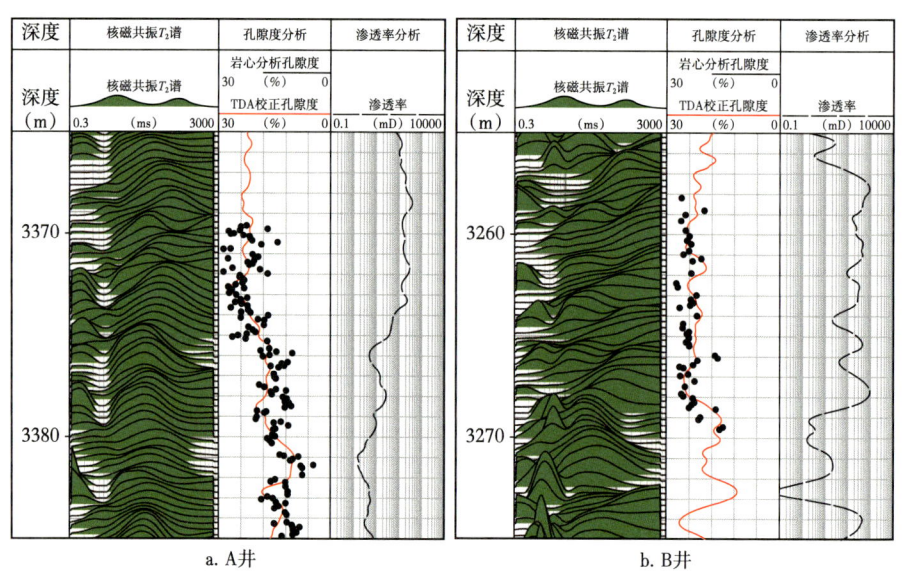

图 7-1-3　油层校正后核磁共振孔隙度成果图

## 第二节　构建毛细管压力曲线

核磁共振 $T_2$ 谱可以用于构建毛细管压力曲线，进而评价地层孔隙结构。本节主要阐述构建毛细管压力曲线原理及方法，并呈现了毛细管压力曲线转换实例。

### 一、构建毛细管压力曲线原理

在岩石孔隙中，若流体的核磁共振弛豫机制主要表现为表面弛豫，则由 $T_2$ 谱可以构建毛细管压力曲线，评价地层孔径分布，进而可用于评价地层孔隙结构。地层岩石孔隙半径分布和喉道半径分布存在密切关系，表明 $T_2$ 谱与喉道半径分布之间存在内在关系。

岩石孔隙中，流体存在三种不同的弛豫机制：自由弛豫、表面弛豫和扩散弛豫，即：

$$\frac{1}{T_2} = \frac{1}{T_{2B}} + \frac{1}{T_{2S}} + \frac{1}{T_{2D}} \tag{7-2-1}$$

式中：$T_{2B}$ 为自由弛豫时间；$T_{2S}$ 为表面弛豫时间；$T_{2D}$ 为扩散弛豫时间。

在满足快扩散条件 $\left(\dfrac{\rho a}{D} \ll 1\right)$ 时：

$$\frac{1}{T_{2S}} \approx \rho \left(\frac{S}{V}\right) \tag{7-2-2}$$

式中：$\rho$ 为表面弛豫强度；$a = \dfrac{S}{V}$ 为孔隙系统特征尺寸；$D$ 为扩散系数；$\dfrac{S}{V}$ 为孔隙的表面积与体积之比。

对于简单形状的孔隙而言，$\dfrac{S}{V}$ 与孔隙尺寸有关。

各种弛豫机制的重要程度取决于孔隙尺寸、岩石润湿性、流体类型、表面弛豫强度、磁场梯度、储层温度，以及流体扩散系数等。当岩石亲水且地层 100% 含水时，水的自由弛豫速率很小，这时自由弛豫项可以忽略；当核磁共振测量采用的回波间隔较短、仪器磁场梯度较低、流体扩散系数较小时，扩散弛豫项可以忽略，这时表面弛豫起主要作用。此时，$T_2$ 可以表示如下：

$$\frac{1}{T_2} \approx \frac{1}{T_{2S}} \approx \rho \left(\frac{S}{V}\right) = \rho \frac{F_s}{R_p} \tag{7-2-3}$$

式中：$R_p$ 为地层孔隙半径；$F_s$ 为地层孔隙形状因子，当地层孔隙为圆柱形孔时 $F_s=2$，当地层孔隙为球形孔时 $F_s=3$。

在油藏物理学中，认为喉道为圆柱状，则毛细管压力 $p_c$ 与喉道半径 $R_{pt}$ 的关系为

$$p_c = \frac{2\sigma\cos\theta}{R_{pt}} \tag{7-2-4}$$

式中：$\sigma$ 为表面张力；$\theta$ 为流体内表面和孔隙壁的接触角。

在实际地层中，假设 $R_{pt}=f(R_p)$，可得：

$$p_c = \frac{2\sigma\cos\theta}{f(\rho F_s T_2)} = g(T_2) \tag{7-2-5}$$

式中：$f$，$g$ 表示函数关系。

若能准确地利用测井曲线计算出转换系数，就能利用核磁共振测井评价出整口井不同深度的毛细管压力曲线，甚至评价出各种孔隙结构参数随深度的变化。该方法被称为伪毛细管压力曲线构建方法。在确定转换系数的测井评价方法之前，需要对岩心的转换系数进行确定。

## 二、毛细管压力曲线构建方法

目前,利用 $T_2$ 谱转换毛细管压力曲线的方法主要分为线性转化法、幂函数法、基于 Swanson 参数的转化法,以及基于 $J$ 函数和 SDR 模型的转化法等(Bowers et al., 1999; Volokitin et al., 2001; 何雨丹等, 2005a; Zhang C et al., 2009)。

**1. 线性转化法**

下面是线性转化法中两种常用的求取刻度系数的方法。

1)平均饱和度误差最小化法

将 $T_2$ 谱的幅度反向累加并归一化,得到与压汞毛细管压力曲线物理意义相似的曲线。在转化毛细管压力曲线时,提出平均饱和度误差函数这一概念:

$$\langle \delta S_{\text{wfield}} \rangle (C) = \frac{1}{N_{\text{samples}}} \sum_{i=1}^{N_{\text{samples}}} \langle S_{\text{wCapCurve}} - S_{\text{wNMR}} \rangle (C) \quad (7\text{-}2\text{-}6)$$

$$\langle S_{\text{wCapCurve}} - S_{\text{wNMR}} \rangle_i (C)$$
$$= \sqrt{\frac{1}{p_{\text{cHigh}} - p_{\text{cLow}}} \int_{p_{\text{cLow}}}^{p_{\text{cHigh}}} \left[ S_{\text{wCapCurve}}(p_c)_i - S_{\text{wNMR}}(p_c = CT_2^{-1})_i \right]^2 \mathrm{d}p_c} \quad (7\text{-}2\text{-}7)$$

式中:$N_{\text{samples}}$ 为样品数量;$S_{\text{wCapCurve}}$ 为压汞实验得到的不同进汞压力对应的含水饱和度;$S_{\text{wNMR}}$ 为核磁共振转化得到的不同 $T_2$ 对应的含水饱和度;$p_{\text{cHigh}}$ 为有效进汞压力上限;$p_{\text{cLow}}$ 为有效进汞压力下限;$C$ 为转化系数。

通过计算不同转换系数时的平均饱和度误差,得到 $C$ 与平均饱和度误差的关系图。在误差函数的极小值处转换毛细管压力曲线与实测压汞毛细管压力曲线相似程度达到最高,选此处的 $C$ 作为最佳转换系数。

2)相似对比法

该方法主要是通过选取最佳转化系数 $C$,使得 $CT_2$—AM($T_2$ 谱的幅度)与 $p_c$—$\Delta S_{\text{Hg}}$(进汞饱和度增量)的相关性最好。$T_2$ 谱的数据点与毛细管压力曲线的数据点不一样,不能直接计算相关系数。对于每个 $p_c$,选一个使 $\mathrm{d}f_j$ 取最小时的 $T_2$ 值及对应的 AM(注意因为 $T_2$ 数据是从小到大排列的,所以 $C/T_2$ 的顺序倒转了,为使顺序一致,将 $T_2$ 的下标变为 $N$–$K_j$),然后计算两组数据的相关系数 $R$。改变 $C$,找到一个最大的相关系数,此时的 $C$ 就是最优刻度系数。

平均饱和度误差最小化法和相似对比法原理类似,均认为 $T_2$ 谱和毛细管压力曲线之间存在线性关系。Volokitin 通过对岩心资料的处理发现,利用线性转换法构造的毛细管压力曲线在小孔隙部分会出现分叉现象,不能准确地反映储层小孔隙部分的孔隙结构。

**2. 幂函数法**

2005 年,何雨丹等考虑到当储层孔径分布范围较宽时,大孔隙部分体弛豫不可忽略,应采用分段转换来构造毛细管压力曲线。通过对核磁共振测井和压汞实验的岩心样品分析,得出 $T_2$ 几何均值与压汞得到的平均孔喉半径不是线性关系,而是幂函数关系,实际应用时,根据 $T_2$ 谱的谱峰个数(单峰和双峰),选用不同的幂函数组合(单一和分段）来构造毛细管压力曲线。对于分段幂函数：

大孔部分

$$p_c = \frac{m_1}{T_2^{n_1}} \quad (7-2-8)$$

小孔部分

$$p_c = \frac{m_2}{T_2^{n_2}} \quad (7-2-9)$$

式中：$m_1$，$n_1$，$m_2$ 和 $n_2$ 为待定的参数。

可以根据 $T_2$ 几何平均值与平均毛细管半径的相关性来确定幂函数法中的参数。双峰 $T_2$ 谱在大孔和小孔处需要分别确定参数。对于单峰 $T_2$ 谱在大孔和小孔之间有拐点时也归结为双峰，此时拐点为分界点。

3. 基于 Swanson 参数的转化法

1981 年，Swanson 发现毛细管压力曲线的顶点能有效地控制流体流动的主要孔隙系统。在压力大于该顶点压力处，主要为润湿相占据孔隙空间；在压力小于该顶点压力处，非润湿相占据主要孔隙空间，润湿相只占据孔隙表面。以 $S_{Hg}$ 为横坐标，$S_{Hg}/p_c$ 为纵坐标，则曲线的顶点称为 Swanson 参数，如图 7-2-1 所示。

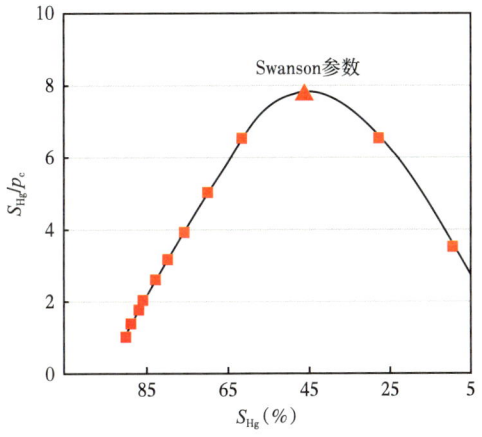

图 7-2-1 Swanson 参数的求取示意图

2008 年，肖亮等利用 Swanson 参数模型构造毛细管压力曲线。对于所有进行压汞实验的样品，在相同的进汞压力下，进汞饱和度的差别在一定程度上可以反映岩心样品的孔隙结构特征的差异。通过在每一压力点处分别建立岩心分析孔隙度、渗透率与进汞饱和度的多元统计关系模型，利用储层孔隙度和渗透率，就可以连续构造毛细管压力曲线。考虑到在实际储层评价中渗透率求取困难，提出将压汞毛细管压力曲线与核磁共振相结合来计算储层渗透率。通常情况下用半对数坐标表示毛细管压力曲线，若用双对数坐标表示，曲线形态近似双曲线，即：

$$\lg \frac{p_c}{p_d} \cdot \lg \frac{S_{Hg}}{S_{Hg\infty}} = -C^2 \quad (7-2-10)$$

式中：$p_c$ 为注汞压力；$p_d$ 为排驱压力；$S_{Hg}$ 为汞饱和度；$S_{Hg\infty}$ 为最大汞饱和度；$C$ 为常数。

基于 Swanson 参数的毛细管压力曲线转化方法的基本步骤是：首先，计算压汞毛细管压力曲线的 Swanson 参数，建立 Swanson 参数与对应岩石孔渗综合指数之间的关系模型；其次，利用样品压汞实验和核磁共振实验数据，得到 Swanson 参数与 $T_2$ 几何均值之间的相关关系。在实际应用时，首先根据 $T_2$ 谱计算 Swanson 参数，然后根据 Swanson 参数与岩石孔渗综合指数关系模型得到渗透率。基于孔隙度和利用 Swanson 参数计算的渗透率，利用建立的每一压力点处进汞饱和度与孔隙度、渗透率的多元统计关系模型，实现连续地层的毛细管压力曲线构造。

4. 基于 $J$ 函数和 SDR 模型的转化法

2009 年，张冲等根据 $J$ 函数和 SDR 模型，提出用核磁共振测井构造毛细管压力曲线的新方法。

$J$ 函数关系式：

$$J(S_w) = \frac{p_c}{\sigma\cos\theta}\sqrt{\frac{K}{\phi}} \tag{7-2-11}$$

式中：$J(S_w)$ 为无量纲 $J$ 函数；$p_c$ 为注汞压力，MPa；$\theta$ 为接触角，（°）；$K$ 为岩石的渗透率；$\sigma$ 为界面张力，$10^{-5}$N/cm；$\phi$ 为孔隙度。

SDR 模型：

$$K = C\phi^m T_{2GM}^n \tag{7-2-12}$$

把式（7-2-12）代入式（7-2-11）得：

$$J(S_w) = \frac{p_c\sqrt{C}}{\sigma\cos\theta}\phi^{\frac{m-1}{2}}(T_{2GM})^{\frac{b}{2}} = C'\phi^{\frac{m-1}{2}}(T_{2GM})^{\frac{n}{2}} = C\phi^a(T_{2GM})^b \tag{7-2-13}$$

式中：$a$ 和 $b$ 为转换参数。

首先，在每一进汞压力处用岩心样品分别建立含汞饱和度和孔隙度、$T_2$ 几何均值（$T_{2GM}$）的多元统计关系，得到相应的 $C$、$a$ 和 $b$。实际应用时，由 $T_2$ 核磁共振孔隙度和 $T_2$ 几何均值，应用该统计关系即可构造出该深度点的毛细管压力曲线。应用这种方法的首要前提是必须满足每一进汞压力处，含汞饱和度与孔隙度、$T_2$ 几何均值组成的多元统计关系相关性好。

## 三、案例分析

图 7-2-2 为砂岩储层 $T_2$ 谱转毛细管压力曲线的实例，该砂岩储层距物源远，分选磨圆较好，孔喉分选性较好，形成了孔喉关系一致、小孔细喉的孔隙结构。核磁共振 $T_2$ 几何平均值 $T_{2GM}$、进汞饱和度与孔隙度之间相关性较好，利用基于 $J$ 函数和 SDR 模型的转化方法构建毛细管压力曲线。图 7-2-2 中第 1 道至第 3 道为常规测井曲线。第 5 道为核磁共振测井 $T_2$ 谱。第 6 道为由 $T_2$ 谱转化的毛细管压力曲线，可以反映储层孔隙结构变化。第 7 道为计算的孔隙度。第 8 道为计算的渗透率。

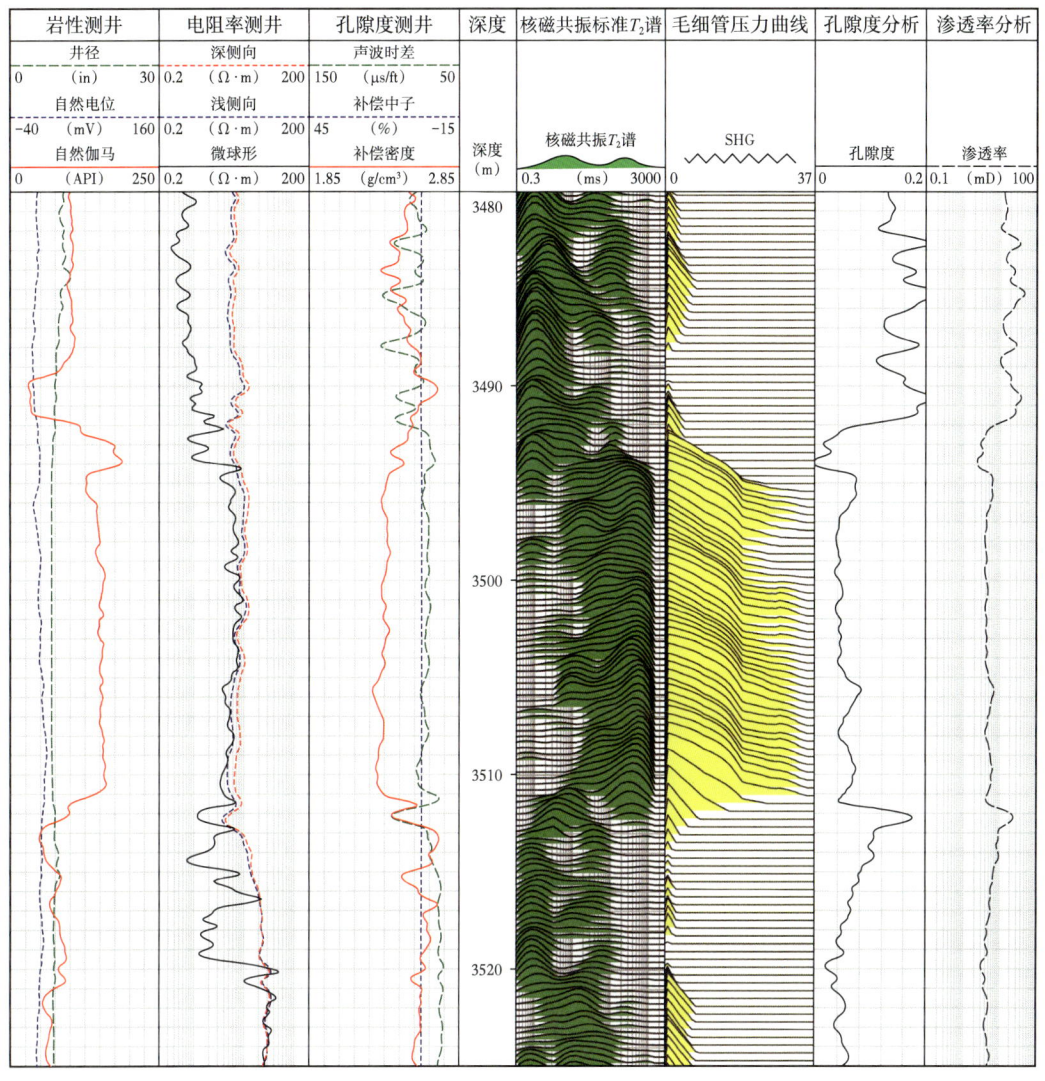

图 7-2-2　砂岩储层 $T_2$ 谱转化毛细管压力曲线成果图

# 第三节　计算地层束缚水含量

核磁共振测井可以直接评价地层束缚水含量，较常规测井具有明显优势。本节主要阐述核磁共振 $T_2$ 谱计算地层束缚水含量的方法，并呈现一些应用实例。

## 一、束缚水计算方法

束缚水饱和度是指在岩石孔隙中，颗粒表面的吸附力使得水分子不能自由流动而被束缚住的水体积占所有孔隙体积的百分比。当岩石孔隙中含有一定量的水时，部分水分会在颗粒表面形成薄水膜，并被颗粒表面的吸附力所束缚。这些被束缚住的水分不能自由流动，无法通过渗透进一步移动。束缚水饱和度的大小取决于岩石颗粒的性质、孔隙结构，以及含水饱和度等因素。核磁共振测井可以直接用于评价地层中的束缚水饱和度。通过计算地层束缚水饱和度不仅可以确定地层中的可动水量、计算可动水与束缚水的截止值，还可以通过 Coates 模型计算地层渗透率。

在使用 $T_2$ 截止值来确定束缚水饱和度时，常见的做法是选择特定的截止值作为界限。对于砂岩而言，一般选择 $T_2$ 截止值为 33ms，而对于碳酸盐岩来说，通常选择 $T_2$ 截止值为 100ms。需要注意的是，$T_2$ 截止值的选择不是绝对的，可以根据具体情况进行调整。不同的地质条件、储层类型和岩石性质可能会导致最佳截止值的不同。因此，在使用 $T_2$ 截止值进行束缚水饱和度计算时，建议结合地质背景知识、核磁共振测井数据的解释模型和地质实际情况进行综合分析，以获得更准确的结果。通过对饱和水岩心和离心岩心进行核磁共振实验测量，可以确定地区特定的截止值。

通过电阻率测井可以测量水的体积，并从中减去束缚水的体积，从而确定水的截止值或可产水量。如果用电阻率测井确定的含水饱和度 $S_w$ 明显大于用核磁共振测井估计的束缚水饱和度 $S_{wi}$，那么储层在生产初期将会产水。如果 $S_w \approx S_{wi}$，表示储层处于束缚水饱和状态，那么在生产过程中将不会产水。地层中不可能存在比核磁共振测井测得的束缚水更少的水体积。然而，如果储层的毛细管压力大于实验室使用核磁共振测井时所用的 $T_2$ 截止值所对应的空气/水毛细管压力，那么也有可能出现这种情况。在这种情况下，虽然核磁共振测井估计的束缚水饱和度较高，但实际上由于毛细管压力的影响，储层中的束缚水体积可能会比预测值更少。

在水基钻井液钻井中，应用 $T_2$ 截止值进行解释时，对于渗透率在 0.3~3000mD 范围内、压实良好的砂岩地层，效果最佳。然而，对于压实程度较差的地层、含有高油柱高度的储层、含有大量铁离子和顺磁矿物（如铁、锰）的地层，以及含有稠油和沥青的储层，则最好使用岩心实验来确定特定的 $T_2$ 截止值。由于上述特殊地质条件和物质的存在，这些因素可能会对 $T_2$ 截止值的解释和应用产生影响。岩心实验可以提供更精确的信息，有助于确定适用于特定地层的 $T_2$ 截止值。对于这些特殊情况的地层，建议使用岩心实验来获取相应的 $T_2$ 截止值，以确保更准确地解释和评估地层的性质。这样可以提高解释结果的可靠性，并更好地应对复杂地质条件下的测井解释评价的挑战。

压实较差的碎屑沉积岩通常具有较低的束缚水饱和度，其范围一般在 5%~20% 之间。由于岩石的压实程度较低，导致其中的束缚水含量相对较少。在这种情况下，由于束缚水的存在量较小，小于 33ms 的 $T_2$ 信号也相应较弱。有时，由于测井数据中的噪声干扰，从这些微弱的信号中准确地分离出束缚水信号变得困难。对于这样的岩石样品，可能需要采取额外的措施来处理测井数据并增强信号。一种方法是通过信号处理技术来降噪和增强微弱信号的强度，以提高对束缚水的检测和分析能力。另外，结合其他地质资料和实验室分析结果，如岩心数据、岩石物理实验等，可以提供更全面的信息来评估储层的性质和束缚水饱和度。

具有高油柱高度的储层通常表现出较低的 $T_2$ 截止值，这个截止值往往低于 33ms。油柱高度指的是储层中油的垂直厚度，当油柱高度较大时，储层中的油相对于水的存在比例增加，从而对测量到的 $T_2$ 信号产生影响。油具有较低的扩散系数和较高的相对电阻率，在 $T_2$ 测量中表现出较短的横向弛豫时间。这导致了测量到的 $T_2$ 信号的快速衰减，使得 $T_2$ 截止值相对较低。因此，具有高油柱高度的储层的 $T_2$ 截止值通常低于标准的 33ms。

此外，当岩石颗粒表面富含大量的顺磁物质时，会导致内部磁场梯度显著增强，进而影响$T_2$谱。顺磁物质具有高磁导率和较强的磁性，其存在使得岩石颗粒表面的磁场谱出现不均匀性，从而引起$T_2$信号的短化。顺磁物质的存在会产生局部的磁场不均匀性，进而导致周围磁场的梯度变化。这种内部磁场梯度会使得磁共振信号在较短的时间尺度内发生衰减，即$T_2$变小。因此，当岩石颗粒表面富含大量顺磁物质时，$T_2$谱会偏向较短的时间范围。这种情况下，需要根据顺磁物质的影响调整$T_2$截止值，以确保对储层中的束缚水饱和度进行准确的评估。

稠油的特性决定了其在$T_2$测量中表现出较短的横向弛豫时间。与此同时，束缚水在$T_2$测量中也会显示出较短的横向弛豫时间。二者的信号具有相似的时间范围，它们在$T_2$谱中会重叠在一起，造成了束缚水信号和稠油信号之间的混叠。由于信号重叠，很难直接从$T_2$谱中分离出束缚水饱和度。利用$T_2$谱对稠油储层进行地层评价时，必须把这些都考虑到。

## 二、案例分析

在某油田通过对大量岩心进行核磁共振测量，依据离心前后$T_2$谱确定不同岩性储层的特定截止值，砂岩$T_2$截止值为10.97ms，碳酸盐岩截止值为28.47ms。图7-3-1和图7-3-2分别为砂岩储层和白云岩储层通过特定截止值计算束缚水饱和度的实例。

图7-3-1为砂岩储层计算束缚水饱和度实例，前3道为常规测井曲线，第5道为核磁共振测井$T_2$谱，第6道为通过岩心确定砂岩储层特定的截止值（10.97ms）计算束缚水饱和度，与砂岩岩心核磁共振实验测量的束缚水饱和度符合较好。

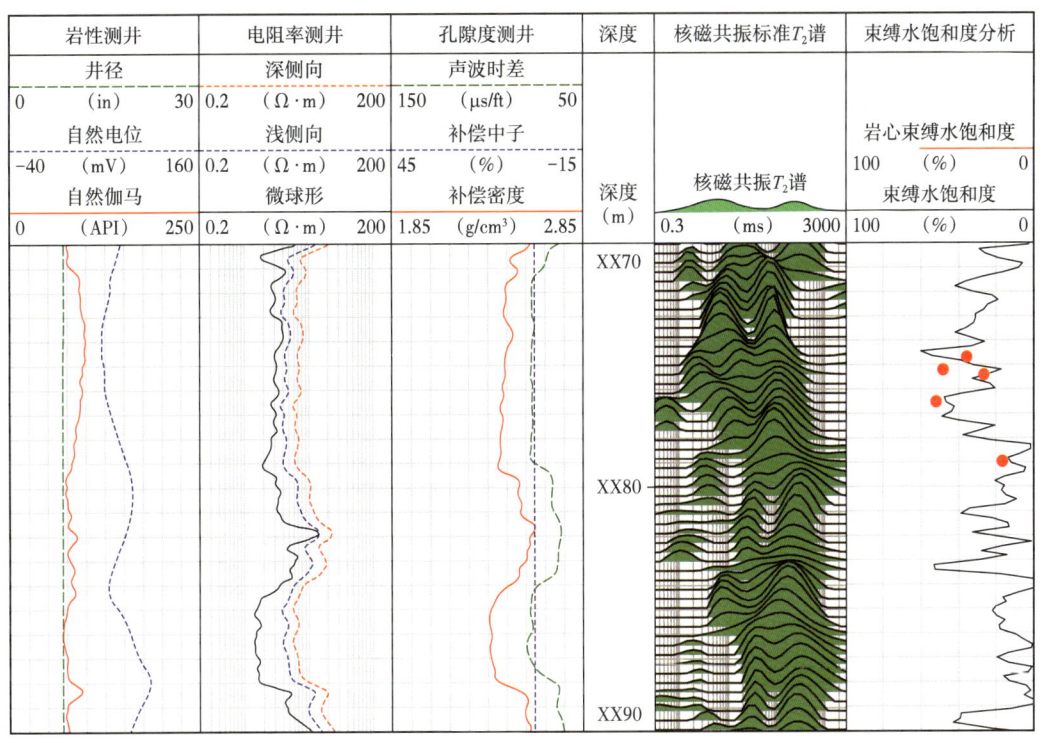

图7-3-1　砂岩储层核磁共振测井计算束缚水饱和度实例

图 7-3-2 为白云岩储层计算束缚水饱和度实例，与图 7-3-1 相似，第 6 道为通过岩心确定白云岩储层特定的截止值（28.47ms）计算束缚水饱和度，与白云岩岩心核磁共振实验测量的束缚水饱和度符合较好。

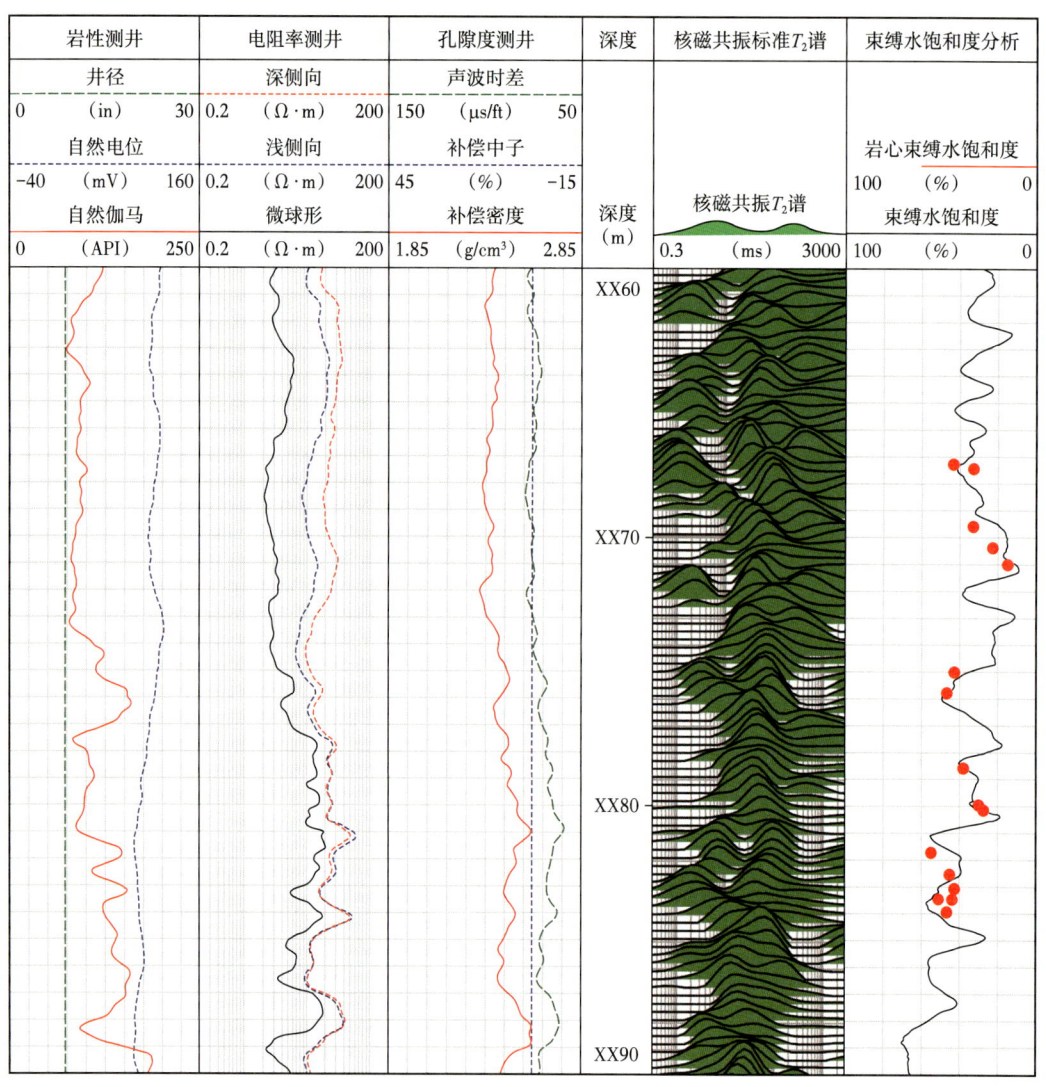

图 7-3-2　白云岩储层核磁共振测井计算束缚水饱和度实例

## 第四节　计算地层渗透率

核磁共振测井可以直接评价地层渗透率，评价方法主要包括 Coates 模型、SDR 模型和回波串幅度模型。本节主要阐述渗透率计算方法，分析了各方法的适用范围，并呈现一些应用实例。

### 一、渗透率计算方法

核磁共振测井计算地层渗透率方法主要分为如下三大类。

1. Coates 模型

用孔隙度、束缚水饱和度和自由流体指数预测渗透率：

$$K_{\text{NMR}} = \left(\frac{\phi}{C}\right)^a \left(\frac{\text{FFI}}{\text{BVI}}\right)^b \quad (7\text{-}4\text{-}1)$$

式中：$\phi$ 为孔隙度；FFI 为自由流体孔隙度；BVI 为束缚水孔隙度；$C$，$a$，$b$ 为拟合系数，隐含值分别为 10、4、2。

2. SDR 模型

SDR 模型计算渗透率需要已知 $T_2$ 几何均值，具体计算公式为

$$K_{\text{NMR}} = C\phi^a T_{2\text{GM}}^b \quad (7\text{-}4\text{-}2)$$

式中：$\phi$ 为孔隙度；$T_{2\text{GM}}$ 为 $T_2$ 几何均值。

在含油气条件下，$T_2$ 谱不仅反映地层岩石孔径分布的信息，而且包含了油气信息。因此，在中、高孔隙度油气储层 SDR 模型可能会受油气影响，但实验已经证实，利用 SDR 模型在低孔隙、低渗透地层计算地层渗透率比 Coates 模型会取得更好的效果。

3. 回波串幅度模型

岩心核磁共振实验表明，岩石的回波串幅度之和正比于岩石孔隙度与 $T_2$ 几何均值，与渗透率有良好的相关性，可作为地层渗透性好坏的指示曲线，经刻度可以得到地层的渗透率，即：

$$\begin{aligned} K_{\text{NMR}} &= CP_2^m \\ P_2 &= \frac{1}{\text{NS}^2} \sum_i \text{Echo}^2(i) \end{aligned} \quad (7\text{-}4\text{-}3)$$

式中：NS 为实验设置的回波串扫描次数；Echo($i$) 为第 $i$ 个回波幅度值；$C$，$m$ 为常数。

目前，利用式（7-4-3）仅能进行渗透率的定性预测。为了能够定量估算渗透率，建议先对各油田区域或储层的岩心进行核磁共振实验测量，以建立特定的经验公式。回波串幅度模型具有一个显著的优点，即通过在时间域内叠加回波串来消除噪声。这种方法的好处是，不需要沿深度纵向叠加信号来消除噪声，从而能够保留类似于 CMR 核磁共振测井仪器的 NMR 信息的纵向高分辨率特性。

对于复杂岩性的储层，利用核磁共振计算渗透率的准确性可能不如应用于碎屑沉积岩那样令人满意。当涉及非碎屑沉积岩，如碳酸盐岩或页岩时，核磁共振测井资料解释变得更加复杂。这些岩性往往具有复杂的孔隙结构和流体相互作用，导致核磁共振测井资料解释变得困难。为了准确计算渗透率，需要结合其他测量方法和地质信息。

## 二、渗透率计算方法适用范围

上述提到的三种渗透率计算方法在实际应用到油田储层参数计算时必须正确地选择，因为不同的储集环境需要考虑不同的影响因素来使用这些方法。

1. 水基钻井液，充分侵入储层

当使用水基钻井液进行钻井，并且地层在很大程度上被钻井液滤液侵入时，使用

SDR 模型来计算渗透率是较为合适的。该模型将测量得到的 $T_2$ 数据进行对数平均，以减少噪声的影响。这种方法受钻井液滤液侵入引起的噪声干扰影响较小，因此能够更好地估计渗透率。然而，使用这种方法需要满足一些前提条件。一是需要假设储层具有亲水性质；二是需要假设井眼附近的所有油气已经被冲洗干净，不会对测量结果产生干扰。综上所述，当使用水基钻井液进行钻井且地层受到钻井液滤液侵入的情况下，采用 SDR 模型来计算渗透率是较好的选择。然而，在应用该方法时需要注意满足储层亲水性和油气冲洗的假设条件。

2. 水基钻井液，残余油主要为低黏度的油

当地层存在大量残余油时，$T_2$ 谱通常呈现双峰形态，其中长 $T_2$ 的信号主要来自油。这种油通常具有低黏度，并且地层本身具有亲水性质。在这种情况下，可以采用 Coates 模型或改进的 SDR 模型（需要将油峰替换为水峰）来进行渗透率估算。Coates 模型是一种常用的方法，通过考虑水和油两个峰值的 $T_2$，结合储层孔隙度和饱和度等参数，计算渗透率。这种方法能够在存在残余油的情况下，较为准确地估算渗透率，并考虑了油峰的存在。另一种选择是改进的 SDR 模型，在计算 $T_2$ 几何均值时将油峰替换为水峰。这种方法同样考虑了残余油的影响，并通过将油峰转化为水峰来进行修正。通过这种改进，可以更好地估计地层的渗透率。综上所述，当地层存在大量残余油时，$T_2$ 谱呈双峰形态，其中长 $T_2$ 的信号与低黏度油相关。在这种情况下，可以选择利用 Coates 模型或改进的 SDR 模型（将油峰替换为水峰）来进行渗透率估算。这些方法能够更好地考虑残余油对测量结果的影响，提供较准确的渗透率计算。

3. 水基钻井液，残余油主要为高黏度的油

当油和地层水的 $T_2$ 谱在某个范围内重叠并且无法区分时，上述式将无效。在这种情况下，油和地层水信号重叠，即使是亲水层，高黏度油的 $T_2$ 也呈广泛分布，这使得情况更加复杂和困难。目前尚未找到一种直接解决这个问题的方法。在这种具有挑战性的情况下，可能的解决方法之一是结合扩散测量、电阻率测井，以及实验室对油进行测量，以确定束缚水饱和度。这种综合方法的目的是利用多个测量技术和实验室数据，通过综合分析来推断出油和水的分布情况。需要指出的是，这种综合方法仍然具有一定的挑战性，特别是存在油和地层水信号重叠且高黏度油分布广泛的情况下。因此，进一步的研究和实验将有助于开发更有效的技术和方法来解决这个问题。

4. 低黏度油基钻井液侵入

当使用含有低黏度油的油基钻井液进行钻井时，对于被油气侵入的地层，使用 Coates 模型会有更好的效果。在轻质油滤液取代气体时，$T_2$ 谱呈现双峰，分别对应束缚水和油的存在，这两个峰值明显地区分开来。通过观察 $T_2$ 短时间峰值下的区域，可以直接确定束缚水的饱和度，从而准确地估算渗透率。

## 三、案例分析

核磁共振渗透率模型应用到实际的测井资料解释之前，通常以岩心实验的渗透率数据为依据，调整核磁共振渗透率模型中的参数 $C$，将核磁共振渗透率与岩心渗透率相拟合，拟合度最好时的 $C$ 即为理想值。通过岩心实验确定模型参数的具体步骤在第八章中详细讲述。

图 7-4-1 为利用 Coates 模型计算砂岩储层渗透率的结果图,通过岩心核磁共振实验及渗透率测试实验分析得到的模型参数 $C$ 为 12.6,然后计算储层渗透率。可以看出在常规砂岩储层采用 Coates 模型计算的渗透率与岩心实验测量渗透率匹配度高,反映了地层渗透性变化,同时体现了利用核磁共振测井资料计算渗透率的有效性。

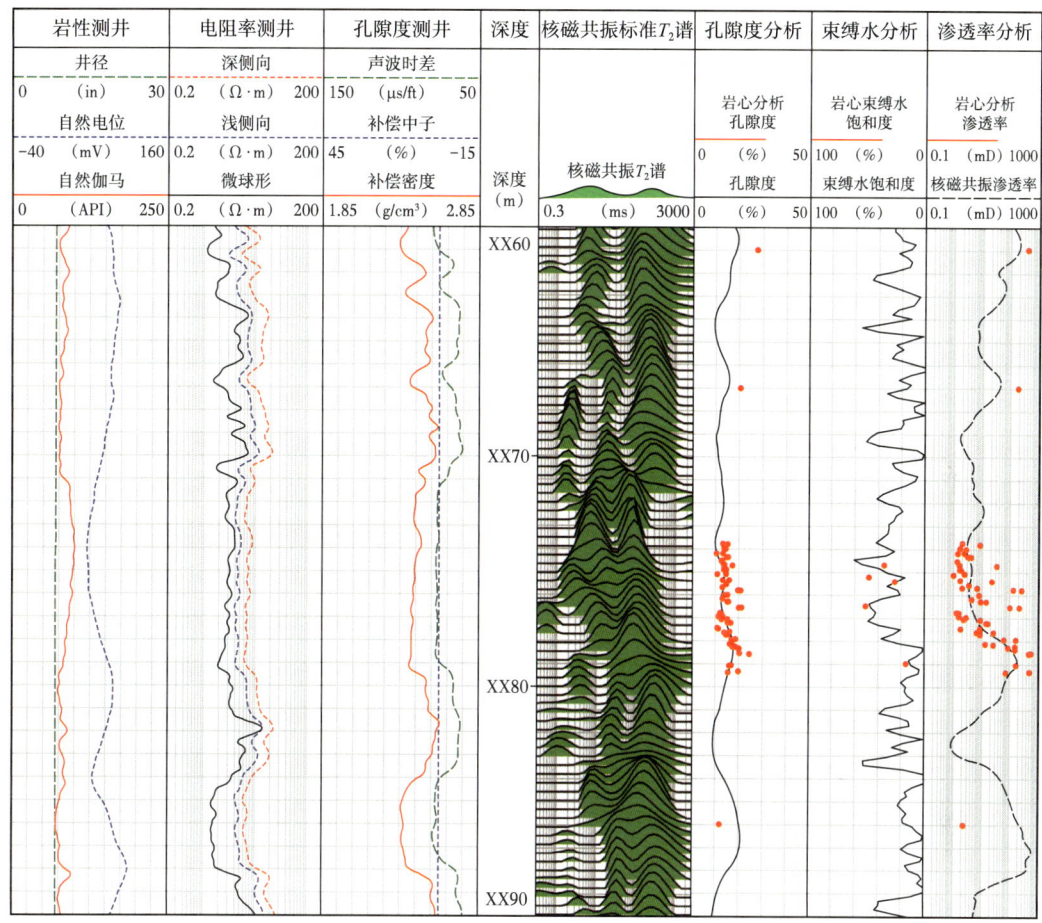

图 7-4-1 砂岩储层渗透率评价效果图

对于复杂岩性储层,孔隙结构复杂,实验室岩心实验回归系数建立的渗透率模型并不能有效地提高渗透率计算的精度。因此需要建立改进模型进行渗透率的计算。

以数学形态学、分形几何理论、集中分布函数理论、压汞实验原理为基础,对核磁共振 $T_2$ 谱进行定量分析,提取出表征孔隙结构的核磁共振参数,包括半弛豫时间($T_{2h}$)、$T_2$ 几何均值($T_{2GM}$)、变异系数($v_{T2}$)、集中分布函数($C$)、$T_2$ 谱特征弛豫时间($T_x$),充分考虑孔隙结构特征影响,建立渗透率新模型,模型具体形式详见第八章第四节。

图 7-4-2 是核磁共振渗透率改进模型在复杂岩性储层中的应用效果,可以看出,Coates 模型、SDR 模型计算的渗透率值偏大,通过改进模型计算的渗透率与岩心气测渗透率接近,证明改进模型在复杂岩性储层渗透率评价方面取得了良好的效果。

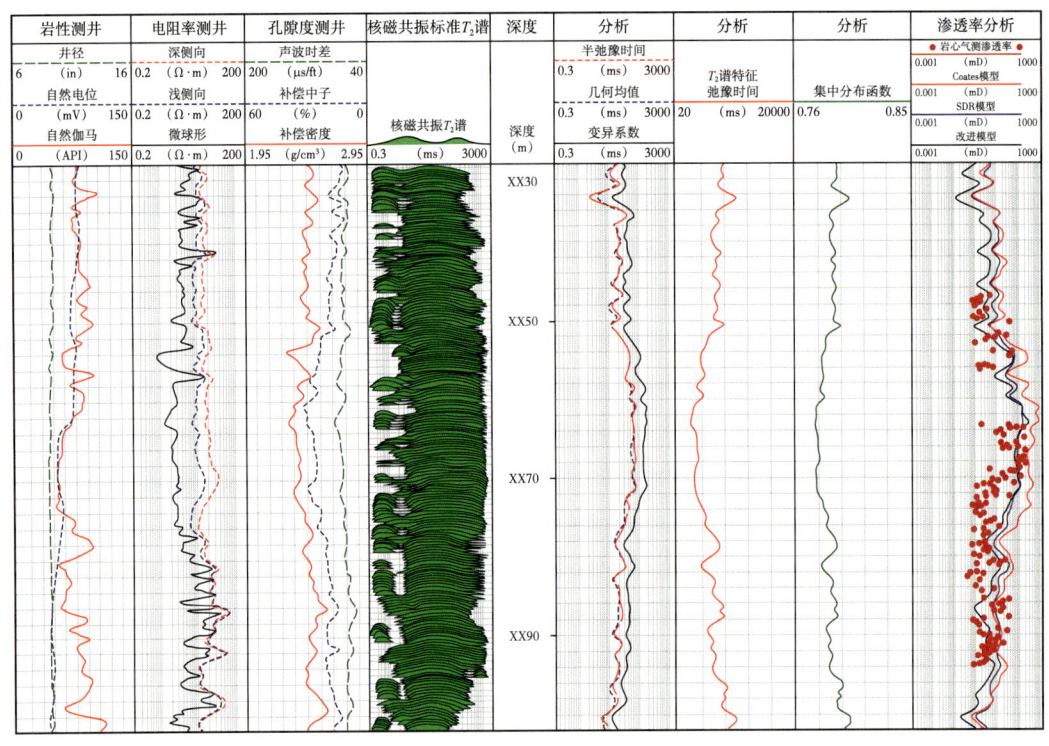

图 7-4-2 核磁共振渗透率新模型在研究区应用效果图

# 第五节 识别储层油气水

核磁共振测井技术在储层油气水识别中具有重要的应用价值。通过对比不同采集参数下储层 $T_2$ 谱特征，可以推断不同流体（油、气、水）的存在和分布情况。在测井领域中，核磁共振测井数据可以单独分析也可以结合常规测井数据进行分析。当核磁共振测井数据单独解释时，可以得到地层孔隙度、渗透率，以及侵入带的流体类型和流体饱和度等信息。一维核磁共振测井识别储层流体主要分为两类方法：时域分析法和扩散分析法，主要依据是储层条件下油、气和水的 $T_1$ 及扩散系数的差异。

## 一、时域分析法

1. 时域分析核磁共振原理

一维核磁共振测井方法主要是利用双 $T_W$ 和双 $T_E$ 测井数据对储层流体进行识别（肖立志，1998）。差谱法（DSM）和时域分析（TDA）法依赖于不同流体的 $T_1$ 不同。天然气和轻质油（黏度小于 5mPa·s）的 $T_1$ 要比地层水的 $T_1$ 长得多。因此，核磁共振测井完全极化地层水和油气需要的极化时间（$T_W$）不同。因此，可以使用双 $T_W$ 方法识别水和轻烃。此外，时域分析方法还可以提供：（1）冲洗带流体类型；（2）气层校正后核磁共振孔隙度（如果无这一校正，由于气的长 $T_1$ 和低含氢指数，核磁共振测井数据将降低孔隙度);(3)含烃轻质油储层校正后核磁共振孔隙度;(4)仅使用核磁共振测井数据对冲洗带全部流体饱和度的分析。

TDA 法是差谱法的改进。差谱法是对长、短 $T_w$ 条件下自旋回波串先分别进行反演得到各自的 $T_2$ 谱,然后将两个 $T_2$ 谱相减得到差谱,早期应用差谱定性地考察地层中是否存在天然气,该项技术的基本原理如图 7-5-1 所示。

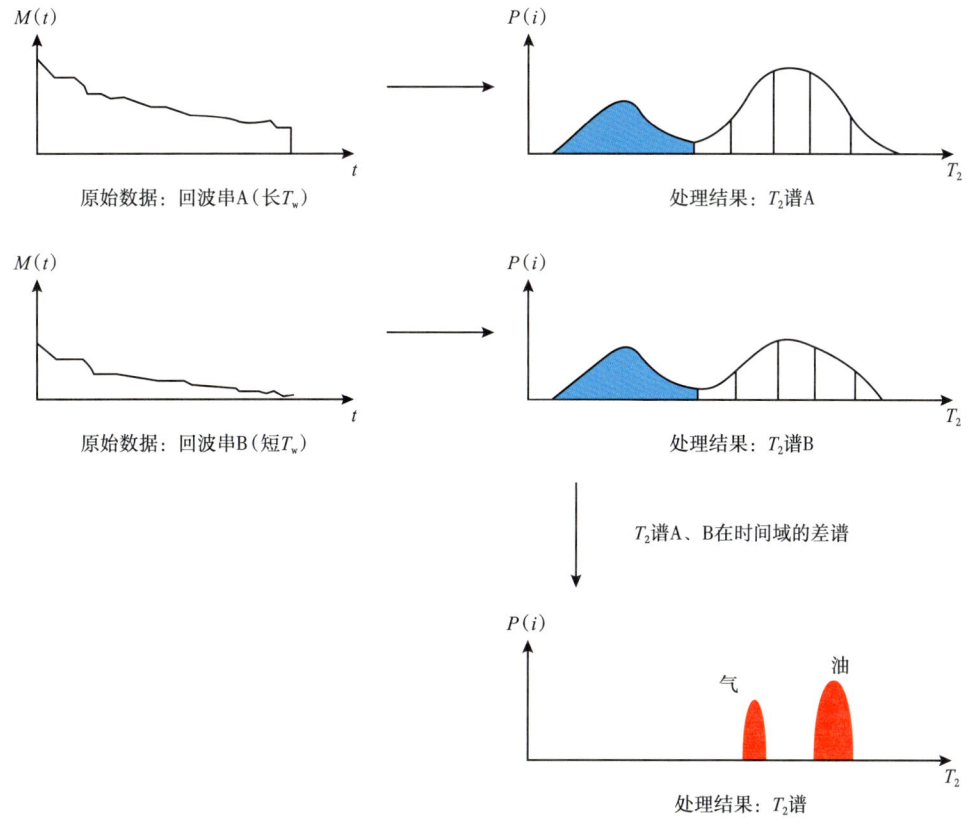

图 7-5-1　差谱法基本原理图(据 Coates et al., 2007)

然而,TDA 法中,相减的过程不是在 $T_2$ 域完成,而是将长、短 $T_w$ 条件下自旋回波串在时间域内进行相减,通过对双 $T_w$ 回波串的差(差值信号)进行反演获得对应 $T_2$ 谱,实现储层流体的定性分析和油气的定量评价(李洋等,2012)。图 7-5-2 展示了 TDA 法的原理。与 DSM 相比,TDA 法主要有两个优点:(1)两个回波串是在时间域作差,然后将差转换为 $T_2$ 谱,因此差别就更加明显;(2)TDA 法可以更好地校正氢核的未完全极化及含氢指数的影响。

2. 时域分析数学原理

在亲水的条件下,饱和水、油和气岩石的 CPMG 脉冲序列采集的自旋回波串的幅度可表示(假定油和气的 $T_2$ 是单峰分布)(Coates et al., 1999):

$$M(t)=\sum\left[M_{0i}\exp\left(-\frac{t}{T_{2i}}\right)\right]+M_o\exp\left(-\frac{t}{T_{2o}}\right)+M_{gas}\exp\left(-\frac{t}{T_{2g}}\right) \quad (7\text{-}5\text{-}1)$$

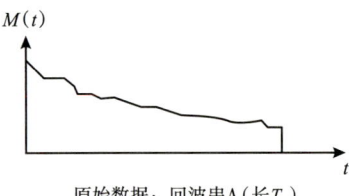
原始数据：回波串A（长$T_w$）

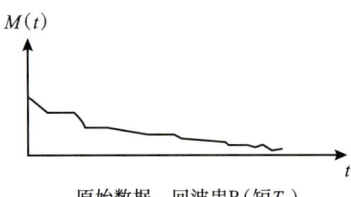
原始数据：回波串B（短$T_w$）

回波串A、B在时间域的差值

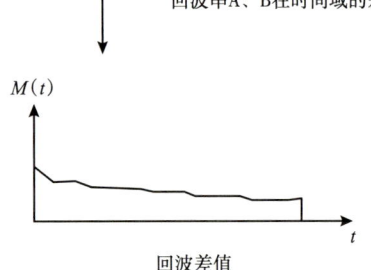
回波差值

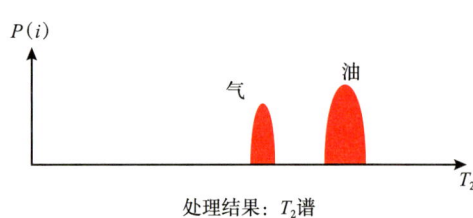
处理结果：$T_2$谱

图 7-5-2  时域分析法基本原理图（据 Coates et al., 2007）

当考虑极化效应时，$M_{0i}$、$M_g$ 和 $M_o$ 表示为

$$M_{0i} = M_{0i}(0)\left[1 - \exp\left(-\frac{T_w}{T_{1i}}\right)\right]$$

$$M_o = M_o(0)\left[1 - \exp\left(-\frac{T_w}{T_{1o}}\right)\right] \quad (7\text{-}5\text{-}2)$$

$$M_g = M_g(0)\left[1 - \exp\left(-\frac{T_w}{T_{1g}}\right)\right]$$

利用双 $T_w$ 采集模式采集两个自旋回波串，则长短回波串的幅度可分别表示为

$$\begin{aligned}
M_{T_{wL}}(t) = &\sum\left\{M_{0i}(0)\left[1 - \exp\left(-\frac{T_{wL}}{T_{1i}}\right)\right]\exp\left(-\frac{t}{T_{2i}}\right)\right\} \\
&+ M_o(0)\left[1 - \exp\left(-\frac{T_{wL}}{T_{1o}}\right)\right]\exp\left(-\frac{t}{T_{2o}}\right) \quad (7\text{-}5\text{-}3)\\
&+ M_g(0)\left[1 - \exp\left(-\frac{T_{wL}}{T_{1g}}\right)\right]\exp\left(-\frac{t}{T_{2g}}\right)
\end{aligned}$$

$$M_{T_{wS}}(t) = \sum \left\{ M_{0i}(0) \left[ 1 - \exp\left(-\frac{T_{wS}}{T_{1i}}\right) \right] \exp\left(-\frac{t}{T_{2i}}\right) \right\}$$
$$+ M_o(0) \left[ 1 - \exp\left(-\frac{T_{wS}}{T_{1o}}\right) \right] \exp\left(-\frac{t}{T_{2o}}\right) \quad (7\text{-}5\text{-}4)$$
$$+ M_g(0) \left[ 1 - \exp\left(-\frac{T_{wS}}{T_{1g}}\right) \right] \exp\left(-\frac{t}{T_{2g}}\right)$$

两个回波串相减得到回波串的差 $\Delta M(t)$:

$$\Delta M(t) = \sum \left\{ M_{0i}(0) \exp\left(-\frac{t}{T_{2i}}\right) \left[ \exp\left(-\frac{T_{wS}}{T_{1i}}\right) - \exp\left(-\frac{T_{wL}}{T_{1i}}\right) \right] \right\}$$
$$+ M_o(0) \exp\left(-\frac{t}{T_{2o}}\right) \left[ \exp\left(-\frac{T_{wS}}{T_{1o}}\right) - \exp\left(-\frac{T_{wL}}{T_{1o}}\right) \right] \quad (7\text{-}5\text{-}5)$$
$$+ M_g(0) \exp\left(-\frac{t}{T_{2g}}\right) \left[ \exp\left(-\frac{T_{wS}}{T_{1g}}\right) - \exp\left(-\frac{T_{wL}}{T_{1g}}\right) \right]$$

分别定义水、油和气的极化函数 $\Delta \alpha_{wi}$、$\Delta \alpha_o$、$\Delta \alpha_g$ 为

$$\Delta \alpha_{wi} = \exp\left(-\frac{T_{wS}}{T_{1i}}\right) - \exp\left(-\frac{T_{wL}}{T_{1i}}\right) \quad (7\text{-}5\text{-}6)$$

$$\Delta \alpha_o = \exp\left(-\frac{T_{wS}}{T_{1o}}\right) - \exp\left(-\frac{T_{wL}}{T_{1o}}\right) \quad (7\text{-}5\text{-}7)$$

$$\Delta \alpha_g = \exp\left(-\frac{T_{wS}}{T_{1g}}\right) - \exp\left(-\frac{T_{wL}}{T_{1g}}\right) \quad (7\text{-}5\text{-}8)$$

则式（7-5-5）可以写成：

$$\Delta M(t) = \sum \left[ M_{0i}(0) \exp\left(-\frac{t}{T_{2i}}\right) \Delta \alpha_{wi} \right]$$
$$+ M_o(0) \exp\left(-\frac{t}{T_{2o}}\right) \Delta \alpha_o + M_g(0) \exp\left(-\frac{t}{T_{2g}}\right) \Delta \alpha_g \quad (7\text{-}5\text{-}9)$$

如果选择的短极化时间 $T_{wS}$ 可使孔隙中的水完全极化，那么 $\Delta \alpha_{wi} \approx 0$，则两个自旋回波串的差可以写成：

$$\Delta M(t) = M_o(0) \exp\left(-\frac{t}{T_{2o}}\right) \Delta \alpha_o + M_g(0) \exp\left(-\frac{t}{T_{2g}}\right) \Delta \alpha_g \quad (7\text{-}5\text{-}10)$$

定义差分孔隙度函数为

$$\Delta\phi(t) = \phi_o^* \exp\left(-\frac{t}{T_{2o}}\right) + \phi_{gas}^* \exp\left(-\frac{t}{T_{2g}}\right) + \text{noise} \quad (7-5-11)$$

式中：noise 为两个自旋回波串的 CPMG 测量期间的噪声；$\Delta\phi(t)$ 为从自旋回波串得到的含烃孔隙度的差；$\phi_o^*$ 为从两个自旋回波串的差得到的视含油孔隙度；$\phi_g^*$ 为从两个自旋回波串的差得到的视含气孔隙度。

对回波串的差 $\Delta M(t)$ 拟合，可以分别得到油和气的视孔隙度 $\phi_o^*$ 和 $\phi_g^*$。视孔隙度与真孔隙度（$\phi_o$ 和 $\phi_g$）的关系为

$$\phi_o^* = \left[\frac{M_o(0)}{M_{100\%}(0)}\right]\Delta\alpha_o = \phi_o \text{HI}_o \Delta\alpha_o \quad (7-5-12)$$

$$\phi_g^* = \left[\frac{M_g(0)}{M_{100\%}(0)}\right]\Delta\alpha_g = \phi_g \text{HI}_g \Delta\alpha_g \quad (7-5-13)$$

式中：$M_{100\%}(0)$ 为经过核磁共振刻度（100% 孔隙度）后，CPMG 自旋回波串的零时刻幅度；$\text{HI}_o$ 为油的含氢指数；$\text{HI}_g$ 为气的含氢指数。

经过含氢指数和极化校正后，可得到含烃孔隙度：

$$\phi_o = \frac{\phi_o^*}{\text{HI}_o \Delta\alpha_o}, \quad \phi_g = \frac{\phi_g^*}{\text{HI}_g \Delta\alpha_g} \quad (7-5-14)$$

利用计算出的含烃孔隙度可以计算含水孔隙度和有效孔隙度。含水孔隙度为

$$\phi_w = \phi(T_{wL}) - \phi_o \text{HI}_o \left(1 - e^{-\frac{T_{wL}}{T_{1o}}}\right) - \phi_g \text{HI}_g \left(1 - e^{-\frac{T_{wL}}{T_{1g}}}\right) \quad (7-5-15)$$

式中：$\phi(T_{wL})$ 是长 $T_w$ 测量对应的 $T_2$ 谱计算的孔隙度，即核磁共振孔隙度。

利用含水孔隙度和校正后的含烃孔隙度计算有效孔隙度：

$$\phi(\text{TDA}) = \phi_w + \phi_o + \phi_g \quad (7-5-16)$$

以上是 TDA 法的数学推导。对于式（7-5-11），含烃孔隙度可以表示为地层孔隙度与含烃饱和度的乘积，即 $\phi_h = \phi S_h$，因此式（7-5-11）可以写成：

$$\Delta\phi(t) = \phi S_o \text{HI}_o \Delta\alpha_o \exp\left(-\frac{t}{T_{2o}}\right) + \phi S_g \text{HI}_g \Delta\alpha_g \exp\left(-\frac{t}{T_{2g}}\right) + \text{noise} \quad (7-5-17)$$

由式（7-5-17）可以看出，每一相流体的差分孔隙度（$\Delta\phi_h = \phi S_h \text{HI}_h \Delta\alpha_h$）都要受到地层孔隙度、含烃饱和度 $S_h$、含烃指数 $\text{HI}_h$ 和极化函数 $\Delta\alpha_h$ 的影响。另外，产生差分孔隙度的前提是烃在长、短极化时间内的极化程度不同。因此，影响差分孔隙度（差值信号）的因素，也是影响 TDA 法结果的因素，可以概括为两个方面：（1）差值信号的产

生，受 $T_w$ 和流体 $T_1$ 共同影响；（2）差值信号的强度，受岩石孔隙度、含烃饱和度、含氢指数和极化函数的影响。此外，由于测量的核磁共振井数据要受到噪声的干扰，因此，要考虑噪声对 TDA 法的影响。

实际 TDA 法计算含水孔隙度和有效孔隙度的步骤如下：（1）用双 $T_w$ 采集模式采集两个自旋回波串；（2）估算在储层条件下（即地层温度和压力）油和气的 $T_1$、$T_2$ 和 HI 性质；（3）两个回波串相减；（4）确定储层条件下油和气的 $T_2$ 和油的 $T_1$；（5）用式（7-5-12）和式（7-5-13）计算视孔隙度 $\phi_o^*$ 和 $\phi_g^*$；（6）根据式（7-5-14），利用第（2）步中估算的 $T_1$、$T_2$ 和 HI，以及第（5）步得到的视孔隙度，计算真孔隙度 $\phi_o$ 和 $\phi_g$ [注意：由第（2）步估算的 $T_1$ 或由 $3T_w$ 模式测量的 $T_1$ 被用于计算油和气的极化函数]；（7）计算含水孔隙度和有效孔隙度。

下面总结了 TDA 法计算含水孔隙度和有效孔隙度的几个假设条件：

（1）在式（7-5-1）中，油和气的各种信号表现为单指数衰减，这一单指数衰减对于气的衰减和许多低黏度油的衰减是一个合理的近似。

（2）在式（7-5-10）中，应选择 $T_{wS}$ 使水的质子完全极化，否则需要进行水的极化校正，分析过程也变得更为复杂。

（3）在式（7-5-11）中，$\Delta\phi$ 是来自两个单独的回波串计算的孔隙度的差值，它与岩石的真孔隙度，以及水和轻烃之间的 $T_1$ 差异有关。由于核磁共振测井数据采集时存在噪声，如果 $\Delta\phi$ 不是足够大，如 $\Delta\phi$ 小于 1.5%，则用单指数或双指数函数来拟合这一差值信号可能是比较困难的。

（4）水和轻烃之间必须存在明显的 $T_1$ 差异。

（5）气和油有明显不同的 $T_1$，使得各自的信号可以被区分开。

这些假设对于高孔隙度、含轻烃（气或轻质油）的亲水岩石一般都是有效的。对于这类储层，如果能够选取合适的 $T_{wL}$ 和 $T_{wS}$，使得水和轻烃之间的差异很大，那么 TDA 法是有效的。因此，要想成功使用 TDA 法，采集参数和储层类型是非常重要的。TDA 只需要核磁共振测井数据就可以提供孔隙度、渗透率和烃类识别，不需要常规测井数据。

差谱法主要是定性检测油气层的存在。TDA 法是差谱法处理双 $T_w$ 回波串的一种替代方法。这种方法是在时间域内进行，而不是深度域。主要是在时间域把长等待回波串与短等待回波串相减，形成差谱：

设 $P(\tau,T_2)$ 为由在一个水润湿性孔隙中以等待时间 $\tau$ 测得的回波串经反演得到的 $T_2$ 谱，对油气水的三相系统，有：

$$P(\tau,T_2)=\alpha(\tau,T_{1w})P_W(T_2)+\alpha(\tau,T_{1g})P_G(T_2)+\alpha(\tau,T_{1o})P_O(T_2) \quad (7-5-18)$$

式中：$P_W(T_2)$、$P_G(T_2)$、$P_O(T_2)$ 分别为水、气、油的 $T_2$ 谱；$\alpha$ 为极化因子，考虑了由于有限的等待时间而不完全极化所造成的影响。

一般天然气与油的 $T_1$ 相近，但两者比地层水的 $T_1$ 要大得多。油气完全极化所需的时间接近地层水的 5 倍。若进行两次测井，一次为长等待时间，能使油气和水都完全极化；而另一次为短等待测井，使水完全极化，而油气没有极化。两次测量的结果相减，就可以去掉水信号，而留下油气信号：

$$\Delta P(T_2) = P(T_{wL}, T_2) - P(T_{wS}, T_2) \qquad (7-5-19)$$

油和气是不相溶的，所以油和气的孔隙度是可以算出来的。

3. 案例分析

如图 7-5-3 所示，从核磁共振差谱结果来看，差谱信号在 1000ms 左右，$T_2$ 谱靠右，符合轻质油的 $T_2$ 特征。结合电阻率特征，综合解释 XX50~XX70m 和 XX85~XX10m 为轻质油层。经 TDA 法处理，可动流体以油为主，核磁共振有效孔隙度 20.4%，含烃孔隙度为 13.8%，可动水孔隙度 2.6%，几乎不含可动水，在取样测试的地方，TDA 法处理结果是纯油层，与测试结果一致。

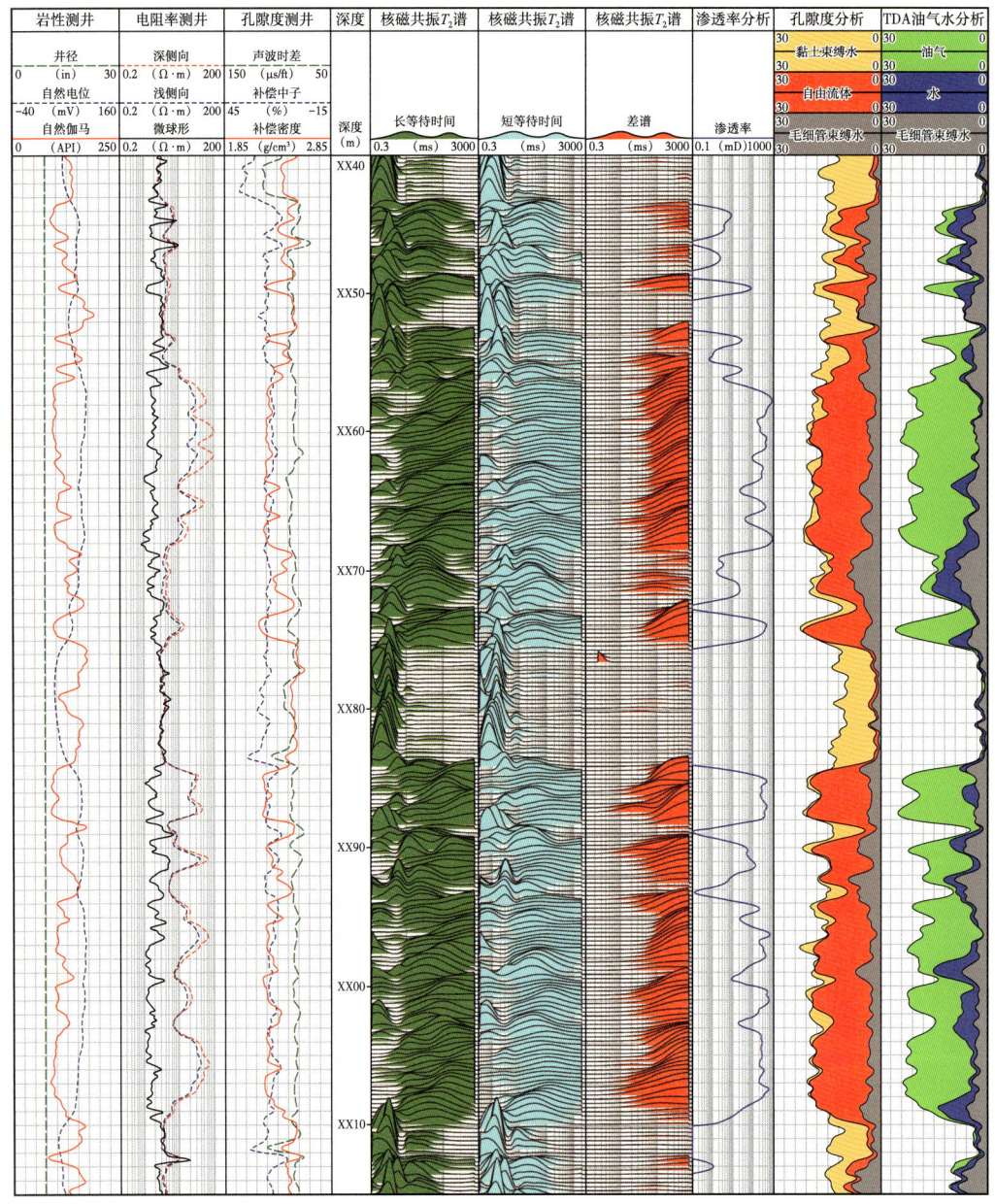

图 7-5-3 TDA 法识别油层的应用实例

如图 7-5-4 所示，第 11 号层深度为 3128.2~3139.0m，该层上部 $T_2$ 谱呈双峰和三峰分布，主峰分布范围主要在 3~200ms 且后峰幅度较高，表明该层上部孔隙尺寸多样，孔隙以中小尺寸孔隙为主且中等尺寸孔隙占优。该层下部 $T_2$ 谱主要呈单峰分布，主峰分布范围主要在 6~60ms 之间且从上至下呈单峰逐渐向左偏移，表明储层下部孔隙尺寸呈单峰逐渐减小，孔隙以小尺寸孔隙占优。从第 11 号层的 $T_2$ 谱形态来看，整个孔径尺寸从上至下逐渐减小，反映了沉积能量的逐渐减弱，属于逆粒序沉积，与自然伽马曲线呈漏斗形也较为吻合。从第 5 道的差谱信号可以看出，该层差谱信号比较强烈，主要分布在 30~300ms 之间，反映储层含气特征明显且上部大于下部。

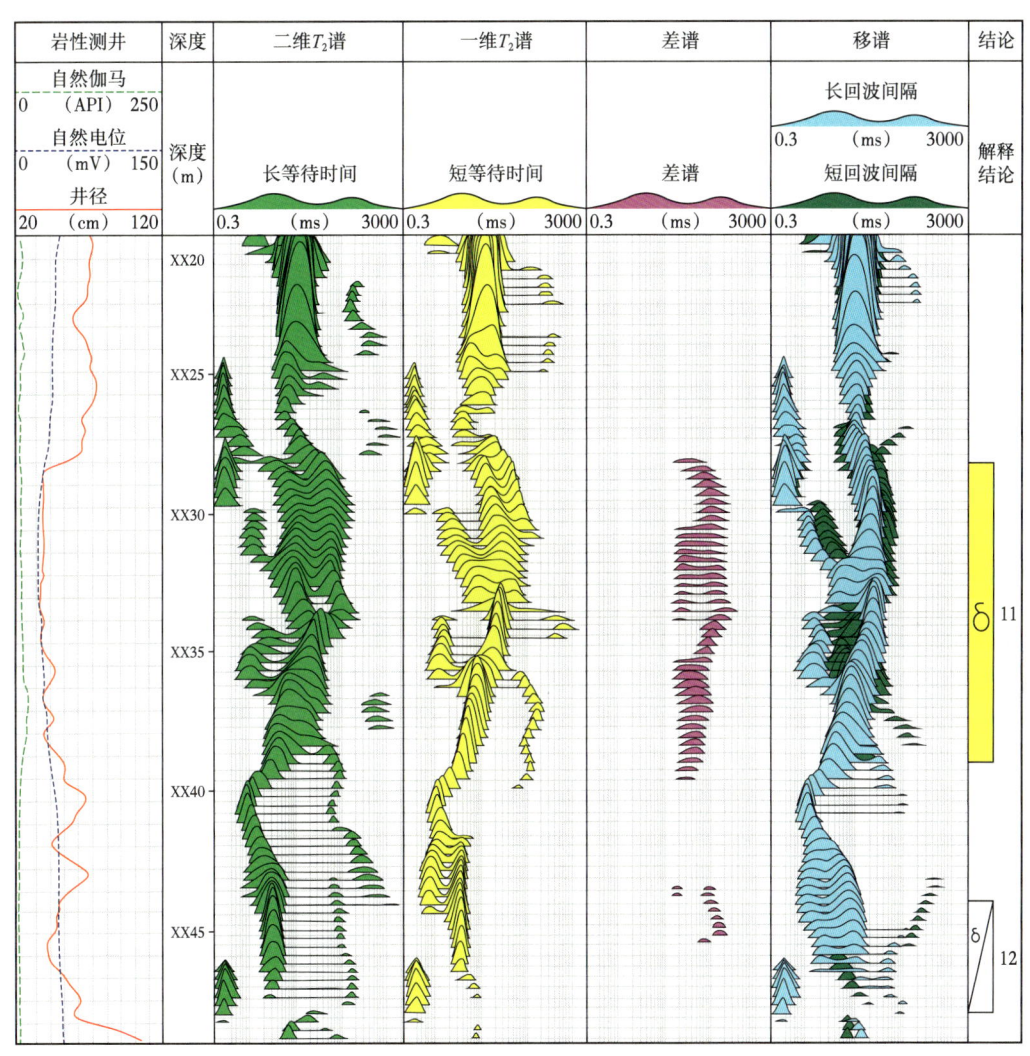

图 7-5-4 TDA 法识别气层的应用实例

## 二、扩散分析法

扩散分析法依赖于不同流体扩散系数的差异。扩散弛豫的产生是由于核磁共振梯度磁场的存在。观测流体的 $T_2$ 随回波间隔 $T_E$ 的改变而改变。$T_2$ 取决于 $G$、$\gamma$、$T_E$，以及视扩散系数（$D_a$）：

$$\frac{1}{T_2} = \frac{1}{T_{2\text{int}}} + \frac{CD_a(G\gamma T_E)^2}{12} \quad (7\text{-}5\text{-}20)$$

式中：$T_{2\text{int}}$ 为当 $G$ 为零时的固有弛豫时间，$1/T_{2\text{int}} = 1/T_{2自由} + 1/T_{2表面}$；$C$ 反映受限扩散和磁旋动力的组合效应，磁旋动力与梯度磁场中直接的回波和受激的回波的混合有关（Akkurt，1998）。

对于核磁共振测井仪器，$C=1.08$。对于一个确定的核磁共振测井作业，除 $T_E$ 外，式（7-5-20）中所有其他参数都是常数。式（7-5-20）表明，把回波间隔从 0.6ms 增大到一较大数值时，将使 $T_2$ 降低。

### 1. 移谱法

移谱法（SSM）是一个定性方法，用来表示不同回波间隔情况下，各种流体 $T_2$ 的变化导致 $T_2$ 谱的变化（Akkurt et al.，1995）。在地层流体由水和中等黏度油组成的情况下，水的扩散系数是中等黏度油的 10 倍，当增加 $T_E$ 时，扩散弛豫使水的 $T_2$ 值减小比油的 $T_2$ 值减小数量要大。可以选择长、短 $T_E$（$T_{EL}$ 和 $T_{ES}$）进行测量，比较由 $T_{EL}$ 和 $T_{ES}$ 确定的 $T_2$ 谱可以证实存在由扩散引起的水和油 $T_2$ 值的相对偏移。水 $T_2$ 的相对偏移量大于油 $T_2$ 的相对偏移量，这样就可以区分水和油。

### 2. 定量扩散分析扩散法

扩散法（DIFAN）是一种定量扩散分析的经验模型，在许多油田已得到成功的应用。该方法的开发就是要解决以下问题：使用 TDA 法时，没有足够的 $T_1$ 差异；使用更简单的双 $T_E$ 或增强扩散法（EDM）时，扩散差异很小。该方法利用扩散现象引起的不同流体的 $T_2$ 数值偏移不同，定量提供含水孔隙度和含烃孔隙度。对于低黏度烃，即轻质油和凝析油，和水的扩散系数差异太小，因此建议不要使用 DIFAN；对于高黏度油（重油），和束缚水的 $T_{2\text{int}}$ 值差异太小，DIFAN 也不适用。

DIFAN 模型利用双 $T_E$ 测井（即 $T_{EL}$ 和 $T_{ES}$）采集的两种回波串，反演得到相应的 $T_2$ 谱。计算这两个 $T_2$ 谱中自由流体部分的 $T_2$ 几何均值，分别称为 $T_{2\text{GM,L}}$ 和 $T_{2\text{GM,S}}$。这两个均值又通过式（7-5-21）和式（7-5-22）与扩散系数产生联系：

$$\frac{1}{T_{2\text{GM,S}}} = \frac{1}{T_{2\text{int}}} + \frac{CD_a(G\gamma T_{ES})^2}{12} \quad (7\text{-}5\text{-}21)$$

$$\frac{1}{T_{2\text{GM,L}}} = \frac{1}{T_{2\text{int}}} + \frac{CD_a(G\gamma T_{EL})^2}{12} \quad (7\text{-}5\text{-}22)$$

式中：$T_{2\text{int}}$ 为固有横向弛豫时间。

由于 $T_{2\text{GM,S}}$、$T_{2\text{GM,L}}$、$T_{ES}$、$T_{EL}$、$G$、$\gamma$ 和 $C$ 是已知的，式（7-5-21）、式（7-5-22）就可以同时求解得到 $T_{2\text{int}}$ 和 $D_a$。这两个等式的解又可以用来构建一个 $1/T_{2\text{int}}$ 和 $D_a/D_w$ 交会图，如图 7-5-5 所示，可以确定 $S_{wa}$，从而计算 $S_w$。

在确定点（$D_a/D_w$，$1/T_{2\text{int}}$）之前，要构建 $S_{wa}=100\%$ 和 $S_{wa}=0$ 线。为了做到这一点，必须要知道 $D_w$、$D_o$ 和 $T_{2自由,油}$。

$S_{wa}$=100%的线形成了水饱和地层数据点的上边界,这条线通过自由水点($D_a/D_w$=1)。经验结果将这条线的$1/T_{2int}$的截距置于0.04~1ms,或$T_{2int}$=25ms。对于大多数含烃地层来说,由于饱和度的变化主要是$D_a/D_w$的函数,这一截距的准确位置是不重要的。

为了确定$S_{wa}$=0线,认为地层是在束缚水条件下,自由流体就是油,使得在储层条件下$T_{2int}$等于$T_{2自由,油}$,$D_a$将等于$D_o$,这样,点($D_o/D_w$,$1/T_{2自由,油}$)将在$S_{wa}$=0线上,且此线应与$S_{wa}$=100%线平行。

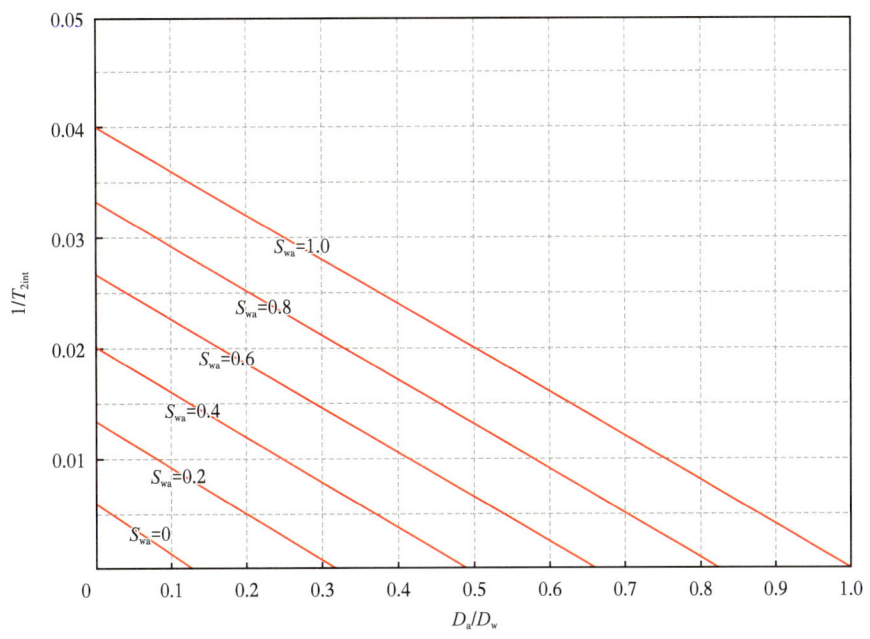

图7-5-5 $1/T_{2int}$和$D_a/D_w$交会图(据Coates et al.,2007)

为了画出0和100%线之间的$S_{wa}$,在0和100%线之间构建等间距的与0和100%线平行的直线。计算了某一深度处的$T_{2int}$和$D_a$之后,就可以画出点($D_a/D_w$,$1/T_{2int}$),$S_w$也就从交会图上确定下来。$S_w$可表示为

$$S_w = \frac{S_{wa}\text{FFI} + \text{BVI}}{\text{FFI} + \text{BVI}} \quad (7\text{-}5\text{-}23)$$

综上,使用流体扩散特性和DIFAN模型进行流体扩散分析的过程如下:(1)用双$T_E$采集模式采集两个自旋回波串;(2)估算储层条件下(某一温度、压力和油的黏度下)自由油和水的核磁共振特性($T_2$和$D$);(3)构建$1/T_{2int}$和$D_a/D_w$的交会图;(4)计算$T_{EL}$和$T_{ES}$时$T_2$谱中自由流体部分的$T_2$几何均值;(5)用式(7-5-21)和式(7-5-22)计算$T_{2int}$和$D_a$;(6)使用$1/T_{2int}$和$D_a/D_w$交会图估算$S_{wa}$;(7)基于有效孔隙度,用$S_{wa}$计算真实的$S_w$。

3. 增强扩散法

增强扩散法(EDM)可在黏度范围1~50mPa·s内定性识别并定量计算油的含量。EDM用扩散差异区分流体,适当选择一较长的$T_E$,提高了回波数据采集期间的扩散效应,而且可以在由测井数据产生的$T_2$谱上区分油和水。EDM可以使用以下采集模式采

集 CPMG 测量数据：（1）长 $T_E$ 的标准 $T_2$ 测井；（2）单个长 $T_w$ 的双 $T_E$ 测井；（3）单个长 $T_E$ 的双 $T_w$ 测井。

对 EDM 原理的了解取决于对影响岩石孔隙中的油和水的弛豫率因素的了解。如果在双 $T_E$ 测井期间采集到两个自旋回波串，$T_{EL}$ 和 $T_{ES}$ 测量时的 $T_2$ 谱包括水和油的信号。可以选择 $T_{EL}$ 情形下 $T_2$ 谱区分油和水信号，这样就能在现场快速查看 EDM 结果。

用 CPMG 测量观测到的岩石孔隙流体的弛豫率与自由弛豫、表面弛豫和扩散弛豫机制有关：

$$1/T_{2\text{CPMG}} = 1/T_{2\text{自由}} + 1/T_{2\text{表面}} + 1/T_{2\text{扩散}} \quad (7\text{-}5\text{-}24)$$

由 CPMG 脉冲序列测得的 $T_2$ 小于任何一种弛豫机制计算得到的 $T_2$。由于 $T_{2\text{自由}}$ 总是远大于 $T_{2\text{表面}}$ 和 $T_{2\text{扩散}}$，因此在实际应用时 $T_{2\text{自由}}$ 可以被忽略。如果 $T_{2\text{表面}}$ 小于 $T_{2\text{扩散}}$，那么表面弛豫主要影响观测的弛豫值，反之由扩散弛豫起主导作用。

通过选择核磁共振测井仪器的测量参数来控制扩散的影响。实际上，$G$ 的强度受仪器类型和工作频率影响。测井工程师在现场可以选择 $G$ 和 $T_E$，使水的弛豫主要为扩散弛豫。孔隙中水 $T_2$ 上限是 $T_{2\text{扩散, 水}}$，这一上限称为 $T_{2DW}$：

$$T_{2DW} = \frac{12}{CD_w(G\gamma T_E)^2} \quad (7\text{-}5\text{-}25)$$

$T_{2DW}$ 构成了水 $T_2$ 值的绝对上限，所有与水有关的 $T_2$ 不大于 $T_{2DW}$。

亲水岩石孔隙中的油 $T_2$ 是由体积和扩散弛豫确定的：

$$1/T_o = 1/T_{2\text{自由, 油}} + 1/T_{2\text{扩散, 油}} \quad (7\text{-}5\text{-}26)$$

通常可以进一步完善 $T_E$ 和 $G$ 的选择，使 $T_{2DW} \ll \min\{$地层中预计的 $T_{2o}\}$。实际上，由于噪声影响，选择 $T_E$ 和 $G$，使 $2T_{2DW} < \min\{$地层中预计的 $T_{2o}\}$。

EDM 的使用不需要有 $T_1$ 差异，根据油的核磁共振特性和作业目标，EDM 数据处理既可以在 $T_2$ 域也可以在时间域做。如果 EDM 的目标是区分目的层和非目的层，那么用一个单个 CPMG 测量，采用长 $T_w$（完全极化）和长 $T_E$（扩散增强）就足够了，这样就可以使用长 $T_E$ 的标准 $T_2$ 测井。如果 EDM 的目标是对目的层的流体进行定量分析，那么就需要用双 $T_E$ 测井。短 $T_E$ 测量将提供准确的总孔隙度和束缚水孔隙度。如果目的层的 $T_2$ 差异不是期望的那么大，区分不出油和水，那么就需要长 $T_E$ 的双 $T_w$ 测井，利用 TDA 方法处理数据。要想成功应用 EDM，测井作业计划和目标是很重要的。

4. 案例分析

图 7-5-6 为 DIFAN 在气层的应用实例，图中第 1 道至第 3 道为 9 条常规测井曲线，第 5 道为短回波间隔对应的 $T_2$ 谱，第 6 道为长回波间隔对应的 $T_2$ 谱，第 7 道为孔隙度分析结果，包括黏土束缚水孔隙度、自由流体孔隙度和毛细管束缚水孔隙度，第 8 道为核磁共振测井计算的渗透率，第 9 道为 DIFAN 分析结果，包括自由水孔隙度、毛细管束缚水孔隙度、气孔隙度，第 10 道为试油结论。如图 7-5-6 所示，XX20~XX50m

解释井段：测试结论为气层，$T_2$谱靠右；增大回波间隔，$T_2$谱向左移动明显，且$T_2$谱尾部有明显的收缩特征。同时$T_{2DW}$右边有含烃显示。DIFAN分析结果与测试结果相符。

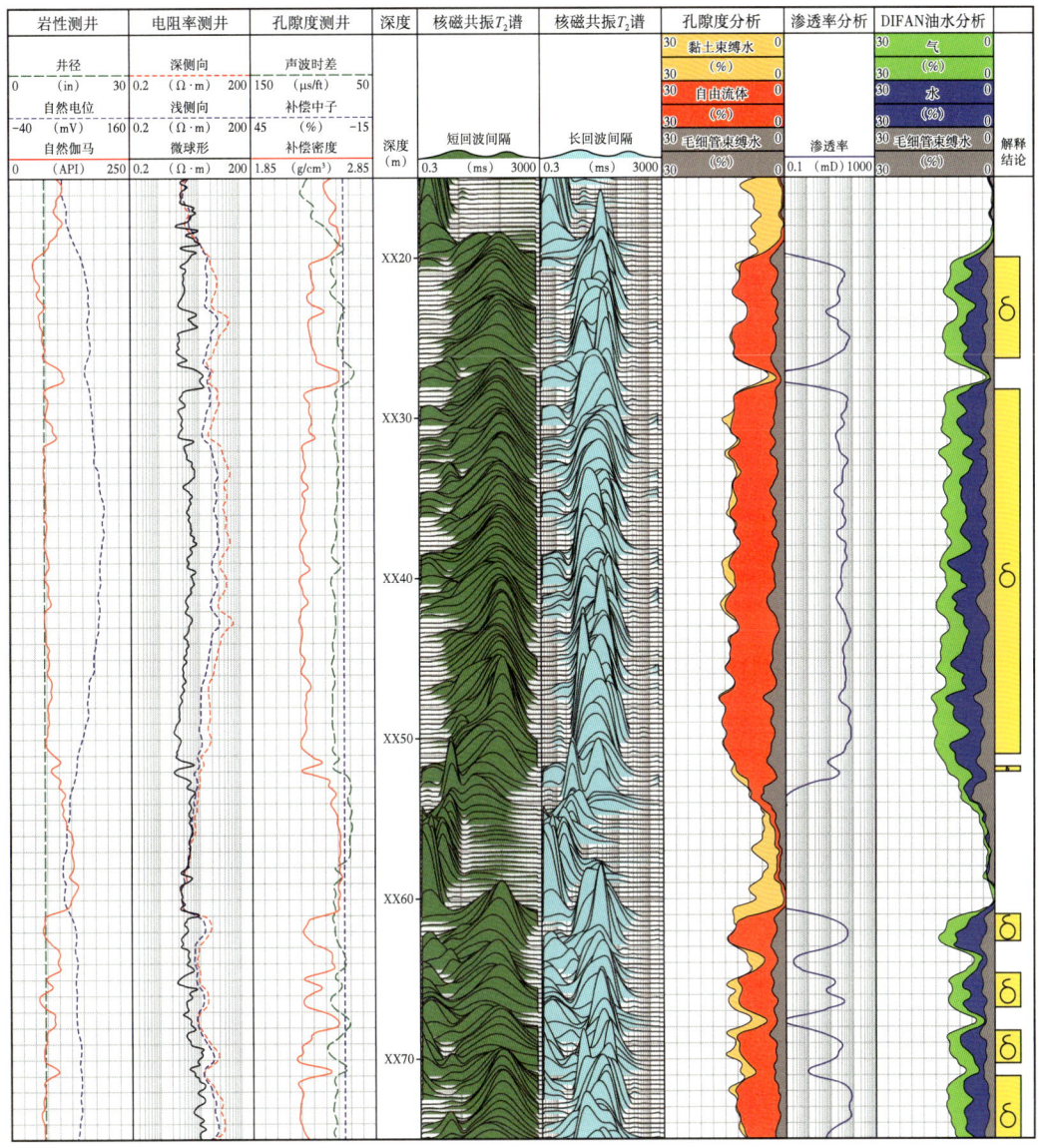

图 7-5-6　DIFAN在气层的应用实例

## 第六节　计算储层流体黏度

核磁共振测井可以用于计算储层流体黏度，方法包括经验公式法，利用多次回波间隔和等待时间计算法，利用回波串的和计算法、组成黏度模型。本节主要阐述利用核磁共振测井计算储层流体黏度的各种方法，并呈现一些应用实例。

## 一、经验公式计算方法

核磁共振测井是目前为止唯一能够提供油的黏度信息的测井方法。油的 $T_1$ 和 $T_2$ 都与黏度 $\eta$ 有关，关系式如下（Freedman et al.，1997）：

$$T_{1,2} = \frac{C_1 T_k}{289\eta} \tag{7-6-1}$$

式中：$T_{1,2}$ 为纵向弛豫时间、横向弛豫时间，ms；$T_k$ 为绝对温度，K；$\eta$ 为黏度，mPa·s；$C_1$ 为经验拟合常数，依据油样中的溶解氧含量，变化范围为1200~2800，适用于均匀磁场。

油的扩散系数同样与黏度有关系（Vinegar，1995）：

$$D = \frac{C_2 T_k}{289\eta} \tag{7-6-2}$$

式中：$D$ 为扩散系数，$10^{-5}\text{cm}^2/\text{s}$；$C_2$ 为经验拟合常数，油和水的 $C_2$ 大约分别为1.4和2。

式（7-6-2）是在实验室均匀磁场下得到的，而从核磁共振测井中获得的视 $T_2$（$T_2^+$）峰值很容易受到磁场梯度 $G$ 的影响：

$$\frac{1}{T_2^+} = \frac{1}{T_{2,\text{int}}} + \frac{1}{T_{2D}} = \frac{1}{T_{2,\text{int}}} + \frac{1}{3}\gamma^2 G^2 D\tau^2 \tag{7-6-3}$$

对于高黏度或小的扩散系数的油，当扩散项 $1/T_{2D}$ 的贡献很小时，直接使用式（7-6-2）来估计原油黏度是可以接受的。如果这个条件不能满足，就必须要考虑磁场梯度对 $T_2$ 峰值的影响。

## 二、多次回波间隔和等待时间

Chen 等（1998，2000a）将多次回波间隔和不同等待时间结合起来，提出了一种用核磁共振测井来估计原油黏度的方法。这种方法有以下三个步骤：（1）利用时间域分析方法处理双等待时间回波串，将油信号和水信号分离出来；（2）假设地层是亲水的，确定不同 $T_E$ 情况下油的视 $T_2$；（3）用 $T_{2,\text{int}}$ 或 $T_{2D}$ 来估算油的黏度。

第一步是通过三个不同的 $T_E$（即 $2\tau$）的测井来完成，每个都有一个双等待时间，一个长的等待时间和一个短的等待时间。在时间域中从长等待时间的回波串中减去短等待时间的回波串，此回波串的差异应该仅仅是从油层来的油信号，经过反演可得到一个 $T_2$ 谱，它多半是单峰形态的油，可用单指数来拟合。为了保证回波串差中没有水信号，可将回波串中前24ms的信号除去。因此，可以确定不同 $T_E$ 的视 $T_2$。最后一步是绘制出视 $T_2$ 的倒数或视弛豫率与 $\tau^2$ 的函数关系：

$$\frac{1}{T_2^+} = \frac{1}{T_{2,\text{int}}} + \frac{1}{3}\gamma^2 G^2 D\tau^2 = A + B\tau^2 \tag{7-6-4}$$

截距 $A$ 可从线性拟合中确定,给出 $1/T_{2,\text{int}}$。对于非润湿相,这个固有弛豫速率的值与体弛豫速率是一样的,用式(7-6-2)即能估计原油黏度。由这个线性拟合的斜率 $B$,如果已知磁场梯度 $G$,即可求出 $D$,进而根据式(7-6-3)计算出原油黏度。有两种独立的方法来计算油的黏度:一种是由截距和式(7-6-1),另一种是由斜率和式(7-6-2)。这两种方法估计的结果可以互相验证。

当有含铁和顺磁性矿物而引起的很强的内部梯度场时,$G$ 的值可能有很大的改变。在这种情况下,从截距中得到的油的黏度比较可靠。

油的黏度 $\eta$ 同样能够直接从下式的非线性拟合中获得:

$$\frac{1}{T_2^+} = A_1\eta + A_2\tau^2\eta^{-1}$$

$$A_1 = \frac{298}{C_1K_1}, \quad A_2 = \frac{\gamma^2 G^2 C_2 T_k}{298 \times 3} \tag{7-6-5}$$

在这种方法中,必须假设 $G$ 是已知的,并且内部梯度是可以忽略不计的。

## 三、回波串的和

Chen 等(2000a,2000b)利用回波串的和来估计油的 $T_1$,进而确定油的黏度,进行深度匹配和测井质量控制等。定义 SE 为回波串的和,可得到:

$$\text{SE} = \sum_{i=1}^{n}\sum_{j=1}^{m} f_j \text{e}^{-\frac{iT_E}{T_{2,j}}} + \sum_{i=1}^{n}\varepsilon_i = \sum_{j=1}^{m} f_j \frac{1-\text{e}^{-\frac{nT_E}{T_{2,j}}}}{\text{e}^{\frac{T_E}{T_{2,j}}}-1} + \sum_{i=1}^{n}\varepsilon_i$$

$$\approx \sum_{j=1}^{m} f_j \frac{T_{2,j}}{T_E} + O\left[\sqrt{n}\sigma\right] = \frac{\phi\langle T_2\rangle}{T_E} + O\left[\sqrt{n}\sigma\right] \tag{7-6-6}$$

式中:$\sigma$ 为噪声的统计平均值。

做出以下的假设:

$$T_E \ll T_{2,j} \rightarrow \text{e}^{\frac{T_E}{T_{2,j}}} \approx 1 + \frac{T_E}{T_{2,j}} \tag{7-6-7}$$

$$nT_E \gg T_{2,j} \rightarrow \text{e}^{-\frac{nT_E}{T_{2,j}}} \approx 0 \tag{7-6-8}$$

为了应用回波串的和来估计油的 $T_1$,必须进行两种不同等待时间的核磁共振测井。注意到在水层和油层中,长、短等待时间的回波幅度 $g_{i,\text{L}}$ 和 $g_{i,\text{S}}$ 可分别表示为

$$g_{i,\text{L}} = \sum_{j=1}^{m} f_{j,\text{w}} \text{e}^{-\frac{iT_E}{T_{2,j}}} + \phi_\text{o} \text{HI}_\text{o} \alpha_\text{L} \text{e}^{-\frac{iT_E}{T_{2,\text{o}}}} \tag{7-6-9}$$

$$g_{i,S} = \sum_{j=1}^{m} f_{j,w} e^{-\frac{iT_E}{T_{2,j}}} + \phi_o HI_o \alpha_S e^{-\frac{iT_E}{T_{2,o}}} \quad (7\text{-}6\text{-}10)$$

其中:
$$\alpha_L = 1 - e^{-\frac{RD_L}{T_{1,o}}}$$

$$\alpha_S = 1 - e^{-\frac{RD_S}{T_{1,o}}}$$

式中:$\phi_o$ 为油的孔隙度;$\alpha_L$、$\alpha_S$ 分别为油的长、短等待时间的极化因子。

因此,长、短等待时间相应的回波串的和为

$$SE_L \approx \frac{\phi_w \langle T_{2,w} \rangle}{T_E} + \frac{\phi_o HI_o \alpha_L T_{2,o}}{T_E} \left(1 - e^{-\frac{nT_E}{T_{2,o}}}\right) \quad (7\text{-}6\text{-}11)$$

$$SE_S \approx \frac{\phi_w \langle T_{2,w} \rangle}{T_E} + \frac{\phi_o HI_o \alpha_S T_{2,o}}{T_E} \left(1 - e^{-\frac{nT_E}{T_{2,o}}}\right) \quad (7\text{-}6\text{-}12)$$

定义:
$$f_w = \frac{\phi_w \langle T_{2,w} \rangle}{T_E} \quad (7\text{-}6\text{-}13)$$

$f_w$ 可从反演的 $T_2$ 谱中获得,则可通过下式来估算油的 $T_1$:

$$R = \frac{SE_L - f_w}{SE_S - f_w} = \frac{\alpha_L}{\alpha_S} = \frac{1 - e^{-\frac{RD_L}{T_{1,o}}}}{1 - e^{-\frac{RD_S}{T_{1,o}}}} \quad (7\text{-}6\text{-}14)$$

这种方法比常规的时间域分析要好一些。时间域分析方法要求预先知道仪器的梯度,从而将 $T_{1,o}$ 和 $T_{2,o}$ 联系起来,并且需要同时解出 $\phi_o$ 和 $T_{1,o}$。这个过程同样受到噪声和不同正则化参数的影响。

### 四、组成黏度模型

Freedman 等(2001b)提出一种确定孔隙流体特性的方法,通过改变回波间隔、极化时间,以及施加的梯度场进行了一系列自旋回波测量,利用许多组回波串来反演不同孔隙流体的 $T_2$ 谱。他们把这种方法称为磁共振流体(MRF)识别方法。该方法不仅提供油的黏度信息,还提供油的 $T_2$ 谱,从而提供含油饱和度。这种方法反演重叠在一起的水和油信号的能力,在相当程度上取决于"组成黏度模型"(CVM)的重要假设。这个 CVM 模型将原油的 $T_{1,2}$ 的组成与同一原油的扩散系数的组成联系起来,如下所述。

宏观上,$T_2$ 的对数均值 $T_{2,LM}$ 与温度和黏度的经验关系如下:

$$T_{2,LM} = \frac{aT_k}{\eta} \quad (7\text{-}6\text{-}15)$$

在此，$T_{2,\mathrm{LM}}$ 与 $T_{2,j}$ 的关系为

$$\lg T_{2,\mathrm{LM}} = \sum_{j=1}^{m} f_j \lg T_{2,j}, \sum_{j=1}^{m} f_j = 1 \qquad (7\text{-}6\text{-}16)$$

此时"组成黏度模型"定义了一个组成的黏度 $\eta_j$，其关系式如下：

$$\lg \eta_{2,\mathrm{LM}} = \sum_{j=1}^{m} f_j \lg \eta_j = \lg \eta \qquad (7\text{-}6\text{-}17)$$

注意这个组成的黏度完全由式（7-6-16）所定义，没有真正的物理意义。

CVM 做出的重要假设是，在 Stejskal 等（2004）的梯度脉冲场的自旋回波实验（PFGSE）中获得的信号比值定义为

$$\frac{M}{M_0} = \sum_{j=1}^{m} f_j \mathrm{e}^{-\gamma \delta^2 G^2 \left(\Delta - \frac{1}{3}\delta\right) D_j} \qquad (7\text{-}6\text{-}18)$$

反演组成扩散系数 $D_j$，将会在式（7-6-17）中有相同的幅度 $f_j$。
假设：

$$D_j = \frac{bT_k}{\eta} \qquad (7\text{-}6\text{-}19)$$

联立式（7-6-15）得：

$$\eta = \frac{aT_k}{T_{2,\mathrm{LM}}} = \frac{bT_k}{D_{\mathrm{LM}}} = \eta_{\mathrm{LM}} \qquad (7\text{-}6\text{-}20)$$

其中：

$$\lg D_{\mathrm{LM}} = \sum_{j=1}^{m} f_j \lg D_j \qquad (7\text{-}6\text{-}21)$$

$$\frac{D_j}{T_{2,j}} = \frac{b}{a} = \frac{D_{\mathrm{LM}}}{T_{2,\mathrm{LM}}} \qquad (7\text{-}6\text{-}22)$$

CVM 假设的一个重要结果就是 $T_2$ 和 $D$ 的分布不是彼此无关的。也就是说，如果一个已知，另外一个就可以计算出来。

## 五、案例分析

图 7-6-1 为利用组成黏度模型计算砂岩储层原油黏度的应用实例，图中第 1 道为常规测井得到的自然伽马曲线，第 2 道为深度道，第 3 道为密度测井、密度孔隙度和中子测井孔隙度，核磁共振测井计算的总孔隙度和有效孔隙度，第 4 道为核磁共振 $T_2$ 谱，第 5 道为二维核磁共振 $D$—$T_2$ 谱，第 6 道为不同组分流体饱和度，第 7 道和第 8 道

为核磁共振测井得出的 GOR 和利用组成黏度模型计算的原油黏度（Chen et al., 2010a, 2010b），从核磁共振测井得出的有效孔隙度（MPHE）和总孔隙度（MPHS）都经过了含氢指数校正。由于地层砂岩部分几乎没有黏土，有效孔隙度和总孔隙度基本上是重叠的。从测井实例看到，储层气油比与原油黏度有一定相关性，原始气油比高的储层，原油黏度低，反之原油黏度高。

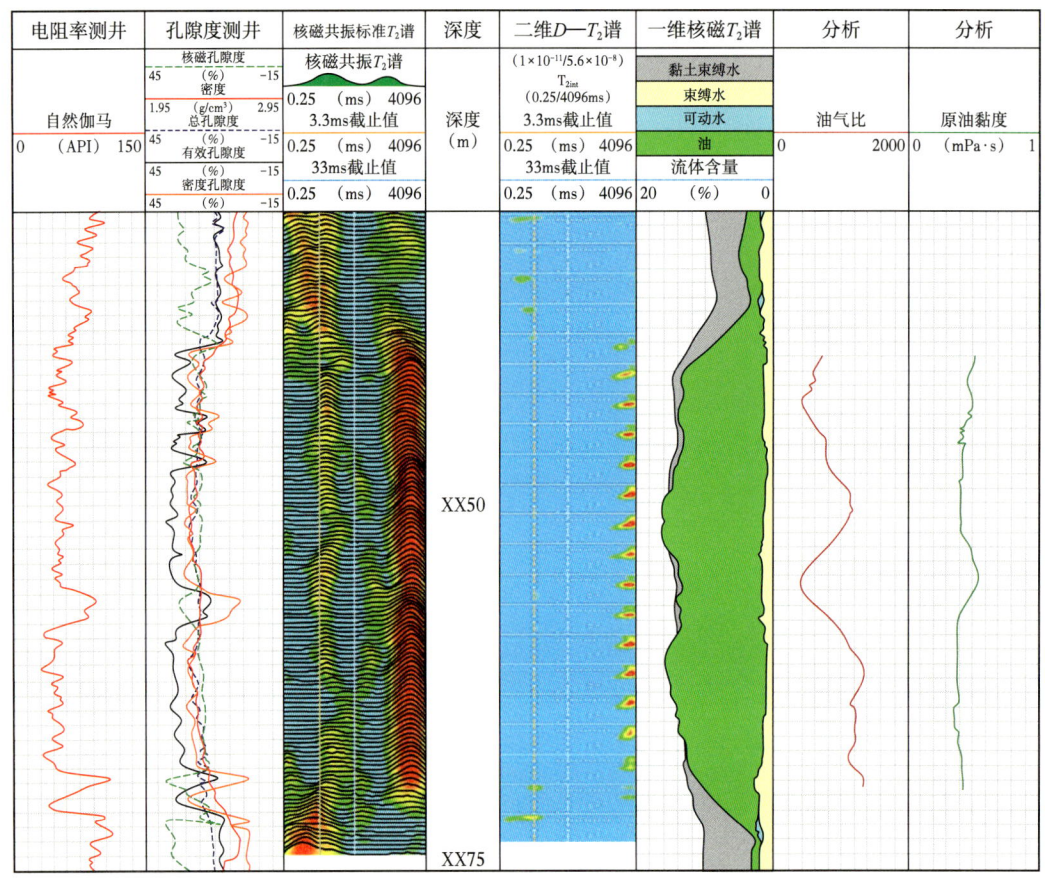

图 7-6-1　利用组成黏度模型计算砂岩储层的原油黏度

图 7-6-2 为复杂碳酸盐岩储层中利用三重组合和核磁共振测井估计原油黏度的应用实例。利用组成原油的三种主要成分的弛豫时间和分子量的差异来表征原油信号，从油藏中收集的现场石油样本数据库中建立的经验转换系数来计算宏观黏度（Akkurt et al., 2010）。该测井案例证明了该方法在复杂的碳酸盐岩环境中的效用。结果表明，对储层原油黏度信息的定性评价仅基于流动性的解释是有限的。实例中的原油黏度变化趋势相当复杂，呈现波动性变化。可以通过将总区间分成 5 个子区间进行分析，按深度增加的顺序从 A 到 E 标记。最上面的一层含有相对较轻的油，平均黏度值约为 $10 mPa \cdot s$。紧接着的 B 区间具有极高的黏度，约为 $1000 mPa \cdot s$。区间 C 与其他区间不同，含有可动水，平均黏度约为 $10 mPa \cdot s$。D 区间很短，没有任何可动水，似乎包含一个黏度梯度，在很短的区间内黏度从 $10 mPa \cdot s$ 增加到 $100 mPa \cdot s$。区间 E 在较长的区间内表现出与区间 D 有非常相似的黏度梯度。

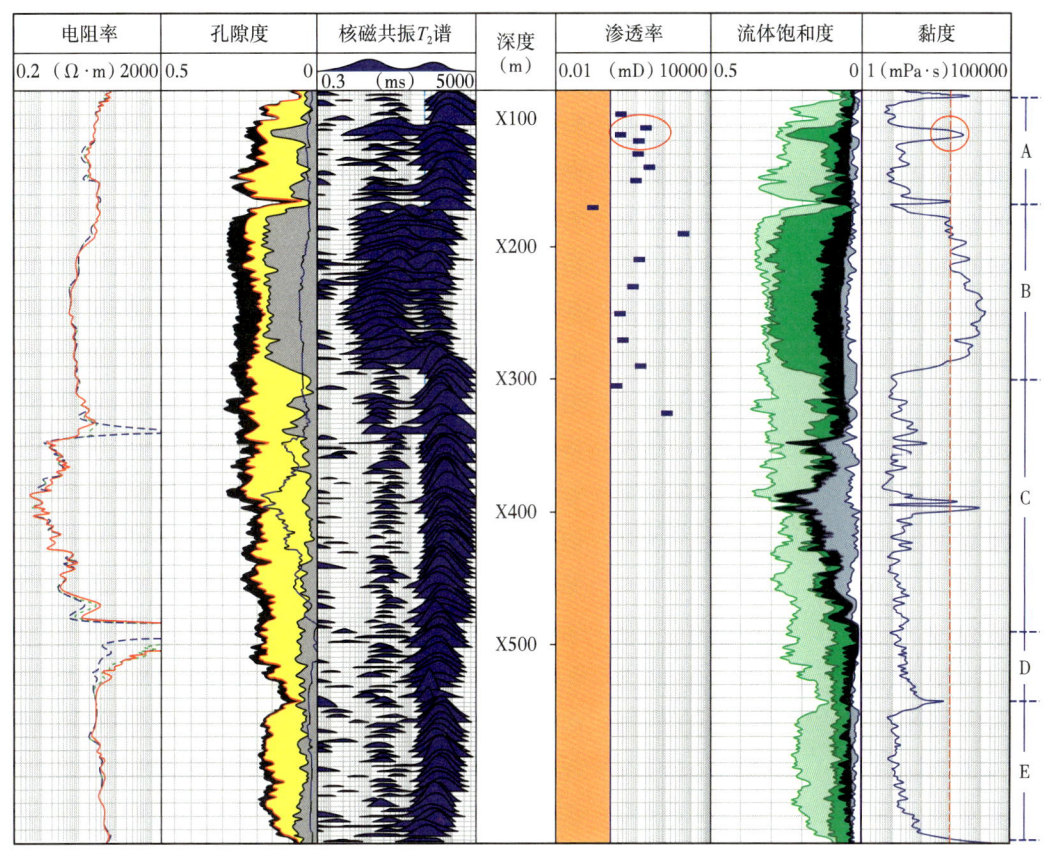

图 7-6-2 利用组成黏度模型计算碳酸盐岩储层的原油黏度

# 第七节 计算储层润湿性指数

储层润湿性评价是评估岩石与流体（通常是油、水或气体）之间相互作用的性质，以确定储层对不同流体的亲和力或排斥力。润湿性评价对于石油工程和储层开发具有重要意义，可以影响流体在储层中的分布、渗流行为，以及油气的开采效率。在储层润湿性评价中，常用的方法包括以下几个方面：接触角测量、岩心浸润性测量、地球物理测井和实验室模拟。储层润湿性评价的结果对于决策油气开采方案、优化生产操作和确定采收率具有重要影响。通过准确评价储层润湿性，可以制定合理的开发策略，提高油气采收效率，并优化油气田的开发经济效益。

## 一、储层润湿性评价方法

利用地球物理测井评价储层润湿性是一种常用的方法，该方法通过分析地球物理测井数据，如声波、电阻率、自然伽马和核磁共振等来推断储层的润湿性特征。一些常用的地球物理测井方法包括声波测井、电阻率测井、自然伽马测井和核磁共振测井。利用这些地球物理测井获得的参数和润湿性评价指标，结合实际储层中的地质情况，可以对储层的润湿性进行初步评估。本节主要讨论通过常规测井和核磁共振测井来评价储层润湿性。

首先分别利用常规测井和核磁共振测井构造地层毛细管压力曲线。在润湿性的影响下，后者发生变形，而前者不受影响。因此，通过两种毛细管压力曲线计算的中值半径的比值来反映润湿性，并建立该比值与储层润湿性的定量关系。

利用分段幂函数方法将核磁共振测井获得的地层 $T_2$ 谱转换成对应的毛细管压力曲线。随后利用常规测井资料转换对应地层的毛细管压力曲线。常规测井资料转换毛细管压力曲线方法如下。

Leverett（1941）在量纲分析的基础上提出了一个 $J$ 函数，用来对毛细管压力曲线进行平均，表示为

$$J(S_w) = \frac{p_c(S_w)}{\sigma\cos\theta}\sqrt{\frac{K}{\phi}} \quad (7-7-1)$$

式中：$S_w$ 为润湿相饱和度；$K$ 为渗透率，mD；$\phi$ 为孔隙度；$p_c$ 为毛细管压力，Pa；$\sigma$ 为两相流体之间的界面张力，mN/m；$\theta$ 为接触角，(°)。

根据前人研究，建立了渗透率预测模型，其表达式为

$$\lg(K) = c(i)\lg(\phi) + d(i)\lg(M_d) + e(i) \quad (7-7-2)$$

式中：$M_d$ 为孔隙中值半径，mm；$c$，$d$ 和 $e$ 为模型参数；$i$ = 1、2 和 3 为对应的储层成岩相类型。

式（7-7-2）表示渗透率可由孔隙度和孔隙中值半径计算得到（雍世和等，2007）。自然伽马射线的相对值可用于计算孔隙中值半径大小，表达式如下：

$$\lg(M_d) = f(i)\cdot\Delta GR + g(i) \quad (7-7-3)$$

$$\Delta GR = \frac{GR - GR_{min}}{GR_{max} - GR_{min}} \quad (7-7-4)$$

式中：$\Delta GR$ 为自然伽马射线的相对值；$GR_{max}$，$GR_{min}$ 和 $GR$ 分别为自然伽马射线的最大值、最小值和实际值，API；$f$ 和 $g$ 为模型参数；$i$ 为对应的储层成岩相类型，$i$=1，2，3。

Wang 等（2006）和 Xiao 等（2012）发现在一定毛细管压力下，润湿相饱和度与 $J$ 函数之间存在幂函数关系，表示为

$$S_w = a(i)[J(S_w)]^{b(i)} \quad (7-7-5)$$

式中：$a$，$b$ 为模型参数。

将式（7-7-1）至式（7-7-4）代入式（7-7-5）中，得到常规测井资料构造毛细管压力曲线模型，如下：

$$\lg(100 - S_{Hg}) = A^*(i) \cdot \lg(\phi) + B^*(i) \cdot \Delta GR + C^*(i) \quad (7\text{-}7\text{-}6)$$

式中：$S_{Hg}$ 为压汞饱和度；$A^*$，$B^*$，$C^*$ 为模型参数。

当储层为油湿时，孔隙中水为非润湿相流体，$T_2$ 反映了水的体弛豫时间。相反，由于表面弛豫的作用，$T_2$ 显著降低（Brown，1956）。这表明，一方面，利用核磁共振测井资料构建的毛细管压力曲线可以表征润湿性变化；另一方面，由常规测井曲线构建的毛细管压力曲线不受润湿性的影响。因此，对比两种毛细管压力曲线，如果二者接近，说明储层为水湿型；否则为中性润湿或油湿。

然而，这种判断方法只是定性的。为了定量预测储层润湿性，提取孔隙中值半径作为表征毛细管压力曲线的参数。中值半径比值定义为

$$\lambda_{R_{c50}} = \frac{R_{c50\_n}}{R_{c50\_c}} \quad (7\text{-}7\text{-}7)$$

式中：$R_{c50\_n}$ 为核磁共振毛细管压力曲线计算的孔隙中值半径，μm；$R_{c50\_c}$ 为常规毛细管压力曲线计算的孔隙中值半径，μm；$\lambda_{R_{c50}}$ 为孔隙中值半径比。

从上述理论分析可知，孔隙中值半径比与润湿性有关。根据孔隙中值半径比，可构造润湿性指数为

$$I = t(\lambda_{R_{c50}}) \quad (7\text{-}7\text{-}8)$$

式中：$I$ 为构造的润湿性指数；$t(\lambda_{R_{c50}})$ 为线性或非线性函数。

式（7-7-8）的函数形式不固定，由实验数据确定。首先，收集一些岩心样品，同时测量相同条件下的 $T_2$ 谱和润湿性指数（Amott 润湿性指数、USBM 润湿性指数、接触角等）实验数据。其次，利用 $T_2$ 谱实验数据和常规测井数据，分别构建岩心样品的毛细管压力曲线。再次，计算两种毛细管压力曲线的中值半径，由此得到中值半径比。最后，对孔隙中值半径比和润湿性指数实验数据进行回归分析，得到式（7-7-8）的函数形式及其参数值。通过这种方法，建立了润湿性预测模型。从而，通过核磁共振测井和常规测井，可以定量预测储层润湿性。

## 二、案例分析

利用上述方法预测了鄂尔多斯盆地西部上三叠统某一低渗透储层。首先根据岩心实验数据，构建接触角实验数据与计算出的中值半径比的散点图，如图 7-7-1 所示。通过拟合，得到通过测井定量预测储层润湿性的表达式：

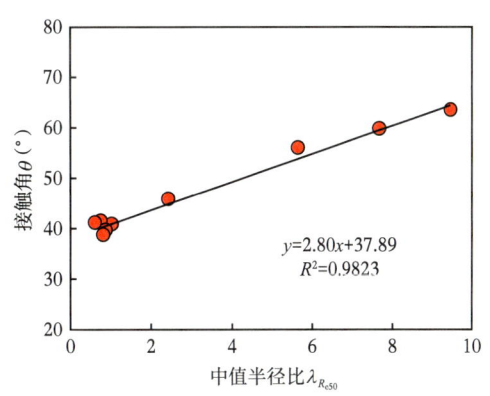

图 7-7-1 润湿性预测模型
（据 Feng et al.，2016）

$$\theta = 2.80\lambda_{R_{c50}} + 37.89 \quad (7\text{-}7\text{-}9)$$

将所建立的润湿性模型应用于实际储层，图 7-7-2 和图 7-7-3 展现了两口井的处理结果。

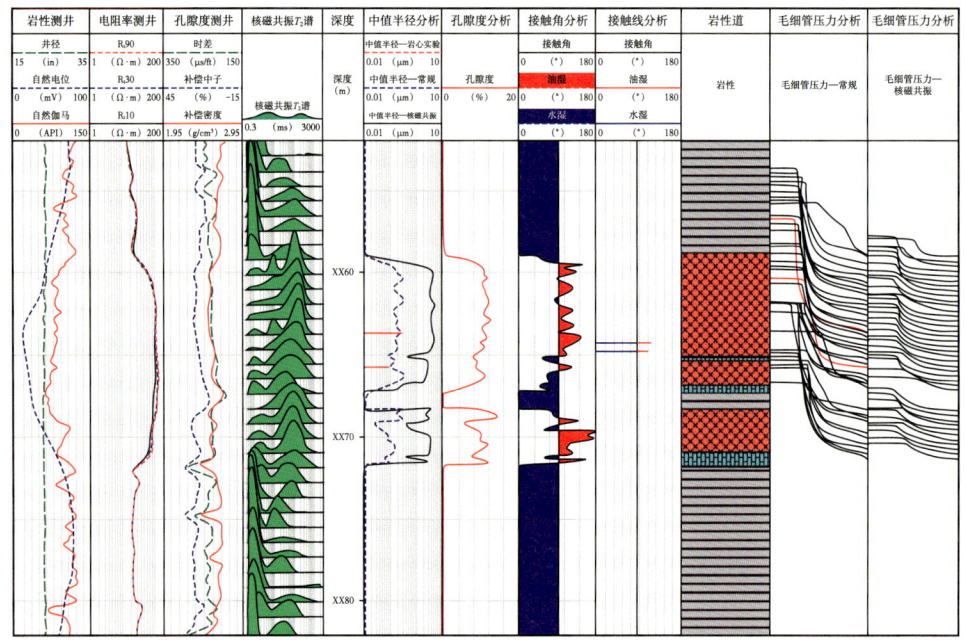

图 7-7-2 利用测井资料进行地层评价的现场研究一（据 Feng et al., 2016）

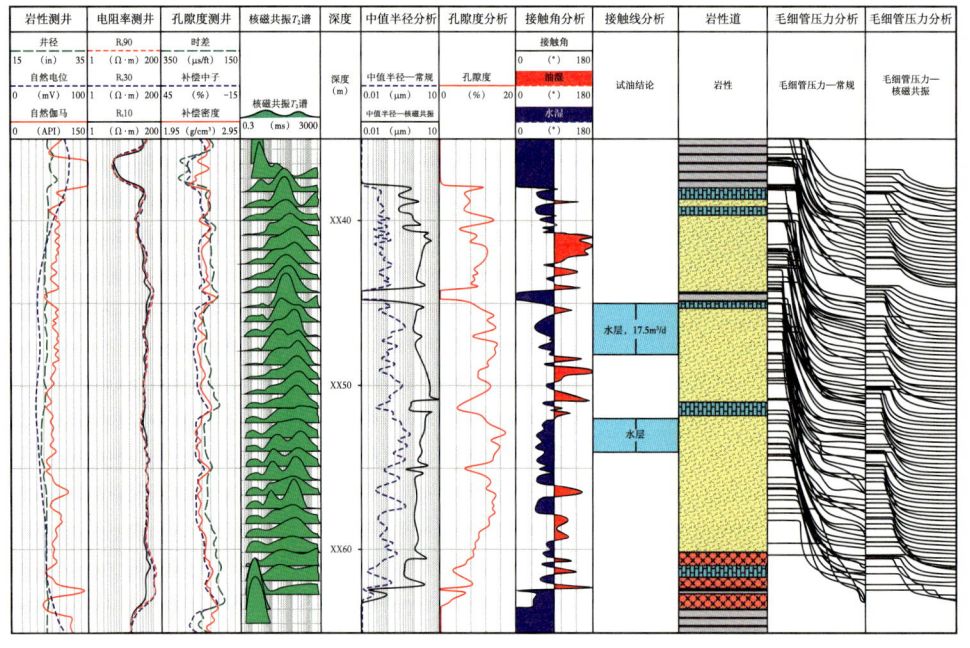

图 7-7-3 利用测井资料进行地层评价的现场研究二（据 Feng et al., 2016）

由图 7-7-2 可以看出，岩心分析得到的润湿角和测井资料得到的润湿角接近，都属于油湿，验证了润湿性计算方法的有效性。由图 7-7-3 可以看出，水层对应的测井资料计算的润湿角属于水湿范畴，间接证明了方法的可靠性。

# 第八章 核磁共振岩心分析方法

对于核磁共振测井来说，优化采集参数，对获得高质量的测井资料非常重要，而采集参数的优化在很大程度上取决于对地层及其储集流体核磁共振特性的预先了解。通常，在测井前做少量的实验室测试，可以大大节省实际测井时间，并提高测井曲线质量。此外，实验室的核磁共振测量，能够实现岩石—测井之间的标定，建立有关的解释模型和响应关系式。对岩心分析而言，核磁共振通过对岩石孔隙中流体含量及其弛豫特性的观测，原则上能够提供与岩性无关的孔隙度、与地层水流体矿化度无关的含水饱和度、孔径分布、渗透率、可产流体类型、自由流体指数、毛细管束缚水饱和度、泥质束缚水饱和度、含烃类型、由测—注—测求剩余油饱和度、亲水岩石中油的黏度，以及润湿性等信息，构成其独特的魅力。

## 第一节 岩心分析仪器简介

核磁共振岩心分析仪器的基本组成部分包括磁体系统、射频系统、恒温模块、数字电子谱仪、模拟电路系统、PC 采集与处理系统，如图 8-1-1 所示。磁体系统在磁体内部产生均匀的静磁场，其结构通常为 C 型或 Halbach 磁体结构，对于 1.5in 的标准岩心探测范围，其磁场均匀度可以达到 $80 \times 10^{-6}$ 以内。射频系统位于磁体系统的内部，包括射频线圈和探头电路，其中，探头电路包括谐振电路和泄放电路两个部分，与模拟电路系统连接。模拟电路系统关键模块包括发射模块、接收模块、双工器、梯度模块等。

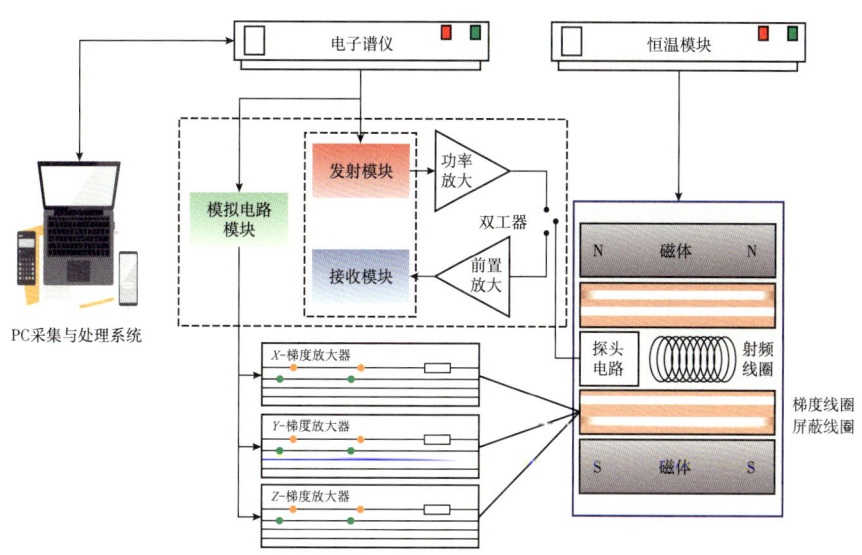

图 8-1-1 核磁共振岩心分析仪器示意图（据 Xiao，2023）

针对 1.5in 标准岩心探测，射频线圈的"死时间"在泄放电路的帮助下能够控制在 20μs 以内，实现对快速衰减信号的探测。此外，核磁共振岩心分析仪器一般会配备梯度系统，根据用户的需求可以选择一维扩散梯度系统或三维成像梯度系统，用于流体扩散测量和三维空间成像。岩心分析仪器的电子谱仪与测井仪器不同，是一个独立的模块，用于控制射频放大系统、接收系统、隔离系统与梯度系统等。PC 控制与处理系统可以采用有线、无线的方式与谱仪电子系统进行对接，实现仪器控制与数据实时处理与显示。

核磁共振岩心实验的基本步骤包括寻找主频与射频探头调谐、射频脉冲刻度、核磁信号刻度、标样试测、正式测量、数据处理与分析、提供完整的测试分析报告七个步骤。

## 一、寻找主频与射频探头调谐

仪器在使用前会进行 1~2h 预热启动，其目的是恒定仪器工作温度，确保仪器磁场温度的稳定性。通常，温度增加，频率下降，相位增加（不同的仪器其抗温度漂移的性能有所不同）。因此，需要通过 FID 测量来不断寻找仪器的主频，使得仪器共振频率在 2MHz。调谐的目的是为了确定射频脉冲的频率和接收器的相位，同时也需要考虑探头系统与谱仪电子系统的高效能量传输（50Ω 标准阻抗匹配）。在调谐过程中，尤其要注意温度对频率及相位的影响。通过调整探头系统对应的频率与阻抗电容来进行调谐过程。

## 二、射频脉冲刻度

仪器通过脉冲序列控制射频脉冲从射频天线系统发出，为了保证脉冲的功率及测量精度，在进行核磁共振测量实验前，通常需要对仪器的射频脉冲进行刻度。在脉冲刻度过程中通常有两种方式：一是固定脉冲宽度寻找最佳发射功率（90° 和 180° 脉冲宽度相同），二是固定发射功率寻找最佳脉冲宽度。实际测试中，通常采用第一种方式来进行脉冲刻度，可以进一步缩短回波间隔。此外，射频线圈具有不同的尺寸型号，分为 1in 探头和 1.5in 探头，两者所采用的脉冲宽度均不相同。例如，1in 探头通常采用 12μs 脉冲宽度，而 1.5in 探头通常采用 15μs 或者 20μs 脉冲宽度，不同品牌的仪器，其性能参数均有所不同，取决于仪器所采用的射频功率放大器的输出功率。仪器进行刻度时通常采用自旋回波或自由感应衰减脉冲序列，对 90° 和 180° 脉冲的发射功率进行刻度。

## 三、核磁共振信号刻度

在进行射频脉冲刻度后，就可以开展核磁共振实验。为了把观测到的回波信号幅度转化成样品的含氢体积或孔隙度，则需要确定刻度因子。核磁共振测量的是质子信号强度，为了定量分析，首先需要确定一个标准，即利用含氢体积已知的样品获得回波幅度的一个参考信号，从而得到测定未知样品所需要的转换因子，或叫刻度因子。当然，同样要注意温度对刻度因子的影响。

设样品观测信号的幅度为 $A$，则有：

$$A = \frac{VG}{F} \tag{8-1-1}$$

式中：$V$ 为被测样品的含氢体积；$G$ 为测量时接收器增益；$F$ 为刻度因子。

由式（8-1-1）稍作变换，可以写出 $V$ 与 $F$ 的表达式，即：

$$V = \frac{AF}{G} \quad (8\text{-}1\text{-}2)$$

$$F = \frac{VG}{A} \quad (8\text{-}1\text{-}3)$$

由式（8-1-2）可知，只要知道 $F$，就可以计算出 $V$。进一步讲，对于岩石样品，如果已知岩样的总体积 $V_T$，还能够得到孔隙度，即：

$$\phi = \frac{V}{V_T} \times 100\% = 100 \times \frac{A}{G} \frac{F}{V_T} \quad (8\text{-}1\text{-}4)$$

$F$ 可以用体积 $V$ 已知的标样获得。对式（8-1-4）稍作修改得到：

$$\frac{1}{F} = 100 \times \frac{A}{G} \frac{1}{V} \quad (8\text{-}1\text{-}5)$$

## 四、标样试测

岩石样品中的含氢体积通常不多，常规测试往往需要反复累加才能达到所要求的信噪比。为了提高测试效率，在正式测量之前，可以利用较少的累加次数试测，得到未知样品的粗略 $T_2$ 谱，从而正确地确定出回波个数、回波间隔、等待时间、相位、增益值等参数，以及达到要求的信噪比所需要的扫描次数。假设试测 $T_2$ 谱上的最大 $T_2$ 为 $T_{2\max}$，正式测量时，一般而言，信号衰减时间取 $T_p = 5T_{2\max}$；回波个数 $N_E$ 取 $N_E = T_p/T_E$，$T_E$ 为选用的回波间隔；恢复时间取 $T_w = 7.5T_{2\max}$；信噪比要求大于 100，按照 $(S/N)_T = (S/N)_S \sqrt{n}$ 的关系式，在 $(S/N)_T = 100$ 的条件下，根据单次测量的实际信噪比，确定累加次数 $n$。

## 五、正式测量

利用试测所确定的实验参数，对样品进行测量和累加。以 CPMG 为例，经过寻找主频、调谐、脉冲刻度后，核磁共振岩心分析仪器可以自动读取工作频率、脉冲宽度、脉冲功率等信息。额外需要输入的，是根据试测结果得到的回波个数、回波间隔、扫描次数、重复时间、回波采样间隔、探头"死时间"等。

## 六、数据处理与分析

利用第六章所描述的数据处理方法，对观测到的回波串进行反演处理，可以得到 $T_2$ 谱等信息，针对各种异常情况进行分析，以便确定是否需要重新测量。二维 $T_1$—$T_2$、$D$—$T_2$ 数据处理方法与一维情况相似。

## 七、提供完整的测试分析报告

根据岩样的常规测试分析资料和核磁共振实验结果，建立有关的响应方程和解释模型，并提供完整的分析报告，可参考 SY/T 6490—2023《岩样核磁共振参数实验室测量规范》。

## 第二节　$T_2$ 截止值确定方法

建立核磁共振测井解释模型是指根据常规岩心分析结果与实验室核磁共振测试数据建立相关性,这是利用实验室条件下的核磁共振岩心分析提高核磁共振测井解释效果的直接途径。$T_2$ 截止值法是核磁共振测井确定束缚水的常用方法,即在 $T_2$ 谱上确定一个截止值 $T_{2\text{cutoff}}$,大于 $T_{2\text{cutoff}}$ 的 $T_2$ 谱所对应的面积为自由流体孔隙体积(用自由流体指数 FFI 表示),小于 $T_{2\text{cutoff}}$ 的 $T_2$ 谱所对应的面积为束缚水孔隙体积(用 BVI 表示),如图 8-2-1a 所示。

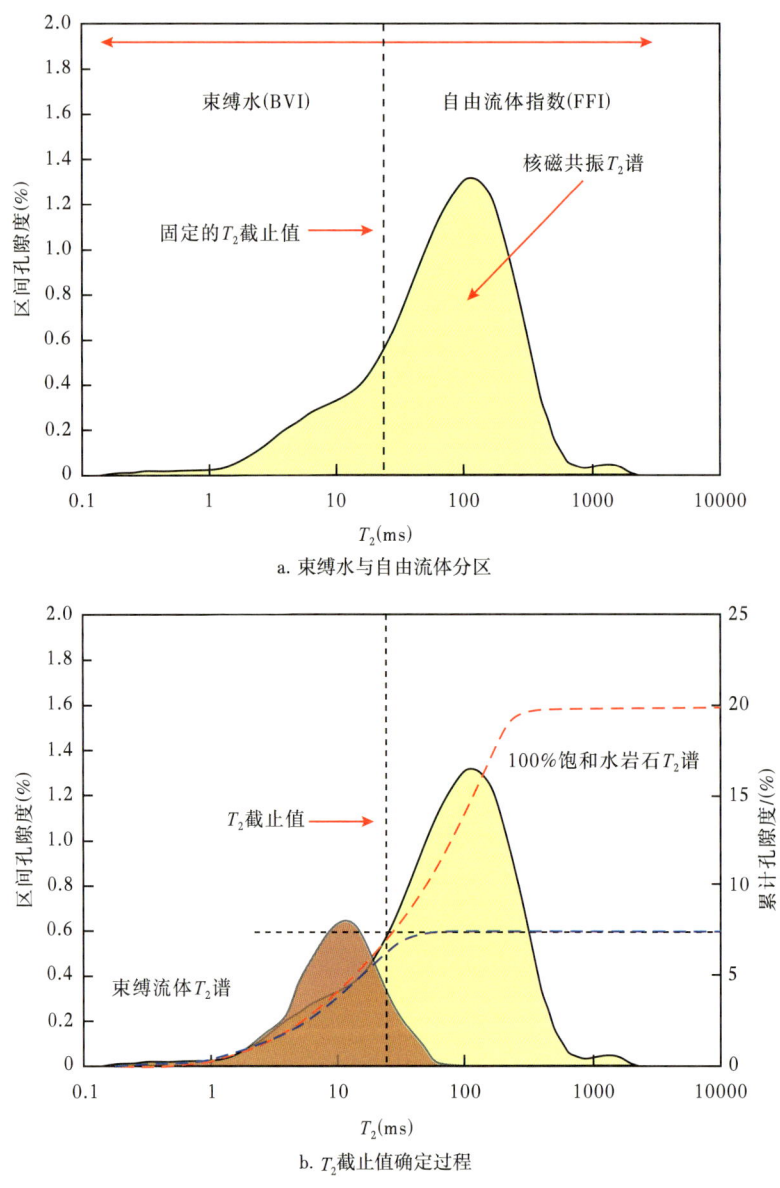

图 8-2-1　$T_2$ 截止值的确定方法及应用(据 Xiao,2023)

确定 $T_{2\text{cutoff}}$ 的过程如图 8-2-1b 所示，实验过程中所需要的溶液配制、岩石样品制备、岩石饱和、岩石脱水等过程可以参考 SY/T 6490—2023《岩样核磁共振参数实验室测量规范》：（1）先把岩样用水 100% 饱和，测量一个 $T_2$ 谱，并得到累计孔隙度曲线和有效孔隙度值（MPHI = FFI + BVI）；（2）对岩样作脱水处理，在给定的压力条件下，使自由水脱出岩样，孔隙空间中只剩下束缚水，再做核磁共振测量，得到一个 $T_2$ 谱及累积孔隙度曲线和束缚水孔隙体积值（BVI）；（3）根据观测结果，以 BVI 作一条与纵轴垂直的平行线，找到与 100% 饱和时累计孔隙度曲线的交点，依该交点作一条与横轴垂直的平行线，与横轴交点对应的 $T_2$ 即是所需要的 $T_{2\text{cutoff}}$。

实践表明，在测井过程中，一般存在固定的 $T_{2\text{cutoff}}$，如碎屑岩地层的 $T_{2\text{cutoff}}$ = 33ms，而碳酸盐岩地层 $T_{2\text{cutoff}}$ =92ms。但是，在更广泛的范围里，$T_{2\text{cutoff}}$ 并没有这么简单。更一般的情况，$T_{2\text{cutoff}}$ 不是一个定值，而是因地层情况及埋藏深度的不同而变化，如图 8-2-2 所示。实际上，每个岩样的 $T_{2\text{cutoff}}$ 都是不同的，为了能够继续使用这种标准方法，常常是对同一批岩样的 $T_{2\text{cutoff}}$ 取一个平均，作为区域性核磁共振测井资料解释的基本模型。此外，确定 $T_{2\text{cutoff}}$ 时，束缚水状态的选取，即脱水压力（离心机的转速）的确定非常重要，对 $T_{2\text{cutoff}}$ 具有直接的控制作用。压力太小，自由流体没有完全脱出，求取的 $T_{2\text{cutoff}}$ 会过大；压力过大，把一部分束缚水也脱出来了，求取的 $T_{2\text{cutoff}}$ 就会过小。此外，截止值模型的物理图像也过于简单。在物理上很难找到一个固定的阈值，高于该阈值的弛豫时间其对应的孔隙流体能够自由产出，低于该阈值的弛豫时间其对应的孔隙流体就完全束缚。在实际情况中，无论大孔还是小孔，里面都有一部分束缚流体，大孔中束缚流体的比例小一点，而小孔中束缚流体的比例大一点。因此，在建立束缚水模型时，应该考虑这部分束缚水的存在。

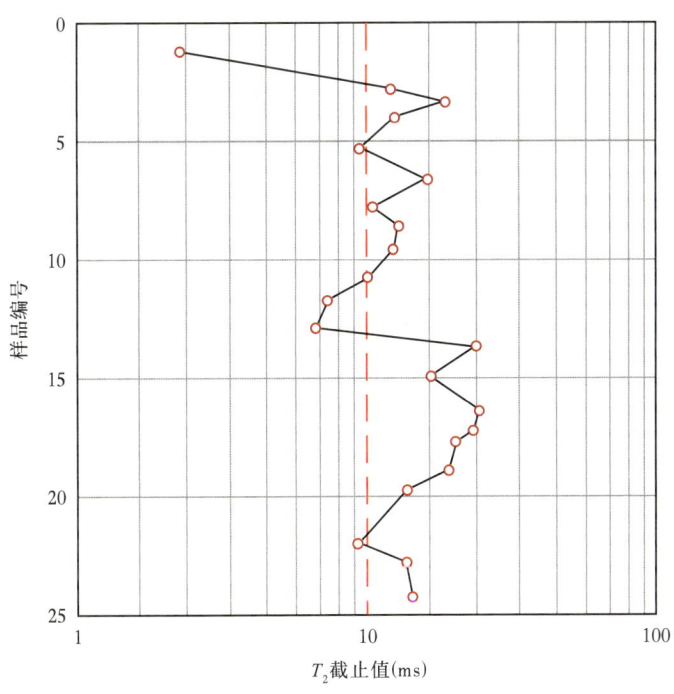

图 8-2-2　$T_2$ 截止值随样品变化（据 Coates，1999）

# 第三节 岩石孔隙表面弛豫率确定方法

在解释核磁共振测井弛豫时间谱时，表面弛豫率是一个重要且基础的参数，特别是在将弛豫时间谱转换为孔径分布时，表面弛豫率至关重要。表面弛豫率主要受顺磁性物质的影响，其中包括骨架和黏土矿物中的顺磁性物质。目前来说，表面弛豫率的测定仍然较困难，前人做了大量的探索工作，并取得了一定的成效。但究其本质，表面弛豫率的产生是固体表面的顺磁离子对（表面）邻近的和旅行到表面附近的核自旋有一个很强的弛豫来源，核自旋与电子自旋之间偶极—偶极相互作用。对于测定样品中表面顺磁离子的量化控制，以及顺磁离子产生的电子自旋对流体中氢核自旋的影响因素研究都很困难，从而导致了多孔介质表面弛豫率机理研究的复杂性。本节先介绍确定表面弛豫率的几种常用方法，然后通过玻璃珠模拟实验，介绍顺磁性物质对表面弛豫率的影响及表面弛豫率测定方法。

## 一、常规确定方法

表面弛豫率的测定方法较多，受每种方法的局限性，使得表面弛豫率的测定在数值上相差好几个数量级。由表面弛豫机理可知，测定表面弛豫率需要在快扩散域下，测定核磁共振弛豫时间（$T_1$或者$T_2$），以及孔隙空间的比表面积。目前测定表面弛豫率的最普遍方法是通过对比$T_2$谱和毛细管压力曲线（MICP）（Kleinberg，1996），这种方法原理简单，还可以用于识别岩石类型。汞注入压力$p$与孔喉半径$r$存在一定的关系：

$$p = \frac{2\sigma\cos\theta}{r} \quad (8\text{-}3\text{-}1)$$

式中：$\sigma$为流体界面张力；$\theta$为润湿接触角。

核磁共振横向弛豫速率为

$$\frac{1}{T_2} = \rho_2 \frac{S}{V} = \rho_2 \frac{2}{r} \quad (8\text{-}3\text{-}2)$$

以上假设孔隙为圆柱形，此时则有

$$\rho_2 = \frac{\sigma\cos\theta}{pT_2} \quad (8\text{-}3\text{-}3)$$

由测定的汞表面张力$\sigma$和接触角$\theta$，由图8-3-1得出的$pT_2=10\text{psi}\cdot\text{s}$，可以求得表面弛豫率。

该方法中毛细管压力曲线反映孔喉的大小，$T_2$谱反映平均孔隙的大小，二者在反映孔隙空间上存在一定的差异（何雨丹等，2005b），同时压汞方法容易破坏岩心，岩石物理实验在同一样品上无法再次进行。

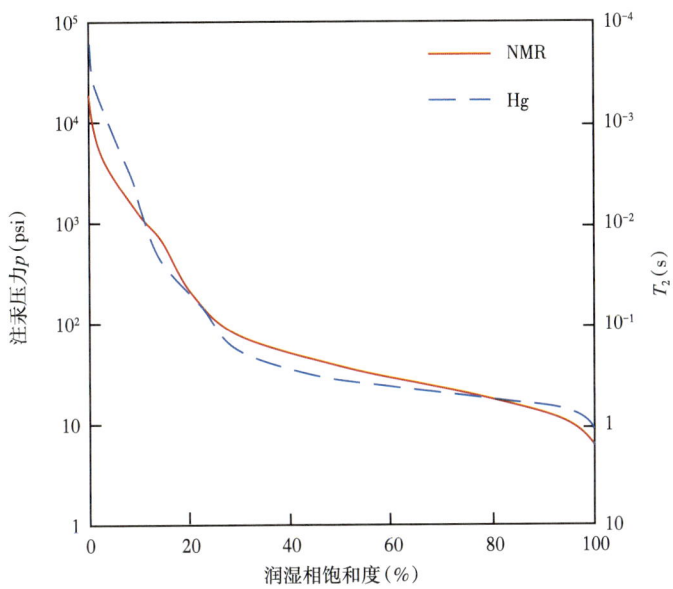

图 8-3-1　压汞孔隙曲线与核磁共振 $T_2$ 累计分布曲线对比（据 Kleinberg，1996）

## 二、一维 $T_2$ 确定方法

除了以上的一维弛豫时间谱与毛细管压力曲线对比求取表面弛豫率外，核磁共振测定表面弛豫率的方法主要是基于受限扩散条件下扩散系数与孔径分布的关系。1994年，Kleinberg 等发现在受限扩散模式下（分子扩散长度远小于孔隙尺寸），短时间内多孔介质内流体的扩散系数 $D(t)$ 与 $S/V$ 有一定的关系，并模拟了孔隙界面附近的短时扩散。展示了基于受限扩散原理测定多孔介质孔隙结构的复杂性和丰富性，实现了由核磁共振直接求取孔隙尺寸，同时也提供了一种快速、无损测定表面弛豫率的方法。Hürlimann，Borgia，Slijkerman 和 Hofman 基于一维扩散脉冲序列，测量了岩石的表面弛豫率（Hürlimann et al.，1994；Borgia et al.，1996；Slijkerman et al.，1998）。

孔隙内水的 $T_2$ 弛豫速率为

$$\frac{1}{T_2} = \frac{1}{T_{2B}} + \frac{1}{T_{2S}} = \frac{1}{T_{2B}} + \frac{\rho S}{V} \tag{8-3-4}$$

在磁场梯度下由于扩散的影响，测量得到的岩石视 $T_2$ 弛豫速率如下：

$$\frac{1}{T_{2D}} = \frac{1}{T_{2B}} + \frac{1}{T_{2S}} + \frac{D\gamma^2 G^2 T_E^2}{12} \tag{8-3-5}$$

流体限制在小孔隙下的扩散受限，受限扩散模型显示扩散系数的衰减是孔隙比表面积 $S/V$ 的函数，且对于小的回波间隔（$T_E$）有：

$$\frac{D_{\mathrm{eff}}(T_E)}{D_0} = 1 - \frac{4}{9\sqrt{\pi}} \frac{S}{V} \sqrt{D_0 T_E} \tag{8-3-6}$$

式中：$D_{\mathrm{eff}}$ 为受限扩散系数；$D_0$ 为自由状态下的流体扩散系数。

结合式（8-3-4）至式（8-3-6），忽略其中的体弛豫，则有：

$$\frac{1}{T_{2D}} = \frac{1}{T_{2S}} + \frac{D_0 \left(1 - \frac{4}{9\sqrt{\pi}} \frac{1}{\rho T_{2S}} \sqrt{D_0 T_E}\right) \gamma^2 G^2 T_E^2}{12} \quad (8\text{-}3\text{-}7)$$

在式（8-3-4）至式（8-3-7）中，已知 $D_0$、$T_E$ 和 $G$，旋磁比 $\gamma$ 为常数。只有 $T_{2S}$ 和 $\rho$ 未知，测定两组 $T_E$ 下的 $T_{2D}$，原则上就足够测定两个未知参数。为了使误差最小，通过测定多组 $T_E$ 下的 $T_{2D}$，再联合求解未知参数。

这种方法基于受限扩散模型，即分子扩散长度大于孔隙尺寸，自旋粒子在随机扩散运动中受到孔隙界面或固体颗粒的限制，从而使扩散曲线发生改变。因此，这种方法适用于 $\rho$ 不太大的小孔隙。同时，为了保证分子在孔隙中的运动处于受限扩散模式下，该孔隙结构最好是单一孔径分布。

### 三、二维 $D$—$T_2$ 确定方法

由于多孔介质岩样的非均匀性，内部孔隙结构复杂，在固定扩散时间内水分子的扩散距离相比于孔径具有相对性，故受限程度存在相对性。对此考虑对长、短时间下扩散系数进行 Padé 近似插值，使求得的视扩散系数更接近真实值，从而增加求取表面弛豫率的准确性。2010 年，Zielinski 等提出了基于二维核磁共振 $D$—$T_2$ 方法，实现了表面弛豫率测定和饱和度的评价。所使用脉冲序列如图 8-3-2 所示，左侧第一部分为脉冲磁场梯度（Pulse Field Gradient，PFG）受激回波脉冲序列，用于扩散系数的获取；右侧第二部分为 CPMG 脉冲序列，用于 $T_2$ 弛豫的探测。梯度脉冲宽度 $\delta$ 为 2ms，扩散探测时间为 $\Delta$，最大脉冲梯度为 0.5T/m。

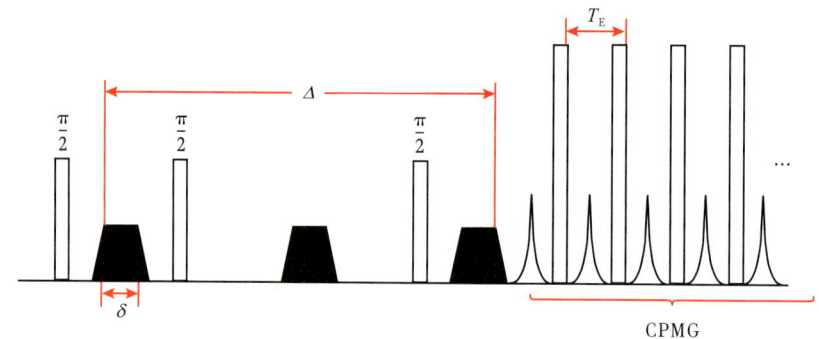

图 8-3-2　NMR $D$—$T_2$ 脉冲序列测量

对于长的回波间隔扩散系数的衰减有：

$$\frac{D_\infty}{D_0} = \frac{1}{F\phi} = \phi^{m-1} \quad (8\text{-}3\text{-}8)$$

式中：$F$ 为地层因子；$\phi$ 为多孔介质孔隙度；$m$ 为胶结指数。

式（8-3-6）和式（8-3-8）分别为长、短扩散尺度下的两个受限扩散系数。在多孔介质中，对于一定回波间隔下的核磁共振测量，氢核的长距离扩散和短距离扩散同时存

在。为了更准确表示分子的扩散系数，对长、短扩散尺度采用了Padé近似插值的方法，拟合出如下的扩散系数：

$$\frac{D(T_2)}{D_0} = 1 - \gamma \frac{\alpha L_D + (L_D/L_M)^2}{\alpha L_D + (L_D/L_M)^2 + \gamma} \quad (8\text{-}3\text{-}9)$$

$$\alpha = 4/(9\sqrt{\pi})(1/T_{2S}\rho_{eff}), \ L_D = \sqrt{D_0 T_{EL}}, \ \gamma = 1 - D_\infty/D_0 = 1 - \phi^{m-1}$$

式中：$D_0$ 为体相流体（未受限）的扩散系数；$L_M$ 为介质的非均匀孔径尺度，为 $L_D$（短扩散距离）与 $L_\infty$（长扩散距离）之间的过渡长度尺度，远大于 $L_D$；$D_\infty$ 为长回波间隔下的扩散系数。

此时可简化式（8-3-9），则式中只有参数 $\rho_{eff}$ 未知，通过对饱和水多孔介质的 $D$—$T_2$ 测量便可以求取表面弛豫率。

图8-3-3a为玻璃珠内饱和水后的 $D$—$T_2$ 测量，其中扩散时间为20ms。通过给定不同的 $\rho_{eff}$ 得到相应的受限扩散模式下的水线（图8-3-3中粉色虚线为三组不同的受限水线），将其与 $D$—$T_2$ 图下不同 $T_2$ 的扩散系数的对数平均曲线（图8-3-3中的蓝色虚线）对比，二者误差最小时取得最佳表面弛豫率。从受限扩散水线可以看出：随着 $T_2$ 的减小，扩散系数也逐渐减少直至趋于一个定值。多孔介质饱和单一润湿相流体时，总的弛豫机制主要受表面弛豫的影响，体弛豫和扩散弛豫可以忽略不计。多孔介质的表面弛豫率一定，由式（8-3-2）可知 $T_2$ 的大小只与多孔介质的孔隙尺寸有关，扩散系数随着孔隙尺寸减小而减小，即孔隙尺寸越小，孔隙流体内自旋氢核与固体骨架碰撞概率越大，流体分子受限程度越高，表现为扩散系数越来越小；当孔隙尺寸减小到一定程度，在单位时间步长内氢核随机运动方向被改变的概率逐渐趋于1，此时多孔介质内流体的受限扩散系数不再减小，而趋于一个定值。

流体受限扩散系数线并不是一成不变的，从式（8-3-9）中可以看出它受很多因素影响，如表面弛豫率和胶结指数等。图8-3-3b中 $m=2$，三条受限水线分别为 $\rho=10\mu m/s$ 时、$20\mu m/s$、$30\mu m/s$，由图8-3-3b易得知当 $\rho=20\mu m/s$ 时，与扩散的对数平均曲线拟合最好。图8-3-3b给出了不同胶结指数、$\rho=20\mu m/s$ 时的三条扩散水线。受限扩散水线趋势一致，当 $\rho$ 一定且 $T_2$ 较小时，随着 $m$ 增大，受限扩散程度越明显。从本质上来说，孔隙结构的复杂程度与多孔介质的胶结指数呈正相关，胶结指数越大，孔隙结构越复

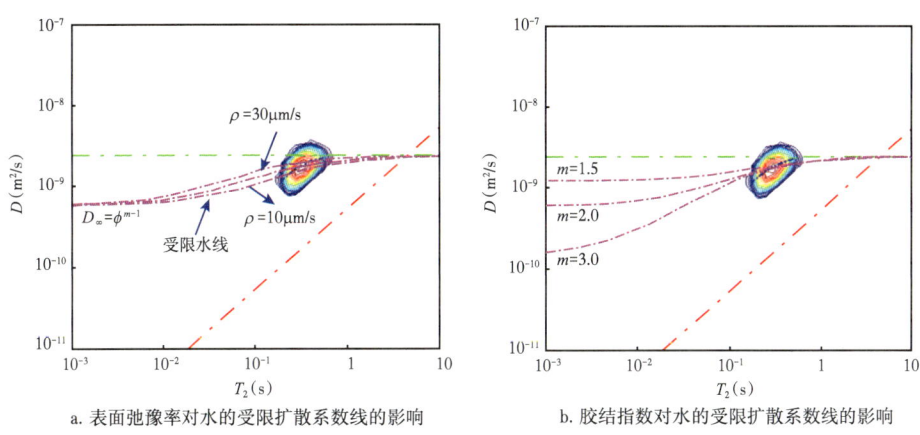

a. 表面弛豫率对水的受限扩散系数线的影响　　b. 胶结指数对水的受限扩散系数线的影响

图8-3-3　表面弛豫率和胶结指数对水的受限扩散系数线的影响

杂，代表孔隙网络迂曲度越高，此时自旋氢核扩散过程中与骨架表面碰撞概率越大，孔隙流体受限程度越高，与自由扩散系数线（绿色虚线）偏离越远。当胶结指数一定时，表面弛豫率不同，孔隙内流体受限扩散系数线的位置也不同，表现为 $\rho$ 越小，越偏离自由扩散系数线。

图 8-3-4 是饱和玻璃珠在不同扩散时间 $\Delta$ 下 $D$—$T_2$ 测得的表面弛豫率，其中 $m=2$，绿色虚线为去离子水自由扩散系数线，红色虚线为去离子水体相弛豫时间。可以看出，随着扩散时间变大，求得的表面弛豫率逐渐减少，直至趋于一定，如图 8-3-5 所示。当扩散时间变大，自旋氢核扩散距离变长，与骨架表面碰撞概率变大，表现为受限程度越高，扩散系数线离自由扩散系数线越远，求得的表面弛豫率逐渐变小，与上述表面弛豫率对受限扩散系数线的影响规律一致。

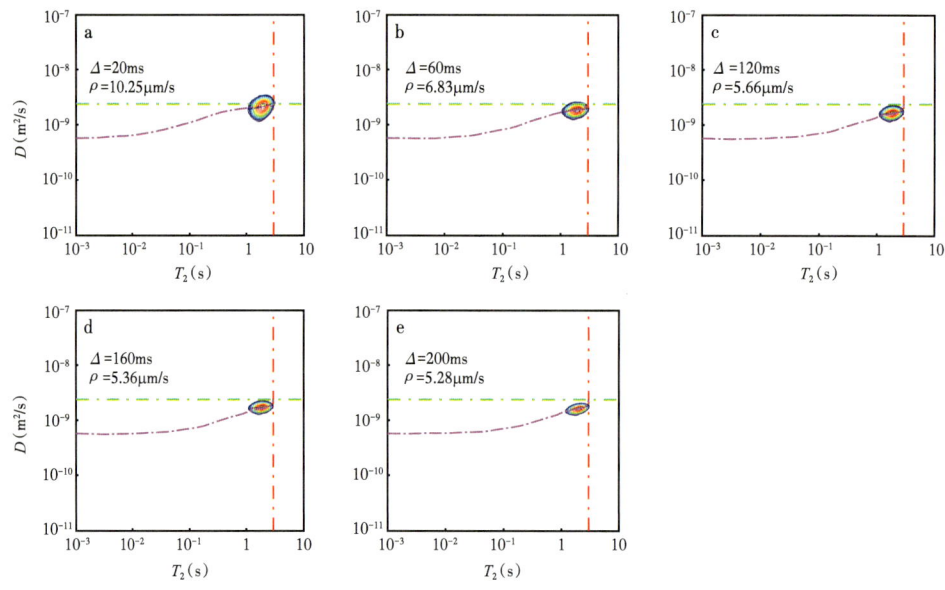

图 8-3-4　500μm 玻璃珠内饱和去离子水在不同扩散时间下 $D$—$T_2$ 求得表面弛豫率

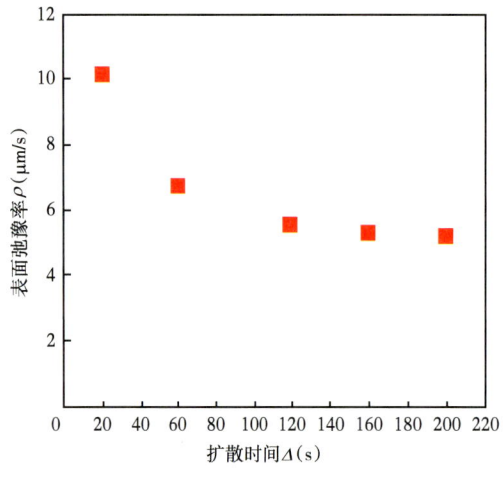

图 8-3-5　扩散时间与表面弛豫率的关系

## 四、多重 $D$—$T_2$ 确定方法

Zielinski 的方法提供了一种快速直接求取表面弛豫率的方法。对于均匀介质（孔径分布单一），这种方法较适用，但对于非均匀介质，$L_T$ 是一个相对值，表征孔隙尺寸的相关系数，通常代表一部分孔径，且表面弛豫率受胶结指数及设置的扩散时间影响较大。为了弥补其中的不足，则可以采用多重二维 $D$—$T_2$ 的方法（戈革，2018），即探测不同扩散时间下的 $D$—$T_2$，对所有 $D$—$T_2$ 谱图采用多重拟合的方式求取表面弛豫率，从而更精确地

探测受限扩散条件下孔径的分布范围。

Padé 近似插值连接长、短扩散探测时间下的扩散系数，此时有：

$$\frac{D(\Delta)}{D_0} = 1-(1-\alpha)\frac{\beta L_D \frac{S}{V}+(1-\alpha)(L_D/L_T)^2}{(1-\alpha)+\beta L_D \frac{S}{V}+(1-\alpha)(L_D/L_T)^2} \quad (8-3-10)$$

其中： $\alpha=D_\infty/D_0$， $\beta=4/(9\sqrt{\pi})$， $L_D=\sqrt{D_0\Delta}$

$L_M$ 相当于 $L_M$，随着样品而变化，通常代表孔径尺度。对于理想的多孔介质，比如玻璃珠，则有 $L_T\approx0.15d$（$d$ 为玻璃珠直径）。由于孔隙尺寸与比表面积成正相关，将 $L_T$ 设置为与孔隙尺寸相关的线性函数，即 $L_T=k(V/S)$，$k$ 为刻度因子，整合得到：

$$\frac{D(\Delta,T_{2S})}{D_0} = 1-(1-\alpha)\frac{\beta L_D(\rho_2 T_{2S})+(1-\alpha)[L_D/(k\rho_2 T_{2S})]^2}{(1-\alpha)+\beta L_D(\rho_2 T_{2S})+(1-\alpha)[L_D/(k\rho_2 T_{2S})]^2} \quad (8-3-11)$$

将式（8-3-11）与多重二维 $D-T_2$ 的均方根值对比拟合，使其误差最小：

$$\mathrm{err}=\sum w(\Delta,T_2)\cdot[D_{\mathrm{fit}}(\Delta,T_2)-\overline{D}(\Delta,T_2)]^2 \quad (8-3-12)$$

式中：$w(\Delta,T_2)$ 为权重函数，$\overline{D}(\Delta,T_2)$ 为 $D(\Delta,T_2)$ 的线性平均值。

该方法通过设置不同的扩散探测时间 $\Delta$，得到多重二维 $D-T_2$ 谱图，然后对每一个谱图进行自适应比对，得到表面弛豫率及附加的未知参数 $\alpha$，$k$。

## 五、实验分析

为了展示核磁共振方法确定岩石表面弛豫率的有效性，在实验分析中，利用堆积玻璃珠代替岩石骨架及孔隙，利用顺磁性纳米颗粒对玻璃珠表面弛豫速率进行改性，以研究表面弛豫率与吸附的顺磁性纳米颗粒数量的关系，从而为真实岩石孔隙的表面弛豫率确定提供参考。该实验同时考虑了一维、二维 $D-T_2$ 及多重 $D-T_2$ 对表面弛豫率的测定，对比分析了不同方法的适用情况。在实验方面，首先用去离子水分别配制 5 种不同浓度的酸性氧化锆纳米颗粒分散液；然后，将 5 种不同浓度酸性氧化锆溶液饱和在 5 组体积及孔隙结构相同的堆积玻璃珠中（玻璃珠用于模拟理想的、单一矿物组分的岩石骨架与孔隙）；浸泡一定时间后，用去离子水分别冲洗 5 组玻璃珠；冲洗完成后，对 5 组饱和去离子水的玻璃珠样品进行核磁共振测量，对比利用核磁共振实现表面弛豫率测定的方法。对冲洗后的玻璃珠样品用 C 表示，DI 代表饱和去离子水的玻璃珠，C1~C5 分别代表饱和 0.3%、0.6%、3.0%、6.0%、15.0% 氧化锆纳米颗粒分散液的玻璃珠。

1. 一维核磁共振实验结果

如图 8-3-6 所示，随着酸性分散液浓度的增加，顺磁性氧化锆纳米颗粒在玻璃珠表面上的吸附量也随之增加，使得表面弛豫速率加快，总的纵向弛豫时间和横向弛豫时间减小。图 8-3-7 展示了表面弛豫率随着固体颗粒表面吸附的顺磁性纳米颗粒数量的增加而增加，且横向表面弛豫率增加显著。随着分散液浓度的增加，相同冲洗时间后，滞留在玻璃珠表面上的顺磁性纳米颗粒含量增加，横向弛豫受内部梯度磁场的影响，使得扩散弛豫增加，导致横向弛豫率增加明显。

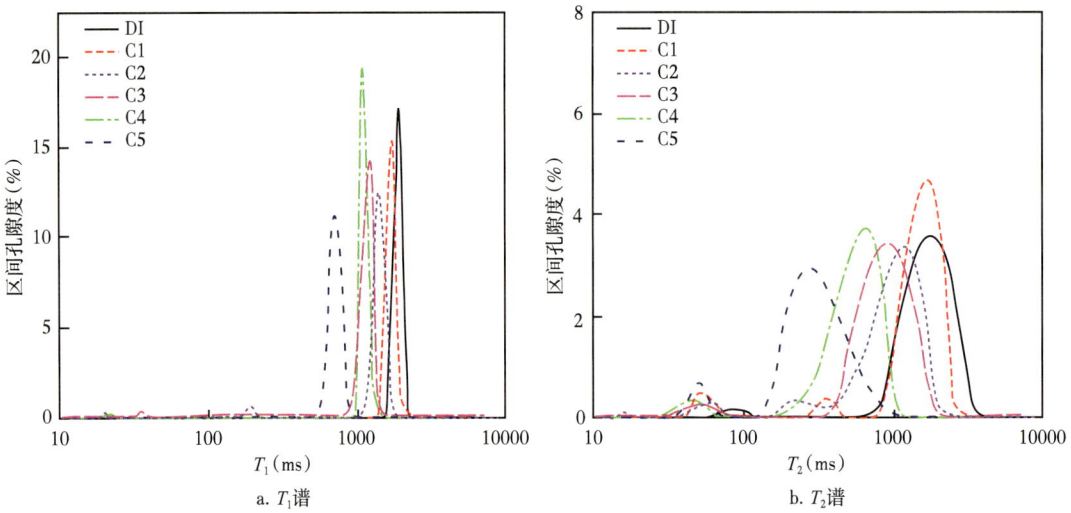

图 8-3-6　饱和不同浓度分散液的玻璃珠被去离子水冲洗之后的 $T_1$ 谱与 $T_2$ 谱

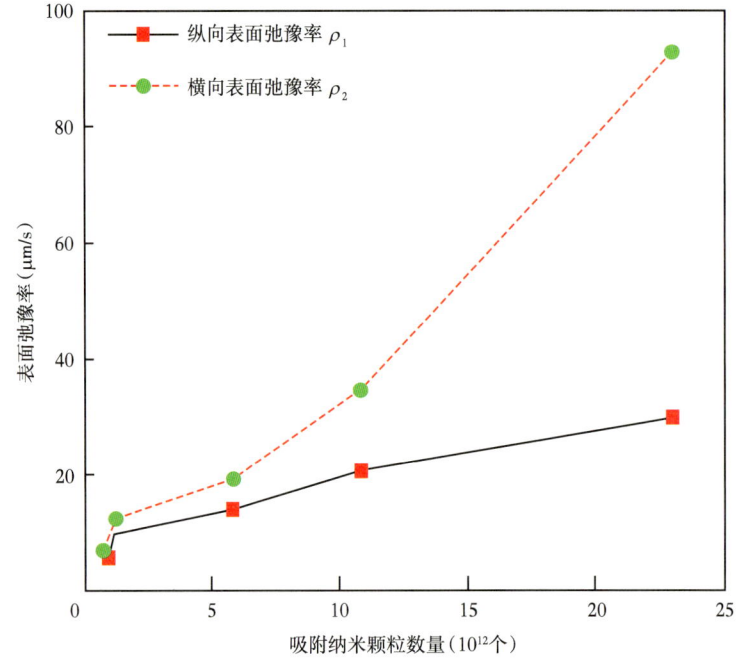

图 8-3-7　一维方法测得表面弛豫率与吸附在颗粒表面纳米颗粒数量的关系

2. $D—T_2$ 实验结果

图 8-3-8 是六种不同状态下的玻璃珠利用 $D—T_2$ 测量求得的表面弛豫率，图 8-3-8a 为饱和去离子水玻璃珠的 $D—T_2$ 谱图，图 8-3-8b 至图 8-3-8f 分别对应着 C1~C5 五种状态（饱和不同浓度氧化锆纳米颗粒分散液，并冲洗之后的玻璃珠样品）。其中设置的扩散时间 $\Delta$ 均为 20ms，$m=2$，可以看出，图 8-3-8a 对应的表面弛豫率最大，此时无顺

磁性纳米颗粒的吸附。从图 8-3-8b 至图 8-3-8f 可以看出，随着骨架表面纳米颗粒吸附量的增加，表面弛豫率随之增加。

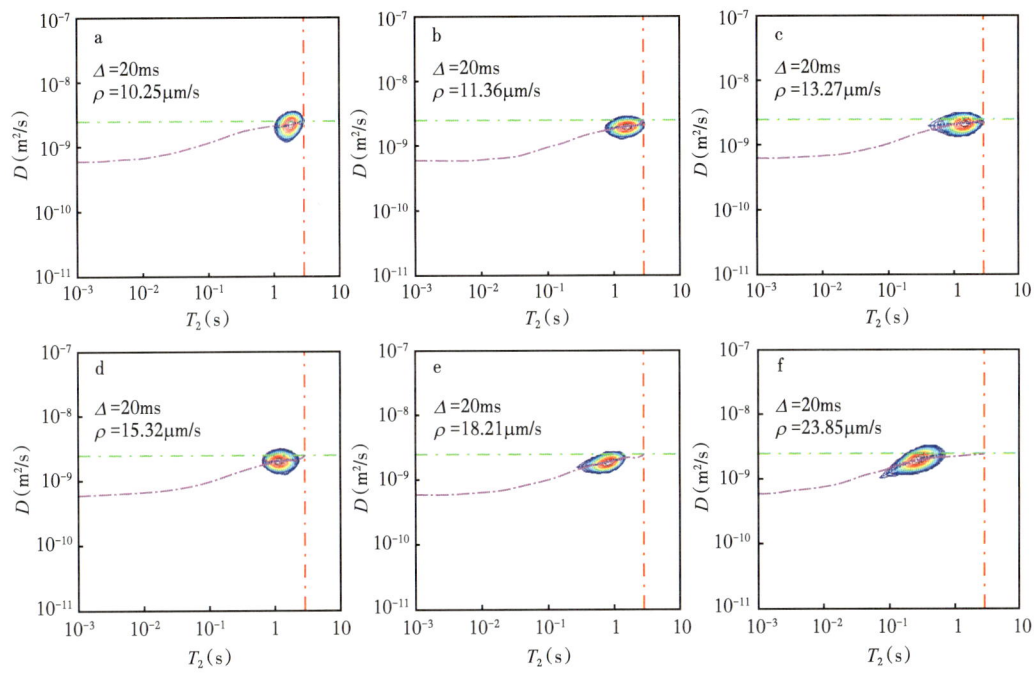

图 8-3-8　不同饱和状态下 $D$—$T_2$ 求得表面弛豫率

**3. 多重 $D$—$T_2$ 实验结果**

考虑对冲洗后的样品进行多重 $D$—$T_2$ 测量。图 8-3-9a 至图 8-3-9e 分别代表不同扩散时间下的 $D$—$T_2$ 谱图，图 8-3-9f 代表不同扩散时间下 $T_2$ 的信号强度，其中绿色虚线为去离子水自由扩散系数线，红色虚线为体相去离子水 $T_2$ 线，粉色虚线为自适应后的受限水线，蓝色虚线为平均扩散系数线。从图 8-3-9 中可以看出，随着扩散时间增加，信号强度逐渐减弱。同时，根据图 8-3-10 至图 8-3-14 的测量结果可以看到，随着在玻璃珠表面上吸附的顺磁性纳米级颗粒含量增加，使得 $T_2$ 变小，测定的横向表面弛豫率也随之增加。

表 8-3-1 列出了不同测定方法所求表面弛豫率的结果对比，可以看出随着饱和的分散液浓度的增加，吸附在玻璃珠表面的顺磁性纳米级颗粒数量增加，测得的表面弛豫率也随之增加。对于单一球形玻璃珠，比表面积可以直接通过式（8-3-13）计算得到。一维 $T_1$、$T_2$ 测量信号呈单指数衰减，反演可以得到表面弛豫速率（减去体相弛豫速率）的大小，则玻璃珠的表面弛豫率可以由式（8-3-14）直接求得。$T_1$ 弛豫不受扩散影响，测得的纵向表面弛豫率相对较准确。对于横向弛豫率，$T_2$ 弛豫由于玻璃珠表面顺磁物质含量的增加，内部梯度的影响逐渐增加，$T_2$ 明显减小，表面弛豫率随之增大。对比 $T_2$ 与多重 $D$—$T_2$ 测得的表面弛豫率，当固体表面顺磁性含量越多时，两者相差得越大，分析可能原因是 $D$—$T_2$ 中消除了扩散的影响。对比单一 $D$—$T_2$ 与多重 $D$—$T_2$ 测量结果，可以看出多重 $D$—$T_2$ 由于扩散探测时间的增加，使得 Padé 插值拟合得到的表面弛豫率减小，从而使多重拟合的表面弛豫率也减小。

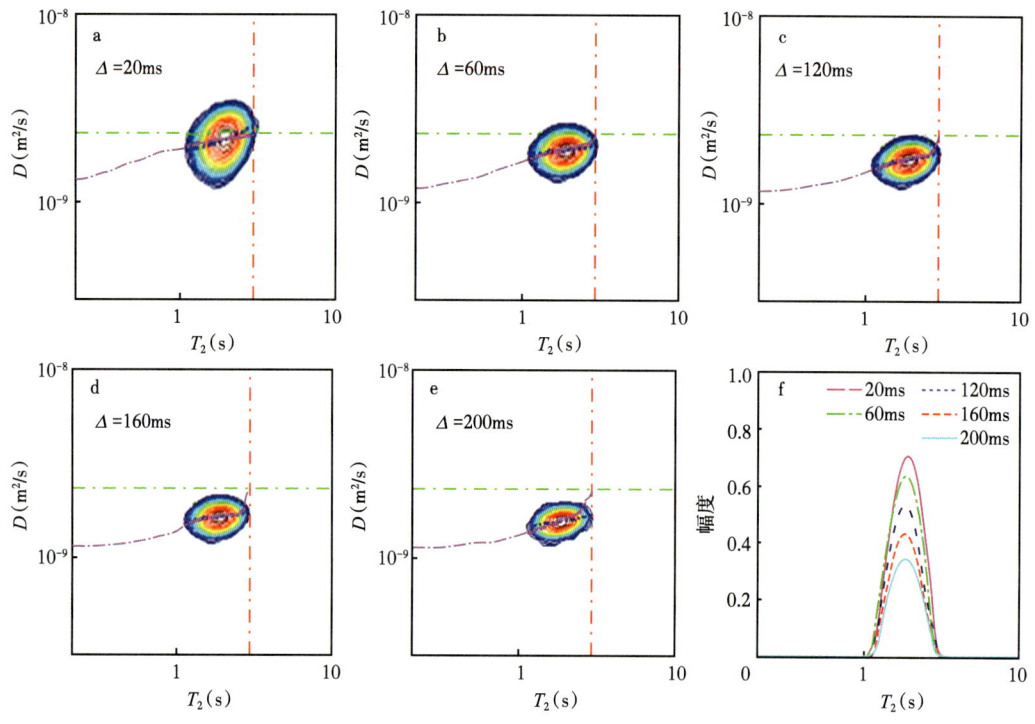

图 8-3-9 饱和去离子水玻璃珠冲洗之后多重 $D$—$T_2$ 自适应结果

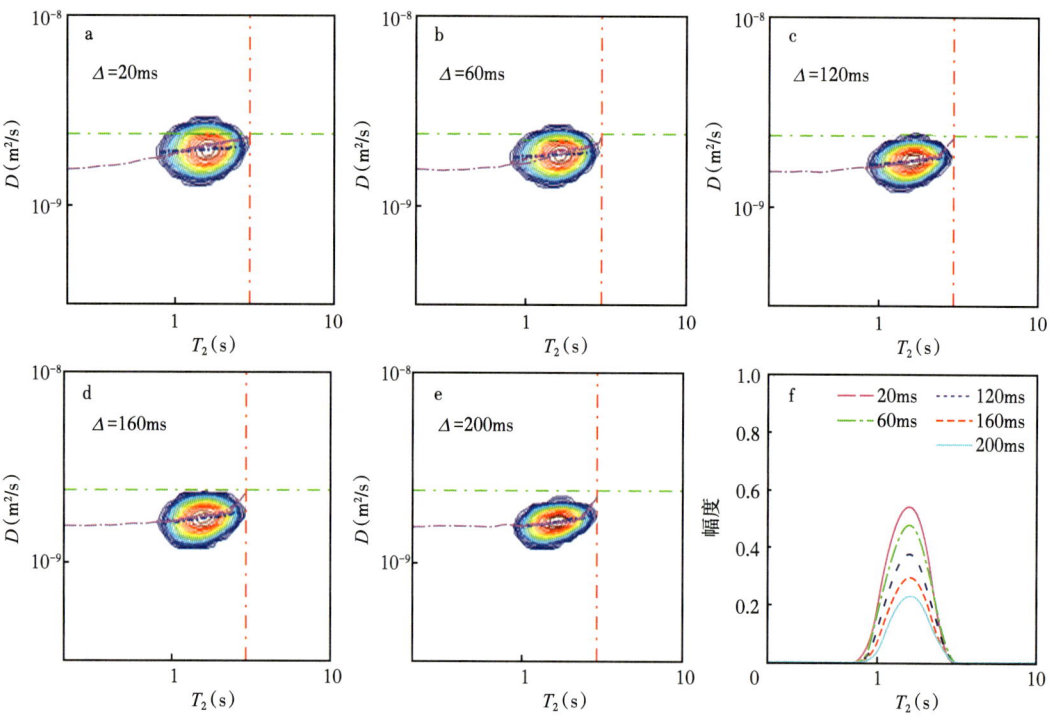

图 8-3-10 饱和 0.3% 酸性分散液玻璃珠冲洗之后多重 $D$—$T_2$ 自适应结果

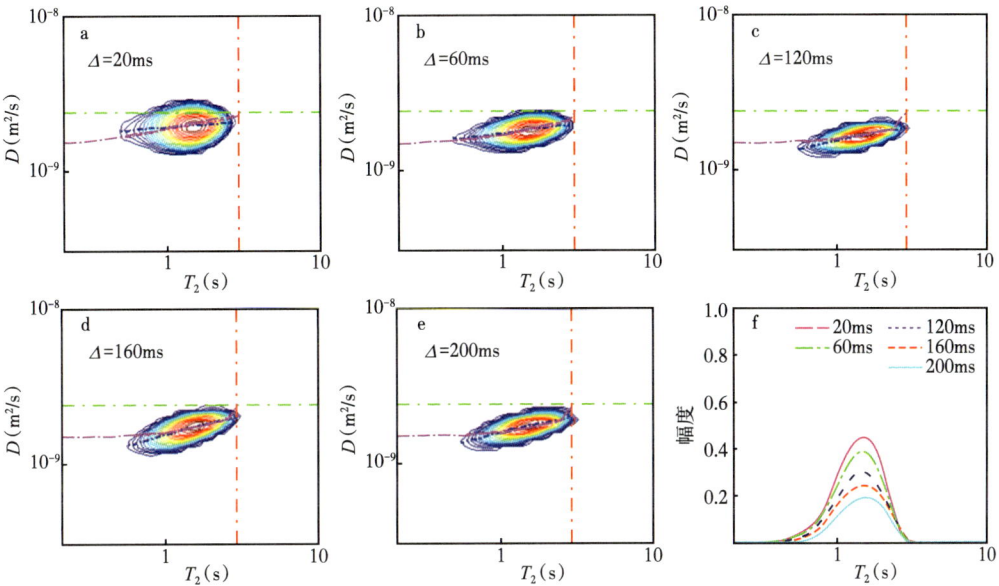

图 8-3-11 饱和 0.6% 酸性分散液玻璃珠冲洗之后多重 $D$—$T_2$ 自适应结果

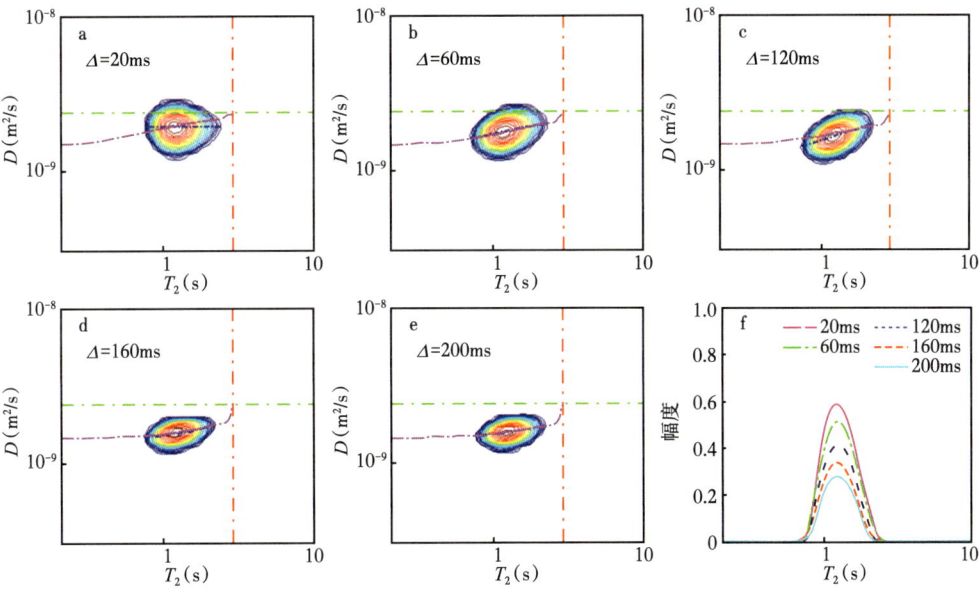

图 8-3-12 饱和 3.0% 酸性分散液玻璃珠冲洗之后多重 $D$—$T_2$ 自适应结果

$$\frac{S}{V} = 6\frac{1-\phi}{d\phi} \quad (8\text{-}3\text{-}13)$$

$$\rho_{1,2} = \frac{d\phi}{6T_{1S,2S}(1-\phi)} \quad (8\text{-}3\text{-}14)$$

式中：$d$ 为玻璃珠直径。

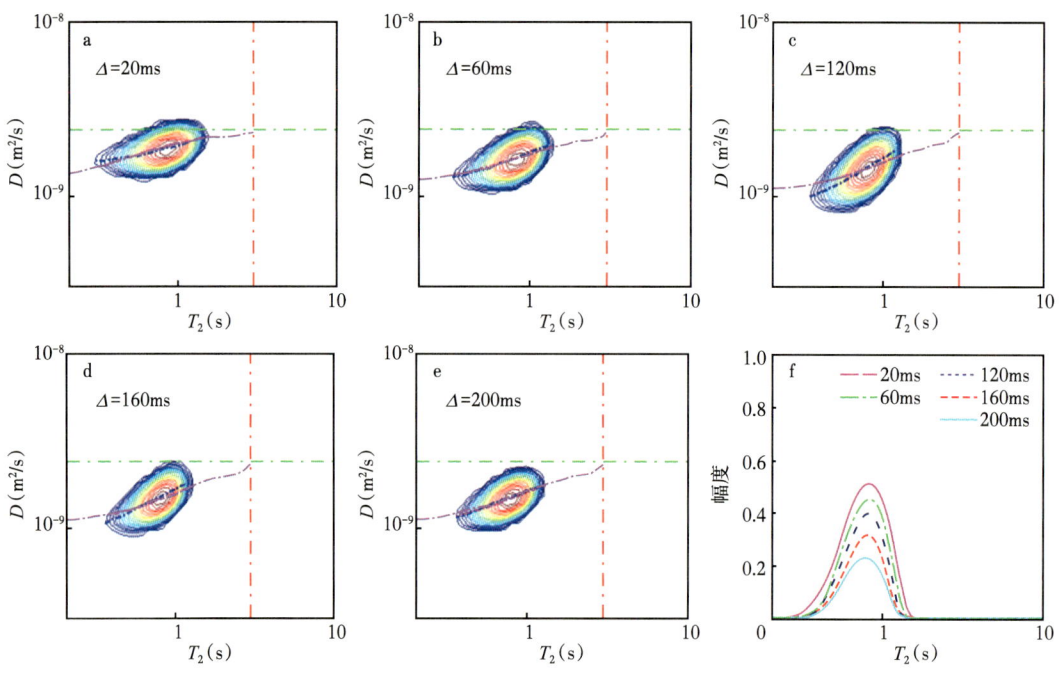

图 8-3-13 饱和 6.0% 酸性分散液玻璃珠冲洗之后多重 $D—T_2$ 自适应结果

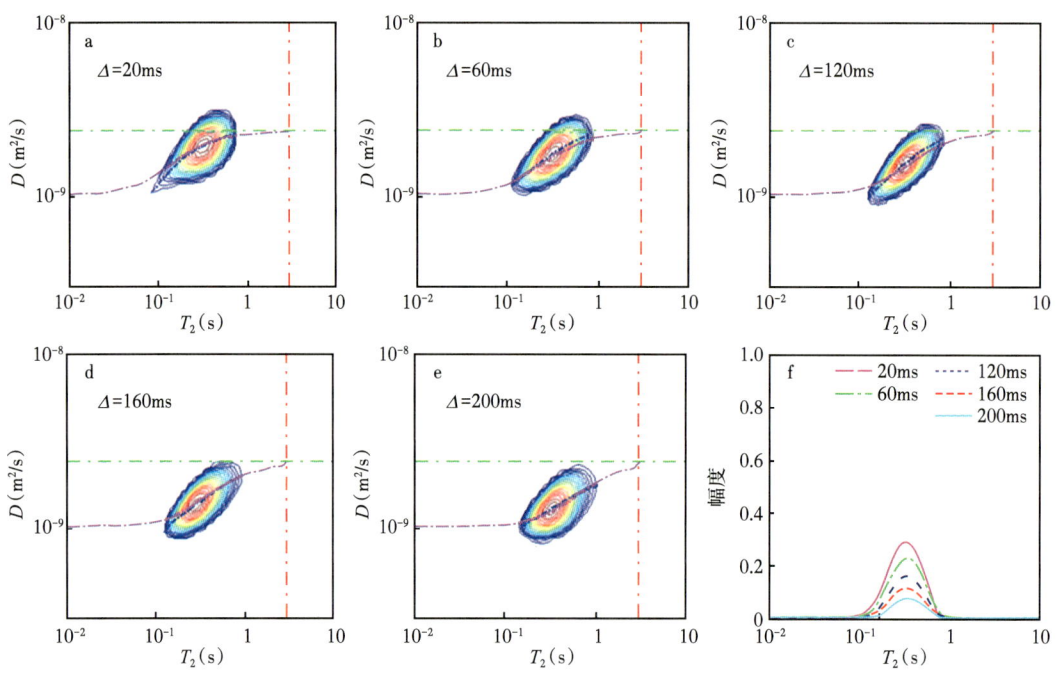

图 8-3-14 饱和 15.0% 酸性分散液玻璃珠冲洗之后多重 $D—T_2$ 自适应结果

实验结果表明，一维、$D—T_2$ 和多重 $D—T_2$ 等核磁共振方法可以用于直接求取多孔介质表面弛豫率。然而，理论与方法还需要进一步完善与改进：（1）上述研究只是针对相对单一的孔隙介质，对复杂介质，还需要从分子动力学角度出发，结合固液界面的物理化学作用力，模拟其表面弛豫特性；（2）针对实际岩心，则需要考虑对岩石的矿物组分进行分析，从微观到宏观的定量分析，探究不同矿物组分对表面弛豫率的影响；（3）核磁共振 $D-T_2$ 岩心分析方法比较耗时，单一样品测量时间长达 10h，有待进一步提出新的测量脉冲序列，实现快速测量。

表 8-3-1 不同方法测定的表面弛豫率对比

| 样品 | 吸附纳米级颗粒数量（$10^{12}$ 个） | 不同测定方法下的表面弛豫率（μm/s） | | | |
|---|---|---|---|---|---|
| | | $\rho_1(T_1)$ | $\rho_2(T_2)$ | $\rho_2$（$D-T_2$） | $\rho_2$（多重 $D-T_2$） |
| 去离子水 | 0 | 4.06 | 4.94 | 10.25 | 4.81 |
| 0.3% 浓度 | 0.60 | 6.20 | 7.10 | 11.36 | 7.94 |
| 0.6% 浓度 | 1.15 | 10.25 | 12.44 | 13.27 | 10.06 |
| 3.0% 浓度 | 5.77 | 14.29 | 19.49 | 15.32 | 14.41 |
| 6.0% 浓度 | 10.81 | 20.87 | 35.58 | 18.21 | 16.80 |
| 15.0% 浓度 | 22.97 | 29.96 | 92.32 | 23.85 | 20.03 |

# 第四节 岩石渗透率模型确定方法

储层渗透率受到多种因素的共同控制，包括岩性、孔隙度、颗粒大小、胶结物类型及含量、微观孔隙结构、裂缝发育状况和孔隙流体类型等因素。这些因素的综合影响会使得渗透率的准确求取十分困难。在储层评价中，考虑到成本和实际操作便捷性，通过测井资料计算储层渗透率是目前最主要的方式，并且常规测井中已经发展了很多渗透率的计算方法，但这些方法大多都是地区性经验模型，在精度和广度上难以满足地质分析的要求。同时鉴于储层微观孔隙结构的复杂性，渗透率在储层纵向和横向上会发生很大的变化，因此利用测井资料计算储层渗透率有一定的难度。地层孔隙流体中的氢元素直接引起了核磁共振测井响应信号，因此其测量结果几乎不会受到岩石骨架的影响，这是核磁共振测井与常规测井最大的不同之处。核磁共振采集的回波串中包含了孔径分布、孔隙类型、孔隙连通情况、孔隙流体流动特性和流体赋存状态等多样化的信息，因此利用核磁共振测井来计算储层渗透率有其独有的优势。但由于实际地层中影响因素的复杂性，利用核磁共振测井计算的渗透率仍与地层实际渗透率有所偏差。为了准确地计算研究区的储层渗透率，应该明确该地区储层的核磁共振响应特征，建立起符合研究区实际情况的核磁共振渗透率模型。国内外学者已经做了大量的利用低场核磁共振技术计算岩心渗透率的研究，但是这些研究主要是以渗透率较高的砂岩为研究对象，并创建了相应的渗透率模型，经典核磁共振渗透率模型有 Coates 模型和 SDR 模型。

## 一、Coates 模型

研究表明，储层渗透率与束缚流体饱和度有关。1956 年，Kozeny 提出了与孔隙度、弯曲度、岩石表面积和体积之比相关的渗透率模型。1968年，Timur在大量岩心实验的基础上提出了与孔隙度和束缚流体饱和度相关的渗透率模型，但由于Timur采用的多为高渗透储层岩心样品，因此Timur公式在低渗透储层的应用具有一定的局限性，此外，该公式也没有考虑到孔隙全部充填束缚流体的极端情况。1974年Coates在Timur公式的基础上，建立了Coates模型图版，随后经过17年的实验和岩石物理模型的研究，创建了与孔隙度、束缚流体饱和度和可动流体饱和度相关的Coates模型（Coates et al.，1991）。

Coates模型认为渗透率与岩石总孔隙度和可动流体体积相关：

$$K_{\text{Coates}} = \left(\frac{\phi}{C}\right)^4 \left(\frac{\text{FFI}}{\text{BVI}}\right)^2 \qquad (8\text{-}4\text{-}1)$$

式中：$K_{\text{Coates}}$为Coates模型渗透率；$\phi$为核磁共振孔隙度；FFI为可动流体孔隙度；BVI为束缚流体孔隙度；$C$为常系数，常通过岩心实验的观测结果根据地区经验来确定。

在实际应用中，Coates模型的计算结果与地层真实渗透率相比存在一定程度的偏差，主要有以下两点原因：（1）FFI和BVI需要通过$T_2$截止值加以划分，在实际测量中，$T_2$截止值的合理选取具有一定困难。大量的研究表明，不同的岩心具有相异的$T_2$截止值，但在公式应用中，对于同一储层只能在岩心实验基础之上选取相对合理的唯一值。（2）存在一定程度的测量误差和回波信号的拟合误差。

## 二、SDR模型

1986年，Kenyon等根据大量饱和水岩心核磁共振实验结果提出了与孔隙度和$T_2$相关的传统渗透率模型，对于孔隙性良好的含水砂岩储层，该模型有很好的应用效果。在此基础上，斯伦贝谢道尔研究中心通过对渗流相关理论和渗透率与毛细管压力关系的研究，在1988年提出了与孔隙度和$T_2$几何均值相关的SDR模型。

SDR模型认为渗透率与岩石总孔隙度和$T_2$几何均值相关：

$$K_{\text{SDR}} = C\phi^4 T_{2\text{GM}}^2 \qquad (8\text{-}4\text{-}2)$$

式中：$K_{\text{SDR}}$为SDR模型渗透率；$T_{2\text{GM}}$为$T_2$几何均值，是$T_2$谱形态的综合反映；$C$为常系数，常通过实验数据拟合确定。

在实际应用中，SDR模型的使用有一定局限性，主要原因如下：（1）当地层含有油或油的滤液时，油的$T_2$谱响应一般与水不同，导致整体的$T_{2\text{GM}}$发生变化，即向自由流体方向发生偏移，此时利用该模型计算的渗透率不准确。（2）当地层为气层时，原状地层的$T_{2\text{GM}}$比冲洗带的$T_{2\text{GM}}$低，那么计算得出的渗透率也不准确。综上可知，由于地层含烃的影响，SDR模型难以校正，不适用于含烃地层。

## 三、模型适用性分析与应用

目前普遍使用的核磁共振渗透率模型是Coates模型和SDR模型。对于两个模型中的常系数$C$，其中Coates模型中一般默认$C$为10，SDR模型中一般默认$C$为4。Coates模型的计算值主要与束缚流体体积的求取有关，而SDR模型的计算值与$T_2$几何均值有关。

图 8-4-1 为渤海湾盆地某一研究区 16 块岩心使用默认系数的 2 个经典模型计算结果与气测渗透率的交会图，可以看出，采用默认系数经典模型计算的渗透率与气测渗透率差别很大，说明模型系数的默认值并不能反映研究区的实际情况，需要进行系数标定。

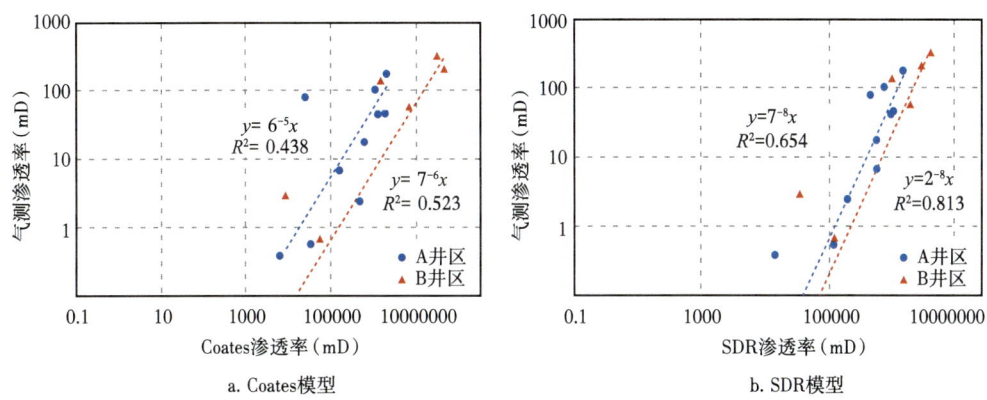

图 8-4-1 利用默认系数的经典模型计算渗透率与气测渗透率对比图

对于孔隙性较好的含水砂岩地层，式（8-4-1）、式（8-4-2）的应用效果都很好。图 8-4-2 为某砂岩含水层通过岩心标定参数的经典模型计算渗透率与气测渗透率的交会图。经过岩心实验测度的模型参数 $C=9.5$，计算得到的渗透率与气测渗透率符合较好。

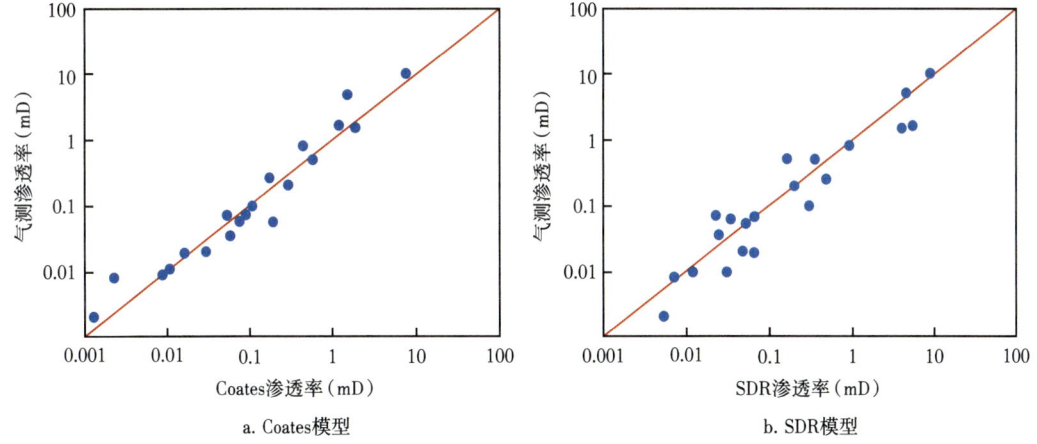

图 8-4-2 含水砂岩储层经典模型计算渗透率与气测渗透率对比图

通过对 A 井区 10 块岩心重新进行系数标定建立 Coates 模型和 SDR 模型，系数 $C_{\text{Coates}}=11.36$，$C_{\text{SDR}}=7\times10^{-8}$，具体形式如下：

$$K_{\text{Coates}} = \left(\frac{\phi}{11.36}\right)^4 \left(\frac{\text{FFI}}{\text{BVI}}\right)^2 \qquad (8\text{-}4\text{-}3)$$

$$K_{\text{SDR}} = 7\times10^{-8} \phi^4 T_{2\text{GM}}^2 \qquad (8\text{-}4\text{-}4)$$

通过对 B 井区 6 块岩心重新进行系数标定建立 Coates 模型和 SDR 模型，系数 $C_{\text{Coates}}$=19.44，$C_{\text{SDR}}$=2×10$^{-8}$，具体形式如下：

$$K_{\text{Coates}} = \left(\frac{\phi}{19.44}\right)^4 \left(\frac{\text{FFI}}{\text{BVI}}\right)^2 \quad (8\text{-}4\text{-}5)$$

$$K_{\text{SDR}} = 2 \times 10^{-8} \phi^4 T_{2\text{GM}}^2 \quad (8\text{-}4\text{-}6)$$

图 8-4-3 为研究区 16 块岩心使用标定系数的计算结果与气测渗透率的交会图。

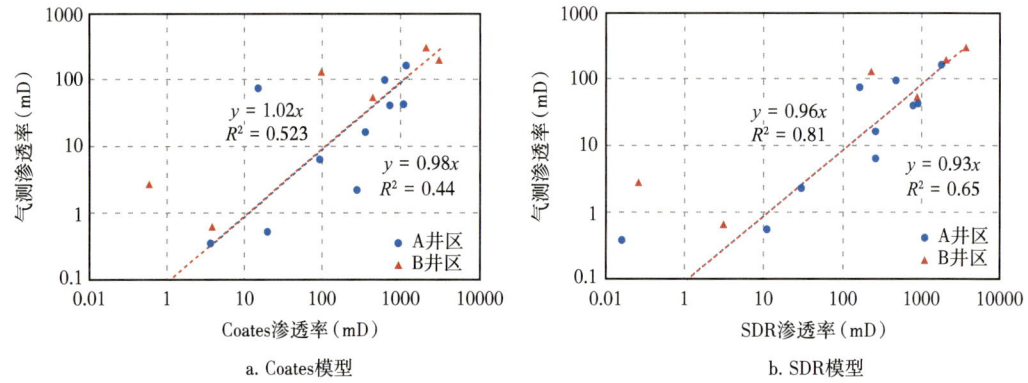

a. Coates 模型　　　　　　　　b. SDR 模型

图 8-4-3　标定系数经典模型计算渗透率与气测渗透率对比图

对于 Coates 模型，A 井区的相关系数为 0.44，B 井区的相关系数为 0.523，从图 8-4-3a 中可以看出，通过实验室岩心实验求取的 Coates 模型渗透率与气测渗透率吻合不是很好，相关性较差。此外，重新标定的系数与默认系数很接近，所以计算所得的渗透率也几乎相等，这说明通过实验室岩心实验简单地回归一个系数，然后利用这个系数求取的核磁共振渗透率与核磁共振测井的经验系数相比，不能有效地提高渗透率计算的精度。

对于 SDR 模型，A 井区的相关系数为 0.65，B 井区的相关系数为 0.81，从图 8-4-3b 中可以看出，通过实验室岩心实验求取的 SDR 模型渗透率与气测渗透率吻合也不是很好，但相关系数高于 Coates 模型渗透率。此外，重新标定系数的模型与默认系数模型计算结果相比，只是整体上缩小了一个倍数，所得的渗透率与气测渗透率的相关性并没有提高，这再次说明利用实验室岩心实验简单回归一个系数建立的渗透率模型与核磁共振测井的经验系数模型相比，并不能有效地提高渗透率计算的精度。

通过以上分析可知，在复杂岩性储层中，鉴于岩心刻度的模型系数与默认系数很接近的情况，用岩心刻度确定 Coates 模型和 SDR 模型系数来建立渗透率模型的方法并不能有效地提高储层渗透率的预测效果。此外，Coates 渗透率模型和 SDR 渗透率模型主要是通过相互连通岩石孔隙的宏观总体积来描述其渗透性，没有充分考虑孔隙结构非均质性的影响，因此经典模型并不能很好地表征复杂岩性储层的渗透率。

由于复杂岩性储层的孔隙类型多样，非均质性强，常用的孔渗回归和经典核磁共振渗透率模型应用效果较差，针对该情况，国内外学者也做了相应的改进研究。以数学形态学、分形几何理论、集中分布函数理论、压汞实验原理为基础，从孔隙结构所描述的孔隙和孔喉的大小、形状、分布和连通关系出发，考虑核磁共振测井在储层评价中的连续性优势，对 $T_2$ 谱进行了定量分析，提取出表征孔隙结构的核磁共振参数，$T_2$ 谱定量表征参数，即半弛豫时间（$T_{2h}$）、几何均值（$T_{2GM}$）、变异系数（$\upsilon_{T_2}$）、集中分布函数（$C$）、$T_2$ 谱特征弛豫时间（$T_x$），作为渗透率计算模型参数。

以 $T_2$ 谱定量研究为基础，充分考虑孔隙结构特征影响，通过相关性分析和回归计算对选择的模型参数进行整合和优选，可以研究复杂岩性核磁共振渗透率模型，具体形式如下：

$$K = a\phi_{nmr}\sqrt{\frac{T_{2h}T_{2GM}T_x}{\upsilon_{T_2}C}} \quad (8-4-7)$$

式中：$\phi_{nmr}$ 为核磁共振孔隙度；$a$ 为常系数。

以渤海湾 Y 地区为例，图 8-4-4 为该研究区 16 块岩心使用核磁共振渗透率新模型计算渗透率与气测渗透率的交会图。

对于 A 井区，除一块岩心外，新模型计算的渗透率与气测渗透率有较好的一致性，将这块岩心剔除后相关系数为 0.99。前面已经分析过，发现造成该现象的原因是实验过程中的岩心损坏，从而使核磁共振孔隙度较气测值偏小，进而影响到渗透率的计算。其中 $T_x$ 的 $x$ 为 35，$a$ 为 0.01。

对于 B 井区，新模型计算的渗透率与气测渗透率相关系数为 0.98。其中 $T_x$ 的 $x$ 为 45，$a$ 为 0.05。

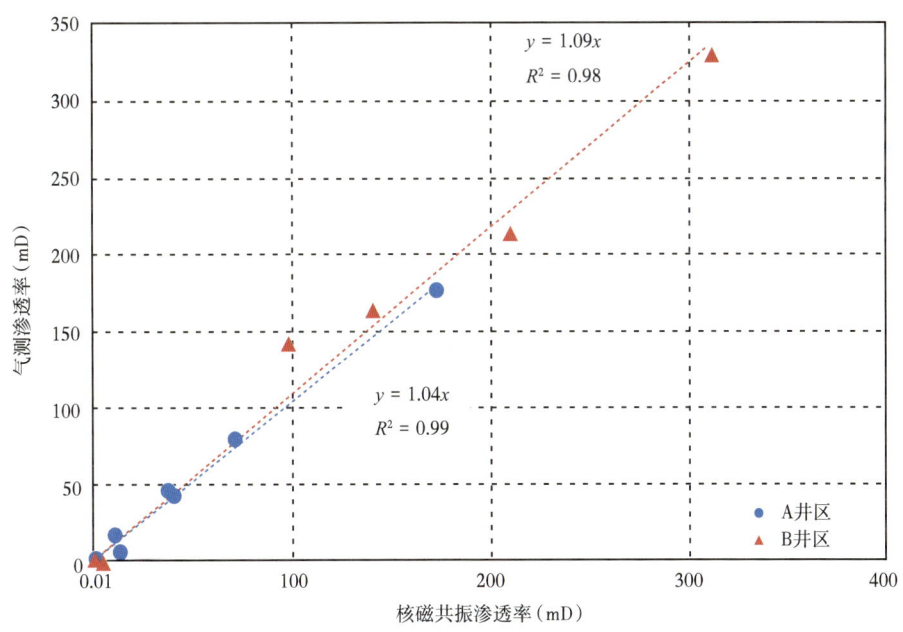

图 8-4-4　新模型核磁共振渗透率与气测渗透率交会图

从以上分析可以看出，要利用核磁共振测井来求取渗透率并取得比较好的效果，必须要充分考虑研究区储层孔隙结构的影响，优选表征孔隙结构特征的核磁共振定量参数，进行相应的参数组合，在经典模型的基础上，建立求取核磁共振渗透率的有效模型。

# 第五节　岩心核磁共振成像方法

孔隙度、渗透率、饱和度是地球物理测井中基本的储层参数，常规的核磁共振岩心分析方法都是基于岩心整体，并没有考虑到空间上的非均质性，很多过程都在宏观上是不均匀的。不同位置的岩石物理特性影响渗流检测及石油和天然气的开采，这使得测量的结果因非均质而变得更加复杂，因此空间分辨率对于精确测量是必要的。核磁共振测量得到信号反映了孔隙空间中氢质子的数量，可以有效表征孔隙度、渗透率、饱和度，以及流体类别、状态等信息。核磁共振成像（MRI）作为一种可视化的方法，与显微镜及计算机断层扫描技术一样，在岩心孔隙结构和流体分布方面发挥着重要作用。通过处理核磁共振图像，如图像的二值化、阈值分割等，可以直接在图像上计算孔隙度，表征孔隙结构。低场核磁共振条件下，岩石内部梯度磁场较弱，造成的成像伪影较少，也为岩石的成像表征提供了有利的条件。空间分辨核磁共振是将 MRI 与核磁共振常规测量、表征多孔介质的方法联合起来做局部定域分析，比如 $T_2$ 与 MRI 结合。本节将介绍核磁共振岩心成像分析方法，用于表征岩石的非均质信息。

## 一、MRI 基本原理

1973 年，Lautenber 第一次将梯度磁场引入核磁共振成像中，用于进行空间编码，利用背投影技术得到了数量较少的 4 个投影，得到了装 $H_2O$ 和重水 $D_2O$ 的玻璃管的一个核磁共振图。Lautenber 实验说明采用梯度磁场进行编码可以实现核磁共振成像，如图 8-5-1 所示。该实验直接验证了利用外加梯度磁场可以得到宏观物体中磁矩空间分布图像的可行性，但是这种原始成像方案不能在医学上使用（熊国欣，2007）。后来经过修改，加入梯度脉冲，使用两个梯度线圈，最重要的是引入了傅里叶成像来重建图像，虽然原始的 Lautenber 成像方案没有直接应用，但这种思想是后来 MRI 的基础。

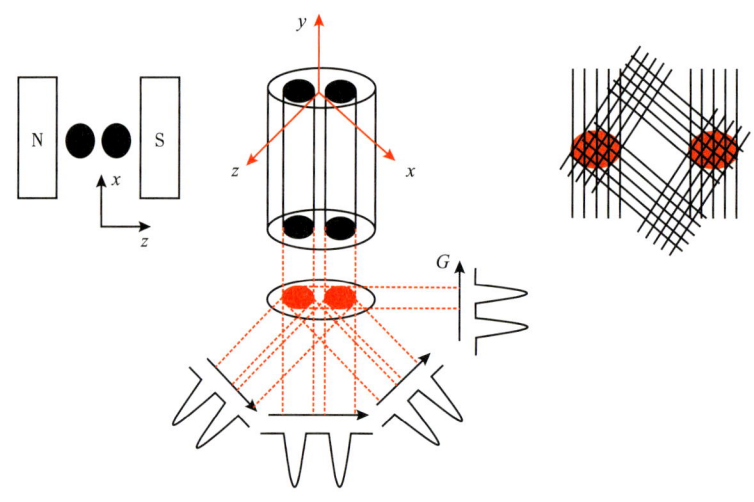

图 8-5-1　Lautenber NMR 成像实验示意图

根据 NMR 条件 $\omega_0=\lambda B_0$，如果在静磁场 $\boldsymbol{B}_0$ 方向上叠加一个线性梯度场 $G_x$，在线性梯度的不同位置就会产生不同的共振频率，这一过程也称为选层，把空间不同的位置变换为频率位移：

$$\omega_x = \gamma(B_0 + xG_x) = \omega_0 + \Delta\omega_x \tag{8-5-1}$$

式中：$\omega_x$ 为施加梯度场后的共振频率；$\omega_0$ 为初始的共振频率；$\Delta\omega_x$ 为施加线性梯度场后的共振频率偏移。

成像的过程：首先将待成像样品根据设定的层面选择梯度分成若干层面，这一过程也称为选层，选好的层面就被分成若干个体素，如图 8-5-2 所示，通过施加线性梯度对每一个体素进行标记就是空间编码，空间编码包括相位编码和频率编码，一般来说，$G_z$ 用于层面选取，$G_x$、$G_y$ 用于确定每层中体素的具体位置。

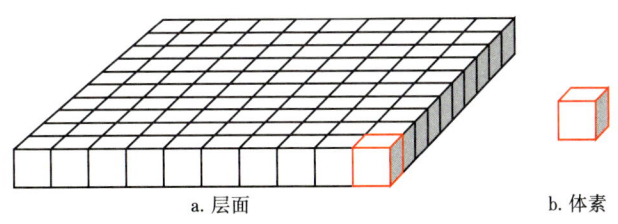

图 8-5-2 层面和体素示意图

### 1. 层面选择

如图 8-5-3 所示，箭头的长短表示线性梯度磁场的大小，由式（8-5-1）可知，如果激励脉冲 RF 使 1 平面的氢质子发生磁共振，那么第 2 层面和第 3 层面的氢质子不发生磁共振。层面选择梯度在射频脉冲作用时开启，射频脉冲结束后关闭。如果使用的层面选择性梯度是 $G_z$，可以得到横断层面（transverse slice），如果使用的是 $G_x$、$G_y$，则可以得到矢状面（sagittal）图像和冠状面（coronal）图像，同样也可以得到物体的斜层面（oblique slice）。

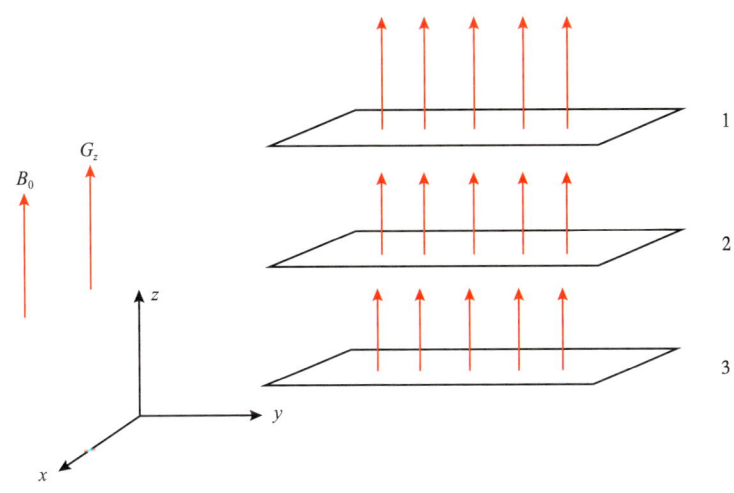

图 8-5-3 层面的选择示意图

## 2. 层厚

层厚（thickness）是一定厚度的扫描层面，在设定层面厚度的时候，实质上就是设置了一个线性梯度范围，那么反映到射频脉冲的频率也是一定的拉莫尔频率范围，当施加梯度 $G_z$ 时，沿 $z$ 方向，拉莫尔进动频率有一个线形增加的分布，在 $\Delta z$ 内拉莫尔进动的带宽为

$$\Delta \omega_z = \gamma G_z \Delta z \qquad （8-5-2）$$

式中：$\Delta z$ 为厚度，mm；$\Delta \omega_z$ 为带宽范围，kHz；$\gamma$ 为旋磁比，MHz/T；$G_z$ 为磁场梯度，T/m。

假设岩心的最上面的磁场强度为 1.6T，最下面的磁场强度为 1.4T，由于线性梯度的作用，从岩心下面一直到上面的磁场强度是逐渐增大的。如图 8-5-4 所示，假设在岩心上选取了某一扫描层面，该层面的线性磁场强度范围是 1.55~1.575T。由拉莫尔公式可知，对于氢质子来说，旋磁比为 42.58MHz，那么其射频脉冲的范围应该是 65.999~67.064MHz。射频脉冲的频率范围称为带宽，如图 8-5-5 所示。层厚取决于射频脉冲带宽和层面选择梯度，增大层厚的方法：（1）使用宽带宽的射频脉冲；（2）减小梯度场的斜率。当然层厚如果太大，则分辨率会下降，如果层厚太薄，每个体素内质子数量减少，那么信噪比就会下降。

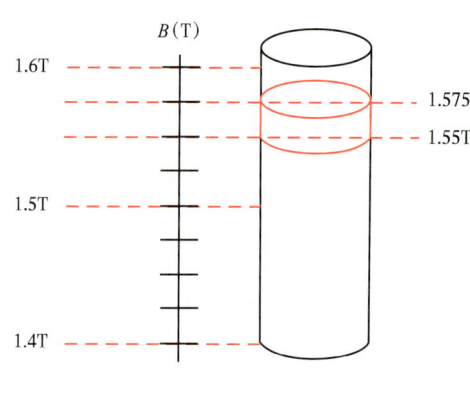

图 8-5-4　层厚的选择示意图

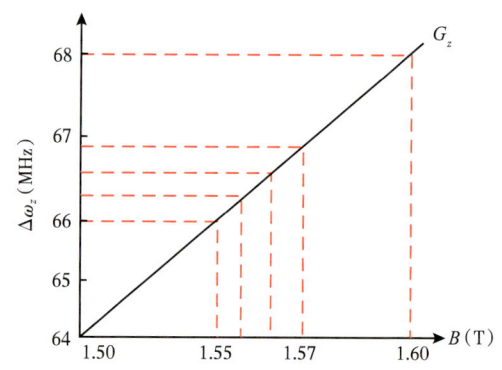

图 8-5-5　带宽、梯度与层厚的关系示意图

### 3. 频率编码和相位编码

通过射频脉冲激发不同带宽对应的层面，不能区分来自层面的具体某一个点，但是这时信号是整个扫描层面的信号，空间定位在这个时候就尤为重要。频率编码就是在信号接收期间，在层面 $x$ 方向施加线性梯度场 $G_x$，其中 $G_x$ 称为频率编码梯度场（frequency encoding gradient），这样使得每列的核磁共振信号频率发生变化。

中间那一列不受频率编码梯度场 $G_x$ 的影响，这一列体素所产生的磁共振信号仍为 $\omega_0$，中间右侧的一列位于较高的磁场中，记作 $\omega_0^+$，中间左侧的一列位于较低的磁场中，记作 $\omega_0^-$。频率编码梯度施加前，接收到的信号为 9 个信号之和，即接收到的信号 = 整个层面的信号 = $4\cos\omega_0 t$，频率编码梯度施加后，此时接收到的信号 = 整个层面的信号 = $(-\cos\omega_0^- t) + (3\cos\omega_0 t) + (2\cos\omega_0^+ t)$，然后对每一列的信号进行傅里叶变换，可以得到其中的频率，即 $\omega_0^-$、$\omega_0$、$\omega_0^+$，如图 8-5-6 所示。

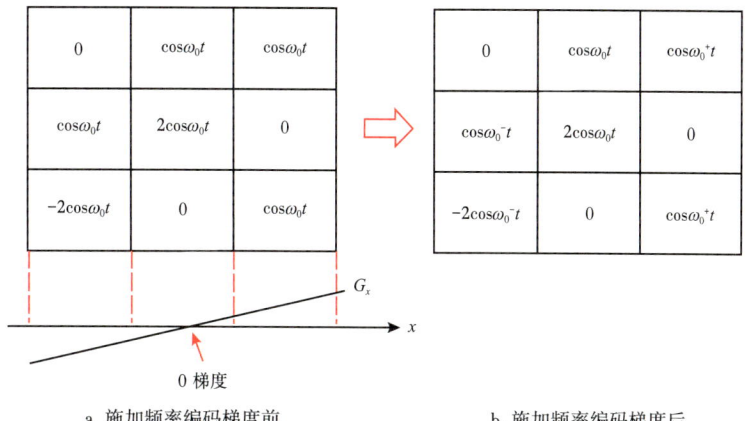

a. 施加频率编码梯度前　　　　　b. 施加频率编码梯度后

图 8-5-6　3×3 矩阵的频率编码梯度前后对比

通过施加频率编码相位梯度，如图 8-5-7 所示，在 $x$ 轴方向上将每一列体素根据不同的频率可以区分出来，但是同列的每个体素根据频率编码是无法区分的，这时就需要相位编码，即相位编码是在 $y$ 轴方向上施加线性梯度场 $G_y$，从而使得每一行都具有不同的相位，这样就实现了空间定位。

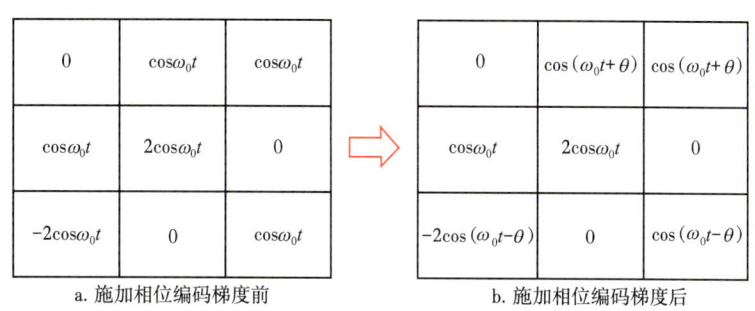

a. 施加相位编码梯度前　　　　　b. 施加相位编码梯度后

图 8-5-7　3×3 矩阵的相位编码梯度前后对比

### 4. $k$ 空间

$k$ 空间也称为傅里叶空间，是具有空间编码信息的原始数据的填充空间，$k$ 空间位于频率域内，经过傅里叶变换可以将 $k$ 空间中的空间编码信息进行解码，分解出不同频率、不同相位及不同幅度的 MR 信号，如图 8-5-8 所示。根据相位编码和频率编码，中

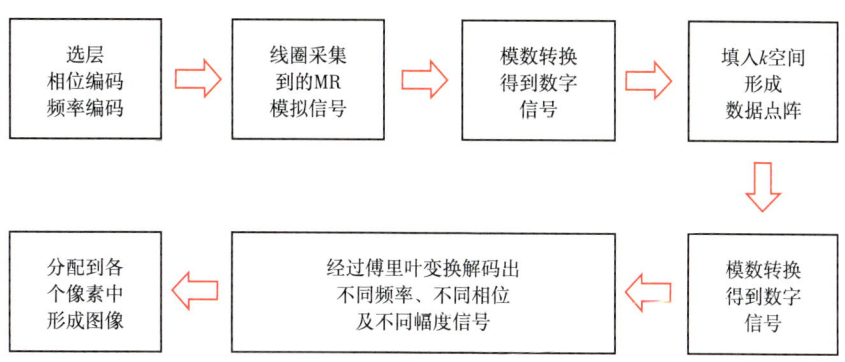

图 8-5-8　$k$ 空间在核磁共振成像中的作用示意图

间的像素点由于是零梯度，所以中间没有造成质子的失相位，使得中间的信号最强，同样边上的信号相对较弱。中间的信号决定了图像的对比度，边上的信号决定了图像的细节（分辨率）。此外 $k$ 空间的填充方式也是不一样的，取决于脉冲序列的选择。

## 二、MRI 计算孔隙度

孔隙度是描述多孔介质的最基本的参数之一，在油气生产中也是储量计算的基础。孔隙度定义为孔隙空间体积与岩样总体积的比值：

$$\phi_a = \frac{V_a}{V} \times 100\% \tag{8-5-3}$$

式中：$\phi_a$ 为绝对孔隙度；$V_a$ 为岩样中所有孔隙体积之和；$V$ 为岩样总体积。

孔隙空间不仅能储存油气，而且还能允许其流通，这就是渗透性，而且只有相互连通的孔隙才有实际价值。有效孔隙度是指那些互相连通的，在一般压力条件下，可以允许流体在其中流动的孔隙体积之和与岩样总体积的比值：

$$\phi_e = \frac{V_e}{V} \times 100\% \tag{8-5-4}$$

式中：$\phi_e$ 为有效孔隙度；$V_e$ 为岩样中彼此连通且流体能够通过的孔隙体积；$V$ 为岩样总体积。

在油气田勘探开发过程中，只有有效孔隙度才有真正的意义，有效孔隙度简称为孔隙度。

采用标准的自旋回波脉冲序列，图像中每个像素点的信号强度可以表示为

$$S(T_E, T_R) = \rho \left[ 1 - 2e^{\left(-\frac{T_R}{T_1}\right)} e^{\left(-\frac{T_E}{T_2}\right)} + e^{\left(-\frac{T_R}{T_1}\right)} \right] e^{\left(-\frac{T_E}{T_2}\right)} \tag{8-5-5}$$

式中：$\rho$ 为自旋密度；$T_R$ 为等待时间；$T_E$ 为回波间隔；$T_1$ 为纵向弛豫时间；$T_2$ 为横向弛豫时间。

当 $T_1 \ll T_R$，且 $T_2$ 不太小的时候，此时得到的图像就是 $T_2$ 加权像。

在本次实验中，仪器允许的最小值回波间隔为 $T_E$=6ms，按照 $T_E$=6ms，12ms，18ms，…，实现变回波间隔成像测量，直到信号完全衰减完毕，每个像素点都会得到一条衰减曲线，然后经过指数拟合外推到零时刻的幅度用来标定孔隙度。

为了定量分析岩石局部孔隙度及定性评价岩石孔隙度的非均质性，可以采用数理统计的方法对每一截面的孔隙度进行分析，则定义平均孔隙度与标准偏差。

平均孔隙度：

$$\overline{\phi} = \frac{1}{n} \sum_{i=1}^{n} \phi_i \tag{8-5-6}$$

式中：$\overline{\phi}$ 为平均孔隙度；$n$ 为选取的像素点的数量；$\phi_i$ 为像素点的孔隙度。

标准偏差：

$$\sigma = \sqrt{\frac{1}{n-1} \sum_{i=1}^{n} \left(\phi_i - \overline{\phi}\right)^2} \tag{8-5-7}$$

式中：标准偏差 $\sigma$ 反映了每一层面的孔隙度大小的均匀程度，标准偏差越小，孔隙度越均匀。

核磁共振测量的是多孔介质的氢核的数量，其中包括孔隙空间中的油气水中的氢原子，也包括泥质中的氢原子。骨架中即使含有氢原子，也不容易测到。同样，只要将饱和水或者油的岩心通过核磁共振成像仪器进行测量，并将图像上核磁共振信号强度进行刻度就可以以图像的最小体元即像素点为单位来高精度确定岩心的孔隙度。在成像实验中，保证标样和岩心的扫描次数、接受增益等相同的情况下，可以得到每一个体素的孔隙度，即：

$$\phi_i = \frac{M_{0i}}{M_{0b}} \phi_b \qquad (8\text{-}5\text{-}8)$$

式中：$\phi_i$ 为每个小体素的有效孔隙度；$M_{0i}$ 为每个小体素衰减曲线经过指数拟合外推到零时刻的幅度值；$M_{0b}$ 为同样体积的标样的小体素的衰减曲线经过指数拟合外推到零时刻的幅度值；$\phi_b$ 为标样小体素的有效孔隙度。

### 三、岩心孔隙度成像实验

在利用 MRI 求取岩心孔隙度的实验中，使用的是多层自旋回波脉冲序列，这是 MRI 中最基本的脉冲序列，如图 8-5-9 所示。当然，也可以根据测量需求选择合适脉冲序列进行成像分析。由于 180° 重聚脉冲可以剔除主磁场诱导的岩石内部磁场梯度所产生的磁场不均性（岩石内部磁场梯度产生的磁场非均匀性会加速横向磁化矢量衰减和增强成像伪影），所以在应用时，多层自旋回波脉冲序列具有良好的信噪比。从 90° 脉冲中点开始到回波信号产生是回波间隔 $T_E$，两个 90° 脉冲中点之间的时间间隔是等待时间 $T_R$，$G_s$ 则是选层梯度，在 90° 和 180° 脉冲打开的时候同时施加选层梯度，$G_p$ 是相位编码梯度，在 90° 和 180° 脉冲之间作用，$G_r$ 是频率编码，在信号产生的时候添加频率编码。

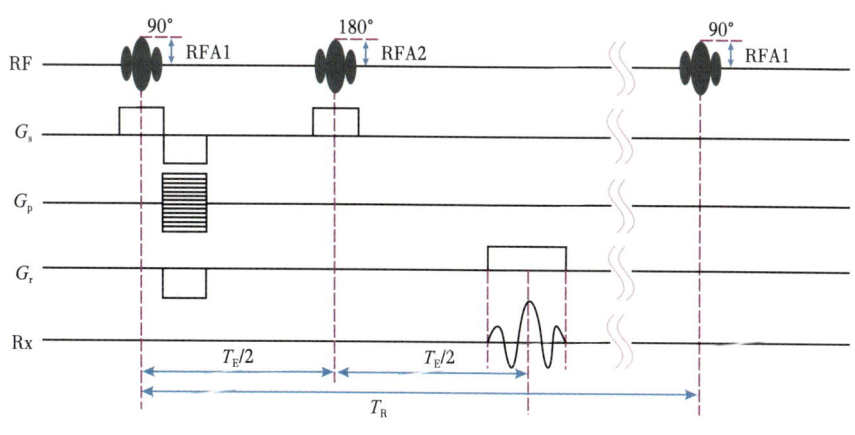

图 8-5-9 多层自旋回波序列示意图

1. 成像参数选择

实验过程中涉及成像参数的选取，合理地调节回波间隔 $T_E$ 和恢复时间 $T_R$ 在三种权成像中的作用是特别重要的。$T_R$ 越长，纵向磁化强度恢复得越完全，横向磁化强度衰减也很彻底。但是一味地加大也会使实验时间大大增加。而且 $T_R$ 在超出一定范围后，图像的每一个体素的信号强度也不会有太大变化。

2. $T_R$ 的选取

$T_R$ 是两次 90° 脉冲的时间间隔。$T_R$ 如果选取太短，会失去一部分长弛豫时间的核磁共振信号，综合考虑后选择等待时间 $T_R$=1000ms。

3. $T_E$ 的选取

$T_E$ 是 90° 脉冲中心到回波信号中心之间的时间。如果 $T_E$ 设置得太长，会损失短弛豫组分的核磁信号。能够设定最小 $T_E$ 时间主要由软脉冲宽度、采样频率、相位编码持续时间及回波重聚位置决定。实验中可以灵活调节四个参数来设定 $T_E$。实验采用的参数为：软脉冲宽度为 1.2ms，相位编码持续时间为 1ms，此时最小的回波间隔 $T_E$=6ms。

4. 层厚的选取

层厚度是由带宽及选层方向上的线性梯度决定的，综合考虑信噪比和分辨率两个因素，层厚选择 6mm。同样为了避免层间干扰，每层之间的间隔选取 2mm。

5. 成像时间

完成一个层面的成像需要用不同的相位编码步重复扫描。扫描完成一次需要等待纵横磁化矢量恢复完全。需要等待 $T_R$=1000ms 时间才能完全恢复。所以成像一个断层层面的时间为恢复时间 $T_R$ 乘以相位编码次数乘以扫描次数，即：

$$t = T_R \times 相位编码次数 \times 扫描次数 \quad (8\text{-}5\text{-}9)$$

实验中，若 $T_R$=1000ms，相位编码次数 =32，扫描次数 =32，成像时间 $t$=1024s ≈ 17min。本次实验的脉冲序列为多层自旋回波，其基本参数为：视野大小 FOV=50mm，选层厚度 =6mm，相位编码次数 =32，扫描次数 =32 次，选层间隔 =2mm，$T_E$=6ms，$T_R$=1000ms。图 8-5-10 是岩心的矢状面和冠状面的定位像，选取 5 个层面进行探究，经过施加脉冲梯度后的不同频率选层激发，可以得到 5 个层面的核磁共振成像图。

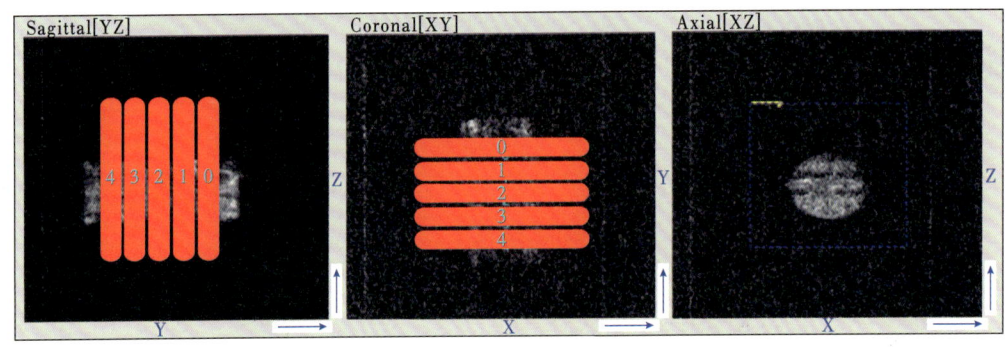

图 8-5-10　岩心的矢状面、冠状面定位像

## 四、实验分析

成像实验以孔隙度为 23.6%、渗透率为 1000mD 的人造砂岩岩心为例，如图 8-5-11 所示。实验前用仪器抽真空，然后注入矿化度为 10000mg/L 的 NaCl 溶液加压饱和 48h。待饱和完毕后测量核磁共振孔隙度，进行 MRI 成像。

图 8-5-11 人造岩心照片

对原始数据进行傅里叶变换得到岩心的 5 个层面的成像图,如图 8-5-12 所示,根据 $T_E$=6ms 时的 5 张成像图可以定性地看出每层的孔隙、流体含量的分布信息。图 8-5-12 中黄色区域代表流体含量高,越接近背景颜色代表流体含量越低,即孔隙度较低。可以发现第 4 层和第 5 层的含水量最多,第 1 层的流体主要分布在左半边区域内,第 2 层的流体相对均匀地分布在整个层面。相较于第 4~5 层,第 1~3 层内部孔隙分布不均匀。

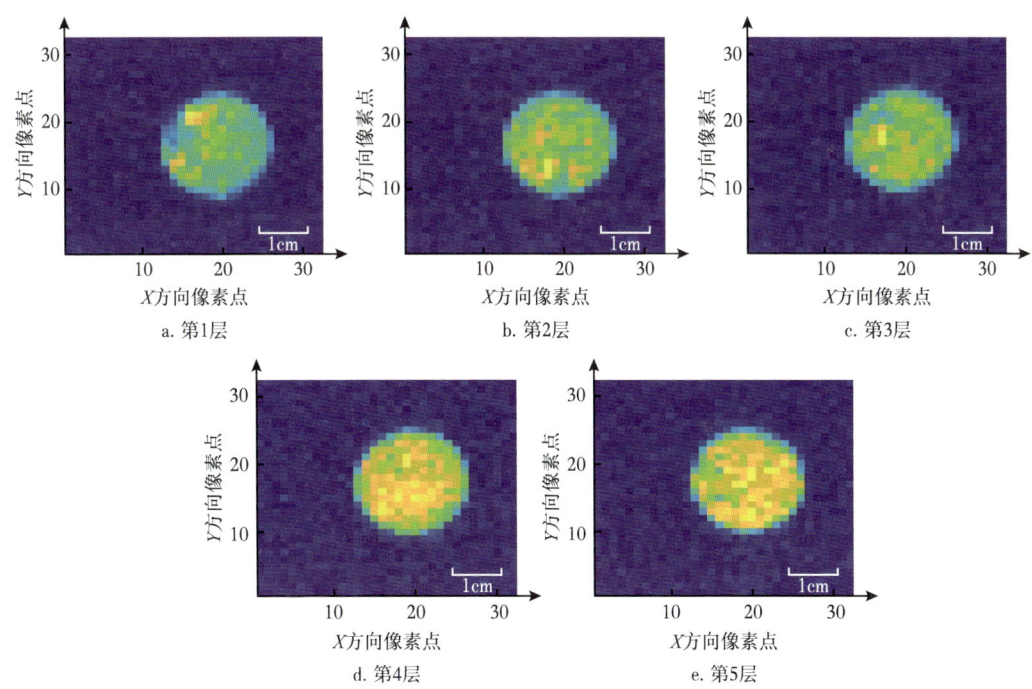

图 8-5-12 岩心的 5 个层面的核磁共振成像图

从成像实验允许设定的最小 $T_E$=6ms 值开始,分别采集 $T_E$=6ms,12ms,18ms,…,时的一系列 $T_2$ 加权图像,直到像素点的信号衰减完毕,在此之前需要在每一层的图像上选择一个感兴趣的区域（Region of Interest，ROI），如图 8-5-13a 所示。因为在定量计算多孔介质孔隙度的过程中有其他无关的像素点，虽然能够采用数理统计的方法求孔隙度，但是为了结果更加精确需要剔除无用的像素点，红色虚线框之内的区域即为感兴趣的区域。需要注意的是，在实验过程中应当尽量避免移动岩心，否则每一层中不同回波间隔下的体素将不再一一对应。针对 ROI 内的某一像素点，随着 $T_E$ 的增加，像素点的信号强度慢慢减少。如图 8-5-13b 所示，红色的数据点为实验测得的某一像素点在不同 $T_E$ 下的信号强度，经过指数拟合得到 $T_E=0$ 时刻的信号强度，然后经过合适的刻度，可以求出层面每一体素的有效孔隙度。

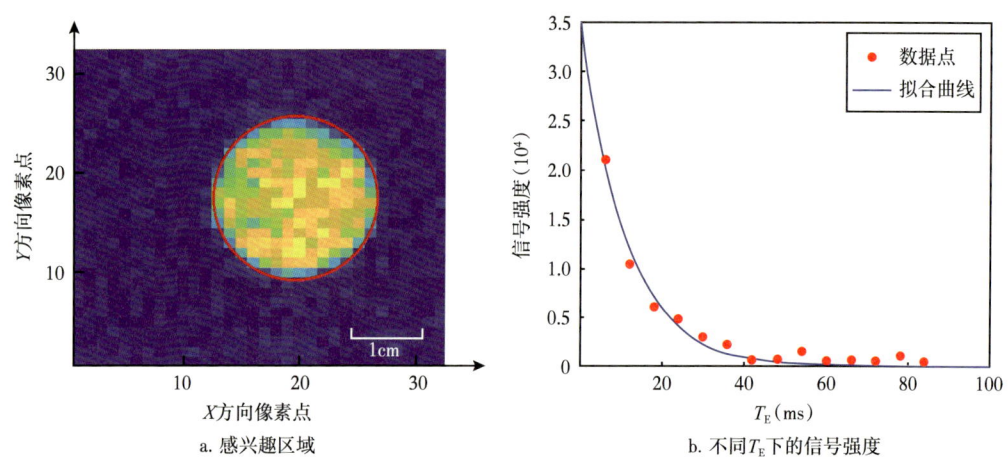

a. 感兴趣区域　　　　　　　　　　b. 不同 $T_E$ 下的信号强度

图 8-5-13　岩心第 5 层选择感兴趣区域图

对 ROI 内的像素点进行定量计算和数理统计分析，得到岩心 5 个层面孔隙度分布统计图。图 8-5-14 直观地展示了不同截面位置平均孔隙度及标准偏差变化曲线。为了分析岩心的非均质性，岩心不同截面的孔隙度如图 8-5-15 所示。由于岩心的非均质性，每一层的孔隙度最大值和最小值是不同的，平均孔隙度也不相同，其中第 2 层和第 3 层的平均孔隙度接近，表示其信号幅度也相对接近。第 5 层的平均孔隙度为 27.82%，为岩心的 5 个层面平均孔隙度最大，依据成像图也可以看出，第 5 层的成像图中的黄色区域即高含水量最多。标准偏差反映了每个层面感兴趣区域内体素的孔隙度的分散情况，标准偏差值越小，表示分散程度越低，非均质性越弱。根据图 8-5-14b 可以发现，第 1~3 层的标准偏差接近，第 4 层标准偏差最小，第 5 层的标准偏差最大，达到了 0.0947，第 4 层的标准偏差最小表明该层面内孔隙分布较均匀。直观上来看（图 8-5-15），岩心第 4 层和第 5 层的亮度接近，但是标准偏差相差很大，究其原因：第 5 层的高亮部分，即高孔隙度部分较多，这也是该层面平均孔隙度最大的缘由，同样第 5 层的暗色部分比第 4 层的多，尤其是左半区域，所以第 5 层的标准偏差达到了最大值。岩心整体的核磁孔隙度为 23.6%，渗透率为 1000mD，MRI 计算得到的孔隙度为 24.44%，相对误差为 0.8%，利用 $T_2$ 加权拟合法确定的岩心孔隙度与核磁共振得到孔隙度相比，误差较小。

由核磁共振成像实验与分析结果可知，核磁共振成像分析能够有效表征岩石的非均质性，能够进一步提升岩石物理参数评价的精确性，有助于建立更加有效、可靠的核磁共振物理模型。

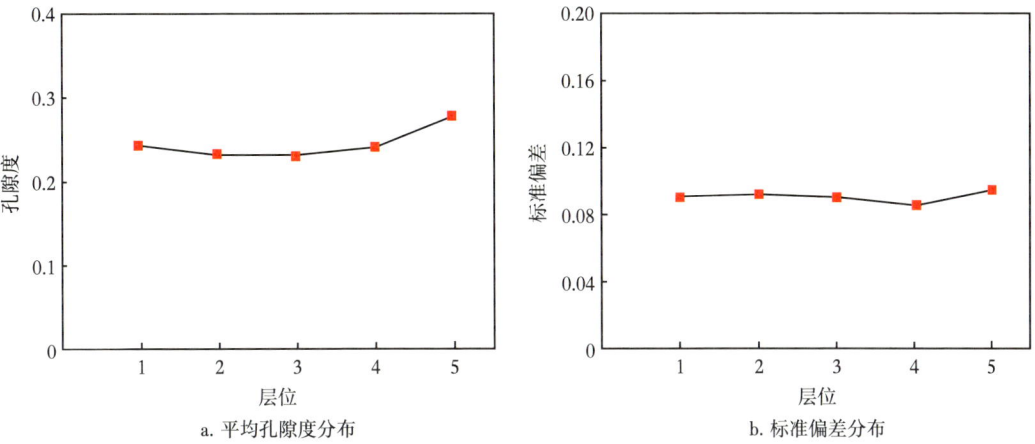

a. 平均孔隙度分布

b. 标准偏差分布

图 8-5-14 岩心不同位置截面平均孔隙度及标准偏差变化曲线

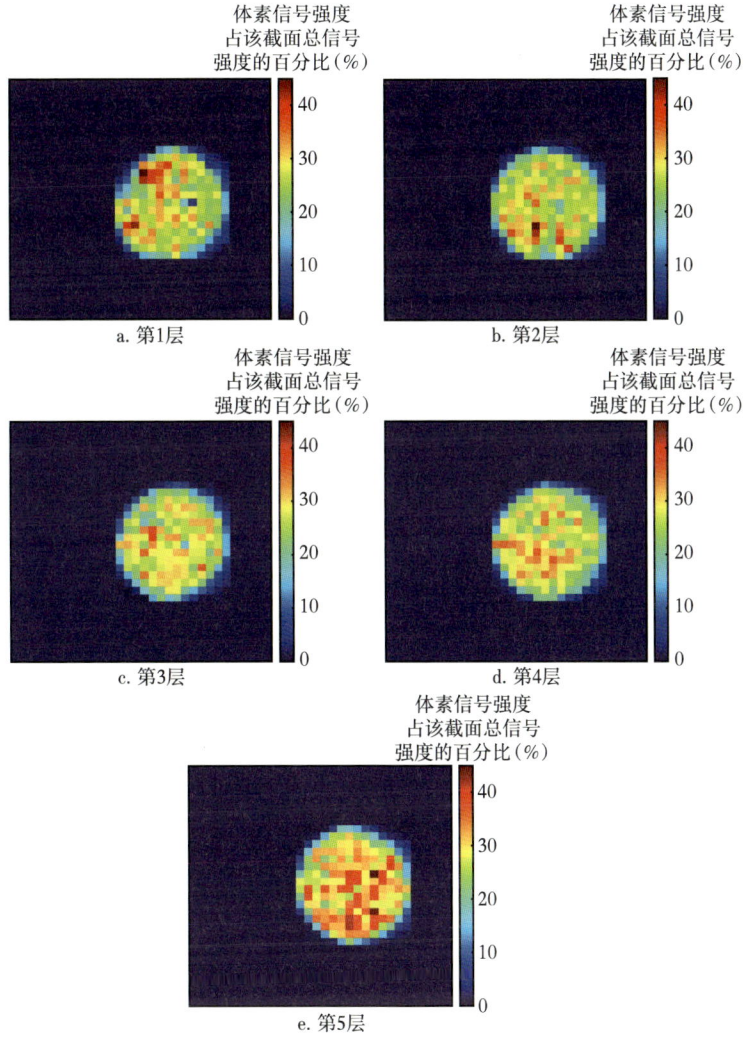

图 8-5-15 岩心每层孔隙度图

# 参考文献

Akselrod S M, NeretinV D, 1982. 核磁测井 [M]. 梅忠武, 译. 北京: 石油工业出版社.

陈伟梁, 2018. 井下核磁共振流体分析系统优化与快速测量方法及应用研究 [D]. 北京: 中国石油大学（北京）.

成家杰, 肖立志, 许巍, 等, 2023a. 基于岩石重构图像的核磁共振响应模拟 [J]. 波谱学杂志, 30（3）: 336-344.

成家杰, 谢真, 廖广志, 等, 2023b. 温度对流体及其在孔隙介质中核磁共振弛豫影响研究进展 [J]. 地球物理学进展, 38（4）: 1551-1562.

Coates G R, 肖立志, Prammer M, 2007. 核磁共振测井原理与应用 [M]. 北京: 石油工业出版社.

邓峰, 2014. 低场在线核磁共振流体分析系统及其应用研究 [D]. 北京: 中国石油大学（北京）.

邓克俊, 谢然红, 2010. 核磁共振测井理论及应用 [M]. 东营: 中国石油大学出版社.

杜群杰, 2016. 基于二维弛豫谱的页岩核磁共振岩石物理方法与实验研究 [D]. 北京: 中国石油大学（北京）.

傅少庆, 2012. 核磁共振测井数据处理软件设计与实现 [D]. 北京: 中国石油大学（北京）.

傅少庆, 肖立志, 谢然红, 2012. 饱和多相流体孔隙介质内部磁场梯度的探测 [J]. 中国科学: 物理学、力学、天文学, 42（8）: 827-834.

高阳, 肖立志, 2015. 利用改进截断奇异值分解法反演核磁共振弛豫时间 [J]. 石油地球物理勘探, 50(2): 8, 376-381.

戈革, 2018. 多孔介质核磁共振表面弛豫机理研究 [D]. 北京: 中国石油大学（北京）.

谷明宣, 2022. 核磁共振测井数据处理及多维谱定量评价方法 [D]. 北京: 中国石油大学（北京）.

郭江峰, 2019. 致密砂岩核磁共振响应数值模拟及数据反演方法研究 [D]. 北京: 中国石油大学（北京）.

郭江峰, 徐陈昱, 谢然红, 等, 2022. 含微裂缝致密砂岩核磁共振响应机理研究 [J]. 石油钻探技术, 50（4）: 121-128.

国家能源局, 2024. SY/T 6490—2023: 岩样核磁共振参数实验室测量规范 [S]. 北京: 石油工业出版社.

何雨丹, 毛志强, 肖立志, 等, 2005a. 核磁共振$T_2$分布评价岩石孔径分布的改进办法 [J]. 地球物理学报, 48（2）: 373-378.

何雨丹, 毛志强, 肖立志, 等, 2005b. 利用核磁共振$T_2$分布构造毛管压力曲线的新方法 [J]. 吉林大学学报（地球科学版）, 35（2）: 177-181.

侯学理, 李梦春, 曹先军, 等, 2016. MRT6910多频核磁共振测井仪 [J]. 石油科技论坛, 35（S1）: 28-31.

胡海涛, 2012. 电缆核磁共振测井仪探头关键技术研究 [D]. 北京: 中国石油大学（北京）.

胡海涛, 肖立志, 2010. 电缆核磁共振测井仪探测特性研究 [J]. 波谱学杂志, 27（4）: 572-583.

黄科, 肖立志, 李新, 2012. 一种降低井下核磁共振振铃的新方法 [J]. 波谱学杂志, 29（1）: 42-50.

贾子健, 2017. 页岩核磁共振弛豫机制与测量方法研究 [D]. 北京: 中国石油大学（北京）.

金国文, 2021. 核磁共振测井应用基础与反演方法研究 [D]. 北京: 中国石油大学（北京）.

雷兴龙, 2022. 核磁共振空间分辨拉普拉斯谱表征研究 [D]. 北京: 中国石油大学（北京）.

李新, 2012. 随钻核磁共振测井仪探头关键技术研究 [D]. 北京: 中国石油大学（北京）.

李新, 肖立志, 2013. 天然气水合物的地球物理特征与测井评价 [M]. 北京: 石油工业出版社.

李新, 肖立志, 胡海涛, 2011a. 随钻核磁共振测井仪探测特性研究 [J]. 波谱学杂志, 28（1）: 84-92.

李新, 肖立志, 刘化冰, 2011b. 随钻核磁共振测井的特殊问题与应用实例 [J]. 测井技术, 35（3）: 200-205.

李新, 肖立志, 黄科, 等, 2013a. 随钻核磁共振测井的地层界面响应特征 [J]. 地球物理学报, 56（8）: 2862-2869.

李新, 肖立志, 刘化冰, 等, 2013b. 优化重聚脉冲提高梯度场核磁共振信号强度 [J]. 物理学报, 62（14）: 147602.

李洋, 肖立志, 孙华峰, 2012. 核磁共振测井 TDA 识别油气的影响因素 [J]. 波谱学杂志, 29（1）: 21-31.

梁灿, 2014. 复杂岩性储层测井评价方法研究——以渤海湾 X 储层为例 [D]. 北京: 中国石油大学（北京）.

梁灿, 2019. 岩石润湿性的核磁共振表征方法及应用研究 [D]. 北京: 中国石油大学（北京）.

梁灿, 贾子健, 肖立志, 2023. 岩石润湿性核磁共振表征技术的研究进展 [J]. 地球物理学进展, 38（4）: 1610-1624.

梁灿, 肖立志, 周灿灿, 等, 2019. 岩石润湿性的核磁共振表征方法与初步实验结果 [J]. 地球物理学报, 62（11）: 4472-4481.

廖广志, 肖立志, 谢然红, 等, 2007. 孔隙介质核磁共振弛豫测量多指数反演影响因素研究 [J]. 地球物理学报, 50（3）: 932-938.

廖广志, 肖立志, 谢然红, 等, 2009. 内部磁场梯度对火山岩核磁共振特性的影响及其探测方法 [J]. 中国石油大学学报（自然科学版）, 33（5）: 56-60.

刘化冰, 2014. 孔隙介质低场核磁共振关键技术与应用研究 [D]. 北京: 中国石油大学（北京）.

刘亮, 2020. 核磁共振测井反演及应用研究 [D]. 北京: 中国地质大学.

刘双惠, 肖立志, 胡法龙, 等, 2008. 核磁共振测井地层界面响应特征研究 [J]. 地球物理学报, 51（4）: 1262-1269.

刘堂晏, 马在田, 傅容珊, 2003. 核磁共振谱的岩石孔喉结构分析 [J]. 地球物理学进展, 18（4）: 737-742.

刘伟, 2019. 井下周向扫描核磁共振仪器电子线路设计与实现 [D]. 北京: 中国石油大学（北京）.

罗嗣慧, 2020. 井周扫描核磁共振探头关键技术研究 [D]. 北京: 中国石油大学（北京）.

钱勇先, 钟兴水, 高楚桥, 1995. 沃尔什函数法测井曲线高分辨率反演 [J]. 地球物理学报, 38（S）: 170-177.

师光辉, 肖立志, 廖广志, 等, 2023. 低场核磁共振仪器振铃抑制新方法及其电路实现 [J]. 波谱学杂志, 40（1）: 68-78.

孙哲, 2017. 组合式多功能单边核磁共振探测器的设计实现和应用 [D]. 北京: 中国石油大学（北京）.

孙哲, 2020. 井下核磁共振探头研制 [D]. 北京: 中国石油大学（北京）.

孙哲, 肖立志, 廖广志, 等, 2017. 用于长城等古建筑探测的 NMR 探测器的磁体设计 [J]. 波谱学杂志, 34（3）: 372-382.

谭茂金, 石耀霖, 谢关宝, 2007. 基于遗传算法的核磁共振 $T_2$ 分布反演 [J]. 测井技术, 31（5）: 413-416.

田志, 2021. 多尺度孔隙岩石的核磁共振扩散耦合现象及其探测方法 [J]. 地球物理学报, 64（3）: 1119-1130.

田志，肖立志，廖广志，等，2019. 基于沉积过程的数字岩石建模方法研究 [J]. 地球物理学报，62（1）：248-259.

王琳，肖立志，郭龙，等，2017. 纳米自组装 γ-$Al_2O_3$ 孔隙结构的核磁共振表征 [J]. 物理化学学报，33（8）：1589-1598.

王筱文，肖立志，谢然红，等，2006. 中国陆相地层核磁共振孔隙度研究 [J]. 中国科学 G 辑：物理学、力学、天文学，36（4）：366-374.

王忠东，肖立志，刘堂宴，2003. 核磁共振弛豫信号多指数反演新方法及其应用 [J]. 中国科学（G），33（4）：323-332.

吴保松，2012. 井下核磁共振流体实验室关键技术研究 [D]. 北京：中国石油大学（北京）.

吴保松，肖立志，2011. 井下核磁共振流体分析实验室及其应用 [J]. 波谱学杂志，28（2）：228-236.

吴保松，肖立志，刘洛夫，等，2015. 井下核磁共振技术的进展 [J]. 测井技术，(6)：675-678.

吴保松，肖立志，刘洛夫，等，2016. 井下在线核磁共振流体分析实验方法 [J]. 测井技术，40（5）：537-540, 555.

肖立志，1997. 核磁共振成像测井提供的基本信息及其应用 [J]. 测井技术，21（2）：79-89.

肖立志，1998. 核磁共振成像测井与岩石核磁共振及其应用 [M]. 北京：科学出版社.

肖立志，2013. 井下极端条件核磁共振探测系统研制 [J]. 中国石油大学学报（自然科学版），37（5）：44-56.

肖立志，2016. 井下极端环境核磁共振科学仪器 [M]. 北京：科学出版社.

肖立志，杜有如，叶朝辉，1996. 岩石孔隙表面流体弛豫强度和分子层特征厚度的观测 [J]. 中国科学（A辑），26（9）：857-864.

肖立志，罗嗣慧，龙志豪，2023. 井场核磁共振技术及其应用的发展历程与展望 [J]. 石油钻探技术，51（4）：1-9.

肖立志，谢庆明，谢然红，等，2013. 核磁共振测井的正则化—启发式阈值降噪研究 [J]. 地球物理学报，56（11）：3943-3952.

肖立志，谢红，1982. 核磁共振方法确定岩样孔隙度 [C]. 首届全国岩石与矿物物理性质学术讨论会，上海.

肖立志，谢然红，丁娱娇，等，2003. 核磁共振测井仪器的最新进展与未来发展方向 [J]. 测井技术，27（4）：265-269.

肖立志，于慧俊，刘化冰，等，2013. 新型核磁共振孔隙介质分析仪的研制 [J]. 中国石油大学学报（自然科学版），37（3）：68-73, 82.

肖立志，张恒荣，廖广志，等，2012. 基于 Backus-Gilbert 理论的孔隙介质核磁共振弛豫反演 [J]. 地球物理学报，55（11）：3821-3828.

肖立志，杜有如，叶朝辉，1993. 储油岩心魔角旋转核磁共振波谱特征 [J]. 科学通报，(16): 1535.

肖立志，叶朝辉，杜有如，1993. 核磁共振(NMR)稠油核磁共振探测的理论与方法岩心分析新方法 [J]. 江汉石油学院学报，15(1): 106-107.

肖立志，金振武，高守双，等，1994. 岩心的核磁共振微成像及其应用 [J]. 江汉石油学院学报，16(1): 29-36.

肖立志，杜有如，叶朝辉，1994. 岩石的核磁共振弛豫时间加权微成像 [J]. 物理化学学报，10(6): 484-488.

肖立志，杜有如，叶朝辉，等，1994. 储油岩心的核磁共振微成像 [J]. 科学通报，(39): 1439-1440.

肖立志，杜有如，叶朝辉，等，1994. 区分岩心中大孔和微孔的核磁共振微成像方法 [J]. 科学通报，39: 1630.

肖立志，杜有如，叶朝辉，1994. 储油岩心魔角旋转核磁共振纵向弛豫特征 [J]. 科学通报，39(5): 478-478.

肖立志，金振武，高守双，等，1994. 岩心的核磁共振微成象及其应用 [J]. 江汉石油学院学报，16(1): 29-36.

肖立志，杜有如，叶朝辉，1995. 岩石样品表面流体的核磁共振谱线 [J]. 波谱学杂志，12(6): 656-661.

肖立志，1995. 核磁共振成象测井 [J]. 测井技术，19(4): 284-293.

肖立志，1995. 功能性磁共振成像方法与应用 [J]. 大自然探索，14(1): 47-53.

肖立志，1995. 核磁测井的现状与发展趋势 [J]. 江汉石油学院学报，17(4): 38-43.

肖立志，1995. 核磁共振成像在 EOR 研究中的应用 [J]. 石油学报，16(3): 106.

肖立志，杜有如，叶朝辉，1995. 岩石的核磁共振自旋密度微成像 [J]. 物理化学学报，11(3): 196-198.

肖立志，李丽云，1995. 人脑功能的磁共振成像 [J]. 物理，24(2): 90-95.

肖立志，1996. 岩石核磁共振研究进展及其应用 [J]. 测井技术，20(1): 27-31.

肖立志，1997. 磁共振成象测井提供的基本信息及其应用 [J]. 测井技术，21(2): 79-89.

肖立志，1997. 应该考虑"如何正确对待磁共振成象测井技术"——答高效曾先生 [J]. 测井技术，(5): 59-60.

肖立志，石红兵，1998. 低场核磁共振岩心分析及其在测井解释中的应用 [J]. 测井技术，22(1): 42-49.

肖立志，1998. 核磁共振测井对油气资源评价的贡献 [J]. 江汉石油学院学报，20(4): 39-44.

肖立志，柴细元，孙宝喜，2001. 核磁共振测井资料解释与应用导论 [M]. 北京：石油工业出版社.

肖立志，2002. 核磁共振在地层流体识别和定量评价中的应用研究 [C]. 中国物理学会波谱专业委员会，第十二届全国波谱学学术会议论文摘要集. 石油大学：30-31.

肖立志，谢然红，2003. 核磁共振在石油测井与地层油气评价中的应用 [J]. 中国工程科学，(9): 87-94.

肖立志，刘堂宴，傅容珊，2004. 利用核磁共振测井评价储层的捕集能力 [J]. 石油学报，25(4): 38.

肖立志，2007. 我国核磁共振测井应用中的若干重要问题 [J]. 测井技术，31(5): 401-407.

肖立志，谢然红，廖广志，2012. 中国复杂油气藏核磁共振测井理论与方法 [M]. 北京：科学出版社.

肖立志，2014. 井下核磁共振分析仪器：关键问题与我们的进展简介 [J]. 现代科学仪器，(6):13-16.

谢庆明，2012. 核磁共振测井降噪方法与应用研究 [D]. 北京：中国石油大学（北京）.

谢庆明，肖立志，于慧俊，等，2011. DPSD 在低场核磁共振回波信号检测中的应用 [J]. 波谱学杂志，28（1）：67-75.

谢然红，肖立志，2007a. 储层流体及其在岩石孔隙中的核磁共振弛豫温度特性 [J]. 地质学报，81（2）：280-283.

谢然红，肖立志，傅少庆，等，2007b. 原油的变温核磁共振弛豫特性实验研究 [J]. 中国石油大学学报（自然科学版），31（4）：34-37.

谢然红，肖立志，刘天定，2007c. 原油的核磁共振弛豫特性 [J]. 西南石油大学学报（自然科学版），29（5）：21.

谢然红，肖立志，陆大卫，2009a. 识别储层流体的（$T_2$, $T_1$）二维核磁共振方法 [J]. 测井技术，33（1）：26-33.

谢然红，肖立志，2009b. 核磁共振测井探测岩石内部磁场梯度的方法 [J]. 地球物理学报，52（5）：1341-1347.

谢然红, 肖立志, 2009c. ($T_2$, $D$) 二维核磁共振测井识别储层流体的方法 [J]. 地球物理学报, 52 (9): 2410-2418.

谢然红, 肖立志, 刘家军, 等, 2009d. 核磁共振多回波串联合反演方法 [J]. 地球物理学报, 52 (11): 2913-2919.

谢然红, 肖立志, 邓克俊, 等, 2005. 二维核磁共振测井 [J]. 测井技术, 29 (5): 430-434.

谢然红, 肖立志, 傅少庆, 2008. 饱和水岩石核磁共振表面弛豫温度特性 [J]. 中国石油大学学报（自然科学版）, 32 (2): 44-46.

谢然红, 肖立志, 刘家军, 2011. 核磁共振测井时域分析法数值模拟及影响因素分析 [J]. 地球物理学报, 54 (8): 2184-2192.

熊国欣, 2007. 核磁共振成像原理 [M]. 北京: 科学出版社.

雍世和, 张超谟, 2007. 测井数据处理与综合解释 [M]. 东营: 石油大学出版社.

于慧俊, 2012. 核磁共振测井仪电子线路设计与实现 [D]. 北京: 中国石油大学（北京）.

于慧俊, 肖立志, Anferov V, 等, 2012a. 梯度场核磁共振测井仪电子线路设计 [J]. 测井技术, 36 (2): 183-187.

于慧俊, 肖立志, Anferov V, 等, 2012b. 基于 FPGA 的核磁共振测井仪控制逻辑设计 [J]. 波谱学杂志, 29 (2): 201-208.

于慧俊, 肖立志, 朱万里, 等, 2013. 核磁共振测井仪低噪声模拟接收电路设计 [J]. 测井技术, 37 (2): 183-186.

张家伟, 2023. 二维核磁共振测井数据处理与高精度反演方法研究 [D]. 北京: 中国石油大学（北京）.

张宗富, 2013. 三维核磁共振方法研究与水分子扩散模拟 [D]. 北京: 中国石油大学（北京）.

张宗富, 肖立志, 刘化冰, 等, 2014. 水分子在微孔隙介质中的受限扩散模拟 [J]. 波谱学杂志, 31 (1): 49-60.

宗芳荣, 2014. 利用二维核磁共振弛豫交换技术探测岩石孔隙连通性 [D]. 北京: 中国石油大学（北京）.

邹友龙, 2016. 核磁共振测井数据反演方法及 $T_2$ 谱的不确定性研究 [D]. 北京: 中国石油大学（北京）.

Ahmed U, Crary S F, Coates G R, 1994. Permeability estimation: the various sources and their interrelationship[J]. Petrophysics, 39: 118-127.

Akkurt R, Guillory A J, Tutunjian P N, et al., 1995. NMR logging of natural gas reservoirs[C]. SPWLA 36th Annual Logging Symposium, Paris, France, June 26.

Akkurt R, Kersey D G, Zainalabedin K, 2006. Challenges for everyday NMR: an operator's perspective. SPE Annual Technical Conference and Exhibition[C]. San Antonio, Texas, U.S.A., September 24-27.

Akkurt R, Mardon D, Gardner J S, et al., 1998. Enhanced Diffusion: Expanding the Range of NMR Direct Hydrocarbon-typing Applications[C]. 39th Society of Petrophysicists and Well-Log Analysts, Paper GG.

Akkurt R, Marsala A F, Seifert D, et al., 2009. Collaborative development of a slim LWD NMR tool from concept to field testing[C]. SPE Saudi Arabia Section Technical Symposium and Exhibition. AlKhobar, Saudi Arabia, 09-11 May.

Akkurt R, Seifert D R, Al-Beaiji T, 2010. From molecular weight and NMR relaxation to viscosity: an innovative approach for heavy oil viscosity estimation for real-time applications[J]. Petrophysics – The SPWLA Journal of Formation Evaluation and Reservoir Description, 51 (2).

Akkurt R, Seifert D, Al-Harbi A, et al., 2008. Real-time detection of tar in carbonates using LWD triple combo, NMR and formation tester in highly-deviated wells[C]. SPWLA 49th Annual Logging Symposium. Edinburgh, Scotland, May 25-28.

Akkurt R, Vinegar H J, Tutunjian P N, et al., 1996. NMR logging of natural gas reservoirs [J]. The Log Analyst, 37 (6).

Al-Garadi K, El-Husseiny A, Elsayed M, et al., 2022. A rock core wettability index using NMR $T_2$ measurements[J]. Journal of Petroleum Science and Engineering, 208, 109386.

Al-Mahrooqi S H, Grattoni C A, Muggeridge A H, et al., 2006. Pore-scale modelling of NMR relaxation for the characterization of wettability[J]. Journal of Petroleum Science and Engineering, 52 (1-4): 172-186.

Al-Muthana A, Hursan G G, Ma S M, et al., 2012. Wettability as a function of pore size by NMR[J]. International Symposium of the Society of Core Analysts, Scotland, UK, Aug: 27-30.

Alsop D C, 1997. The sensitivity of low flip angle RARE imaging[J]. Magnetic Resonance in Medicine, 37: 176-184.

Alvarado R J, Damgaard A P, Hansen P M, et al., 2003. Nuclear magnetic resonance logging while drilling[J]. Oilfield Review, 15 (2): 40-51.

An T L, Xiao L Z, Li X, et al., 2014. Investigation of the correlation between internal gradients and dephasing effect in inhomogeneous field[J]. Science China: Physics, Mechanics & Astronomy, 57 (9): 1676-1683.

Andradea F D, Nettob A M, Colnago L A, et al., 2011. Qualitative analysis by online nuclear magnetic resonance using Carr-Purcel-Meiboom-Gill sequence with low refocusing flip angles[J]. Talanta. 84: 84-88.

Balliet R, Chen S H, Callirgos M, et al., 2018. New magnetic resonance wireline sensor for high-resolution, faster logging, and better fluid typing[C]. SPE Annual Technical Conference and Exhibition, Dallas, Texas, USA, September 24.

Bassiouni Z, 1994. Theory, measurement, and interpretation of well logs[M]. SPE Textbook Series.

Beauchamp K C, 1975. Walsh functions and their applications[J]. Academic Press, Orlando.

Bendel P, 1990. Spin-echo attenuation by diffusion in non-uniform field gradients[J]. Journal of Magnetic Resonance, 86 (3): 509-515.

Bergman D J, Dunn K J, LaTorraca G A, 1995. Magnetic susceptibility contrast and fixed field gradient effects on the spin-echo amplitude in a periodic porous medium with diffusion[J]. Bulletin of the American Physical Society, 40: 695.

Berman P, Levi O, Parmet Y, et al., 2013. Laplace inversion of low-resolution NMR relaxometry data using sparse representation methods. Concepts in Magnetic Resonance Part A, 42 (3): 72-88.

Bittner R, Komarek F, Thern H F, et al., 2006. Magnetic resonance while drilling-a quantum leap in everyday petrophysics[C]. SPE Europec/EAGE Annual Conference and Exhibition. Vienna, Austria, June 12-15.

Bloch F, 1946. Nuclear induction[J]. Physical Review, 70 (7-8): 460-474.

Bonnie R J M, Akkurt R, Al-Waheed H, et al., 2003. Wireline $T_1$ logging[C]. SPE Annual Technical

Conference and Exhibition. Denver, Colorado, October 5-8.

Borghi M, Porrera F, Lyne A, et al., 2005. Magnetic resonance while drilling streamlines reservoir evaluation[C]. SPWLA 46th Annual Logging Symposium. New Orleans, Louisiana, June 26-29.

Borgia G C, Brown R J S, Fantazzini P, 1998. Uniform-penalty inversion of multi-exponential decay data[J]. Journal of Magnetic Resonance, 132: 65-77.

Borgia G C, Brown R J S, Fantazzini P, 2000. Uniform-penalty inversion of multiexponential decay data: II. Data spacing, $T_2$ data, systematic data errors, and diagnostics. Journal of Magnetic Resonance, 147 (2): 273-285.

Borgia G, Brown R, Fantazzini P, 1996. Nuclear magnetic resonance relaxivity and surface-to-volume ratio in porous media with a wide distribution of pore sizes[J]. Journal of Applied Physics, 79 (1): 3656-3664.

Bowers M C, Andre J B, Ragland T V, et al., 1999. Prediction of permeability from capillary pressure curves derived from nuclear magnetic resonance pore size distributions: U.S. Patent 6, 008, 645 [P]. 1999-12-28.

Brown R J S, 1961. Proton relaxation in crude oils[J]. Nature, 189 (4762): 387.

Brown R J S, Fatt I, 1956. Measurement of fractional wettability of oil fields' rocks by the nuclear magnetic relaxation method[C]. The Fall Meeting of the Petroleum Branch of AIME, Los Angeles, California, October 14.

Brown R J S, Gamson B W, 1960. Nuclear magnetism logging[J]. Journal of Petroleum Technology, 12: 199-207.

Brownstein K R, Tarr C E, 1979. Importance of classical diffusion in NMR studies of water in biological cells[J]. Physical Review A, 19: 2446.

Bryar T R, Daughney C J, Knight R J, 2000. Paramagnetic effects of iron (III) species on nuclear magnetic relaxation of fluid protons in porous media[J]. J. Magn. Reson., 142: 74-85.

Bube K P, Langan R T, 1997. Hybrid $\ell 1/\ell 2$ minimization with applications to tomography[J]. Geophysics, 62 (4): 1183-1195.

Bube K P, Nemeth T, 2007. Fast line searches for the robust solution of linear systems in the hybrid $\ell 1/\ell 2$ and Huber norms[J]. Geophysics, 72 (2): 13-17.

Bulter J P, Reeds J A, Dawson S V, 1981. Estimating solutions of first kind of integral equations with nonnegative constrains and optimal smoothing[J]. SIAM Journal on Numerical Analysis, 18 (3): 381-397.

Burnett L J, Jackson J A. Remote (inside-out) NMR. II. Sensitivity of NMR detection for external samples[J]. Journal of Magnetic Resonance, 1980, 41 (3): 406-410.

Carr H Y, Purcell E M, 1954. Effects of diffusion on free precession in nuclear magnetic resonance experiments[J]. Physical Review, 94 (3): 630-638.

Cassie A B D, Baxter S, 1994. Wettability of porous surfaces[J]. Transactions of the Faraday Society, 40, 546-551.

Chandler R N, Drack E O, Miller M N, et al., 1994. Improved log quality with a dual-frequency pulsed NMR tool. Improved log quality with a dual-frequency pulsed NMR tool[C]. SPE Annual Technical Conference and Exhibition, New Orleans, Louisiana, September 25.

Chang D, Vinegar J H, Morriss C, et al., 1994. Effective porosity, producible fluid and permeability in carbonates from NMR logging[C]. SPWLA 35th Annual Logging Symposium, Tulsa, Oklahoma, June 19.

Chen J, Chen S, Altunbay M M, 2010a. A new method of grain size determination for sand-control completion applications[J]. SPE International Symposium and Exhibition on Formation Damage Control. SPWLA-2010-82750.

Chen J, Chen S, Smith E, et al., 2010b. Determination of gas-oil ratio and live-oil viscosity from NMR log incorporating oil-based mud filtrate invasion[C]. SPWLA 51st Annual Logging Symposium.

Chen J, Hirasaki G J, Flaum M, 2006. NMR wettability indices: Effect of OBM on wettability and NMR responses[J]. Journal of Petroleum Science and Engineering, 52 (1-4): 161-171.

Chen S, Beard D, Gillen M, et al., 2003. MR explorer log acquisition methods: petrophysical-objective-oriented approaches[C]. SPWLA 44th Annual Logging Symposium, Galveston, Texas, June 22.

Chen S, Gamin H, Georgi D T, et al., 2000a. Estimation of oil viscosity with multiple TE dual wait-time MRIL logs[J]. Petrophysics - The SPWLA Journal of Formation Evaluation and Reservoir Description, 41 (1).

Chen S, Georgi D T, Olima O, et al., 2000b. Estimation of hydrocarbon viscosity with multiple-te, dual-tw MRIL logs[J]. SPE Reservoir Evaluation & Engineering, 3 (6): 498-508.

Chen S, Olima O, Gamin H, et al., 1998. Estimation of hydrocarbon viscosity with multiple TE dual wait-time MRIL Logs[C]. SPE Annual Technical Conference and Exhibition, New Orleans, Louisiana, September 27.

Cherry R, 1997. Magnetic resonance technology and its applications in the oil and gas industry[J]. Petroleum Engineer International, 70 (3): 29-35.

Chouzenoux E, Moussaoui S, Idier J, et al., 2010. Efficient maximum entropy reconstruction of nuclear magnetic resonance $T_1$-$T_2$ spectra[J]. Signal Processing, IEEE Transactions on, 58 (12): 6040-6051.

Coates G R, Marschall D, Mardon D, et al., 1997. A new characterization of bulk-volume irreducible using magnetic resonance[J]. The Log Analyst, 39 (1): 51-63.

Coates G R, Peveraro R C A, Hardwick A, et al., 1991. The magnetic resonance imaging log characterized by comparison with petrophysical properties and laboratory core data[C]. SPE Annual Technical Conference and Exhibition, Dallas, Texas, 06 October.

Coates G R, Xiao L Z, Prammer M G, 1999. NMR Logging: Principles and applications[M]. Texas: Gulf Professional Publishing.

Collett T S, Lee M W, Goldberg D S, et al., 2002. Data report: nuclear magnetic resonance logging while drilling, ODP Leg 204[R]. Proceedings of the Ocean Drilling Program Scientific Results.

Cooper R K, Jackson J A, 1980. Remote (inside-out) NMR. I. Remote production of region of homogeneous magnetic field[J]. Journal of Magnetic Resonance, 41 (3): 400-405.

Cowan B, 1997. Nuclear magnetic resonance and relaxation[M]. London: Cambridge University Press.

Cuddy S, Daniels G, Lindsay C, et al., 2004. The application of novel formation evaluation techniques to a complex tight gas reservoir[C]. SPWLA 45th Annual Logging Symposium, Noordwijk, Netherlands, June 6-9.

Deng F, Xiao L Z, Chen W L, et al., 2014. Rapid determination of fluid viscosity using low-field two-dimensional NMR[J]. Journal of Magnetic Resonance, 247: 1-8.

DePavia L, Heaton N, Ayers D, et al., 2003. A next-generation wireline NMR logging tool[C]. SPE Annual Technical Conference and Exhibition, Denver, Colorado, October 5.

Dick M J, Veselinovic D, Bonnie R J M, et al., 2021. NMR Quantification of Wettability and Water Uptake in Unconventionals[C]. In SPE/AAPG/SEG Unconventional Resources Technology Conference. OnePetro.

Dick M J, Veselinovic D, Bonnie R J, et al., 2022. NMR-Based Wettability Index for Unconventional Rocks[J]. Petrophysics-The SPWLA Journal of Formation Evaluation and Reservoir Description, 63 (3): 418-441.

Dick M J, Veselinovic D, Green D, et al., 2019, NMR Wettability Index Measurements on Unconventional Samples[C]. Paper URTEC-2019-604 presented at the SPE/AAPG/SEG Unconventional Resources Technology Conference, Denver, Colorado, USA, 22-24 July.

Drack E D, Prammer M G, Zanoni S, et al., 2001. Advances in LWD nuclear magnetic resonance[C]. SPE Annual Technical Conference and Exhibition, New Orleans, Louisiana, September 30.

Du Q J, Xiao L Z, Zhang Y, et al., 2020. A novel two-dimensional NMR relaxometry pulse sequence for petrophysical characterization of shale at low field[J]. Journal of Magnetic Resonance, 310: 106643.

Dunn K J, Bergman J D, LaTorraca G A, 1998. Nuclear magnetic resonance: petro-physical and logging applications[M]. Pergamon.

Dunn K J, LaTorraca G A, Warner J L, 1994. On the calculation and interpretation of NMR relaxation time distributions[C]. SPE Annual Technical Conference and Exhibition.

Dunn K J, LaTorraca G A, 1999. The inversion of NMR log data sets with different measurement errors[J]. Journal of Magnetic Resonance, 140: 153-161.

Feng C, Fu J, Shi Y, et al., 2016. Predicting reservoir wettability via well logs[J]. Journal of Geophysics and Engineering, 13: 234-241.

Fletcher J, Eaton G, Greig R, 2008. The use of LWD magnetic resonance and image logs for reservoir characterization and geosteering in deepwater west of Shetland[C]. SPWLA 49th Annual Logging Symposium. Edinburgh, Scotland, May 25-28.

Fleury M, Deflandre F, 2003. Quantitative evaluation of porous media wettability using NMR relaxometry[J]. Magnetic resonance imaging, 21 (3-4): 385-387.

Freedman R, Heaton N, Flaum M, 2001a. Field applications of a new nuclear magnetic resonance fluid characterization method[C]. SPE Annual Technical Conference and Exhibition.

Freedman R, Sezginer A, Flaum M, et al., 2001b. A new NMR method of fluid characterization in reservoir rocks: experimental confirmation and simulation results[J]. SPE Journal, 6 (4): 452-464.

Freedman R, Heaton N, Flaum M, 2002. Wettability, saturation, and viscosity using the magnetic resonance fluid characterization method and new diffusion-editing pulse sequences[C]. SPE Annual Technical Conference and Exhibition, San Antonio, U.S.A., Paper 77397.

Freedman R, Johnston M, Morriss C E, et al., 1997. Hydrocarbon saturation and viscosity estimation from nmr logging in the belridge diatomite[J]. The Log Analyst, 38 (2).

Freedman R, 1995. Method and apparatus for compressing data produced from a well tool in a wellbore prior to transmitting the compressed data uphole to a surface apparatus: US5381092[P]. 1995-02-10.

Freeman J J, Hofman J P, Appel M, et al., 1999. Restricted diffusion and internal field gradients[C]. SPWLA 40th Annual Logging Symposium, Oslo, Norway, May 30.

Fukushima E, Roeder S B W, 1981. Experimental pulse NMR: A nuts and bolts approach[M]. New Jersey: Addison-Wesley Publishing Company.

Gao L, Xie R H, Xiao L Z, et al., 2022. Identification of low-resistivity-low-contrast pay zones in the feature space with a multi-layer perceptron based on conventional well log data[J]. Petroleum Science, 19(2): 570-580.

Ge X, Myers M T, Liu J, et al., 2021. Determining the transverse surface relaxivity of reservoir rocks: A critical review and perspective[J]. Marine and Petroleum Geology, 126, 104934.

Gerritsma C J, Oosting P H, Trappeniers N J, 1971a. Proton spin-lattice relaxation and self-diffusion in methane: I. Spin-echo spectrometer and preparation of the methane samples[J]. Physica, 51(3): 365-380.

Gerritsma C J, Trappeniers N J, 1971b. Proton spin-lattice relaxation and self-diffusion in methane: II. Experimental results for proton spin-lattice relaxation times[J]. Physica, 51(3): 381-394.

Godefroy S, Fleury M, Deflandre F, et al., 2002. Temperature effect on NMR surface relaxation in rocks for well logging applications[J]. J. Phys. Chem. B, 106, 11183-11190.

Gu M X, Xie R H, Xiao L Z, 2021. Two-step inversion Method for NMR relaxometry data using norm Smoothing and artificial fish swarm algorithm[J]. Applied Magnetic Resonance, 52(11): 1-20.

Gu M, Xie R H, Xiao L Z, 2021. A novel method for NMR data denoising based on discrete cosine transform and variable length windows[J]. Journal of Petroleum Science and Engineering, 207: 108852.

Guan H, Brougham D, Sorbie K S, et al., 2002. Wettability effects in a sandstone reservoir and outcrop cores from NMR relaxation time distributions[J]. Journal of Petroleum Science and Engineering, 34(1-4): 35-54.

Guimaraes A P, 1998. Magnetism and magnetic resonance in solids[M]. John Willey and Sons, Inc.

Guitton A, Symes W W, 2003. Robust inversion of seismic data using the Huber norm[J]. Geophysics, 68(4): 1310-1319.

Guo J F, Xie R H, Wang Y X, et al., 2023. Variational mode decomposition for NMR echo data denoising[J]. IEEE Transactions on Geoscience and Remote Sensing, 61: 1-14.

Guo J F, Xie R H, Xiao L Z, 2020. Pore-fluid characterizations and microscopic mechanisms of sedimentary rocks with three-dimensional NMR: Tight sandstone as an example[J]. Journal of Natural Gas Science and Engineering, 80: 103392.

Guo J F, Xie R H, Xiao L Z, et al., 2019a. Nuclear magnetic resonance $T_1$-$T_2$ spectra in heavy oil reservoirs[J]. Energies, 12(12): 2415.

Guo J F, Xie R H, Xiao L Z, et al., 2019b. Nuclear magnetic resonance $T_1$-$T_2$ inversion with double objective functions[J]. Journal of Magnetic Resonance, 308: 106562.

Hearst J R, Nelson P H, 1985. Well logging for physical properties[M]. New York: McGraw-Hill Book Company.

Heaton N J, Jain V, Boling B, et al., 2012. New generation magnetic resonance while drilling[C]. SPE Annual Technical Conference and Exhibition, San Antonio, Texas, USA, 8-10 October.

Heaton N J, Minh C C, Kovats J, et al., 2004. Saturation and viscosity from multidimensional nuclear magnetic resonance logging[C]. SPE Annual Technical Conference and Exhibition, Houston, Texas.

Heidler R, Morriss C, Hoshun R, 2003. Design and implementation of a new magnetic resonance tool for the while drilling environment[C]. SPWLA 44th Annual Logging Symposium, Galveston, Texas, June 22.

Hennig J, 1988. Multi-echo imaging sequences with low refocusing flip angles[J]. Journal of Magnetic Resonance. 78: 397-407.

Hirasaki G J, 1991. Wettability: Fundamentals and Surface Forces[J]. SPE Form. Eval., 6: 217-226.

Horkowitz J, Crary S, Ganesan K, et al., 2002. Applications of a new magnetic resonance logging-while-drilling tool in a Gulf of Mexico deepwater development project[C]. SPWLA 43rd Annual Logging Symposium. Oiso, Japan, June 2-5.

Howard J J, Spinler E A, 1993. Nuclear magnetic resonance measurements of wettability and fluid saturations in chalk[J]. SPE, Exhibition Proceedings, No.26471, 565-573.

Hu H T, Xiao L Z, Wu X L, 2012. Corrections for downhole NMR logging[J]. Petroleum Science, 9(1): 46-52.

Hürlimann M D, Griffin D D, 2000. Spin dynamics of Carr-Purcell-Meiboom-Gill sequences in grossly inhomogeneous B0 and B fields and application to NMR well logging[J]. Journal of Magnetic Resonance, 143(1): 120-135.

Hürlimann M D, Venkataramanan L, Flaum C, 2002a. The diffusion-spin relaxation time distribution function as an experimental probe to characterize fluid mixtures in porous media[J]. The Journal of chemical physics, 117(22): 10223-10232.

Hürlimann M D, Venkataramanan L, Flaum C, et al., 2002b. Diffusion-editing: new NMR measurement of saturation and pore geometry[C]. SPWLA 43 Annual Logging Symposium, Paper FFF, Oiso, Japan.

Hürlimann M, Helmer K G, Latour L, et al., 1994. Restricted diffusion in sedimentary rocks: Determination of surface-area-to-volume ratio and surface relaxivity[J]. Journal of Magnetic Resonance, 111(2): 169-178.

Hursan G, Ma S, Shao W, et al., 2019. Temperature Correction Models for NMR Relaxation Time Distribution in Carbonate Rocks[C]. In SPWLA 60th Annual Logging Symposium [J]. OnePetro.

Jackson J A, Burnett L J, Harmon F, 1980. Remote (inside-out) NMR. III. Detection of nuclear magnetic resonance in a remotely produced region of homogeneous magnetic field[J]. Journal of Magnetic Resonance, 41(3): 411-421.

Jebutu S A, Li W, Hughes B, 2014. In-situ wettability utilizing low gradient magnetic resonance[J]. SPE Annual Technical Conference and Exhibition. SPE-170652-MS.10.2118/170652-MS.

Jia Z J, Xiao L Z, Chen Z, et al., 2018. Determining shale organic porosity and total organic carbon by combining spin echo, solid echo and magic echo[J]. Microporous and Mesoporous Materials, 269: 12-16.

Jia Z J, Xiao L Z, Wang Z Z, et al., 2017. Magic echo for nuclear magnetic resonance characterization of shales[J]. Energy & Fuels, 31(8): 7824-7830.

Jia Z, Xiao L, Wang Z, et al. 2016. Molecular dynamics and composition of crude oil by low-field nuclear magnetic resonance[J]. Magnetic Resonance in Chemistry, 54(8): 650-655.

Jin G W, Xie R H, Xiao L Z, 2020. Nuclear magnetic resonance characterization of petrophysical properties in tight sandstone reservoirs[J]. Journal of Geophysical Research: Solid Earth, 125（2）: e2019JB018716.

Jin G W, Xie R H, Xiao L Z, et al., 2021. Quantitative characterization of bound and movable fluid microdistribution in porous rocks using nuclear magnetic resonance[J]. Journal of Petroleum Science and Engineering, 196: 107677.

Kelly S, Bonnie R J M, Dick M J, et al., 2020. NMR Time-Lapse Wettability Assessments in Unconventional: Insights From Imbibition[C]. Paper URTEC-2020-2726 presented at the SPE/AAPG/SEGU nconventional Resources Technology Conference, Houston, Texas, USA, 20-22 July.

Kelly S, Bonnie R J M, Dick M J, et al., 2021. NMR Wettability Index Measurements and Methods Compared on a Variety of Unconventional Samples[C]. Paper 0096, Transactions, SPWLA 62nd Annual Logging Symposium, Virtual Event, 17-20 May.

Kenyon W E, 1988. A three-part study of NMR longitudinal relaxation properties of water-saturated sandstones[J]. SPE Formation Evaluation, 3: 622-636.

Kenyon W E, 1992. Nuclear magnetic resonance as a petrophysical measurement[J]. International Journal of Radiation Applications & Instrumentation. Part E. Nuclear Geophysics, 6（2）: 153-171.

Kenyon W E, Day P L, Straley C, et al., 1986. Compact and Consistent Representation of Rock NMR Data for Permeability Estimation [C]. SPE, 1986.

Kenyon W E, Howard J J, Straley C, et al., 1989. Pore-size distribution and NMR in microporous cherty sandstones[C]. SPWLA 30th Annual Logging Symposium, Denver, Colorado, June 11.

Kleinberg R L, 1996. Utility of NMR $T_2$ distributions, connection with capillary pressure, clay effect, and determination of the surface relaxivity parameter $\rho_2$ [J]. Magnetic Resonance Imaging, 14（7）: 761-767.

Kleinberg R L, Kenyon W E, Mitra P P, 1994. Mechanism of NMR relaxation of fluids in rock[J]. Journal of Magnetic Resonance, 108（2）: 206-214.

Kleinberg R L, Sezginer A, Griffin D D, et al., 1992. Novel NMR apparatus for investigating an external sample[J]. Journal of Magnetic Resonance, 97: 466-485.

Korb J P, Godefroy S, Fleury M, 2003. Surface nuclear magnetic relaxation and dynamics of water and oil in granular packings and rocks[J]. Magn. Reson. Imaging, 21: 193-199.

Kruspe T, Thern H F, Kurz G, et al., 2009. Slimhole application of magnetic resonance while drilling. SPWLA 50th Annual Logging Symposium[C]. The Woodlands, Texas, United States, June 21-24.

LaTorraca G A, Stonard S W, Webber P R, et al., 1999. Heavy oil viscosity determination Using NMR logs[C]. SPWLA 40th Annual Logging Symposium, Oslo, Norway, May 30.

Leverett M C. 1941 Capillary behavior in porous solids Trans[J]. AIME, 142: 152-169.

Liang C, Jia Z J, Xiao L Z, et al., 2023a. A potential NMR-based wettability index using free induction decay for rocks[J]. Magnetic Resonance Letters, 3（3）: 266-275.

Liang C, Xiao L Z, Jia Z J, et al., 2023b. Mixed wettability modeling and nuclear magnetic resonance characterization in tight sandstone[J]. Energy and Fuels, 37（3）: 1962-1974.

Liang C, Xiao L Z, Zhou C C, et al., 2019. Wettability characterization of low-permeability reservoirs using nuclear magnetic resonance: an experimental study[J]. Journal of Petroleum Science and Engineering, 178: 121-132.

Liao G Z, Luo S H, Xiao L Z, 2021. Borehole nuclear magnetic resonance study at the China University of

Petroleum[J]. Journal of Magnetic Resonance, 324: 106914.

Liaw H K, Kulkarni R, Chen S, 1994. Characterization of fluid distributions in porous media by NMR techniques[J]. AICHE Journal, 42: 538−546.

Liu H B, Xiao L Z, Deng F, et al., 2018. Emerging NMR approaches for characterizing rock heterogeneity[J]. Microporous and Mesoporous Materials, 269: 118−121.

Liu H B, Xiao L Z, Guo B X, et al., 2013. Heavy oil component characterization with multidimensional unilateral NMR[J]. Petroleum Science, 10(3): 402−407.

Liu H B, Xiao L Z, Zong F R, et al., 2019. Permeability profiling of rock cores using a novel spatially resolved NMR relaxometry method: preliminary results from sandstone and limestone[J]. Journal of Geophysical Research-Solid Earth, 124(5): 4601−4616.

Liu W, Xiao L Z, Luo S H, et al., 2018. A new downhole magnetic resonance imaging tool[J]. Microporous and Mesoporous Materials, 269: 97−102.

Lo S W, Hirasaki G J, House W V, et al., 2000. Correlations of NMR relaxation time with viscosity, diffusivity, and gas/oil ratio of methane/hydrocarbon mixtures dallas[C]. SPE Annual Technical Conference and Exhibition, Dallas, Texas, October 1.

Looyestijn W J, 2008. Wettability index determination from NMR logs[J]. Petrophysics, 49(2): 130−145.

Looyestijn W J, Hofman J, 2006.Wettability-index determination by nuclear magnetic resonance[J]. SPE Reservoir Evaluation & Engineering, 9(2): 146−153.

Looyestijn W J, Steiner S, 2012. New approach to interpretation of NMR logs in a lower Cretaceous chalk reservoir[C]. In SPWLA 53rd Annual Logging Symposium. OnePetro.

Luo S H, Guo J F, Xiao L Z, 2022a. Prospects of borehole NMR instruments and applications[J]. Magnetic Resonance Letters, 2(4): 224−232.

Luo S H, Xiao L Z, Guo J F, et al., 2022b. Low-field NMR inversion based on low-rank and sparsity restraint of relaxation spectra[J]. Petroleum Science, 19(6): 2741−2756.

Luo S H, Xiao L Z, Jin Y, et al., 2022c. A machine learning framework for low-field NMR data processing[J]. Petroleum Science, 19(2): 581−593.

Luo S H, Xiao L Z, Li Xin, et al., 2018. New magnet array design for downhole NMR azimuthal measurement[J]. Magnetic Resonance Imaging, 56: 168−173.

Luo S H, Xiao L Z, Li Xin, et al., 2019. Design of an innovative downhole NMR scanning probe[J]. IEEE Transactions on Geoscience and Remote Sensing, 57(5): 2939−2946.

Luo S H, Xiao L Z, Zong F R, et al., 2020. Inside-out azimuthally selective NMR tool using array coil and capacitive decoupling[J]. Journal of Magnetic Resonance, 315: 106735.

Luo Z X, Paulsen J, Song Y Q, 2015. Robust determination of surface relaxivity from nuclear magnetic resonance $D-T_2$ measurements[J]. Journal of Magnetic Resonance, 259: 146−152.

Marschall D, 1997. Magnetic resonance technology and its applications in the oil and gas industry[J]. Petroleum Engineer International, 70(4): 65−70.

McKeon D, Minh C C, Freedman R, et al., 1999. An improved NMR tool for faster logging[C]. SPWLA 40th Annual Logging Symposium, Oslo, Norway, May 30.

Meiboom S, Gill D, 1958. Modified spin-echo method for measuring nuclear relaxation times[J]. Review

Scientific Instruments, 29(8): 688-691.

Miller A, Chen S H, Georgi D T, et al., 1998. A new method for estimating $T_2$ distributions from NMR measurements[J]. Magnetic Resonance Imaging, 16(5): 617-619.

Miller M N, Paltiel Z, Gillen M E, et al., 1990. Spin echo magnetic resonance logging porosity and free index determination[C]. SPE Annual Technical Conference and Exhibition, New Orleans, Louisiana, September 23.

Miller M, 1994. System for logging a well during the drilling thereof: US5280243[P]. 1994-2-18.

Minh C C, Crary S, Singer P M, et al., 2015. Determination of wettability from magnetic resonance relaxation and diffusion measurements on fresh-state cores[C]. SPWLA 56th Annual Logging Symposium. Society of Petrophysicists and Well-Log Analysts.

Minh C C, Davies D, Mckeon D, et al., 1999. An improved NMR tool design for faster logging[C]. SPWLA 40th Annual Logging Symposium, Oslo, Norway, May 30-Jun 3.

Morriss C E, Freedman R, Straley C, et al., 1994. Hydrocarbon saturation and viscosity estimation from NMR logging in the Belridge diatomite[C]. SPWLA 35th Annual Logging Symposium, Tulsa, Oklahoma, June 19.

Murphy D P, 1995. NMR logging and core analysis—simplified[J]. World Oil, 216(4): 65-70.

Packard M, Varian R, 1954. Free Nuclear Induction in the earth's magnetic field[J]. Physical Review, 93: 941.

Prammer M G, 1994. NMR pore size distributions and permeability at the well site[C]. SPE Annual Technical Conference and Exhibition, New Orleans, Louisiana, September 25.

Prammer M G, 2000. Method for formation evaluation while drilling: US6242913[P]. 2000-4-18.

Prammer M G, 2001. NMR logging-while-drilling (1995-2000)[J]. Concepts in Magnetic Resonance, 13(6): 409-411.

Prammer M G, Akkurt R, Cherry R, et al., 2002. A new direction in wireline and LWD NMR[C]. SPWLA 43rd Annual Logging Symposium. Oiso, Japan, June 2-5.

Prammer M G, Bouton J C, Chandler R N, et al., 1998. A new multiband generation of NMR logging tools[C]. SPE Annual Technical Conference and Exhibition, New Orleans, Louisiana, September 27.

Prammer M G, Drack E D, Bouton J C, et al., 1996. Measurements of clay-bound water and total porosity by magnetic resonance logging[C]. SPE Annual Technical Conference and Exhibition Denver, Colorado, October 6.

Prammer M G, Drack E D, Goodman G D, et al., 2000a. The magnetic resonance while-drilling tool: theory and operation[C]. SPE Annual Technical Conference and Exhibition. Dallas, Texas, October 1-4.

Prammer M G, Goodman G D, Menger S K, et al., 2000b. Field test of an experimental NMR LWD device[C]. SPWLA 41st Annual Logging Symposium. Dallas Texas, June 4-7.

Prammer M G, Mardon D, Coates G R, et al., 1995. Lithology-independent gas detection by gradient-NMR logging[C]. SPE Annual Technical Conference and Exhibition, Dallas, Texas, October 22.

Prammer M, Dudley J H, Masak P, et al., 2003. Method and apparatus for nuclear magnetic resonance measuring while drilling: US6583621B2[P]. 2003-06-24.

Press W, Flannery B, Teukolsky S, et al., 1986. Numerical Recipes: the Art of Scientific Computing[M].

Cambridge University Press Publishing Company.

Purcell E M, Torrey H C, Pound R V, 1946. Resonance absorption by nuclear magnetic moments in a solid[J]. Physical Review, 69 (1-2): 37-38.

Reiderman A, Beard D R, 2003. Side-looking NMR sensor for oil well logging: US6580273[P].

Reiderman A, Itskovich G, Krugliak Z, et al., 2001. Optimum excitation and detection of NMR signal in static magnetic field gradient[J]. Magnetic Resonance Imaging, 19: 569-589.

Saidian M, Prasad M, 2015. Effect of mineralogy on nuclear magnetic resonance surface relaxivity: A case study of Middle Bakken and Three Forks formation[J]. Fuel, 161: 197-206.

Salazar-Tio R, Sun B Q, 2009. Monte Carlo optimization-inversion methods for NMR[C]. SPWLA 50th Annual Logging Symposium, The Woodlands, Texas.

Sezginer A, 1994. Determining bound and unbound fluid volumes using nuclear magnetic resonance pulse sequences[P]. U.S. Patent 5363041.

Sezginer A, Minh C C, Heaton N, et al., 1999. An NMR high-resolution permeability indicator[C]. SPWLA 40th Annual Logging Symposium.

Shi G H, Xiao L Z, Liao G Z, et al., 2023a. Automatic optimization of pulse sequences based on a closed-loop control strategy[J]. Applied Magnetic Resonance, 55 (4): 429-441.

Shi G H, Xiao L Z, Luo S H, et al., 2023b. Adaptive control for downhole nuclear magnetic resonance excitation[J]. Scientific Reports, 13 (1): 4201.

Shi G H, Xiao L Z, Luo S H, et al., 2021. Optimization of shaped pulses for radio frequency excitation in NMR logging[J]. Review of Scientific Instruments, 92 (11): 114502.

Slijkerman W J, Hofman J P, 1998. Determination of surface relaxivity from NMR diffusion measurements[J]. Magnetic Resonance Imagin, 16 (5-6): 541-544.

Song Y Q, Venkataramanan L, Hürlimann M D, et al., 2002a. $T_1$-$T_2$ correlation spectra obtained using a fast two-dimensional Laplace inversion[J]. Journal of Magnetic Resonance, 154: 261-268.

Song Y Q, Xiao L Z, 2020b. Optimization of multidimensional MR data acquisition for relaxation and diffusion[J]. NMR in Biomedicine, 33 (12): e4238.

Stejskal E O, Tanner J E, 2004. Spin diffusion measurements: spin echoes in the presence of a time-dependent field gradient[J]. The Journal of Chemical Physics, 42 (1): 288-92.

Straley C, 1997. An experimental investigation of methane in rock materials[C]. 38th Annual SPWLA Logging Symposium Transactions. SPWLA 38th Annual Logging Symposium, Houston, Texas, June 15.

Sun B, Dunn K J, 2002. Core analysis with two dimensional NMR[C]. 2002 International symposium of the Society of Core Analysts. Monterey, SCA.

Sun B, Dunn K J, 2005. A global inversion method for multi-dimensional NMR logging[J]. Journal of Magnetic Resonance, 172 (1): 152-160.

Sun B, Skalinski M, Dunn K J, 2008. NMR $T_2$ inversion along the depth dimension[C]. AIP Conference Proceedings.

Sun Z, Xiao L Z, Hou X L, et al., 2018a. A new side-looking downhole magnetic resonance imaging tool[J]. Magnetic Resonance Imaging, 56: 161-167.

Sun Z, Xiao L Z, Zhang Y, et al., 2018b. A modular and multi-functional single-sided NMR sensor[J].

Microporous and Mesoporous Materials, 269: 175-179.

Sun Z, Xiao L Z, Liao G Z, et al., 2020. Design of a new LWD NMR tool with high mechanical reliability[J]. Journal of Magnetic Resonance, 317: 106791.

Tandon S, Newgord C, Heidari Z, 2020. Wettability quantification in mixed-wet rocks using a new NMR-based method [J]. SPE Reservoir Evaluation and Engineering, 23 (3): 896-916.

Tandon S, Rostami A, Heidari Z, 2017. A new NMR-based method for wettability assessment in mixed-wet rocks[C]. In SPE Annual Technical Conference and Exhibition. OnePetro.

Tanner J E, Stejskal E O, 2003. Restricted self-diffusion of protons in colloidal systems by the pulsed-gradient, spin-echo method[J]. The Journal of Chemical Physics, 49 (4): 1768-1777.

Tarcher Z, Shtrikman S, 1988. Nuclear magnetic resonance sensing apparatus and techniques: US4717877[P]. 1988-2-5.

Thorson A K, Eiane T, Thern H, et al., 2008. Magnetic resonance in chalk horizontal well logged with LWD[C]. SPE Annual Technical Conference and Exhibition. Denver, Colorado, September 21-24.

Timur A, 1968. An Investigation of permeability, porosity and residual water saturation relationships for sandstone reservoirs[C]. SPWLA.

Turco K, Brenneke J, Jebutu S, et al., 2007. Permeability and saturation evaluation in deepwater turbidite utilizing logging-while-drilling low-gradient magnetic resonance[C]. SPE Annual Technical Conference and Exhibition held in Anaheim, California, November 11-14.

Valori A, Nicot B, 2019. A review of 60 years of NMR wettability[J]. Petrophysics-The SPWLA Journal of Formation Evaluation and Reservoir Description, 60 (2): 255-263.

Venkataramanan L, Song Y Q, Hürlimann M D, 2002. Solving Fredholm integrals of the first kind with tensor product structure in 2 and 2.5 dimensions[J]. IEEE Transactions on Signal Processing, 50 (5): 1017-1026.

Veselinovic D, Green D, Dick M, 2017. NMR at different temperatures to evaluate shales[C]. In SPE/AAPG/SEG Unconventional Resources Technology Conference. OnePetro.

Vinear M G, 1986. X-ray CT and NMR imaging of rocks[J]. Journal of Petroleum Technology, 38 (3): 257-259.

Vinegar H J, 1995. Short course on NMR[C]. SPWLA 36th Annual Logging Symposium, Houston, TX, June 26-29.

Volokitin Y, Looyestijn W, Slijkerman W, et al., 2001. A practical approach to obtain primary drainage capillary pressure curves from NMR core and log data [J]. Petrophysics, 42 (4).

Wang J, Xiao L Z, Liao G Z, et al., 2018a. NMR characterizing mixed wettability under intermediate-wet condition[J]. Magnetic Resonance Imaging, 56: 156-160.

Wang J, Xiao L Z, Liao G Z, et al., 2018b. Theoretical investigation of heterogeneous wettability in porous media using NMR[J]. Scientific Reports, 8: 13450.

Wang L, Xiao L Z, Yue W Z, 2018. NMR Characterization of pore structure and connectivity for nano self-assembly $\gamma-Al_2O_3$ and precursor[J]. Applied Magnetic Resonance, 49: 1099-1118.

Wang L, Xiao L Z, Yue W Z, 2019. An improved NMR permeability model for macromolecules flowing in porous medium[J]. Applied Magnetic Resonance, 50: 1099-1123.

Wang N, Qian Y, 2000. The application of thin bed information resolution of well-logs to enhance the vertical resolution of NMR logs[C]. SPE Annual Technical Conference and Exhibition.

Wang Y, Bandal M S, Moreno J E, 2006. A systematic approach to incorporate capillary pressure-saturation data into reservoir simulation[C]. SPE Asia Pacific Oil and Gas Conf. and Exhibition (11-13 September, Adelaide).

Washburn K E, Sandor M, Cheng Y, 2017. Evaluation of sandstone surface relaxivity using laser-induced breakdown spectroscopy [J]. Magn. Reson., 275: 80-89.

Wu B S, Xiao L Z, Li X, et al., 2012. Sensor design and implementation for a downhole NMR fluid analysis laboratory[J]. Petroleum Science, 9 (1): 38-45.

Wu Y B, Xie R H, Xiao L Z, 2012. Application of wavelet domain Adaptive filtering to de-noise NMR data[J]. Advanced Materials Research, 2074: 814-817.

Xiao L Z, 2023. Practical NMR for oil and gas exploration[M]. London: Royal Society of Chemistry.

Xiao L Z, Li Kui, 2011. Characteristics of the nuclear magnetic resonance logging response in fracture oil and gas reservoirs[J]. New Journal of Physics, 13 (4): 045003.

Xiao L Z, Liao G Z, Deng F, et al., 2015. Development of an NMR system for down-hole porous rocks[J]. Microporous and Mesoporous Materials, 205: 16-20.

Xiao L Z, Liu H B, Deng F, et al., 2013. Probing internal gradients dependence in sandstones with multi-dimensional NMR[J]. Microporous and Mesoporous Materials, 178: 90-93.

Xiao L Z, Wang Z D, Liu T Y, 2004. Application of multi-exponential inversion method to NMR measurements[J]. Petroleum Science, 1 (1): 19-22.

Xie R H, Xiao L Z, 2007. Dispersion Properties of NMR relaxation for crude oil[J]. Petroleum Science, 4 (2): 35-38.

Xie R H, Xiao L Z, 2011. Advanced fluid-typing methods for NMR logging[J]. Petroleum Science, 8(2): 163-169.

Xie R H, Xiao L Z, Keh-Jim Dunn, et al., 2013. Determination of $T_2$ distribution in the presence of significant internal field gradients[J]. Journal of Geophysics and Engineering, 10 (5): 054008.

Young T, 1805. An essay on the cohesion of fluids[J]. Philosophical transactions of the royal society of London, (95): 65-87.

Yuan Y, Rezaee R, 2019. Impact of paramagnetic minerals on NMR-converted pore size distributions in Permian Caryginia shales[J]. Energy Fuel., 33: 2880-2887.

Zega J A, House W V, Kobayashi R, 1990. Spin-lattice relaxation and viscosity in mixtures of n-hexane and n-hexadecane[J]. Industry and Engineering Chemistry Research, 29 (5): 909-912.

Zhang C, Xiao L, Mao Z Q, et al., 2009. A novel method to construct capillary pressure curves by using NMR log data and its application in reservoir evaluation[C]. Kuwait International Petroleum Conference and Exhibition, Kuwait, December, 14-16.

Zhang G Q, Lo S W, Huang C C, et al., 1998. Some Exceptions to Default NMR Rock and Fluid Properties[C]. SPWLA 39th Annual Logging Symposium, Keystone, Colorado, May 26.

Zhang Y, Xiao L Z, Li X, et al., 2019a. $T_1$-$D$-$T_2$ correlation of porous media with compressed sensing at low-field NMR[J]. Magnetic Resonance Imaging, 56: 174-180.

Zhang Y, Xiao L Z, Liao G Z, 2019b. Accelerated 2D Laplace NMR of porous media with compressed sensing at low SNR[J]. Microporous and Mesoporous Materials, 290: 109666.

Zhang Y, Xiao L Z, Liao G Z, 2018. Spatially resolved pore-size-$T_2$ correlations for low-field NMR[J]. Microporous and Mesoporous Materials, 269: 142-147.

Zhang Y, Xiao L Z, Liao G Z, et al., 2016. Direct correlation of diffusion and pore size distributions with low field NMR[J]. Journal of Magnetic Resonance, 269: 196-202.

Zhang Z F, Xiao L Z, Liao G Z, et al., 2013a. Evaluation of the fast inverse laplace transform for three-dimensional NMR distribution functions[J]. Applied Magnetic Resonance, 44: 1335-1343.

Zhang Z F, Xiao L Z, Liu H B, et al., 2013b. A fast three-dimensional protocol for low-field laplace NMR in porous media[J]. Applied Magnetic Resonance, 2013, 44: 849-857.

Zhou C S, Ren F Z, Zeng Q, et al., 2018. Pore-size resolved water vapor adsorption kinetics of white cement mortars as viewed from proton NMR relaxation[J]. Cement and Concrete Research, 105: 31-43.

Zhou Y, Zhang Y, Xiao L Z, et al., 2019. Characterization of porous media by $T_2$-$T_2$ correlation beyond fast diffusion limit[J]. Magnetic Resonance Imaging, 56: 19-23.

Zielinski L, Ramamoorthy R, Minh C C, et al., 2010. Restricted diffusion effects in saturation estimates from 2D diffusion-relaxation NMR maps[C]. SPE Annual Technical Conference and Exhibition.

Zou Y, Li J, Hu S, et al., 2022. Two-dimensional NMR inversion based on fast norm smoothing method[J]. Energy Geoscience, 3 (1): 23-34.

Zou Y, Xie R, Ding Y, et al., 2015. Inversion of nuclear magnetic resonance echo data based on maximum entropy[J]. Geophysics, 2015, 81 (1): 1-8.

# 《地球物理测井学》
# 编辑出版组

**总 策 划：** 雷　平　庞奇伟

**组　　长：** 庞奇伟

**副 组 长：** 李　中　金平阳　潘玉全

**责任编辑：** 葛智军　林庆咸　沈瞳瞳　刘俊妍　钟思源
　　　　　　张　贺　王长会　王鹤楠　王　瑞　陈子丹
　　　　　　孙　宇　邹杨格　王金凤　何丽萍　冉毅凤
　　　　　　常泽军　张旭东　吴英敏　马晓萱　张　瑞
　　　　　　崔　悦　白云雪　饶　远　陈　荟